"十二五"普通高等教育本科国家级规划教材

弹性力学

（第4版）

吴家龙　郑百林　编著

TANXING
LIXUE

高等教育出版社·北京

内容提要

本书是"十二五"普通高等教育本科国家级规划教材。

本书共十四章,按绪论、应力状态理论、应变状态理论、应力和应变的关系、弹性力学问题的建立和一般原理、平面问题的直角坐标解答、平面问题的极坐标解答、平面问题的复变函数解答、柱形杆的扭转和弯曲、空间问题的解答、热应力、弹性波的传播、弹性薄板的弯曲、弹性力学的变分解法的顺序编排。另外,本书还有两个补充材料,分别为笛卡儿张量简介和弹性力学基本方程的曲线坐标形式。

本书在内容的选择和叙述方法上,充分注意理论的系统性、完整性和严密性,注重深入浅出,重点突出,难点分散,联系工程实际,强调问题的物理本质,便于学生理解和掌握。

本书以新形态教材的形式出版,配套有 Abook 数字课程,与纸质教材一体化设计,紧密配合,内容包括讲课视频、电子教案和深化学习内容。书中打"＊"号的章节为深化学习内容,采用数字化教学资源形式呈现,可通过扫描相应的二维码进行学习。

本书可作为高等学校工程力学专业本科生和研究生的教材,也可作为土木类、机械类等相关专业本科生的教材和教学参考书,以及相关研究人员和工程技术人员的参考资料。

图书在版编目（ＣＩＰ）数据

弹性力学 / 吴家龙,郑百林编著. -- 4 版. -- 北京：
高等教育出版社,2022.2
ISBN 978-7-04-057236-0

Ⅰ.①弹… Ⅱ.①吴… ②郑… Ⅲ.①弹性力学-高
等学校-教材 Ⅳ.①O343

中国版本图书馆 CIP 数据核字(2021)第 215777 号

Tanxing Lixue

策划编辑	水 渊	责任编辑	水 渊	封面设计	王 洋	版式设计	徐艳妮
插图绘制	黄云燕	责任校对	刘丽娴	责任印制	朱 琦		

出版发行	高等教育出版社	网　　址	http：//www.hep.edu.cn
社　　址	北京市西城区德外大街 4 号		http：//www.hep.com.cn
邮政编码	100120	网上订购	http：//www.hepmall.com.cn
印　　刷	涿州市京南印刷厂		http：//www.hepmall.com
开　　本	787 mm×1092 mm　1/16		http：//www.hepmall.cn
印　　张	19.75	版　　次	2001 年 6 月第 1 版
字　　数	420 千字		2022 年 2 月第 4 版
购书热线	010-58581118	印　　次	2022 年 2 月第 1 次印刷
咨询电话	400-810-0598	定　　价	46.20 元

弹性力学

（第4版）

1 电脑访问 http://abook.hep.com.cn/1220226，或手机扫描二维码、下载并安装 Abook 应用。

2 注册并登录，进入"我的课程"。

3 输入封底数字课程账号（20位密码，刮开涂层可见），或通过 Abook 应用扫描封底数字课程账号二维码，完成课程绑定。

4 点击"进入学习"，开始本数字课程的学习。

课程绑定后一年为数字课程使用有效期。受硬件限制，部分内容无法在手机端显示，请按提示通过电脑访问学习。

如有使用问题，请发邮件至 abook@hep.com.cn。

扫描二维码
下载 Abook 应用

http://abook.hep.com.cn/1220226

第 4 版前言

为适应数字化时代对教材建设的要求,本次修订的主要工作是引进了课程教学的数字资源:(1) 将教材中仅供相关专业本科生参考之用的第十三章"弹性薄板的弯曲"、补充材料 B"弹性力学基本方程的曲线坐标形式",以及部分章节中的深化学习内容,"隐藏"在教材之中,读者可以通过扫描二维码查阅这些内容;(2) 各章增加了讲课视频和电子教案。

本次修订还删除了第六章的"艾里应力函数的物理意义"、第十四章的"弹性力学的广义变分原理"和"作为弹性力学古典变分法革新与发展的有限单元法"等内容,并对全书作了适当的文字修改。

修订工作由吴家龙和郑百林共同完成。郑百林、曹国鑫、崔元庆和张锴提供了讲课视频,张锴还对电子教案的内容作了充实和仔细的修改。

清华大学冯西桥教授审阅了书稿,对此表示衷心的感谢。

吴家龙　郑百林

2021 年 3 月于同济大学

第 3 版前言

自本书第 1 版作为普通高等教育"九五"教育部重点教材出版以来,有幸被一些兄弟院校用作工程力学专业本科生或工科研究生的教材,并被多所高校和科研机构用作考博的主要参考书,取得了较好的教学效果。

由于本书第 2 版已作了较大幅度的修改,删除了一些过于偏理论的或在教学中很少涉及的内容,因此本次修订只在第 2 版的基础上作了以下小幅的变动:(1) 对第八章中节的排序作了适当调整,并增加了"复位势确定的程度"一节,从而使这部分内容在理论上更加完整、系统和严密。(2) 在第十四章中删除了"哈密顿变分原理"一节;并增加了"作为弹性力学古典变分法革新与发展的有限单元法"一节,其中以极为有限的篇幅,通过平面问题线性位移模式的有限单元法,简要地阐述了有限单元法的主要步骤,及其与弹性力学古典变分法之间的本质联系。(3) 经过反复斟酌,对一些用词和表述作了修改。(4) 重画了全部插图。

在为本书申报"十二五"普通高等教育本科国家级规划教材期间,同济大学航空航天与力学学院的领导和唐寿高教授给予了大力支持。清华大学徐秉业教授认真审阅了本书。在此一并表示衷心的感谢。

吴家龙

2015 年 8 月于同济大学

第 2 版前言

本书作为普通高等教育"九五"教育部重点教材出版,至今已超过九年。为适应当前教学的需要,作者征求了校内外一些专家的意见,对本书作如下的修改:

(一)删除一部分"过于偏理论"或在教学中很少涉及的内容,其中包括第二章的"应力二次曲面",第三章的"应变二次曲面"和"有限变形的几何浅析",第五章的"在体力为常量时一些物理量的特性",第十章的"位移通解的其他形式",以及第十四章的"作为古典变分法革新和发展的有限单元法"等。为更加凸显出用复变函数方法解决孔口问题的优越性,还删除了第八章的"圆域上的复位势公式"和"圆盘边缘受集中力作用"两节内容。

(二)为便于读者理解,并出于实用的考虑,将第八章的"多连通域上应力和位移的单值条件 多连通无限域情况"这节的标题改为"单孔有限域上应力和位移的单值条件 单孔无限域情况",并对该节相关推导作了修改。

(三)对少量文字表述作了适当修改,对部分章节的习题作了调整和充实。

清华大学徐秉业教授仔细审阅了本书的修订稿,提出了许多宝贵意见,对此表示衷心的感谢。

吴家龙

2010 年 8 月于同济大学

第 1 版前言

本书的编写工作始于 1964 年,后因故中止。1978 至 1979 年间,因同济大学工程力学专业和工科研究生教学的需要,又陆续写完了本书的其余部分,并于 1981 年印成铅印本,取得了较好的使用效果。在经过近六年的使用后,对本书作了较大的修改和充实,1987 年由同济大学出版社出版。同年,经国家教委高等工业学校力学专业教材编审委员会审定,被推荐为工程力学专业的教学用书。1992 年,根据同济大学和兄弟院校在使用中提出的意见和建议,及国家教委高等工业学校工程力学专业教材编审委员会的审阅意见,又对本书作了认真的修改,1993 年,再由同济大学出版社出了新一版。1995 年,本书新一版获第三届全国普通高等学校优秀教材国家教委二等奖。在国家教委制订"九五"教材规划时,本书经申报被列为普通高等教育"九五"教育部重点立项教材,经专家正式评审并按评审意见修改后由高等教育出版社出版。现将本次修改情况简要地说明如下。

在"应变状态理论"这一章中,增加了相对位移张量的概念,并将这章第二节的标题更名为"相对位移张量 转动分量"。在这章的第三节"转轴时应变分量的变换 应变张量"中,原来的推导过于繁琐冗长,现借助于方向导数的概念,不仅使推导简洁明了,而且几何意义也十分清晰。这章还对第四节"主应变 应变张量不变量"和第六节"体应变"的推导作了修改。

在原"弹性力学问题的建立"这章中,增加了"弹性力学的一般原理"一节,并将这章的标题改为"弹性力学问题的建立和一般原理。"在这章的第一节"弹性力学的基本方程及其边值问题"中,原书将应变协调方程也纳入基本方程,修改后明确指出弹性力学的基本方程包括平衡(运动)微分方程、几何方程和物理方程,在应力解法中,才提出应变协调方程并说明其应用。

原书中"弹性力学方程的通解及其应用"的内容过于庞杂,修改后删去了"弹性力学应力通解"的全部内容;在"齐次拉梅方程的通解"这一节中,除原有的"布西内斯克-伽辽金通解"和"纽勃-巴博考维奇通解"保持不变外,还简要地介绍了位移通解的其他形式。该章的标题改为"空间问题的解答"。

在"热应力"这章中,增加了"热传导方程及其定解条件"一节。在"弹性波的传播"这章里,增加了"一般的平面波"和"平面波在平面边界上的反射和折射"两节的内容。在"弹性力学的变分解法"这章的最后,增加了"作为古典变分法革新和发展的有限单元法"一节,其中通过平面问题线性位移模式的有限单元法,简要地阐述了有限单元法的基本步骤及其与古典变分法之间的本质联系。

本书还对一些章节在文字上作了较大的修改。

为使难点分散,便于学生理解和掌握,本书的体系未作变动。仍将"笛卡儿张量简介"和"弹性力学基本方程的曲线坐标形式"作为补充材料附在正文后面。前者可在讲完了弹性力学的基本方程以后,或在讲"弹性力学的变分解法"之前,再向学生讲授;后者,由于受学时的限制,一般只能供学生作参考之用,但在"空间问题解答"这章中,将直接引用该补充材料所获的结果。多年的教学实践表明,本书的体系安排,是比较适合于多数学校的教学要求的。

鉴于目前各校工程力学专业弹性力学的课时都有所削减,为突出基础和重点内容,本书除原带星号 * 的内容保持不变外,又对部分章节标上了星号 * 。对选用本书作为工程力学专业教材的学校,可根据教学时数、学生的基础状况和后继课程的教学需要,作适当的取舍。但这些章节对工科专业研究生来讲,多数仍是重要的教学内容。

本书长期被用作同济大学工科有关专业本科生的教材,内容安排是这样的:第二至第四章,着重介绍弹性力学的基本方程以及它们的物理意义和几何意义,除物理方程直接引出不作推导外,其余的都要作较详细的推导;第五至第七章,除带星号 * 的内容外,一般都可列入教学范围;第九章只讲柱体扭转的应力解部分(不含薄壁杆扭转);第十章只介绍工程和后继课程中用到的几个重要的结果,不作推导;第十三章重点介绍矩形薄板的弯曲,对圆板只作一般介绍;第十四章只介绍位移变分方程、最小势能原理及其在近似计算中的应用。根据我们多年的教学实践,讲授上述这些内容只需51 至 54 学时,且能取得较好的教学效果。

清华大学徐秉业教授和河海大学卓家寿教授认真地审阅了本书的修改计划和修改后的原稿,并提出了许多宝贵意见;同济大学的夏志皋、唐寿高教授也为本书的修改提供了不少帮助,对此,一并表示衷心的感谢。

吴家龙

1999 年 6 月于同济大学

主要符号表

x, y, z	直角坐标
ρ, φ, z	柱坐标
ρ, φ	极坐标
r, θ, φ	球坐标
e_1, e_2, e_3	坐标单位矢量
$\boldsymbol{v}$	物体内微分截面或边界上外法线方向的单位矢量
l, m, n	外法线的方向余弦
I_x, I_y	横截面对 x 轴和 y 轴的惯性矩
$I_z = I$	横截面对 z 轴的惯性矩
I_{p}	极惯性矩
g	重力加速度
ρ_1, ρ	密度
q	连续分布荷载的集度
F_x, F_y, F_z	单位体积体力的直角坐标分量
F_ρ, F_φ, F_z	单位体积体力的柱坐标分量
F_r, F_θ, F_φ	单位体积体力的球坐标分量
$\boldsymbol{f}_v$	任意微分截面上的应力矢量
f_v	$\boldsymbol{f}_v$ 的大小
f_{vx}, f_{vy}, f_{vz}	$\boldsymbol{f}_v$ 的直角坐标分量
$\bar{f}_x, \bar{f}_y, \bar{f}_z$	单位面积面力的直角坐标分量
M	弯矩；扭矩
σ_v, τ_v, f_v	任意微分截面上的正应力、切应力和总应力
$\sigma_x, \sigma_y, \sigma_z$	直角坐标系中的正应力分量
$\tau_{yz}, \tau_{zy}, \tau_{xz}$	直角坐标系中的切应力分量
$\tau_{zx}, \tau_{xy}, \tau_{yx}$	
$\sigma_\rho, \sigma_\varphi, \sigma_z$	柱坐标系中的正应力分量
$\tau_{\varphi z}, \tau_{z\varphi}, \tau_{\rho z}$	柱坐标系中的切应力分量
$\tau_{z\rho}, \tau_{\rho\varphi}, \tau_{\varphi\rho}$	
$\sigma_r, \sigma_\theta, \sigma_\varphi$	球坐标系中的正应力分量
$\tau_{\theta\varphi}, \tau_{\varphi\theta}, \tau_{r\varphi}$	球坐标系中的切应力分量
$\tau_{\varphi r}, \tau_{r\theta}, \tau_{\theta r}$	
$\sigma_\rho, \sigma_\varphi, \tau_{\rho\varphi}, \tau_{\varphi\rho}$	极坐标系中的应力分量；平面曲线坐标中的应力分量

$$\Theta = \sigma_x + \sigma_y + \sigma_z = \sigma_\rho + \sigma_\varphi + \sigma_z = \sigma_r + \sigma_\theta + \sigma_\varphi$$

$\boldsymbol{U}, \boldsymbol{u}$	位移矢量

u,v,w	位移的直角坐标分量
u_ρ,u_φ,w	位移的柱坐标分量
u_r,u_θ,u_φ	位移的球坐标分量
u_ρ,u_φ	位移的极坐标分量
$\varepsilon_x,\varepsilon_y,\varepsilon_z$	直角坐标系中的正应变分量
$\gamma_{yz},\gamma_{xz},\gamma_{xy}$	直角坐标系中的切应变分量
$\varepsilon_\rho,\varepsilon_\varphi,\varepsilon_z$	柱坐标中的正应变分量
$\gamma_{\varphi z},\gamma_{\rho z},\gamma_{\rho\varphi}$	柱坐标中的切应变分量
$\varepsilon_r,\varepsilon_\theta,\varepsilon_\varphi$	球坐标系中的正应变分量
$\gamma_{\theta\varphi},\gamma_{r\varphi},\gamma_{r\theta}$	球坐标系中的切应变分量
$\theta=\varepsilon_x+\varepsilon_y+\varepsilon_z=\varepsilon_\rho+\varepsilon_\varphi+\varepsilon_z=\varepsilon_r+\varepsilon_\theta+\varepsilon_\varphi$	
$\varepsilon_\rho,\varepsilon_\varphi,\gamma_{\rho\varphi}$	极坐标中的应变分量
I_1,I_2,I_3	应力张量不变量
J_1,J_2,J_3	应变张量不变量
E	弹性模量(或杨氏模量)
G	切变模量
ν	泊松比
$\mu=G,\lambda=\dfrac{E\nu}{(1+\nu)(1-2\nu)}$	拉梅常数
$U(x,y)$	艾里应力函数
$\varphi_1(z),\psi_1(z)$	复位势
$\Phi(x,y)$	柱体扭转和弯曲的应力函数
α	单位长度的扭转角
$\varphi(x,y)$	圣维南扭转函数
$\Phi(x,y,z)$	拉梅应变势;热弹性应变势
$\boldsymbol{\varphi}(x,y,z)$	伽辽金矢量
$\varphi_3(x,y,z),\varphi_3(r,z)$	勒夫应变函数
τ	温度
T	变温;热力学温度;周期
L	波长;梁和柱的长度
c_1,c_2,c_3	弹性波的速度
M_x,M_y	板横截面单位宽度上的弯矩
M_{xy},M_{yx}	板横截面单位宽度上的扭矩
F_{Sx},F_{Sy}	板横截面单位宽度上的横向剪力
F_{Sx}^t,F_{Sy}^t	板横截面单位宽度上总的分布剪力
$w(x,y)$	板弯曲时的挠度
D	板的抗弯刚度;扭杆横截面的几何性质
v_ε	应变能密度
V_ε	应变能
v_c	应变余能密度

V_c	应变余能
v_I	内能密度
V_I	内能
v_F	自由能密度
E_k	动能
E_p	弹性体的总势能
E_c	弹性体的总余能
W	功;重量

目　　录

第一章 绪 论

§1-1 弹性力学的任务和研究方法

弹性力学又称弹性理论,是固体力学的一个分支,它的任务是研究弹性体在力和温度变化等外界因素作用下所产生的应力、应变和位移,从而解决各类工程中所提出的强度、刚度和稳定问题,使经济与安全这对矛盾得到更好的统一。它是一门理论性和实用性都很强的学科。

弹性,几乎是所有固体的一种固有的物理属性,而**完全弹性体**,则是指在引起其变形的外界因素被消除以后能完全恢复原状的物体,简称为**弹性体**。大量的实验表明,像钢一类材料的物体,如果其内部各点的应力不超过弹性极限,则是一种理想的完全弹性体,而且应力和应变之间呈线性关系;但也有一些材料,例如橡胶和某些有色金属,却具有非线性的弹性性质。称前者为物理线性的,而后者为物理非线性的。

弹性力学与材料力学相比,在任务、研究对象和研究方法等方面,既有相同之处,也有不同之处。

如前述,弹性力学的任务是要解决构件的强度、刚度和稳定问题,而材料力学所研究的范围,还涉及疲劳、蠕变、塑性变形以及构件破坏规律等问题。

从研究对象来看,弹性力学既研究杆状构件,又研究诸如深梁、板壳以及挡土墙、堤坝、地基等实体结构;材料力学基本上只研究杆状构件,这种构件在拉压、剪切、扭转和弯曲情况下的应力和变形,是材料力学的主要研究内容。

从研究方法看,弹性力学根据六条基本假设,从问题的静力学、几何学和物理学三方面出发,经过严密的数学推导,得到弹性力学的基本方程和各类边界条件,从而把问题归结为线性偏微分方程组的边值问题。而材料力学在研究杆状构件的拉伸、压缩、扭转和弯曲问题时,也要用到弹性力学的六条基本假设,同时也要从问题的静力学、几何学和物理学三方面出发,但为了简化计算,大都还对构件的应力分布和变形状态作出某些附加的假设。

例如,在材料力学里研究直梁在横向荷载作用下弯曲时,引进了"平截面假设",由此得出的结果是,横截面上的弯曲应力沿梁高按直线分布。但用弹性力学方法求解这一问题时,就毋需引进这个假设,相反地,还可以利用弹性力学的结果来校核这个假设是否正确,并说明由于引进了这个假设以后,对于具有不同的跨度和高度之比的梁来说所引起的误差,从而可以确定这个假设所带来的条件性和局限性。

又例如,在材料力学里计算带孔构件拉伸时,假定拉应力在净截面上是均匀分布的。但在弹性力学里,就不需要作出这个假定,而且它的计算结果表明,净截面上的拉应力远非均匀分布,而要在孔边附近发生高度的应力集中现象,孔边的最大拉应力会比平均应力高出若干倍。

弹性力学作为一门基础技术学科,是近代工程技术的必要基础之一。在造船工业中,船体结构的强度、刚度计算,要直接应用弹性力学的理论和方法。在航空工业中,尤其是航天工业的发展,不断地对弹性力学提出新的任务,并由此形成了新的分支——空气弹性力学。在重型机器、精密机械和化工机械中,对于机器部件在各种工作条件下的强度和刚度的研究,也广泛地应用弹性力学的结论和公式。在水利工程和土建工程中,工程技术人员往往直接利用弹性力学方法作为设计的理论基础。在地震学中,根据弹性波在地壳中传播的研究结果,计算出震源所在的位置,并研究地震波传播的规律。

弹性力学又可作为一门基础理论学科。物理学家在研究光波理论时引用了弹性力学。近几十年来,人们还把弹性力学的理论和方法应用于生物力学等边缘学科的研究。

解决工程中提出的弹性力学问题有理论计算和实验两大手段。由于理论计算遇到了复杂的偏微分方程和偏微分方程组的定解问题,所以人们早就寻找各种近似的计算方法,以克服这些数学上所出现的困难。随着电子计算机、尤其是微型计算机的发展和普及,弹性力学(包括固体力学的其他分支)的各种数值方法和半解析数值方法也有了迅猛的发展。其中最具代表性的有:以弹性力学基本方程为控制方程的差分法,以弹性力学的变分原理为控制方程的有限单元法和以弹性力学边界积分方程为控制方程的边界元法。差分法是弹性力学中一种比较古老的数值方法,目前在水工结构等工程问题中仍常被采用。有限单元法被用于解决弹性力学问题至今只有 60 多年的历史。由于它所具有的灵活性和通用性,因此备受工程界的欢迎。它的发展,是用弹性力学解决工程问题的重大突破。但由于它是一种纯数值的方法,因此不可避免地带来了自由度多、内存量大的不足。随后发展起来的各种半解析数值方法克服了以上这些缺点,更便于在微机上实现,这为用弹性力学解决工程问题开辟了更为广阔的前景。

§1-2　弹性力学的基本假设

视频 1-2
基本假设

在弹性力学中,为了能通过已知量(如物体的几何形状和尺寸、物体所受的外力或几何约束)求出应力、应变和位移等未知量,首先要从问题的静力学、几何学和物理学三方面出发,建立这些未知量所满足的弹性力学基本方程和相应的边界条件。由于实际问题是极为复杂的,是由多方面的因素构成的,所以,如果不分主次地将全部因素都考虑进来,则势必会造成数学推导上的困难,而且,由于导出的方程过于复杂,实际上也不可能求解。因此,通常必须按照物体的性质以及求解的范围,忽略一些可以暂不考虑的因素,而提出一些基本假设,使所研究的问题限制在方便可行的范围以内。在以后的讨论中,如果不特别指出,将采用以下六条基本假设。

1. 连续性假设

弹性力学作为连续介质力学的一部分,它的基本前提是将可变形的固体看作是连续密实的物体,即组成物体的质点之间不存在任何空隙。从这条假设出发,可以认为应力、应变和位移等是连续的,它们可表示成坐标的连续函数,因而在作数学推导时可方便地运用连续和极限的概念。事实上,一切物体都是由微粒组成的,都不可能符合这个假定。但可以想象,当微粒尺寸以及各微粒之间的距离远比物体的几何尺寸小时,运用这个假设并不会引起显著的误差。

2. 均匀性假设

假设所研究的物体是用同一类型的均匀材料组成的,因此各部分的物理性质(如弹性)都是相同的,并不会随着坐标位置的改变而发生变化。根据这个假设,在处理问题时可取出物体内任一部分进行分析,然后将分析的结果用于整个物体。如果物体由两种或两种以上的材料组成的,例如混凝土,那么,只要每种材料的颗粒远远小于物体的几何尺寸,而且在物体内均匀分布,从宏观意义上可认为是均匀的。

3. 各向同性假设

假设物体在不同的方向上具有相同的物理性质,因而物体的弹性常数不随坐标方向的改变而改变。单晶体是各向异性的,木材和竹材是各向异性的。钢材虽然由无数个各向异性的晶体组成,但由于晶体很小,而且排列是杂乱无章的,所以从宏观的意义上说它是各向同性的。

4. 完全弹性假设

完全弹性的含义已在§1-1中讲过,这里不作重复。本书只研究应力和应变呈线性关系的情况,这时,各个弹性常数就不随应力或应变的大小而改变。这个假设又称**物理线性的假设**。

5. 小变形假设

假设物体在力和温度变化等外界因素作用下所产生的位移远小于物体原来的尺寸,因而应变分量和转角都远小于1。应用这条假设,可以使问题大为简化。例如,在研究物体的平衡时,可不考虑由于变形引起的物体尺寸和位置的变化;在建立几何方程和物理方程时,可以略去应变、转角的二次幂或二次乘积以上的项,使得到的关系式都是线性的。这个假设又称**几何线性的假设**。

6. 无初始应力假设

假设物体处于自然状态,即在力和温度变化等外界因素作用之前,物体内部是没有应力的。根据这条假设,由弹性力学求得的应力仅仅是由外力或温度变化所引起的。如果物体内有初始应力存在,只须与用弹性力学方法求得的由外界因素引起的应力相加即可。

在上述假设基础上建立起来的弹性力学称为**数学弹性力学**;由于所导得的弹性力学基本方程是线性的,故又称**线性弹性力学**。如果在此之外还对变形或应力分布作出某种附加假设,例如梁弯曲时的平截面假设,板壳弯曲时的直法线假设等,从而使问题在符合工程要求的精度下得到进一步的简化,使之更便于求解和应用,称这种弹性力学为**应用弹性力学**。本书除第十三章外,均属于数学弹性力学的范畴。

§1-3　弹性力学的发展简史

视频 1-3
发展简史

弹性力学的发展大致可以分为四个时期。

发展初期主要是通过实验探索物体的受力与变形之间的关系。1678 年,胡克(Hooke,R.)在大量实验的基础上,揭示了弹性体的变形和受力之间成正比例的规律,后来被人们称为胡克定律。1687 年,牛顿(Newton,I.)确立了运动三大定律,同时,数学也在飞速发展,这就为弹性力学数学物理方法的建立奠定了基础。

第二个时期是弹性力学的理论基础建立期,一般认为这一时期是从纳维(Navier,C.-L.-M.-H.)和柯西(Cauchy,A.-L.)提出弹性力学的基础问题开始,到格林(Green,G.)和汤姆逊(Thomson,W.)确立极端各向异性体有 21 个弹性系数为止(1821—1855)。17 世纪末,人们已着手进行杆件性能的研究,包括梁的弯曲理论、直杆的稳定和振动等,但这些成果都属于材料力学的范畴。直到 19 世纪 20 年代,纳维和柯西建立了弹性力学的数学理论后,才使它成为一门独立的分支。1822—1828 年之间,柯西发表了一系列论文,明确提出了应力和应变的概念,建立了弹性力学的平衡(运动)微分方程、几何方程和各向同性的广义胡克定律;1838 年,格林用能量守恒定律证明了极端各向异性体有 21 个独立的弹性系数;稍后,汤姆逊又用热力学第一定律和第二定律证明了同样的结论,同时再次肯定了各向同性体有 2 个独立的弹性系数。他们的这些工作,为后来弹性力学的发展奠定了牢固的理论基础。

第三个时期是线性各向同性体弹性力学的发展时期。这个时期的主要标志是弹性力学广泛应用于工程实际问题,同时,在理论方面建立了许多定理和重要原理,并提出了许多有效的计算方法。例如 1850 年,基尔霍夫(Kirchhoff,G.R.)解决了平板的平衡和振动问题;1855—1856 年间,圣维南(Saint-Venant,A.J.C.B.de)在其"柱体的扭转和弯曲"的论文中,提出了局部性原理和半逆解法;1862 年,艾里(Airy,G.B.)解决了弹性力学的平面问题;1881 年,赫兹(Hertz,H.R.)解决了弹性体的接触问题,1898 年,基尔斯(Kirsch,G)提出了应力集中问题的求解方法。这个时期,在理论方面的主要成果是建立了各种能量原理,并提出了基于这些原理的近似计算方法。在建立了弹性力学的基本方程后不久,就建立了弹性体的可能功原理和最小势能原理。1872 年,贝蒂(Betti,E.)建立了功的互等定理。1873 年至 1879 年间,卡斯蒂利亚诺(Castigliano,A.)建立了最小余能原理。瑞利(Rayleigh,Lord)和里茨(Ritz,W.)分别于 1877 年和 1908 年,从弹性体的可能功原理和最小势能原理出发,提出了著名的瑞利-里茨法。1915 年,伽辽金(Галёркин,Б.Г.)提出了伽辽金近似计算方法。20 世纪 30 年代,穆斯赫利什维利(Мусхелищвили,Н.И.)发展了用复变函数理论求解弹性力学问题的方法,并建立了一套完整的理论。在这个时期,积分变换和积分方程在弹性力学中的应用也有新的发展。

第四个时期是弹性力学的分支及与之相关的边缘学科形成和发展时期,大致从 20 世纪 20 年代开始。在 1907 年卡门(Kármán,T.von)提出了薄板的大挠度问题后,1939 年,他又和钱学森提出了薄壳的非线性稳定问题。在 1937—1939 年间,莫纳汉

(Murnaghan,F.D.)和毕奥(Biot,M.A.)提出了大应变问题。在 1948—1957 年间,钱伟长用摄动法求解了薄板的大挠度问题。他们的这些工作,为非线性弹性力学的发展作出了重要的贡献。在这个时期,薄壁构件和薄壳的线性理论有了较大的发展,还形成了诸如厚板与厚壳理论、各向异性和非均匀体的弹性力学、热弹性力学、黏弹性理论、水弹性理论以及气动弹性力学等新的分支和边缘学科。这个时期弹性力学的近似计算方法也有很大的突破,相继提出了诸如差分法、有限单元法、边界元法、半解析数值法以及加权残值法等数值法和半解析半数值的方法。这些新领域的开拓和计算弹性力学的发展,大大丰富了弹性力学的内容,促进了有关工程技术的发展。这里,值得一提的是,胡海昌于 1954 年建立了三类变量的广义势能原理和广义余能原理;1955 年,鹫津久一郎也独立地导出了这一原理,所以现在人们称之为胡海昌-鹫津久一郎变分原理。在 1960—1978 年间,钱伟长在这方面也做了大量的工作。他们的这些成就,为有限单元法和其他数值或半数值半解析方法的进一步发展奠定了坚实的理论基础。

第二章 应力状态理论

第二章
电子教案

弹性力学所研究的都是超静定问题。要解决超静定问题,必须考虑静力学、几何学和物理学三方面的条件,缺一不可。本章的任务是要从静力学观点出发,分析一点的应力状态,并建立连续介质力学普遍适用的平衡微分方程和应力边界条件。在本章的推导中,将忽略物体的变形,显然这对小变形物体来说是不会引起明显误差的。

§2-1 体力和面力

作用在物体上的外力有两种类型,即**体力**和**面力**。所谓体力,是指分布在物体内所有质点上的力,例如重力、惯性力和电磁力等。所谓面力,是指作用在物体表面上的力,例如风力、液体压力和两个物体间的接触压力等。在直角坐标系里,分别用 F_x,F_y,F_z 和 $\bar{f}_x$,$\bar{f}_y$,$\bar{f}_z$ 表示单位体积的体力和单位面积的面力的 3 个分量。它们的量纲分别为 $\mathrm{MT^{-2}L^{-2}}$ 和 $\mathrm{MT^{-2}L^{-1}}$,单位分别为 $\mathrm{N/m^3}$ 和 $\mathrm{N/m^2}$。

§2-2 应力和一点的应力状态

视频 2-1
一点应力
状态

一个在外界因素(外力、温度变化等)作用下的物体,其内各部分之间要产生相互的作用。这种物体内的一部分与其相邻的另一部分之间相互作用的力,称为**内力**。

为了呈现内力,假想通过物体内任意一点 M 作法线方向为 v 的微小面 ΔS,此微小面把物体在 M 点的微小邻域分割成两部分,如图 2-1 所示。由割离体法可知,物体在 M 点的微小邻域被切成两部分以后,在其被切割的表面处,必须用内力 ΔF 和 $\Delta F'$ 代替。显然,这里的 ΔF 和 $\Delta F'$ 是作用力和反作用力的关系,因此,只要考虑其中之一即可。为确定起见,不妨留下图 2-1a 所示的那一部分。

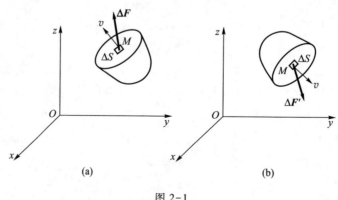

图 2-1

根据物体连续性的假设,可以认为作用在微小面 ΔS 上的力是连续分布的,内力 ΔF 是这个分布力的合力。于是分布集度为 $\dfrac{\Delta F}{\Delta S}$,称为**平均应力**。如果令 ΔS 趋于零,则 $\dfrac{\Delta F}{\Delta S}$ 的极限 f_v 就称为**应力**,记作

$$f_v = \lim_{\Delta S \to 0} \frac{\Delta F}{\Delta S} \qquad (2\text{-}1)$$

f 右下角的 v 表示微分面的法线方向,用以表示应力作用面的方位。

在给定的直角坐标系下,应力矢量 f_v 可沿 3 个坐标轴方向分解,如以 f_{vx},f_{vy},f_{vz} 表示其分量(图 2-2),则有

$$f_v = f_{vx}e_1 + f_{vy}e_2 + f_{vz}e_3 \qquad (2\text{-}2)$$

这里的 e_1,e_2,e_3 分别表示坐标单位矢量。另一方面,应力矢量 f_v 又可沿微分面 ΔS 的法线方向和微分面方向上分解。如分别用 σ_v 和 τ_v 表示其分量,则 σ_v 称为**正应力**,τ_v 称为**切应力**,如图 2-3 所示。

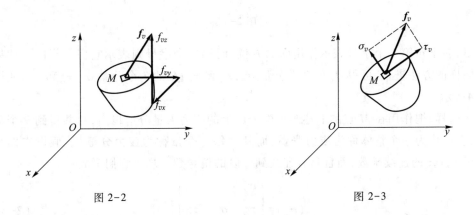

图 2-2   图 2-3

必须指出,凡提到应力,应同时指明它是对物体内哪一点并过该点的哪一个微分面来说的。因为通过物体内同一点可以作无数个方位不同的微分面,显然各微分面上的应力一般说是不同的。把物体内同一点各微分面上的应力情况,称为**一点的应力状态**。分析一点的应力状态,对于研究物体的强度是十分重要的。

为了表示一点的应力状态,过物体内某一点 M 分别作 3 个彼此垂直的微分面,使之与坐标平面平行,则此 3 个微分面分别把物体在 M 点的微分邻域分割成前后、左右以及上下两部分(这里假定取 x 轴垂直纸面而指向读者,z 轴垂直向上)。只保留其表面外法线方向和坐标轴正方向一致的那一部分(图 2-4)。根据前面的规定,这 3 个微分面的应力矢量可分别表示为 f_x,f_y,f_z,这里,右下角小写的 x,y,z 与前面的 v 一样,表示应力矢量作用面的方位。例如应力矢量 f_x 的作用面平行于 Oyz 平面而其法线方向和 x 轴一致。

下面再分别把应力矢量 f_x,f_y,f_z 沿 3 个坐标轴方向分解。例如把 f_x 分解,则其在 x 轴方向的分量同它的作用面垂直,是正应力,以 σ_x 表示,这里,右下角的 x 表示作用面的方位;它在 y 轴和 z 轴方向的分量平行于作用面,是切应力,分别以 τ_{xy} 和 τ_{xz} 表示,

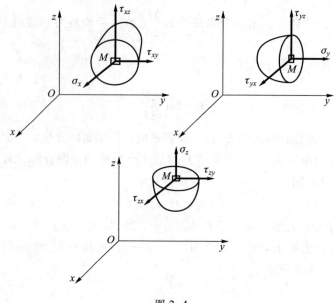

图 2-4

这里，右下角第一个字母表示作用面的方位，而第二个字母则表示它们的指向。如果以同样的方法进行，可得：f_y 的 3 个分量 σ_y，τ_{yx} 和 τ_{yz}；f_z 的 3 个分量 σ_z，τ_{zx} 和 τ_{zy}，如图 2-4所示。

　　这样，把作用在 M 点的上述 3 个微分面上的应力矢量分解以后，总共得到 9 个分量，它们作为一个整体称为**应力张量**，而其中每一个量称为**应力分量**[①]。假设它们是坐标 x,y,z 的连续函数，而且具有连续到二阶的偏导数。现将它们写成

$$(\sigma_{ij}) = \begin{pmatrix} \sigma_x & \tau_{xy} & \tau_{xz} \\ \tau_{yx} & \sigma_y & \tau_{yz} \\ \tau_{zx} & \tau_{zy} & \sigma_z \end{pmatrix} \tag{2-3}$$

其中的三行依次表示 f_x，f_y，f_z 在三个坐标方向的分量。式（2-3）又可写成

$$(\sigma_{ij}) = \begin{pmatrix} \sigma_{11} & \sigma_{12} & \sigma_{13} \\ \sigma_{21} & \sigma_{22} & \sigma_{23} \\ \sigma_{31} & \sigma_{32} & \sigma_{33} \end{pmatrix} \tag{2-3}'$$

其中，$\sigma_{11} = \sigma_x,\cdots,\sigma_{33} = \sigma_z$。

　　对应力分量的指向暂作如下的假定：当微分截面的外法线方向与坐标轴的正方向一致时，该微分截面上的应力分量指向坐标轴的正方向，反之则指向坐标轴的负方向。由于图 2-4 所示的 3 个微分截面的外法线方向，分别与 3 个坐标轴的正方向一致，因此，这 3 个微分截面上的总共 9 个应力分量都指向坐标轴的正方向。但事实上，在物体内任意一点的 9 个应力分量中，它们的值一般说既有正的，也有负的。应力分量为

[①]　在 §2-5 中将会看到，9 个应力分量 σ_{ij} 服从张量的变换规律。按下标记法，σ_{ij} 表示 9 个应力分量，故可将 (σ_{ij}) 记作 σ_{ij}。详见补充材料 A。

正值,表示实际的指向与假定的指向一致;应力分量为负值,则表示其实际的指向与假定的指向相反。

下一节将证明,只要知道了一点的 9 个应力分量,就可以求出通过该点的各个微分面上的应力,也就是说 9 个应力分量将完全确定一点的应力状态。

§2-3 与坐标倾斜的微分面上的应力

为了证明上一节最后指出的结论,假想过 M 点作 3 个互相垂直并与坐标平面平行的微分面,设其上以式(2-3)所表示的 9 个应力分量是已知的(图2-5)。再作一个与坐标倾斜的微分面,设其上的应力矢量为 (f_{vx}, f_{vy}, f_{vz})。显然,当此倾斜微分面无限地接近 M 点时,则 (f_{vx}, f_{vy}, f_{vz}) 就表示过 M 点的任一微分面上的应力。

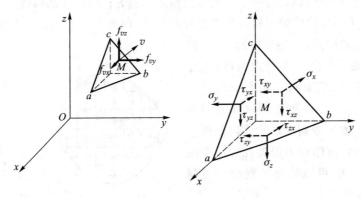

图 2-5

现在要建立 (f_{vx}, f_{vy}, f_{vz}) 和同一点的 9 个应力分量之间的关系,为此,研究图 2-5 所示的四面体的平衡。四面体 $Mabc$ 所受的外力,除了 4 个面上的应力以外,还受体积力的作用。如用 F_x, F_y, F_z 表示单位体积力在 3 个坐标方向的分量,$\triangle S_{abc}$,$\triangle S_{bMc}$,$\triangle S_{aMc}$,$\triangle S_{aMb}$ 表示四面体 4 个面的面积,Δh 表示倾斜面 abc 到 M 点的距离,则四面体所受体积力的 3 个分量为

$$\frac{1}{3}\triangle S_{abc}\Delta h F_x, \quad \frac{1}{3}\triangle S_{abc}\Delta h F_y, \quad \frac{1}{3}\triangle S_{abc}\Delta h F_z$$

由平衡条件 $\sum F_x = 0$[①],得

$$f_{vx}\triangle S_{abc} - \sigma_x \triangle S_{bMc} - \tau_{yx}\triangle S_{aMc} - \tau_{zx}\triangle S_{aMb} + \frac{1}{3}\triangle S_{abc}\Delta h F_x = 0 \tag{a}$$

为了简化式(a),设倾斜面 abc 的外法线 $\boldsymbol{v}$ 的 3 个方向余弦分别为 l, m, n,则有以下的关系式:

$$\triangle S_{bMc} = \triangle S_{abc} l, \quad \triangle S_{aMc} = \triangle S_{abc} m, \quad \triangle S_{aMb} = \triangle S_{abc} n \tag{b}$$

将式(b)代入式(a),略去高阶微量,再在其等号两边同除以 $\triangle S_{abc}$,于是得到如下

---

① $\sum F_x = 0, \sum F_y = 0, \sum F_z = 0$ 表示空间一般力系平衡条件中主矢量等于零的 3 个投影式,其中的 F_x, F_y, F_z 不表示单位体积力的分量。下同。

的公式(其中后两式可由 $\sum F_y = 0$ 和 $\sum F_z = 0$ 导出):

$$\left.\begin{aligned} f_{vx} &= \sigma_x l + \tau_{yx} m + \tau_{zx} n \\ f_{vy} &= \tau_{xy} l + \sigma_y m + \tau_{zy} n \\ f_{vz} &= \tau_{xz} l + \tau_{yz} m + \sigma_z n \end{aligned}\right\} \tag{2-4}$$

式(2-4)给出了物体内一点的 9 个应力分量和通过同一点的各微分面上应力之间的关系。这样,就把要了解各点应力状态的问题简化为去求各点的 9 个应力分量的问题。下一节,要建立 9 个应力分量所满足的平衡条件。

§2-4　平衡微分方程　应力边界条件

如果一物体在外力(包括体力和面力)作用下处于平衡状态,则将其分割成若干个任意形状的单元体以后,每一个单元体仍然是平衡的;反之,分割后每一个单元体的平衡,也保证了整个物体的平衡。基于这样的理由,假想穿过物体作三组分别与 3 个坐标平面平行的截面,在物体内部,它们把物体分割成无数个微分平行六面体;在靠近物体的表面处,只要这三组平面取得足够密,则不失一般性地被切割成微分四面体(图 2-6)。如果分别考虑物体内部任意一个微分平行六面体和表面处任意一个微分四面体的平衡,可以导得平衡微分方程和应力边界条件。

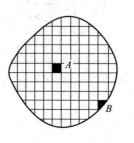

图 2-6

先考虑物体内任意一个微分平行六面体的平衡。设其三条棱边分别为 dx, dy, dz,为简单起见,把 3 个坐标轴取得与 3 个棱边重合(图 2-7)。设在 $x = 0$ 的那一个微分面上的应力分量为 $\sigma_x, \tau_{xy}, \tau_{xz}$(由于平行六面体的每一个面是无限小的,所以作用在这些面上的应力可看作为均匀分布的),它们的指向按规定应该和坐标轴的正方向相反。在 $x = dx$ 的微分面上,x 改变了 dx,将它们按多元函数泰勒(Taylor,B.)级数展开,如精确到一阶微量,则分别为

$$\sigma_x + \frac{\partial \sigma_x}{\partial x}dx, \quad \tau_{xy} + \frac{\partial \tau_{xy}}{\partial x}dx, \quad \tau_{xz} + \frac{\partial \tau_{xz}}{\partial x}dx$$

它们的指向按假定应与坐标轴的正方向一致。按完全同样的理由,可标出其他 4 个微分面上的应力分量。仍用 F_x, F_y, F_z 表示单位体积的体力在 3 个坐标方向的分量。由于这个平行六面体是平衡的,所以它满足静力平衡方程:

$$\sum F_x = 0, \quad \sum F_y = 0, \quad \sum F_z = 0$$
$$\sum M_x = 0, \quad \sum M_y = 0, \quad \sum M_z = 0$$

由 $\sum F_x = 0$,得

$$\left(\sigma_x + \frac{\partial \sigma_x}{\partial x}dx\right)dydz - \sigma_x dydz + \left(\tau_{yx} + \frac{\partial \tau_{yx}}{\partial y}dy\right)dxdz - \tau_{yx}dxdz +$$

$$\left(\tau_{zx} + \frac{\partial \tau_{zx}}{\partial z}dz\right)dxdy - \tau_{zx}dxdy + F_x dxdydz = 0$$

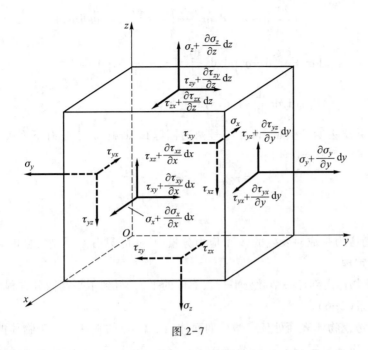

图 2-7

将上式同类项合并,再在等号两边同除 $\mathrm{d}x\mathrm{d}y\mathrm{d}z$,则得到如下的方程(后两式可由 $\sum F_y = 0, \sum F_z = 0$ 导出):

$$
\left.
\begin{aligned}
\frac{\partial \sigma_x}{\partial x} + \frac{\partial \tau_{yx}}{\partial y} + \frac{\partial \tau_{zx}}{\partial z} + F_x = 0 \left(= \rho \frac{\partial^2 u}{\partial t^2} \right) \\
\frac{\partial \tau_{xy}}{\partial x} + \frac{\partial \sigma_y}{\partial y} + \frac{\partial \tau_{zy}}{\partial z} + F_y = 0 \left(= \rho \frac{\partial^2 v}{\partial t^2} \right) \\
\frac{\partial \tau_{xz}}{\partial x} + \frac{\partial \tau_{yz}}{\partial y} + \frac{\partial \sigma_z}{\partial z} + F_z = 0 \left(= \rho \frac{\partial^2 w}{\partial t^2} \right)
\end{aligned}
\right\}
\tag{2-5}
$$

上列 3 个方程给出了应力和体力的关系,称为**平衡微分方程**,又称**纳维方程**。

若考虑物体运动的情况,则式(2-5)的右边不为零,按牛顿第二定律,应等于括号里边的项。这里 ρ 表示物体的密度,u,v,w 表示物体内任一点的位移矢量在 3 个坐标方向的分量,$\frac{\partial^2 u}{\partial t^2}, \frac{\partial^2 v}{\partial t^2}, \frac{\partial^2 w}{\partial t^2}$ 表示加速度的 3 个分量。

式(2-5)还可表示为

$$
\sigma_{ij,j} + F_i = 0 \left(= \rho \frac{\partial^2 u_i}{\partial t^2} \right)
\tag{2-5$'$}
$$

这里,$(F_1, F_2, F_3) = (F_x, F_y, F_z)$,$(u_1, u_2, u_3) = (u, v, w)$,而 $\sigma_{ij,j}$ 表示应力分量对坐标的偏导数,例如 $\sigma_{12,1} = \sigma_{xy,x} = \frac{\partial \sigma_{xy}}{\partial x} = \frac{\partial \tau_{xy}}{\partial x}$,等等。

再由 $\sum M_x = 0$,得

$$
\left(\tau_{xz} + \frac{\partial \tau_{xz}}{\partial x}\mathrm{d}x - \tau_{xz} \right) \mathrm{d}y\mathrm{d}z \frac{\mathrm{d}y}{2} - \left(\tau_{xy} + \frac{\partial \tau_{xy}}{\partial x}\mathrm{d}x - \tau_{xy} \right) \mathrm{d}y\mathrm{d}z \frac{\mathrm{d}z}{2} -
$$

$$\left(\sigma_y+\frac{\partial\sigma_y}{\partial y}\mathrm{d}y-\sigma_y\right)\mathrm{d}x\mathrm{d}z\frac{\mathrm{d}z}{2}+\left(\tau_{yz}+\frac{\partial\tau_{yz}}{\partial y}\mathrm{d}y\right)\mathrm{d}x\mathrm{d}z\mathrm{d}y+$$

$$\left(\sigma_z+\frac{\partial\sigma_z}{\partial z}\mathrm{d}z-\sigma_z\right)\mathrm{d}y\mathrm{d}x\frac{\mathrm{d}y}{2}-\left(\tau_{zy}+\frac{\partial\tau_{zy}}{\partial z}\mathrm{d}z\right)\mathrm{d}y\mathrm{d}x\mathrm{d}z-$$

$$F_y\mathrm{d}x\mathrm{d}y\mathrm{d}z\frac{\mathrm{d}z}{2}+F_z\mathrm{d}x\mathrm{d}y\mathrm{d}z\frac{\mathrm{d}y}{2}=0$$

将此式简化并略去四阶微量,再在等号两边同除以 $\mathrm{d}x\mathrm{d}y\mathrm{d}z$,于是有下列关系式(后两式可由 $\sum M_y=0$,$\sum M_z=0$ 导出):

$$\tau_{zy}=\tau_{yz},\quad \tau_{xz}=\tau_{zx},\quad \tau_{xy}=\tau_{yx} \tag{2-6}$$

或

$$\sigma_{ij}=\sigma_{ji} \tag{2-6$'$}$$

由此可见,切应力是成对发生的,9 个应力分量中,实际只有 6 个是独立的。这被称为**切应力互等定理**。

总之,从物体内部任一个微分平行六面体的平衡,得到了平衡微分方程(2-5)和切应力互等关系(2-6)。

现在要考虑物体表面处任一微分四面体(图 2-6)的平衡。由于物体的表面受到面力的作用,设单位面积上的面力的 3 个分量为 $\bar{f}_x,\bar{f}_y,\bar{f}_z$,物体表面外法线 v 的 3 个方向余弦为 l,m,n,则采用与 §2-3 所述同样的方法,得到

$$\left.\begin{aligned}\bar{f}_x&=\sigma_x l+\tau_{yx}m+\tau_{zx}n\\ \bar{f}_y&=\tau_{xy}l+\sigma_y m+\tau_{zy}n\\ \bar{f}_z&=\tau_{xz}l+\tau_{yz}m+\sigma_z n\end{aligned}\right\} \tag{2-7}$$

或写成

$$\bar{f}_i=\sigma_{ij}n_j \tag{2-7$'$}$$

其中,$(\bar{f}_1,\bar{f}_2,\bar{f}_3)=(\bar{f}_x,\bar{f}_y,\bar{f}_z)$,而 $(n_1,n_2,n_3)=(l,m,n)$。这一关系式给出了应力和面力之间的关系,称为**应力边界条件**。

从前面的推导可以看出,平衡微分方程和应力边界条件表示整个物体的平衡条件。前者表示物体内部的平衡,而后者表示物体边界部分的平衡。很显然,如已知应力分量满足平衡微分方程和应力边界条件,则物体是平衡的;反之,如物体是平衡的,则应力分量必须满足平衡微分方程和应力边界条件。但须指出,这里所指的平衡,仅仅是静力学上可能的平衡,未必是物体实际存在的平衡[①]。实际的平衡还要考虑物体变形的连续条件,这将在第三章和第五章中再作讨论。

---

① 从数学角度讲,平衡微分方程有 3 个,但有 6 个变量,因此解是不确定的,亦即有无穷多组解满足平衡微分方程和应力边界条件。这种平衡称为静力可能的平衡。如果在静力可能的条件下还保证物体的变形协调,则解答是唯一的。这才是物体实际存在的平衡。

§2-5 转轴时应力分量的变换

我们研究问题,总是在一个选定的坐标系下进行的。现在就产生一个问题:当坐标系改变时,同一点的各应力分量应作如何改变。

极易证明,如坐标系作平移变换,同一点的各应力分量是不会改变的,下面只考虑转轴的情形。

设在坐标系 $Oxyz$ 下,某一点(譬如 M 点)的 9 个应力分量为

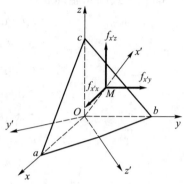

$$(\sigma_{ij}) = \begin{pmatrix} \sigma_x & \tau_{xy} & \tau_{xz} \\ \tau_{yx} & \sigma_y & \tau_{yz} \\ \tau_{zx} & \tau_{zy} & \sigma_z \end{pmatrix} \qquad (a)$$

现在让坐标系转过某一角度,得到新的坐标系 $Ox'y'z'$(图 2-8),设它与老坐标之间的关系如表 2-1 所示:

图 2-8

表 2-1

	x	y	z
x'	l_1	m_1	n_1
y'	l_2	m_2	n_2
z'	l_3	m_3	n_3

其中,$l_i,m_i,n_i(i=1,2,3)$ 表示 3 个新坐标轴对于老坐标轴的方向余弦。

如果

$$(\sigma_{i'j'}) = \begin{pmatrix} \sigma_{x'} & \tau_{x'y'} & \tau_{x'z'} \\ \tau_{y'x'} & \sigma_{y'} & \tau_{y'z'} \\ \tau_{z'x'} & \tau_{z'y'} & \sigma_{z'} \end{pmatrix} \qquad (b)$$

表示同一点在新坐标系下的 9 个应力分量,要建立它们中间的每一个分量与老坐标系下 9 个应力分量(a)之间的关系。为简单起见,将坐标原点 O 移到 M 点。这里,只要求出式(b)中第一行的 3 个应力分量 $\sigma_{x'},\tau_{x'y'},\tau_{x'z'}$ 就可以了,其他应力分量可通过 x', y',z' 三者的轮换(或按同理)求得。但应力分量 $\sigma_{x'},\tau_{x'y'},\tau_{x'z'}$ 按其定义表示作用在过 M 点并与 Ox' 轴垂直(因而当然与 $Oy'z'$ 平面重合)的微分面上的应力矢量 $\boldsymbol{f}_{x'}$,在 3 个新坐标轴上的分量。因此,如用 $f_{x'x},f_{x'y},f_{x'z}$ 表示 $\boldsymbol{f}_{x'}$ 在 3 个老坐标方向的分量,$\boldsymbol{e}_1',\boldsymbol{e}_2',\boldsymbol{e}_3'$ 表示 3 个新坐标轴的单位矢量,则有

$$\left. \begin{aligned} \sigma_{x'} &= \boldsymbol{f}_{x'} \cdot \boldsymbol{e}_1' = f_{x'x}l_1 + f_{x'y}m_1 + f_{x'z}n_1 \\ \tau_{x'y'} &= \boldsymbol{f}_{x'} \cdot \boldsymbol{e}_2' = f_{x'x}l_2 + f_{x'y}m_2 + f_{x'z}n_2 \\ \tau_{x'z'} &= \boldsymbol{f}_{x'} \cdot \boldsymbol{e}_3' = f_{x'x}l_3 + f_{x'y}m_3 + f_{x'z}n_3 \end{aligned} \right\} \qquad (c)$$

　　此外,如注意到过 M 点并与 Ox' 轴垂直的微分面对老坐标轴来说是倾斜的微分面,它的外法线方向即为 Ox' 轴的方向,其方向余弦为 l_1,m_1,n_1,故由关系式(2-4)得

$$\left.\begin{array}{l} f_{x'x}=\sigma_x l_1+\tau_{yx}m_1+\tau_{zx}n_1 \\ f_{x'y}=\tau_{xy}l_1+\sigma_y m_1+\tau_{zy}n_1 \\ f_{x'z}=\tau_{xz}l_1+\tau_{yz}m_1+\sigma_z n_1 \end{array}\right\} \qquad (d)$$

把式(d)代入式(c),整理后得到

$$\left.\begin{array}{l} \sigma_{x'}=\sigma_x l_1^2+\sigma_y m_1^2+\sigma_z n_1^2+ \\ \qquad 2\tau_{yz}m_1 n_1+2\tau_{zx}l_1 n_1+2\tau_{xy}l_1 m_1 \\ \tau_{x'y'}=\sigma_x l_1 l_2+\sigma_y m_1 m_2+\sigma_z n_1 n_2+ \\ \qquad \tau_{yz}(m_1 n_2+m_2 n_1)+\tau_{xz}(l_1 n_2+l_2 n_1)+ \\ \qquad \tau_{xy}(l_1 m_2+l_2 m_1) \\ \tau_{x'z'}=\sigma_x l_1 l_3+\sigma_y m_1 m_3+\sigma_z n_1 n_3+ \\ \qquad \tau_{yz}(m_1 n_3+m_3 n_1)+\tau_{xz}(l_1 n_3+l_3 n_1)+ \\ \qquad \tau_{xy}(l_1 m_3+l_3 m_1) \end{array}\right\} \qquad (2\text{-}8a)$$

通过 x',y',z' 三者的轮换,可得到其余 6 个应力分量

$$\left.\begin{array}{l} \sigma_{y'}=\sigma_x l_2^2+\sigma_y m_2^2+\sigma_z n_2^2+ \\ \qquad 2\tau_{yz}m_2 n_2+2\tau_{xz}l_2 n_2+2\tau_{xy}l_2 m_2 \\ \sigma_{z'}=\sigma_x l_3^2+\sigma_y m_3^2+\sigma_z n_3^2+2\tau_{yz}m_3 n_3+ \\ \qquad 2\tau_{xz}l_3 n_3+2\tau_{xy}l_3 m_3 \\ \tau_{y'z'}=\sigma_x l_2 l_3+\sigma_y m_2 m_3+\sigma_z n_2 n_3+ \\ \qquad \tau_{yz}(m_2 n_3+m_3 n_2)+\tau_{xz}(l_2 n_3+l_3 n_2)+ \\ \qquad \tau_{xy}(l_2 m_3+l_3 m_2) \end{array}\right\} \qquad (2\text{-}8b)$$

$$\tau_{z'y'}=\tau_{y'z'},\ \tau_{z'x'}=\tau_{x'z'},\ \tau_{y'x'}=\tau_{x'y'} \qquad (2\text{-}8c)$$

　　现在用 $n_{i'i}$ 表示式(2-8)中的 $l_i,m_i,n_i(i=1,2,3)$ 等 9 个量。$n_{i'i}$ 的下标 $i'=1',2',3'$ 对应于新坐标 x',y',z'(即 x_1',x_2',x_3');其下标 $i=1,2,3$ 对应于老坐标 x,y,z(即 x_1,x_2,x_3)。例如 $n_{2'3}$ 表示新坐标轴 y' 的单位矢量在老坐标轴 z 上的投影,即方向余弦 n_2。另外用 σ_{yz},σ_{xz} 和 σ_{xy} 分别表示 τ_{yz},τ_{xz} 和 τ_{xy}。于是式(2-8)又可表示为

$$\sigma_{i'j'}=\sigma_{ij}n_{i'i}n_{j'j} \qquad (2\text{-}8)'$$

　　关系式(2-8)表示,当坐标作转轴变换时,应力分量遵循二阶张量的变换规律,因此,这 9 个量组成一张量(二阶的)。显然,虽然转轴后各应力分量都改变了,但 9 个分量作为一个"整体",所描绘的一点的应力状态是不会改变的。由于 $\sigma_{ij}=\sigma_{ji}$,因此,应力张量是对称张量。

　　在平面的情况下,如 Oy' 轴与 Oy 轴成 φ 角(图 2-9),则新、老坐标的关系如表 2-2 所示:

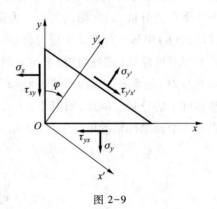

图 2-9

表 2-2

	x	y
x'	$\cos(-\varphi)$	$\cos[-(90°+\varphi)]$
y'	$\cos(90°-\varphi)$	$\cos(-\varphi)$

或写成表 2-3 所示的形式:

表 2-3

	x	y
x'	$\cos\varphi$	$-\sin\varphi$
y'	$\sin\varphi$	$\cos\varphi$

由式(2-8)可以求出

$$
\left.\begin{aligned}
\sigma_{x'} &= \sigma_x l_1^2 + \sigma_y m_1^2 + 2\tau_{xy} l_1 m_1 \\
\sigma_{y'} &= \sigma_x l_2^2 + \sigma_y m_2^2 + 2\tau_{xy} l_2 m_2 \\
\tau_{x'y'} &= \sigma_x l_1 l_2 + \sigma_y m_1 m_2 + \tau_{xy}(l_1 m_2 + l_2 m_1)
\end{aligned}\right\} \quad (e)
$$

把表 2-3 的关系代入式(e),得到

$$
\left.\begin{aligned}
\sigma_{x'} &= \sigma_x \cos^2\varphi + \sigma_y \sin^2\varphi - 2\tau_{xy}\cos\varphi\sin\varphi \\
\sigma_{y'} &= \sigma_x \sin^2\varphi + \sigma_y \cos^2\varphi + 2\tau_{xy}\cos\varphi\sin\varphi \\
\tau_{x'y'} &= (\sigma_x - \sigma_y)\cos\varphi\sin\varphi + \tau_{xy}(\cos^2\varphi - \sin^2\varphi)
\end{aligned}\right\} \quad (2\text{-}9)
$$

这是材料力学中用来解释莫尔圆的二次应力转换式。

§2-6 主应力 应力张量不变量

既然物体内任一确定点的 9 个应力分量要随着坐标系的旋转而分别改变,于是就产生了一个问题:对于这任一确定的点,能否找到这样一个坐标系,在这个坐标系下,该点只有正应力分量,而切应力分量为零;也就是说,通过该点,能否找到这样 3 个互相垂直的微分面,其上只有正应力而无切应力。回答是肯定的。把这样的微分面称为**主平面**,其法线方向称为**应力主方向**,而其上的应力称为**主应力**。

视频 2-3
主应力及最
大切应力

根据主应力和应力主方向的定义去建立它们所满足的方程。设通过 M 点(设坐标原点 O 与其重合)的与坐标倾斜的微分面 abc 为主平面(图 2-10),其法线方向(即主方向)v 的三个方向余弦为 l,m,n,而其上的应力矢量 f_v(即主应力)的三个分量为 f_{vx},f_{vy},f_{vz}。根据主平面的定义,其上的应力矢量应与它的法线方向平行,如以 σ 表示主应力的值,于是有

$$(f_{vx}, f_{vy}, f_{vz}) = \sigma(l, m, n)$$

或者写成

$$f_{vx} = \sigma l, \quad f_{vy} = \sigma m, \quad f_{vz} = \sigma n \qquad (a)$$

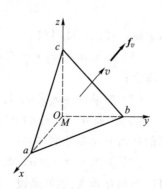

图 2-10

但另一方面,根据式(2-4),有

$$f_{vx}=\sigma_x l+\tau_{yx}m+\tau_{zx}n, \quad f_{vy}=\tau_{xy}l+\sigma_y m+\tau_{zy}n, \quad f_{vz}=\tau_{xz}l+\tau_{yz}m+\sigma_z n \tag{b}$$

式(b)与式(a)联立,并移项得

$$\left.\begin{array}{l}(\sigma_x-\sigma)l+\tau_{yx}m+\tau_{zx}n=0\\[2mm]\tau_{xy}l+(\sigma_y-\sigma)m+\tau_{zy}n=0\\[2mm]\tau_{xz}l+\tau_{yz}m+(\sigma_z-\sigma)n=0\end{array}\right\} \tag{2-10}$$

这就是应力主方向所满足的方程,它为线性齐次代数方程组。欲使(l,m,n)有非零解,其系数行列式必须为零,即

$$\begin{vmatrix} \sigma_x-\sigma & \tau_{yx} & \tau_{zx} \\ \tau_{xy} & \sigma_y-\sigma & \tau_{zy} \\ \tau_{xz} & \tau_{yz} & \sigma_z-\sigma \end{vmatrix}=0$$

展开以后得到

$$\sigma^3-I_1\sigma^2+I_2\sigma-I_3=0 \tag{2-11}$$

其中

$$\left.\begin{array}{l}I_1=\sigma_x+\sigma_y+\sigma_z\\[2mm]I_2=\sigma_y\sigma_z+\sigma_x\sigma_z+\sigma_x\sigma_y-\tau_{yz}^2-\tau_{xz}^2-\tau_{xy}^2\\[2mm]I_3=\begin{vmatrix} \sigma_x & \tau_{yx} & \tau_{zx} \\ \tau_{xy} & \sigma_y & \tau_{zy} \\ \tau_{xz} & \tau_{yz} & \sigma_z \end{vmatrix}\end{array}\right\} \tag{2-12}$$

方程(2-11)称为**应力状态特征方程**,而I_1,I_2,I_3称为**应力张量不变量**(依次称为第一、第二和第三不变量)。其不变的含义是:当坐标系旋转时,每个应力分量都要随之改变,但这 3 个量是不变的。它之所以不变,毋须从数学上严格证明,而只要说明下面这一点就可以了:方程的根代表主应力,它的大小和方向在物体的形状和引起内力的因素确定以后是完全确定的,也就是说,它是不会随坐标的改变而改变的。由于方程(2-11)的根不变,故其系数也不变。

可以证明,方程(2-11)有 3 个实根。如果用$\sigma_1,\sigma_2,\sigma_3$表示这 3 个根,则它们分别代表了该点的 3 个主应力。至于其方向,可通过把$\sigma_1,\sigma_2,\sigma_3$分别代入方程组(2-10),再利用关系式

$$l^2+m^2+n^2=1 \tag{2-13}$$

而求得。现在要证明如下三点:

(1) 如果$\sigma_1\neq\sigma_2\neq\sigma_3$,即方程(2-11)无重根,则它们的方向即应力主方向必相互垂直;

(2) 如果$\sigma_1=\sigma_2\neq\sigma_3$,即方程(2-11)有两重根,则$\sigma_3$的方向必同时垂直于$\sigma_1$和$\sigma_2$的方向,而$\sigma_1$和$\sigma_2$的方向可以相互垂直,也可以不相互垂直,也就是说,与σ_3垂直的任何方向都是主方向;

(3) 如果$\sigma_1=\sigma_2=\sigma_3$,即方程(2-11)有三重根,则 3 个主方向可以相互垂直,也可以不相互垂直,也就是说,任何方向都是主方向。

为了证明上述三种情况,假设$\sigma_1,\sigma_2,\sigma_3$的方向分别为$(l_1,m_1,n_1)$,$(l_2,m_2,n_2)$,

(l_3, m_3, n_3)，它们都要满足方程(2-10)，于是有

$$
\left.\begin{aligned}
(\sigma_x - \sigma_1)l_1 + \tau_{yx}m_1 + \tau_{zx}n_1 &= 0\\
\tau_{xy}l_1 + (\sigma_y - \sigma_1)m_1 + \tau_{zy}n_1 &= 0\\
\tau_{xz}l_1 + \tau_{yz}m_1 + (\sigma_z - \sigma_1)n_1 &= 0
\end{aligned}\right\} \tag{c}
$$

$$
\left.\begin{aligned}
(\sigma_x - \sigma_2)l_2 + \tau_{yx}m_2 + \tau_{zx}n_2 &= 0\\
\tau_{xy}l_2 + (\sigma_y - \sigma_2)m_2 + \tau_{zy}n_2 &= 0\\
\tau_{xz}l_2 + \tau_{yz}m_2 + (\sigma_z - \sigma_2)n_2 &= 0
\end{aligned}\right\} \tag{d}
$$

$$
\left.\begin{aligned}
(\sigma_x - \sigma_3)l_3 + \tau_{yx}m_3 + \tau_{zx}n_3 &= 0\\
\tau_{xy}l_3 + (\sigma_y - \sigma_3)m_3 + \tau_{zy}n_3 &= 0\\
\tau_{xz}l_3 + \tau_{yz}m_3 + (\sigma_z - \sigma_3)n_3 &= 0
\end{aligned}\right\} \tag{e}
$$

分别把式(c)的第一、第二、第三式乘以 l_2, m_2, n_2，而式(d)的第一、第二、第三式乘以 $(-l_1), (-m_1), (-n_1)$，然后，将六个式子相加，得

$$
(\sigma_1 - \sigma_2)(l_1 l_2 + m_1 m_2 + n_1 n_2) = 0 \tag{f}
$$

同理

$$
(\sigma_1 - \sigma_3)(l_1 l_3 + m_1 m_3 + n_1 n_3) = 0 \tag{g}
$$

$$
(\sigma_2 - \sigma_3)(l_2 l_3 + m_2 m_3 + n_2 n_3) = 0 \tag{h}
$$

由式(f)、(g)和(h)可以看出，如 $\sigma_1 \neq \sigma_2 \neq \sigma_3$，则有

$$
\left.\begin{aligned}
l_1 l_2 + m_1 m_2 + n_1 n_2 &= 0\\
l_1 l_3 + m_1 m_3 + n_1 n_3 &= 0\\
l_2 l_3 + m_2 m_3 + n_2 n_3 &= 0
\end{aligned}\right\} \tag{i}
$$

这说明三个主方向是互相垂直的。如 $\sigma_1 = \sigma_2 \neq \sigma_3$，则有

$$
l_1 l_3 + m_1 m_3 + n_1 n_3 = 0
$$
$$
l_2 l_3 + m_2 m_3 + n_2 n_3 = 0
$$

而

$$
l_1 l_2 + m_1 m_2 + n_1 n_2
$$

可以等于零，也可以不等于零。这说明 σ_3 的方向同时与 σ_1 和 σ_2 的方向垂直，而 σ_1 与 σ_2 的方向之间可以垂直，也可以不垂直。也就是说，与 σ_3 垂直的方向都是主方向。如 $\sigma_1 = \sigma_2 = \sigma_3$，则

$$
l_1 l_2 + m_1 m_2 + n_1 n_2, \quad l_1 l_3 + m_1 m_3 + n_1 n_3, \quad l_2 l_3 + m_2 m_3 + n_2 n_3
$$

三者可以是零，也可以不是零，这说明 3 个主方向可以互相垂直，也可以不垂直，也就是说，任何方向都是主方向。这样，完全证明了上述的论断。

还可以证明，在通过同一点的所有微分面上的正应力中，最大的和最小的是主应力。

§ 2-7   最大切应力

现在要寻求过物体内某一点 M 的这样一个微分面，在这个微分面上，切应力达最大值。为简单起见，仍将坐标原点放在 M 点，且坐标轴与该点的 3 个主方向重合

（图 2-11），则过该点并与坐标倾斜的微分面上的应力为

$$f_{vx} = \sigma_1 l, \quad f_{vy} = \sigma_2 m, \quad f_{vz} = \sigma_3 n$$

其中 l, m, n 为这个微分面的外法线的方向余弦。如果以 f_v 表示此微分面上应力矢量的大小，σ_v, τ_v 分别表示此微分面上的正应力与切应力，则有

$$f_v = \sqrt{f_{vx}^2 + f_{vy}^2 + f_{vz}^2} = \sqrt{\sigma_1^2 l^2 + \sigma_2^2 m^2 + \sigma_3^2 n^2}$$

$$\sigma_v = f_{vx} l + f_{vy} m + f_{vz} n = \sigma_1 l^2 + \sigma_2 m^2 + \sigma_3 n^2$$

而

$$\tau_v^2 = f_v^2 - \sigma_v^2 = \sigma_1^2 l^2 + \sigma_2^2 m^2 + \sigma_3^2 n^2 - (\sigma_1 l^2 + \sigma_2 m^2 + \sigma_3 n^2)^2 \qquad (2\text{-}14)$$

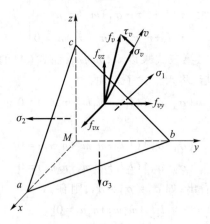

图 2-11

现在要问：当 l, m, n 取何值时，τ_v^2 取极值？从式（2-14）和关系式

$$l^2 + m^2 + n^2 = 1 \qquad (2\text{-}15)$$

中消去方向余弦中的一个，譬如先消去 n，得到

$$\tau_v^2 = (\sigma_1^2 - \sigma_3^2) l^2 + (\sigma_2^2 - \sigma_3^2) m^2 + \sigma_3^2 - $$
$$[(\sigma_1 - \sigma_3) l^2 + (\sigma_2 - \sigma_3) m^2 + \sigma_3]^2 \qquad (\text{a})$$

为了求得极值，令 $\dfrac{\partial}{\partial l}(\tau_v^2) = 0, \dfrac{\partial}{\partial m}(\tau_v^2) = 0$，于是有

$$\left.\begin{array}{l}(\sigma_1^2 - \sigma_3^2) l - 2[(\sigma_1 - \sigma_3) l^2 + (\sigma_2 - \sigma_3) m^2 + \sigma_3](\sigma_1 - \sigma_3) l = 0 \\ (\sigma_2^2 - \sigma_3^2) m - 2[(\sigma_1 - \sigma_3) l^2 + (\sigma_2 - \sigma_3) m^2 + \sigma_3](\sigma_2 - \sigma_3) m = 0\end{array}\right\} \qquad (\text{b})$$

分三种情况来考虑：

（1）如 $\sigma_1 \neq \sigma_2 \neq \sigma_3$，将式（b）的第一式除以 $(\sigma_1 - \sigma_3)$，第二式除以 $(\sigma_2 - \sigma_3)$，并加以整理，得

$$\left.\begin{array}{l}\{(\sigma_1 - \sigma_3) - 2[(\sigma_1 - \sigma_3) l^2 + (\sigma_2 - \sigma_3) m^2]\} l = 0 \\ \{(\sigma_2 - \sigma_3) - 2[(\sigma_1 - \sigma_3) l^2 + (\sigma_2 - \sigma_3) m^2]\} m = 0\end{array}\right\} \qquad (\text{c})$$

方程（c）有 3 组解答：第一组是 $l = 0, m = 0$；第二组是 $l = 0, m = \pm\dfrac{1}{\sqrt{2}}$；第三组是 $l = \pm\dfrac{1}{\sqrt{2}}$，$m = 0$。有了 l 和 m，就可以从式（2-15）求得相应的 n，再由式（2-14）求相应的 τ_v^2。

同理可从式（2-14）和式（2-15）中分别消去 l 和 m，再重复以上完全同样的做法，

由于其中有几个解是重复的,故总共得到 6 组解答,如表 2-4 所示:

表 2-4

l	0	0	± 1	0	$\pm\dfrac{1}{\sqrt{2}}$	$\pm\dfrac{1}{\sqrt{2}}$
m	0	± 1	0	$\pm\dfrac{1}{\sqrt{2}}$	0	$\pm\dfrac{1}{\sqrt{2}}$
n	± 1	0	0	$\pm\dfrac{1}{\sqrt{2}}$	$\pm\dfrac{1}{\sqrt{2}}$	0
τ_v	0	0	0	$\pm\dfrac{\sigma_2-\sigma_3}{2}$	$\pm\dfrac{\sigma_3-\sigma_1}{2}$	$\pm\dfrac{\sigma_1-\sigma_2}{2}$

表中的前三组解答对应于主平面,而后三组解答对应于经过主轴之一而平分其他两主轴夹角的平面(图 2-12),其上的切应力,称为**主切应力**,其中包括最大和最小的切应力。它们是

$$\tau_1=\pm\frac{\sigma_2-\sigma_3}{2},\quad \tau_2=\pm\frac{\sigma_3-\sigma_1}{2},\quad \tau_3=\pm\frac{\sigma_1-\sigma_2}{2}$$

如 $\sigma_1>\sigma_2>\sigma_3$,则最大切应力为

$$\tau_{\max}=\frac{\sigma_1-\sigma_3}{2} \tag{2-16}$$

它作用在过 Oy 轴而平分 Ox 轴和 Oz 轴的夹角的微分平面上(图 2-12b)。

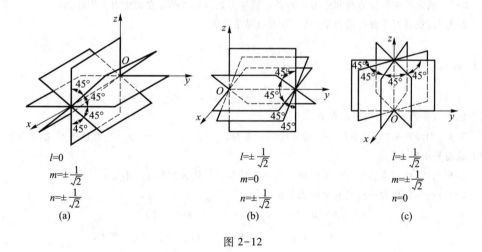

图 2-12

(2)如两个主应力相等,例如 $\sigma_1=\sigma_3>\sigma_2$,则式(b)的第一式已满足,从它的第二式,有

$$\{(\sigma_2-\sigma_3)-2[(\sigma_2-\sigma_3)m^2]\}m=0$$

由此得

$$m=0 \quad \text{或} \quad m=\pm\frac{1}{\sqrt{2}}$$

将 $m=0$ 和 $\sigma_1=\sigma_3$ 代入式（a），得 $\tau_v=0$，这不是极值。将 $m^2=\dfrac{1}{2}$，$\sigma_1=\sigma_3$ 代入式（a），得

$$\tau_v=\tau_3=\pm\frac{\sigma_1-\sigma_2}{2} \tag{2-17}$$

这是最大切应力，其作用面可如下求得：把 $m^2=\dfrac{1}{2}$ 代入式（2-15），得

$$l^2+n^2=\frac{1}{2}$$

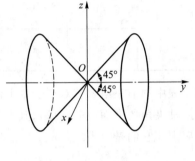

图 2-13

其中的 l 可以由 0 变到 $\pm\dfrac{1}{\sqrt{2}}$，而 n 可以由 $\pm\dfrac{1}{\sqrt{2}}$ 变到 0。因此，这个最大切应力发生在与一个圆锥面相切的微分面上，如图 2-13 所示，这圆锥面与 y 轴成 $45°$ 角。

（3）如 $\sigma_1=\sigma_2=\sigma_3$，从式（a）可知，过该点的任何微分面上都没有切应力。

思考题与习题

2-1 什么叫做一点的应力状态？如何表示一点的应力状态？

2-2 满足平衡微分方程和应力边界条件的应力是否是实际存在的应力？为什么？

2-3 试论证对于弹性动力学问题，应力边界条件为

$$\overline{f}_x=\sigma_x l+\tau_{yx}m+\tau_{zx}n$$
$$\overline{f}_y=\tau_{xy}l+\sigma_y m+\tau_{zy}n$$
$$\overline{f}_z=\tau_{xz}l+\tau_{yz}m+\sigma_z n$$

这里的应力分量和面力与时间有关。

2-4 如何理解"转轴后同一点的各应力分量都改变了，但它们作为一个整体所描绘的一点的应力状态是不变的"？

2-5 什么叫做应力张量的不变量？其不变的含义是什么？为什么不变？

2-6 已知物体内一点的 6 个应力分量为

$$\sigma_x=500\times10^5\ \text{Pa},\quad \sigma_y=0,\quad \sigma_z=-300\times10^5\ \text{Pa}$$
$$\tau_{yz}=-750\times10^5\ \text{Pa},\quad \tau_{xz}=800\times10^5\ \text{Pa},\quad \tau_{xy}=500\times10^5\ \text{Pa}$$

试求法线方向余弦为 $l=\dfrac{1}{2}$，$m=\dfrac{1}{2}$，$n=\dfrac{1}{\sqrt{2}}$ 的微分面上的应力：总应力 f_v，正应力 σ_v 和切应力 τ_v。

2-7 已知 6 个应力分量 σ_x，σ_y，σ_z，τ_{yz}，τ_{xz}，τ_{xy} 中，$\sigma_z=\tau_{yz}=\tau_{xz}=0$，试求应力张量不变量并导出主应力公式。

2-8 已知一点的 6 个应力分量为

$$\sigma_x=1\ 000\times10^5\ \text{Pa},\quad \sigma_y=500\times10^5\ \text{Pa}$$
$$\sigma_z=-100\times10^5\ \text{Pa},\quad \tau_{yz}=300\times10^5\ \text{Pa}$$
$$\tau_{xz}=-200\times10^5\ \text{Pa},\quad \tau_{xy}=400\times10^5\ \text{Pa}$$

试求该点的主应力和应力主方向,并求出主切应力。

2-9　证明:在通过同一点的所有微分面上的正应力中,最大和最小的是主应力。

2-10　设物体内某点的主应力 $\sigma_1,\sigma_2,\sigma_3$ 及其主方向为已知,将坐标轴与应力主方向取得一致。试求

$$l=m=n=\frac{1}{\sqrt{3}}$$

的微分面上的应力。

2-11　一个任意形状的物体,其表面受均匀压力 p 作用,如果不计其体力,试验证应力分量

$$\sigma_x=\sigma_y=\sigma_z=-p,\quad \tau_{yz}=\tau_{xz}=\tau_{xy}=0$$

是否满足平衡微分方程和该问题的应力边界条件。

2-12　基础的悬臂伸出部分(图 2-14),具有三角形形状,处于强度为 q 的均匀压力作用下,已求出应力分量为

$$\sigma_x=A\left(-\arctan\frac{y}{x}-\frac{xy}{x^2+y^2}+C\right)$$

$$\sigma_y=A\left(-\arctan\frac{y}{x}+\frac{xy}{x^2+y^2}+B\right)$$

$$\sigma_z=\tau_{yz}=\tau_{xz}=0,\quad \tau_{xy}=-A\frac{y^2}{x^2+y^2}$$

试根据应力边界条件确定常数 A,B 和 C。

2-13　图 2-15 表示一三角形水坝,已求得应力分量

$$\sigma_x=Ax+By,\quad \sigma_y=Cx+Dy,\quad \sigma_z=0$$

$$\tau_{yz}=\tau_{xz}=0,\quad \tau_{xy}=-Dx-Ay-\rho gx$$

ρ 和 ρ_1 分别表示坝身和液体的密度。试根据应力边界条件确定常数 A,B,C,D。

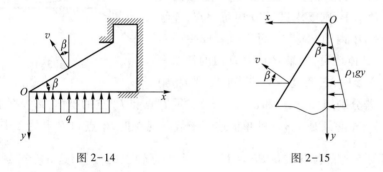

图 2-14　　　　　　　　　　图 2-15

2-14　一物体在体力和面力作用下处于平衡状态。试通过从其内取出的大小和形状完全任意的局部体的平衡条件,导出平衡微分方程。

提示:已知关系式(2-4)。

第三章 应变状态理论

在外力(或温度变化)作用下,物体内部各部分之间要产生相对运动。物体的这种运动形态,称为变形。"应变状态理论"是专门分析研究物体的变形的,它和"应力状态理论"一样,都是弹性力学的基本组成部分之一。它的任务有两个:(1)分析一点的应变状态;(2)建立几何方程和应变协调方程。由于这里只是从几何学观点出发分析研究物体的变形本身,而并不涉及产生变形的原因和物体的物理性能,所以本章所得的结果对一切连续介质都是适用的。

§3-1 位移分量和应变分量 两者的关系

设原来占据空间某一位置 D 的物体,在外力或温度变化的作用下占据空间另一位置 D_1(图 3-1)。在这过程中,物体可能同时发生两种变化:一种是位置的变化(这部分相当于刚体运动),另一种是形状的变化。

由物体的连续性假设,要求在变形前连续的物体变形以后仍保持为连续体。这一物理的要求,反映在数学上,则要求区域 D 内每一点,连续变化到区域 D_1 内的相应点,而且两者成一一对应的关系。具体地说,如果 P 点为 D 内的任意一点,在物体变形后,它经过一个位移而变到 D_1 中

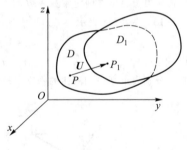

图 3-1

的一点 P_1;若分别用(x,y,z)和(x_1,y_1,z_1)表示 P 点和 P_1 点的坐标,则根据上述要求,这里的 x_1,y_1,z_1 必须是 x,y,z 的单值连续函数。现在把 P_1 点和 P 点的 3 个坐标对应地相减,可得 P 点的位移矢量 $\overrightarrow{PP_1}=U$ 在 3 个坐标轴上的分量,这 3 个分量简称为**位移分量**。如用 u,v,w 表示位移分量,则有

$$\left. \begin{array}{l} u=x_1(x,y,z)-x=u(x,y,z) \\ v=y_1(x,y,z)-y=v(x,y,z) \\ w=z_1(x,y,z)-z=w(x,y,z) \end{array} \right\} \tag{3-1}$$

显然,这里的 u,v,w 也必须是 x,y,z 的单值连续函数。为了以后运算的需要,还假定它们具有连续到三阶的偏导数。

为了进一步研究物体的变形情况,假想把物体分割成无数个微分平行六面体,使它们的 6 个面分别与 3 个坐标平面平行。显然,如果其中每一个微分平行六面体的变形为已知,则整个物体的变形情况就知道了。暂不考虑变形后每一个微分平行六面体的方位,则它的变形可归结为棱边的伸长(或缩短)与棱边间夹角的变化。以后分别

用**正应变**(又称伸长率)与**切应变**表示棱边的伸长与棱边间夹角的变化。

　　现在考虑其中任意一个微分平行六面体的变形,设其变形前的三条棱边为 MA,MB,MC,变形后分别变为 $M'A'$,$M'B'$,$M'C'$(图 3-2)。如果用 ε_x,ε_y,ε_z 分别表示棱边 MA,MB 和 MC 的伸长率——正应变,用 γ_{yz},γ_{xz},γ_{xy} 分别表示 MC 与 MB 之间、MA 与 MC 之间和 MA 与 MB 之间夹角的变化——切应变,则有

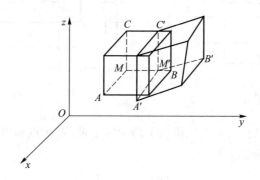

图 3-2

$$
\begin{aligned}
&\varepsilon_x = \frac{M'A'-MA}{MA}, \quad \gamma_{yz} = \frac{\pi}{2} - \angle C'M'B' \\[2mm]
&\varepsilon_y = \frac{M'B'-MB}{MB}, \quad \gamma_{xz} = \frac{\pi}{2} - \angle C'M'A' \\[2mm]
&\varepsilon_z = \frac{M'C'-MC}{MC}, \quad \gamma_{xy} = \frac{\pi}{2} - \angle A'M'B'
\end{aligned}
\right\} \tag{3-2}
$$

这 6 个分量中的每一个都称为**应变分量**。

　　下面要建立应变分量和位移分量之间的关系。为便于计算,先将问题作些简化。容易想象,在物体变形之前与坐标轴平行的微分线段 MA,MB,MC,在物体变形时,一般都要各自旋转某一角度。但由于考虑的是小变形,如果假设在物体内各点的位移中,不包括纯属物体位置变化(即刚体运动)的那部分,也就是说,物体内各点的位移全由它自己的大小和形状的变化引起,则物体内上述微分线段各自的转角是极其微小的。因此,在以后的推导中,可以用 $M'A'$,$M'B'$ 和 $M'C'$ 分别在 Ox 轴、Oy 轴和 Oz 轴上的投影来代替它们的实际长度,用 $M'B'$ 和 $M'C'$,$M'C'$ 和 $M'A'$ 以及 $M'A'$ 和 $M'B'$ 分别在 Oyz 平面、Oxz 平面以及 Oxy 平面上投影间的夹角来代替它们实际的夹角。这样做,显然不会导致明显的误差,却使问题大大简化了一步。

　　下面,将此微分平行六面体分别投影到 3 个坐标平面上(图 3-3),根据上述理由,只要考虑它们的变形就可以了。譬如,考虑在 Oxy 平面上投影部分的变形。用 ma,mb 表示 MA,MB 在 Oxy 平面上的投影,而 $m'a'$,$m'b'$ 表示变形后的 MA,MB(即 $M'A'$ 和 $M'B'$)在 Oxy 平面上的投影(图 3-4)。设微分平行六面体的三条棱边长度为 $\mathrm{d}x$,$\mathrm{d}y$,$\mathrm{d}z$,M 点的坐标为 (x,y,z),于是,如果用 $u(x,y,z)$,$v(x,y,z)$ 表示 M 点的位移矢量分别在 Ox 和 Oy 轴上的分量,则 A 点和 B 点的相应的位移分别为

$$u(x+\mathrm{d}x,y,z), \quad v(x+\mathrm{d}x,y,z)$$
$$u(x,y+\mathrm{d}y,z), \quad v(x,y+\mathrm{d}y,z)$$

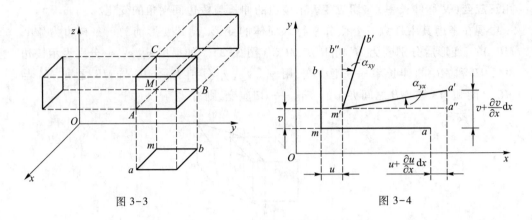

图 3-3　　　　　　　　　　　　　　　　　图 3-4

按多元函数泰勒级数展开,略去二阶以上的无穷小量,则 A 点和 B 点的位移矢量在 Ox 和 Oy 轴上的分量可分别表示为

$$u+\frac{\partial u}{\partial x}\mathrm{d}x,\quad v+\frac{\partial v}{\partial x}\mathrm{d}x$$

$$u+\frac{\partial u}{\partial y}\mathrm{d}y,\quad v+\frac{\partial v}{\partial y}\mathrm{d}y$$

$m'a'$ 在 Ox 轴上的投影(等于 $M'A'$ 在 Ox 轴上的投影)$m'a''$ 为

$$m'a''=\mathrm{d}x+u+\frac{\partial u}{\partial x}\mathrm{d}x-u=\mathrm{d}x+\frac{\partial u}{\partial x}\mathrm{d}x\approx M'A'$$

于是

$$\varepsilon_x=\frac{M'A'-MA}{MA}\approx\frac{m'a''-\mathrm{d}x}{\mathrm{d}x}$$

$$=\frac{\mathrm{d}x+\dfrac{\partial u}{\partial x}\mathrm{d}x-\mathrm{d}x}{\mathrm{d}x}=\frac{\partial u}{\partial x}\tag{a}$$

同理

$$\varepsilon_y=\frac{\partial v}{\partial y},\quad \varepsilon_z=\frac{\partial w}{\partial z}\tag{b}$$

这样,就得到了过物体内任意点 M 并分别与 3 个坐标轴平行的微分线段的伸长率——正应变。当 ε_x,ε_y 和 ε_z 大于零时,表示线段伸长,反之则表示缩短。

令 α_{yx} 表示与 Ox 轴平行的微分线段 ma 向 Oy 轴转过的角度,α_{xy} 表示与 Oy 轴平行的微分线段 mb 向 Ox 轴转过的角度(图 3-4),则切应变分量

$$\gamma_{xy}=\frac{\pi}{2}-\angle B'M'A'\approx\frac{\pi}{2}-\angle b'm'a'=\alpha_{xy}+\alpha_{yx}\tag{c}$$

这里

$$\alpha_{yx}\approx\tan\alpha_{yx}=\frac{a''a'}{m'a''}=\frac{v+\dfrac{\partial v}{\partial x}\mathrm{d}x-v}{\mathrm{d}x+\dfrac{\partial u}{\partial x}\mathrm{d}x}=\frac{\dfrac{\partial v}{\partial x}}{1+\dfrac{\partial u}{\partial x}}$$

因在小变形下$\dfrac{\partial u}{\partial x}$与 1 相比是一小量,可以略去不计,于是

$$\alpha_{yx} = \frac{\partial v}{\partial x} \qquad\qquad (\text{d})$$

同理

$$\alpha_{xy} = \frac{\partial u}{\partial y} \qquad\qquad (\text{e})$$

α_{yx},α_{xy} 可正也可负,其正负号有如下的几何意义:例如,当 α_{yx} 大于零时,表示 v 随 x 而增加,即表明与 Ox 轴平行的微分线段 ma 从 Ox 轴的正向朝 Oy 轴的正向旋转;同理,α_{xy} 大于零表示与 Oy 轴平行的微分线段 mb 从 Oy 轴的正向朝 Ox 轴的正向旋转。将式(d)和式(e)代入式(c),得

$$\gamma_{xy} = \frac{\partial v}{\partial x} + \frac{\partial u}{\partial y}$$

顺次轮换 x,y,z 和 u,v,w,则可得其他两个切应变分量

$$\gamma_{xz} = \frac{\partial u}{\partial z} + \frac{\partial w}{\partial x}, \quad \gamma_{yz} = \frac{\partial w}{\partial y} + \frac{\partial v}{\partial z}$$

当 γ_{xz},γ_{yz} 和 γ_{xy} 大于零时,表示角度缩小,反之则表示角度扩大。

综上所述,得到了如下 6 个关系式:

$$\left.\begin{aligned}
\varepsilon_x &= \frac{\partial u}{\partial x}, & \gamma_{yz} &= \frac{\partial w}{\partial y} + \frac{\partial v}{\partial z} \\[2mm]
\varepsilon_y &= \frac{\partial v}{\partial y}, & \gamma_{xz} &= \frac{\partial u}{\partial z} + \frac{\partial w}{\partial x} \\[2mm]
\varepsilon_z &= \frac{\partial w}{\partial z}, & \gamma_{xy} &= \frac{\partial v}{\partial x} + \frac{\partial u}{\partial y}
\end{aligned}\right\} \qquad (3\text{-}3)$$

方程组(3-3)称为**几何方程**,又称**柯西方程**,它给出了 6 个应变分量与 3 个位移分量之间的关系。如果已知位移分量,则不难通过式(3-3)求偏导数得到应变分量。反之,如果给出应变分量求位移分量,则问题比较复杂,§3-6 中将对这一问题进行专门研究。

如果对式(3-3)中后一列的 3 个式子两边同除以 2,并令

$$\frac{1}{2}\gamma_{yz} = \varepsilon_{yz}, \quad \frac{1}{2}\gamma_{xz} = \varepsilon_{xz}, \quad \frac{1}{2}\gamma_{xy} = \varepsilon_{xy} \qquad (3\text{-}4)$$

则它又可表示为

$$\varepsilon_{ij} = \frac{1}{2}(u_{i,j} + u_{j,i}) \qquad (3\text{-}3)'$$

§3-2　相对位移张量　转动分量

由式(3-3)可知,6 个应变分量是通过位移分量的 9 个一阶偏导数,即

视频 3-2
相对位移张
量及转动分
量

$$\begin{pmatrix} \dfrac{\partial u}{\partial x} & \dfrac{\partial u}{\partial y} & \dfrac{\partial u}{\partial z} \\[2mm] \dfrac{\partial v}{\partial x} & \dfrac{\partial v}{\partial y} & \dfrac{\partial v}{\partial z} \\[2mm] \dfrac{\partial w}{\partial x} & \dfrac{\partial w}{\partial y} & \dfrac{\partial w}{\partial z} \end{pmatrix} \tag{3-5}$$

表示的,这 9 个量组成的集合,称为**相对位移张量**。对于单连通物体[①],若已知其相对位移张量,并假设位移分量具有二阶或二阶以上的连续偏导数,则可以通过积分求得连续单值的位移分量。这表明,相对位移张量完全确定了物体的变形情况。

引入

$$\boldsymbol{\omega} = \nabla \times \boldsymbol{U} \tag{3-6}$$

其中 $\nabla = \boldsymbol{e}_1 \dfrac{\partial}{\partial x} + \boldsymbol{e}_2 \dfrac{\partial}{\partial y} + \boldsymbol{e}_3 \dfrac{\partial}{\partial z}$ 为那勃勒算子,$\boldsymbol{U}$ 是位移矢量;不难算得 $\boldsymbol{\omega}$ 的 3 个分量为

$$\left. \begin{aligned} \omega_x &= \frac{\partial w}{\partial y} - \frac{\partial v}{\partial z} \\[2mm] \omega_y &= \frac{\partial u}{\partial z} - \frac{\partial w}{\partial x} \\[2mm] \omega_z &= \frac{\partial v}{\partial x} - \frac{\partial u}{\partial y} \end{aligned} \right\} \tag{3-6$'$}$$

这里的 $\boldsymbol{\omega}$ 称为**转动矢量**,而 $\omega_x, \omega_y, \omega_z$ 称为**转动分量**。

利用式(3-3)式(3-6)$'$,可将相对位移张量分解为两个张量:

$$\begin{pmatrix} \dfrac{\partial u}{\partial x} & \dfrac{\partial u}{\partial y} & \dfrac{\partial u}{\partial z} \\[2mm] \dfrac{\partial v}{\partial x} & \dfrac{\partial v}{\partial y} & \dfrac{\partial v}{\partial z} \\[2mm] \dfrac{\partial w}{\partial x} & \dfrac{\partial w}{\partial y} & \dfrac{\partial w}{\partial z} \end{pmatrix} = \begin{pmatrix} \varepsilon_x & \dfrac{1}{2}\gamma_{xy} & \dfrac{1}{2}\gamma_{xz} \\[2mm] \dfrac{1}{2}\gamma_{xy} & \varepsilon_y & \dfrac{1}{2}\gamma_{yz} \\[2mm] \dfrac{1}{2}\gamma_{xz} & \dfrac{1}{2}\gamma_{yz} & \varepsilon_z \end{pmatrix} + \begin{pmatrix} 0 & -\dfrac{1}{2}\omega_z & \dfrac{1}{2}\omega_y \\[2mm] \dfrac{1}{2}\omega_z & 0 & -\dfrac{1}{2}\omega_x \\[2mm] -\dfrac{1}{2}\omega_y & \dfrac{1}{2}\omega_x & 0 \end{pmatrix} \tag{3-7}$$

式(3-7)等号右边的第一项为对称张量,表示微元体的纯变形,称为**应变张量**,第二项为反对称张量,下面要论证,它表示微元体的刚性转动,即表示物体变形后微元体的方位变化。

试在变形前的物体内任取微分线段 AB,点 A, B 的坐标分别为 (x, y, z) 和 $(x+\mathrm{d}x, y+\mathrm{d}y, z+\mathrm{d}z)$,在物体变形后,点 A 和 B 分别变为点 A' 和 B'(图 3-5)。若用 $u(x, y, z)$,$v(x, y, z)$,$w(x, y, z)$ 表示 A 点的位移矢量 $\overrightarrow{AA'}$ 的 3 个分量,则 B 点的位移矢量 $\overrightarrow{BB'}$ 的 3 个分量为

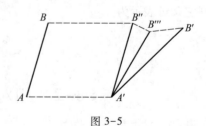

图 3-5

---

①　单连通物体是指无孔洞的物体。

$$u' = u(x+dx, y+dy, z+dz)$$
$$v' = v(x+dx, y+dy, z+dz)$$
$$w' = w(x+dx, y+dy, z+dz)$$
(a)

按多元函数泰勒级数展开,并略去二阶以上的项,得到

$$u' = u + \frac{\partial u}{\partial x}dx + \frac{\partial u}{\partial y}dy + \frac{\partial u}{\partial z}dz$$
$$v' = v + \frac{\partial v}{\partial x}dx + \frac{\partial v}{\partial y}dy + \frac{\partial v}{\partial z}dz$$
$$w' = w + \frac{\partial w}{\partial x}dx + \frac{\partial w}{\partial y}dy + \frac{\partial w}{\partial z}dz$$
(b)

利用式(3-3)和式(3-6)′,可将式(b)凑成如下的形式:

$$u' = u + \varepsilon_x dx + \frac{1}{2}\gamma_{xy}dy + \frac{1}{2}\gamma_{xz}dz - \frac{1}{2}\omega_z dy + \frac{1}{2}\omega_y dz$$
$$v' = v + \frac{1}{2}\gamma_{xy}dx + \varepsilon_y dy + \frac{1}{2}\gamma_{yz}dz + \frac{1}{2}\omega_z dx - \frac{1}{2}\omega_x dz$$
$$w' = w + \frac{1}{2}\gamma_{xz}dx + \frac{1}{2}\gamma_{yz}dy + \varepsilon_z dz - \frac{1}{2}\omega_y dx + \frac{1}{2}\omega_x dy$$
(3-8)

也可表示为

$$\begin{pmatrix} u' \\ v' \\ w' \end{pmatrix} = \begin{pmatrix} u \\ v \\ w \end{pmatrix} + \begin{pmatrix} 0 & -\frac{1}{2}\omega_z & \frac{1}{2}\omega_y \\ \frac{1}{2}\omega_z & 0 & -\frac{1}{2}\omega_x \\ -\frac{1}{2}\omega_y & \frac{1}{2}\omega_x & 0 \end{pmatrix}\begin{pmatrix} dx \\ dy \\ dz \end{pmatrix} + \begin{pmatrix} \varepsilon_x & \frac{1}{2}\gamma_{xy} & \frac{1}{2}\gamma_{xz} \\ \frac{1}{2}\gamma_{xy} & \varepsilon_y & \frac{1}{2}\gamma_{yz} \\ \frac{1}{2}\gamma_{xz} & \frac{1}{2}\gamma_{yz} & \varepsilon_z \end{pmatrix}\begin{pmatrix} dx \\ dy \\ dz \end{pmatrix}$$
(3-8)′

现在说明式(3-8)中各项的物理意义。为此,先假想 A 点的无限小邻域没有变形,亦即它为绝对刚性的。于是,由刚体运动学可知,与 A 点无限邻近的一点 B 的位移应由两部分组成:其一,随同基点 A 的平移位移,其二,微元体绕基点 A 转动时在 B 点所产生的位移。因此,若令式(3-8)中的应变分量为零,则 u,v,w 即表示随基点 A 的平移位移,而 $-\frac{1}{2}\omega_z dy + \frac{1}{2}\omega_y dz$, $\frac{1}{2}\omega_z dx - \frac{1}{2}\omega_x dz$, $-\frac{1}{2}\omega_y dx + \frac{1}{2}\omega_x dy$ 表示微元体绕 A 点转动时在 B 点所产生的位移。由此可见,$\frac{1}{2}\omega_x, \frac{1}{2}\omega_y, \frac{1}{2}\omega_z$ 表示微元体角位移矢量的 3 个分量。一般说,由于微元体是要变形的,所以 B 点的位移还必须包括由于变形所产生的那一部分,式(3-8)中含应变分量的项,就代表这部分位移。

总起来说,与 A 点无限邻近的一点 B 的位移由三部分组成:

(1) 随同 A 点的平移位移,如图 3-5 中的 BB'' 所示;

(2) 绕 A 点刚性转动在 B 点所产生的位移,如图 3-5 中的 $B''B'''$ 所示;

(3) 由 A 点邻近的微元体的变形在 B 点引起的位移,如图 3-5 中的 $B'''B'$ 所示。

必须指出,$\omega_x, \omega_y, \omega_z$ 是坐标的函数,表示体内微元体的刚性转动,但对整个物体来说,是属于变形的一部分,这 3 个分量和 6 个应变分量合在一起,才全面地反映了物

体的变形。

§ 3-3 转轴时应变分量的变换

设在坐标系 $Oxyz$ 下,物体内某一点的 6 个应变分量为 $\varepsilon_x,\varepsilon_y,\varepsilon_z,\gamma_{yz},\gamma_{xz},\gamma_{xy}$。现使坐标系旋转某一角度,得新坐标系 $Ox'y'z'$,设在新坐标系下的应变分量为 $\varepsilon_{x'},\varepsilon_{y'},\varepsilon_{z'}$,$\gamma_{y'z'},\gamma_{x'z'},\gamma_{x'y'}$,要建立新老坐标系下该点应变分量之间的变换关系。

设新老坐标之间的关系如表 3-1 所示:

表 3-1

	x	y	z
x'	l_1	m_1	n_1
y'	l_2	m_2	n_2
z'	l_3	m_3	n_3

其中 $l_i,m_i,n_i(i=1,2,3)$ 表示三个新坐标轴对老坐标轴的方向余弦。

先建立转轴时位移分量的变换关系。设位移矢量 U 在老坐标系中的 3 个分量为 u,v,w,而在新坐标系中的 3 个分量为 u',v',w',于是有

$$\left.\begin{array}{l} u' = \boldsymbol{U}\cdot\boldsymbol{e}_1' = ul_1+vm_1+wn_1 \\ v' = \boldsymbol{U}\cdot\boldsymbol{e}_2' = ul_2+vm_2+wn_2 \\ w' = \boldsymbol{U}\cdot\boldsymbol{e}_3' = ul_3+vm_3+wn_3 \end{array}\right\} \tag{3-9}$$

其中 $\boldsymbol{e}_1',\boldsymbol{e}_2',\boldsymbol{e}_3'$,为 3 个新坐标轴的单位矢量。

利用方向导数公式

$$\frac{\partial}{\partial s}(\quad) = \cos(s,x)\frac{\partial}{\partial x}(\quad)+\cos(s,y)\frac{\partial}{\partial y}(\quad)+\cos(s,z)\frac{\partial}{\partial z}(\quad)$$

$$= \left(l\frac{\partial}{\partial x}+m\frac{\partial}{\partial y}+n\frac{\partial}{\partial z}\right)(\quad)$$

于是新坐标系中的应变分量为

$$\varepsilon_{x'} = \frac{\partial u'}{\partial x'}$$

$$= \left(l_1\frac{\partial}{\partial x}+m_1\frac{\partial}{\partial y}+n_1\frac{\partial}{\partial z}\right)(ul_1+vm_1+wn_1)$$

$$= \frac{\partial u}{\partial x}l_1^2+\frac{\partial v}{\partial y}m_1^2+\frac{\partial w}{\partial z}n_1^2+\left(\frac{\partial w}{\partial y}+\frac{\partial v}{\partial z}\right)m_1n_1+\left(\frac{\partial u}{\partial z}+\frac{\partial w}{\partial x}\right)l_1n_1+$$

$$\left(\frac{\partial v}{\partial x}+\frac{\partial u}{\partial y}\right)l_1m_1$$

$$\gamma_{x'y'} = \frac{\partial v'}{\partial x'}+\frac{\partial u'}{\partial y'}$$

$$= \left(l_1\frac{\partial}{\partial x}+m_1\frac{\partial}{\partial y}+n_1\frac{\partial}{\partial z}\right)(ul_2+vm_2+wn_2)+$$

$$\left(l_2\frac{\partial}{\partial x}+m_2\frac{\partial}{\partial y}+n_2\frac{\partial}{\partial z}\right)(ul_1+vm_1+wn_1)$$

$$=2\left(\frac{\partial u}{\partial x}l_1l_2+\frac{\partial v}{\partial y}m_1m_2+\frac{\partial w}{\partial z}n_1n_2\right)+\left(\frac{\partial w}{\partial y}+\frac{\partial v}{\partial z}\right)(m_1n_2+m_2n_1)+$$

$$\left(\frac{\partial u}{\partial z}+\frac{\partial w}{\partial x}\right)(l_1n_2+l_2n_1)+\left(\frac{\partial v}{\partial x}+\frac{\partial u}{\partial y}\right)(l_1m_2+l_2m_1)$$

同理,可求得其余的应变分量。利用几何方程(3-3),最后得如下的变换公式:

$$\left.\begin{array}{l}\varepsilon_{x'}=\varepsilon_xl_1^2+\varepsilon_ym_1^2+\varepsilon_zn_1^2+\gamma_{yz}m_1n_1+\gamma_{xz}l_1n_1+\gamma_{xy}l_1m_1\\[2mm]\varepsilon_{y'}=\varepsilon_xl_2^2+\varepsilon_ym_2^2+\varepsilon_zn_2^2+\gamma_{yz}m_2n_2+\gamma_{xz}l_2n_2+\gamma_{xy}l_2m_2\\[2mm]\varepsilon_{z'}=\varepsilon_xl_3^2+\varepsilon_ym_3^2+\varepsilon_zn_3^2+\gamma_{yz}m_3n_3+\gamma_{xz}l_3n_3+\gamma_{xy}l_3m_3\\[2mm]\gamma_{y'z'}=2(\varepsilon_xl_2l_3+\varepsilon_ym_2m_3+\varepsilon_zn_2n_3)+\gamma_{yz}(m_2n_3+m_3n_2)+\\[2mm]\qquad\gamma_{xz}(l_2n_3+l_3n_2)+\gamma_{xy}(l_2m_3+l_3m_2)\\[2mm]\gamma_{x'z'}=2(\varepsilon_xl_1l_3+\varepsilon_ym_1m_3+\varepsilon_zn_1n_3)+\gamma_{yz}(m_1n_3+m_3n_1)+\\[2mm]\qquad\gamma_{xz}(l_1n_3+l_3n_1)+\gamma_{xy}(l_1m_3+l_3m_1)\\[2mm]\gamma_{x'y'}=2(\varepsilon_xl_1l_2+\varepsilon_ym_1m_2+\varepsilon_zn_1n_2)+\gamma_{yz}(m_1n_2+m_2n_1)+\\[2mm]\qquad\gamma_{xz}(l_1n_2+l_2n_1)+\gamma_{xy}(l_1m_2+l_2m_1)\end{array}\right\}\tag{3-10}$$

与§2-5一样,仍以$n_{i'i}$表示$l_i,m_i,n_i(i=1,2,3)$等9个量,并注意到式(3-4),则式(3-10)又可表示为

$$\varepsilon_{i'j'}=\varepsilon_{ij}n_{i'i}n_{j'j}\tag{3-10}'$$

可见6个应变分量组成的集合

$$\varepsilon_{ij}=\begin{pmatrix}\varepsilon_x&\dfrac{1}{2}\gamma_{xy}&\dfrac{1}{2}\gamma_{xz}\\[3mm]\dfrac{1}{2}\gamma_{xy}&\varepsilon_y&\dfrac{1}{2}\gamma_{yz}\\[3mm]\dfrac{1}{2}\gamma_{xz}&\dfrac{1}{2}\gamma_{yz}&\varepsilon_z\end{pmatrix}=\begin{pmatrix}\varepsilon_{11}&\varepsilon_{12}&\varepsilon_{13}\\[2mm]\varepsilon_{12}&\varepsilon_{22}&\varepsilon_{23}\\[2mm]\varepsilon_{13}&\varepsilon_{23}&\varepsilon_{33}\end{pmatrix}$$

与应力分量组成的集合一样,也服从二阶张量的变换规律。不难理解,虽然经转轴后各应变分量都分别地改变了,但它们作为一个"整体"所描绘的一点的变形状态是不变的。

采用上面同样的方法,还不难导出过物体内某一点沿任意方向微分线段的伸长率

$$\varepsilon_r=\varepsilon_xl^2+\varepsilon_ym^2+\varepsilon_zn^2+\gamma_{yz}mn+\gamma_{xz}ln+\gamma_{xy}lm\tag{3-11}$$

这里,l,m,n为该微分线段的方向余弦。

§3-4 主应变 应变张量不变量

既然物体内某一确定点的6个应变分量将随着坐标系的旋转而改变,这样就产生了一个问题:对任一确定的点,能否找到这样一个坐标系,在这个坐标系下,只有正应变分量,而所有的切应变分量为零。也就是说,过该点能否找到这样3个互相垂直的

视频 3-3
主应变及协
调方程

方向,使沿这 3 个方向的微分线段在物体变形后只是各自地改变了长度,而其夹角仍保持为直角。

先举一个简单的例子来说明。图 3-6 表示一个均匀直杆的简单拉伸,试考察杆内图示的小单元体 A 和 B 的变形情况。设小单元体 A 的方位是完全任意的,而小单元体 B 的一对表面垂直于杆的轴线。于是 ,可以明显地看到,在物体变形后,对小单元体 A 来说,不仅改变了各棱边的长度,而且改变了各棱边间的夹角;但对于小单元体 B 来说只是改变了各棱边的长度,而各棱边之间仍保持垂直。

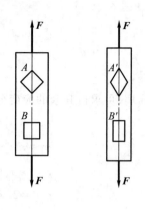

图 3-6

对复杂受力物体内的任一点,同样也可以找到 3 个互相垂直的方向,使沿这 3 个方向的微分线段在物体变形后仍保持垂直。今后,把具有这种性质的方向称为**应变主方向**,把这样方向的微分线段的伸长率,称为**主应变**。按定义,小单元体 B 的 3 条垂直棱边的方向就是应变主方向,它们的伸长率就是主应变。

需要指出,过物体内一点并沿该点应变主方向的 3 个互相垂直的微分线段,虽然在物体变形后仍保持垂直,但由于小单元体的刚性转动,一般说,它们已一起转动了同一个角度(即等于小单元体刚性转动的角位移)。因此,一般说,在物体变形后,沿主方向的微分线段,已不和原来的微分线段平行(图 3-6 中小单元体 B 属特殊情况),不过,它们之间方向的偏离仅是由于小单元体的刚性转动引起的。注意到这一点以后,就不难导出主应变和应变主方向所满足的方程。

设方向 (l,m,n) 为物体内某一点 A 的应变主方向,过 A 点沿该方向作微分线段 AB,令其长度为 r。若 A 点的坐标为 (x,y,z),则 B 点的坐标为 $(x+rl,y+rm,z+rn)$。在物体变形后,线段 AB 变为 $A'B'$(图 3-7),令其长度为 r',方向为 (l',m',n')。点 A' 和 B' 的坐标分别为

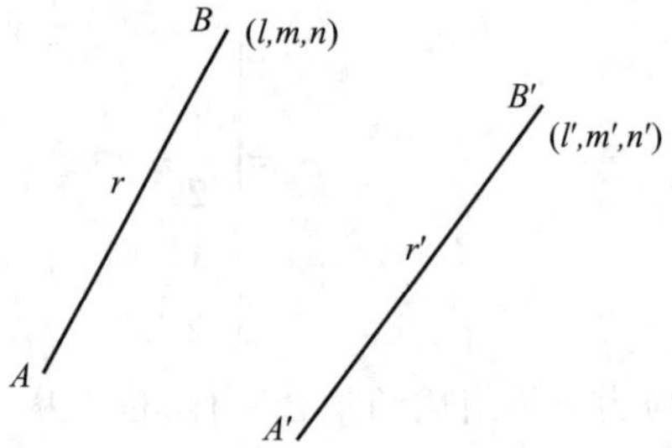

$$x+u, \quad y+v, \quad z+w \qquad (a)$$
$$x+rl+u', \quad y+rm+v', \quad z+rn+w' \qquad (b)$$

图 3-7

式(a)中的 u,v,w 为 x,y,z 的函数,而式(b)中的 u',v',w' 为

$$u'=u(x+rl,y+rm,z+rn)$$
$$v'=v(x+rl,y+rm,z+rn)$$
$$w'=w(x+rl,y+rm,z+rn)$$

注意到 rl,rm,rn 为微量,将以上三式按多元函数泰勒级数展开,略去二阶以上的微量,于是有

$$u' = u + \frac{\partial u}{\partial x}rl + \frac{\partial u}{\partial y}rm + \frac{\partial u}{\partial z}rn$$

$$v' = v + \frac{\partial v}{\partial x}rl + \frac{\partial v}{\partial y}rm + \frac{\partial v}{\partial z}rn \tag{c}$$

$$w' = w + \frac{\partial w}{\partial x}rl + \frac{\partial w}{\partial y}rm + \frac{\partial w}{\partial z}rn$$

为明了起见,引入矢量 $\overrightarrow{A'B'}$,它的 3 个分量即为 B' 点的坐标分量与 A' 点坐标分量的差值,于是由式(a),式(b)和式(c),得到

$$\overrightarrow{A'B'} = \left[\left(1 + \frac{\partial u}{\partial x}\right)rl + \frac{\partial u}{\partial y}rm + \frac{\partial u}{\partial z}rn, \quad \frac{\partial v}{\partial x}rl + \left(1 + \frac{\partial v}{\partial y}\right)rm + \frac{\partial v}{\partial z}rn, \right.$$

$$\left. \frac{\partial w}{\partial x}rl + \frac{\partial w}{\partial y}rm + \left(1 + \frac{\partial w}{\partial z}\right)rn \right] \tag{d}$$

在式(d)等号两边同除 $A'B'$ 线段的长度 r',则其等号左边变为单位矢量,而等号右边方括号内的 3 个分量,即分别为方向余弦 l',m',n'。例如,

$$l' = \frac{1}{r'}\left[\left(1 + \frac{\partial u}{\partial x}\right)rl + \frac{\partial u}{\partial y}rm + \frac{\partial u}{\partial z}rn \right]$$

设 AB 线段的伸长率(这里即为主应变)为 ε,由定义,它应为

$$\varepsilon = \frac{r' - r}{r}$$

由此得

$$r' = (1 + \varepsilon)r$$

将它代入上式,有

$$l' = \frac{1}{1 + \varepsilon}\left[\left(1 + \frac{\partial u}{\partial x}\right)l + \frac{\partial u}{\partial y}m + \frac{\partial u}{\partial z}n \right]$$

$$= \left[\left(1 + \frac{\partial u}{\partial x}\right)l + \frac{\partial u}{\partial y}m + \frac{\partial u}{\partial z}n \right](1 - \varepsilon + \varepsilon^2 - \cdots)$$

在小变形情况下,$\dfrac{\partial u}{\partial x}$,$\dfrac{\partial u}{\partial y}$,$\dfrac{\partial u}{\partial z}$ 和 ε 均为小量,因此,在展开以后可略去其二次以上的项,从而得到如下的关系式(其他两式完全按同法推出):

$$l' = \left(1 - \varepsilon + \frac{\partial u}{\partial x}\right)l + \frac{\partial u}{\partial y}m + \frac{\partial u}{\partial z}n$$

$$m' = \frac{\partial v}{\partial x}l + \left(1 - \varepsilon + \frac{\partial v}{\partial y}\right)m + \frac{\partial v}{\partial z}n \tag{e}$$

$$n' = \frac{\partial w}{\partial x}l + \frac{\partial w}{\partial y}m + \left(1 - \varepsilon + \frac{\partial w}{\partial z}\right)n$$

参照 §3-2 中从式(b)化到式(3-8)的同样方法,式(e)可改写为

$$
\left.\begin{aligned}
l' &= (1-\varepsilon)\,l + \varepsilon_x l + \frac{1}{2}\gamma_{xy}m + \frac{1}{2}\gamma_{xz}n - \frac{1}{2}\omega_z m + \frac{1}{2}\omega_y n \\
m' &= (1-\varepsilon)\,m + \frac{1}{2}\gamma_{xy}l + \varepsilon_y m + \frac{1}{2}\gamma_{yz}n - \frac{1}{2}\omega_x n + \frac{1}{2}\omega_z l \\
n' &= (1-\varepsilon)\,n + \frac{1}{2}\gamma_{xz}l + \frac{1}{2}\gamma_{yz}m + \varepsilon_z n - \frac{1}{2}\omega_y l + \frac{1}{2}\omega_x m
\end{aligned}\right\} \tag{f}
$$

这里,线段 AB 的方向 (l,m,n) 与 $A'B'$ 的方向 (l',m',n') 一般说是不一致的,但上面已经说过,它们的偏离仅是由于微元体的刚性转动引起的。因此,如令式(f)中的 $\omega_x,\omega_y,\omega_z$ 为零,则方向 (l',m',n') 与 (l,m,n) 一致,即

$$
l' = l, \quad m' = m, \quad n' = n
$$

于是,由式(f)经移项简化,得到

$$
\left.\begin{aligned}
(\varepsilon_x - \varepsilon)\,l + \frac{1}{2}\gamma_{xy}m + \frac{1}{2}\gamma_{xz}n &= 0 \\
\frac{1}{2}\gamma_{xy}l + (\varepsilon_y - \varepsilon)\,m + \frac{1}{2}\gamma_{yz}n &= 0 \\
\frac{1}{2}\gamma_{xz}l + \frac{1}{2}\gamma_{yz}m + (\varepsilon_z - \varepsilon)\,n &= 0
\end{aligned}\right\} \tag{3-12}
$$

这就是应变主方向所满足的方程。欲使其有非零解,必须有

$$
\begin{vmatrix}
\varepsilon_x - \varepsilon & \dfrac{1}{2}\gamma_{xy} & \dfrac{1}{2}\gamma_{xz} \\[2mm]
\dfrac{1}{2}\gamma_{xy} & \varepsilon_y - \varepsilon & \dfrac{1}{2}\gamma_{yz} \\[2mm]
\dfrac{1}{2}\gamma_{xz} & \dfrac{1}{2}\gamma_{yz} & \varepsilon_z - \varepsilon
\end{vmatrix} = 0
$$

展开以后得

$$
\varepsilon^3 - J_1\varepsilon^2 + J_2\varepsilon - J_3 = 0 \tag{3-13}
$$

式中的

$$
\left.\begin{aligned}
J_1 &= \varepsilon_x + \varepsilon_y + \varepsilon_z \\
J_2 &= \varepsilon_y\varepsilon_z + \varepsilon_z\varepsilon_x + \varepsilon_x\varepsilon_y - \frac{1}{4}(\gamma_{yz}^2 + \gamma_{xz}^2 + \gamma_{xy}^2) \\
J_3 &= \begin{vmatrix}
\varepsilon_x & \dfrac{1}{2}\gamma_{xy} & \dfrac{1}{2}\gamma_{xz} \\[2mm]
\dfrac{1}{2}\gamma_{xy} & \varepsilon_y & \dfrac{1}{2}\gamma_{yz} \\[2mm]
\dfrac{1}{2}\gamma_{xz} & \dfrac{1}{2}\gamma_{yz} & \varepsilon_z
\end{vmatrix}
\end{aligned}\right\} \tag{3-14}
$$

称为**应变张量不变量**(依次称为第一、第二和第三不变量)。其不变的含义以及为什么不变,与应力张量相同,在此不再赘述。

方程(3-13)有 3 个实根,如果分别用 $\varepsilon_1,\varepsilon_2,\varepsilon_3$ 表示,则它们就代表 3 个主应变,其相应的方向可通过分别把 $\varepsilon_1,\varepsilon_2,\varepsilon_3$ 代入方程(3-12),并利用

$$l^2+m^2+n^2=1$$

而求得。它与主应力一样,有下述三种情况:

(1) 如 $\varepsilon_1 \neq \varepsilon_2 \neq \varepsilon_3$,则 3 个应变主方向必相互垂直;

(2) 如 $\varepsilon_1 = \varepsilon_2 \neq \varepsilon_3$,则与 ε_3 对应的方向必同时垂直于与 ε_1 和 ε_2 对应的方向,而与 ε_1 和 ε_2 对应的方向可以垂直,也可以不垂直,亦即与 ε_3 对应的方向和垂直的方向均为主方向;

(3) 如 $\varepsilon_1 = \varepsilon_2 = \varepsilon_3$,则 3 个主方向可以垂直,也可以不垂直,亦即任何方向均为主方向。

总之,过物体内任何一点至少可以找到 3 个互相垂直的方向,沿这 3 个方向的微分线段在物体变形后仍保持垂直。

§3-5 体 应 变

现在,求物体变形后单位体积的改变,即**体应变**。考察棱边长度为 dx,dy 和 dz 的微分平行六面体,其体积为

$$V=dxdydz$$

在物体发生变形后,微元体的各棱边要伸长或缩短,棱边间的夹角也要改变。由于切应变引起的体积改变是高阶微量,可以略去不计,故其变形后的体积为

$$V^* = dx(1+\varepsilon_x)dy(1+\varepsilon_y)dz(1+\varepsilon_z)$$
$$\approx dxdydz(1+\varepsilon_x+\varepsilon_y+\varepsilon_z)$$

于是体应变为

$$\theta = \frac{V^*-V}{V} = \varepsilon_x+\varepsilon_y+\varepsilon_z \tag{3-15}$$

显然,它在数值上等于应变张量的第一不变量 J_1。它又可表示为

$$\theta = \frac{\partial u}{\partial x} + \frac{\partial v}{\partial y} + \frac{\partial w}{\partial z} \tag{3-15$'$}$$

θ 大于零表示微元体膨胀,θ 小于零表示微元体缩小,如物体内 θ 处处等于零,则表示变形后物体的体积不变,称之为等容变形。

§3-6 应变协调方程

式(3-3)表明,6 个应变分量是通过 3 个位移分量表示的,因此,6 个应变分量不是互不相关的,它们之间存在着一个必然的联系。这一事实很重要。因为,如果知道了位移分量,则前面已经讲过,极易通过式(3-3)的求导获得应变分量;但反过来,如纯粹从数学角度任意给出一组"应变分量",则柯西方程给出包含 6 个方程而只有 3 个未知函数的偏微分方程组,由于方程的个数超过了未知函数的个数,方程组可能是矛盾的。要使这方程组不矛盾,则 6 个应变分量必须满足一定的条件。下面建立这个条件。

为此,从方程(3-3)中消去位移分量。首先把方程组(3-3)的左列第一式和第二

式分别对 y 和 x 求二阶偏导数,然后相加,再利用它的右列第三式,则有

$$\frac{\partial^2 \varepsilon_y}{\partial x^2} + \frac{\partial^2 \varepsilon_x}{\partial y^2} = \frac{\partial^2}{\partial x \partial y}\left(\frac{\partial v}{\partial x} + \frac{\partial u}{\partial y}\right) = \frac{\partial^2 \gamma_{xy}}{\partial x \partial y} \tag{a}$$

下面再把方程(3-3)的右列第一、第二和第三式分别对 x, y 和 z 求一阶偏导数,然后把它们的后两式相加再减去它们的前一式,则有

$$2\frac{\partial^2 u}{\partial y \partial z} = -\frac{\partial \gamma_{yz}}{\partial x} + \frac{\partial \gamma_{xz}}{\partial y} + \frac{\partial \gamma_{xy}}{\partial z}$$

将上式等号两边对 x 求一阶偏导数,并利用式(3-3)的第一式,则有

$$2\frac{\partial^2 \varepsilon_x}{\partial y \partial z} = \frac{\partial}{\partial x}\left(-\frac{\partial \gamma_{yz}}{\partial x} + \frac{\partial \gamma_{xz}}{\partial y} + \frac{\partial \gamma_{xy}}{\partial z}\right) \tag{b}$$

轮换 x, y, z,分别可得与式(a)和式(b)相对应的其他两式。这样,总共得到了 6 个关系式,现综合如下:

$$\left.\begin{array}{l} \dfrac{\partial^2 \varepsilon_z}{\partial y^2} + \dfrac{\partial^2 \varepsilon_y}{\partial z^2} = \dfrac{\partial^2 \gamma_{yz}}{\partial y \partial z} \\[3mm] \dfrac{\partial^2 \varepsilon_x}{\partial z^2} + \dfrac{\partial^2 \varepsilon_z}{\partial x^2} = \dfrac{\partial^2 \gamma_{xz}}{\partial x \partial z} \\[3mm] \dfrac{\partial^2 \varepsilon_y}{\partial x^2} + \dfrac{\partial^2 \varepsilon_x}{\partial y^2} = \dfrac{\partial^2 \gamma_{xy}}{\partial x \partial y} \\[3mm] \dfrac{\partial}{\partial x}\left(-\dfrac{\partial \gamma_{yz}}{\partial x} + \dfrac{\partial \gamma_{xz}}{\partial y} + \dfrac{\partial \gamma_{xy}}{\partial z}\right) = 2\dfrac{\partial^2 \varepsilon_x}{\partial y \partial z} \\[3mm] \dfrac{\partial}{\partial y}\left(\dfrac{\partial \gamma_{yz}}{\partial x} - \dfrac{\partial \gamma_{xz}}{\partial y} + \dfrac{\partial \gamma_{xy}}{\partial z}\right) = 2\dfrac{\partial^2 \varepsilon_y}{\partial x \partial z} \\[3mm] \dfrac{\partial}{\partial z}\left(\dfrac{\partial \gamma_{yz}}{\partial x} + \dfrac{\partial \gamma_{xz}}{\partial y} - \dfrac{\partial \gamma_{xy}}{\partial z}\right) = 2\dfrac{\partial^2 \varepsilon_z}{\partial x \partial y} \end{array}\right\} \tag{3-16}$$

方程组(3-16)称为**应变协调方程**,又称圣维南方程。它表示,要使以位移分量为未知函数的 6 个几何方程不相矛盾,则 6 个应变分量必须满足应变协调方程。这个方程的意义又可从几何角度加以解释。如前所述,想象将物体分割成无数个平行六面体,并使每一个小单元体发生变形。这时,如果表示小单元体变形的 6 个应变分量不满足一定的关系,则在物体变形以后,就不能将这些小单元体重新拼合成为连续体,而中间产生了很小的裂缝。为使变形后的小单元体能重新拼合成连续体,则应变分量就要满足一定的关系,这个关系就是应变协调方程。因此说,应变分量满足应变协调方程是保证物体连续的一个必要条件。

现在要证明,如果物体是单连通的,则应变分量满足应变协调方程也是物体连续的充分条件。因本章一开始就说过,物体在变形后保持连续的这一物理上的要求,反映在数学上则要求位移分量是单值连续的函数,所以,目的是要证明:如已知应变分量满足应变协调方程,则对单连通物体来说,就一定能通过几何方程的积分求得单值连续的位移分量。

事实上,要求得位移分量,可先归结为去求它们分别对 x, y, z 的一阶偏导数。譬

如,知道了$\dfrac{\partial u}{\partial x},\dfrac{\partial u}{\partial y},\dfrac{\partial u}{\partial z}$,就可通过积分

$$\int \frac{\partial u}{\partial x}\mathrm{d}x+\frac{\partial u}{\partial y}\mathrm{d}y+\frac{\partial u}{\partial z}\mathrm{d}z \qquad\qquad (\mathrm{c})$$

求得位移分量 u。由方程(3-3)的第一式得

$$\frac{\partial u}{\partial x}=\varepsilon_x \qquad\qquad (\mathrm{d})$$

$\dfrac{\partial u}{\partial y},\dfrac{\partial u}{\partial z}$不能直接由式(3-3)给出,但$\dfrac{\partial u}{\partial y},\dfrac{\partial u}{\partial z}$作为一个函数,它们对 x,y,z 的一阶偏导数,

利用式(3-3)很容易通过应变分量分别表示出来。例如对$\dfrac{\partial u}{\partial y}$,有

$$\left.\begin{aligned}
\frac{\partial}{\partial x}\left(\frac{\partial u}{\partial y}\right)&=\frac{\partial}{\partial y}\left(\frac{\partial u}{\partial x}\right)=\frac{\partial \varepsilon_x}{\partial y}=A\\[2mm]
\frac{\partial}{\partial y}\left(\frac{\partial u}{\partial y}\right)&=\frac{\partial}{\partial y}\left(\gamma_{xy}-\frac{\partial v}{\partial x}\right)=\frac{\partial \gamma_{xy}}{\partial y}-\frac{\partial \varepsilon_y}{\partial x}=B\\[2mm]
\frac{\partial}{\partial z}\left(\frac{\partial u}{\partial y}\right)&=\frac{1}{2}\left[\frac{\partial}{\partial z}\left(\gamma_{xy}-\frac{\partial v}{\partial x}\right)+\frac{\partial}{\partial y}\left(\gamma_{xz}-\frac{\partial w}{\partial x}\right)\right]\\[2mm]
&=\frac{1}{2}\left(-\frac{\partial \gamma_{yz}}{\partial x}+\frac{\partial \gamma_{xz}}{\partial y}+\frac{\partial \gamma_{xy}}{\partial z}\right)=C
\end{aligned}\right\} \qquad (\mathrm{e})$$

同理,可用应变分量表出$\dfrac{\partial}{\partial x}\left(\dfrac{\partial u}{\partial z}\right),\dfrac{\partial}{\partial y}\left(\dfrac{\partial u}{\partial z}\right),\dfrac{\partial}{\partial z}\left(\dfrac{\partial u}{\partial z}\right)$。式(e)的右边看成已知,分别用 A,B,C 表示。据上所述,如果能够通过积分

$$\int A\mathrm{d}x+B\mathrm{d}y+C\mathrm{d}z \qquad\qquad (\mathrm{f})$$

求得单值连续函数$\dfrac{\partial u}{\partial y}$,并按同理求得单值连续函数$\dfrac{\partial u}{\partial z}$,再利用式(d),则立刻可求得位移

分量 u。但式(f)给出单值连续的$\dfrac{\partial u}{\partial y}$的充分和必要的条件为

$$\frac{\partial B}{\partial z}=\frac{\partial C}{\partial y},\qquad \frac{\partial A}{\partial z}=\frac{\partial C}{\partial x},\qquad \frac{\partial A}{\partial y}=\frac{\partial B}{\partial x} \qquad (\mathrm{g})$$

将式(e)代入,则得方程组(3-16)中的第三、第四和第五式。如果对$\dfrac{\partial u}{\partial z},\dfrac{\partial v}{\partial x},\dfrac{\partial v}{\partial z},\dfrac{\partial w}{\partial x},\dfrac{\partial w}{\partial y}$进行同样的处理,则对每一个单值连续函数,都能得到 3 个条件,共 18 个条件,但这 18 个条件中只有 6 个是不同的,而且就是方程组(3-16)。

综上所述,对于单连通物体,要求得单值连续的函数$\dfrac{\partial u}{\partial y},\dfrac{\partial u}{\partial z},\dfrac{\partial v}{\partial x},\dfrac{\partial v}{\partial z},\dfrac{\partial w}{\partial x},\dfrac{\partial w}{\partial y}$,则应变分量必须满足应变协调方程;反之,如应变分量满足了应变协调方程,则也一定能求得单值连续的$\dfrac{\partial u}{\partial y},\dfrac{\partial u}{\partial z},\dfrac{\partial v}{\partial x},\dfrac{\partial v}{\partial z},\dfrac{\partial w}{\partial x},\dfrac{\partial w}{\partial y}$。求得了这些量,也就等于求得了位移分量。

这样就证明了,对于单连通物体,应变分量满足应变协调方程,又是保证物体连续的充分条件。事实上,在上述的证明中,还又一次用严密的方法证明了保持物体连续

的必要条件。

对于多连通物体①,总可以作适当的截面使它变成单连通物体(图3-8),则上述的结论在此完全适用。具体地说,如果应变分量满足应变协调方程,则在此被割开以后的区域里,一定能得单值连续的函数 u,v,w。但对求得的 u,v,w,当点 (x,y,z) 分别从截面两侧趋向于截面上某一点时,一般说,它们将趋向于不同的值,分别用 u^+,v^+,w^+ 和 u^-,v^-,w^- 表示。为使所考察的多连通物体在变形以后仍保持为连续体,则必须加上下列的补充条件:

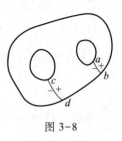

图 3-8

$$u^+=u^-, \quad v^+=v^-, \quad w^+=w^- \tag{3-17}$$

因此,对于多连通物体,应变分量满足应变协调方程,只是物体连续的必要条件,只有加上补充条件(3-17),条件才是充分的。

方程组(3-16)还可表示成

$$\varepsilon_{ij,kl}e_{ikm}e_{jln}=0 \tag{3-16}'$$

其中,e_{ijk} 为笛卡儿坐标系中的置换张量,当 i,j,k 按 $1,2,3;2,3,1;3,1,2$ 顺序排列时为 $+1$;当按 $3,2,1;2,1,3;1,3,2$ 逆序排列时为 -1;当有两个或者三个指标重复时(例如 $2,2,3;2,2,2$)为零。m 和 n 有 6 个不同的选择,即 $mn=11,22,33,12,23,31$。由此可得方程组(3-16)。

思考题与习题

3-1 如何描绘一点邻近的变形情况?

3-2 在推导几何方程过程中作了哪些近似? 为什么能作这样的近似?

3-3 设在一个确定的坐标系下某点的 6 个应变分量 $\varepsilon_x,\varepsilon_y,\varepsilon_z,\gamma_{yz},\gamma_{xz},\gamma_{xy}$ 中,$\varepsilon_z=\gamma_{yz}=\gamma_{xz}=0$,现作坐标变换如图 3-9 所示,求在新坐标系下的应变分量表示式。

3-4 试叙述应变协调方程的物理意义及其用途。为什么说它对多连通物体说,仅是能求得单值连续位移的必要而非充分的条件?

3-5 在 Oxy 平面上沿 Oa,Ob 和 Oc 三个方向的伸长率 $\varepsilon_a,\varepsilon_b,\varepsilon_c$ 为已知,而 $\varphi_a=0,\varphi_b=60°,\varphi_c=120°$,如图 3-10 所示。求平面上任意方向的伸长率 ε_v。

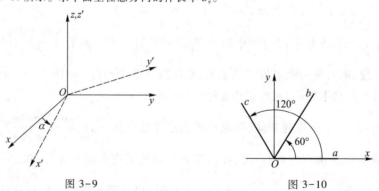

图 3-9   图 3-10

---

① 多连通物体是指具有两个以上孔洞的物体。如果有一个孔洞,则称为复连通物体。

3-6 已知 6 个应变分量 $\varepsilon_x, \varepsilon_y, \varepsilon_z, \gamma_{yz}, \gamma_{xz}, \gamma_{xy}$ 中，$\varepsilon_z = \gamma_{yz} = \gamma_{xz} = 0$，试写出应变张量不变量并导出主应变的公式。

3-7 物体中的一点具有下列应变分量：

$$\varepsilon_x = 0.001, \quad \varepsilon_y = 0.000\ 5, \quad \varepsilon_z = -0.000\ 1,$$

$$\gamma_{yz} = -0.000\ 3, \quad \gamma_{xz} = -0.000\ 1, \quad \gamma_{xy} = 0.000\ 2$$

试求主应变和应变主方向。

3-8 已知物体内某点的应变分量 $\varepsilon_x, \varepsilon_y, \varepsilon_z, \gamma_{yz}, \gamma_{xz}, \gamma_{xy}$，试求出过该点的方向余弦为 (l, m, n) 的微分线段的伸长率。

3-9 证明过物体内同一点的所有微分线段的伸长率中，最大和最小的是该点的主应变。

3-10 已知某物体变形后的位移分量为

$$u = u_0 + C_{11}x + C_{12}y + C_{13}z$$

$$v = v_0 + C_{21}x + C_{22}y + C_{23}z$$

$$w = w_0 + C_{31}x + C_{32}y + C_{33}z$$

试求应变分量和转动分量，并说明此物体变形的特点。

3-11 试说明下列的应变分量是否可能发生：

$$\varepsilon_x = Axy^2, \quad \varepsilon_y = Ax^2y, \quad \varepsilon_z = Axy$$

$$\gamma_{yz} = Az^2 + By, \quad \gamma_{xz} = Ax^2 + By^2, \quad \gamma_{xy} = 0$$

式中的 A 和 B 为常数。

3-12 已知某物体的应变分量为

$$\varepsilon_x = \varepsilon_y = -\nu\frac{\rho gz}{E}, \quad \varepsilon_z = \frac{\rho gz}{E}, \quad \gamma_{yz} = \gamma_{xz} = \gamma_{xy} = 0$$

这里的 E 和 ν 分别表示弹性模量和泊松比，ρ 表示物体的密度，g 为重力加速度，试求位移分量 $u, v,$ w（任意常数不需定出）。

3-13 要使应变分量

$$\varepsilon_x = A_0 + A_1(x^2 + y^2) + (x^4 + y^4)$$

$$\varepsilon_y = B_0 + B_1(x^2 + y^2) + (x^4 + y^4)$$

$$\gamma_{xy} = C_0 + C_1xy(x^2 + y^2 + C_2)$$

$$\varepsilon_z = \gamma_{yz} = \gamma_{xz} = 0$$

成为一种可能的应变状态，试确定常数 $A_0, A_1, B_0, B_1, C_0, C_1, C_2$ 之间的关系。

第四章　应力和应变的关系

第四章
电子教案

在前两章中,分别从静力学和几何学的观点出发,得到了连续介质所共同满足的一些方程。显然,仅用这些方程还不足以解决变形固体的平衡(或运动)问题,因为在推导这些方程时,并没有考虑应力和应变的内在联系。而实际上它们是相辅相成的,有应力,就有应变,有应变,就有应力。对每种材料而言,在一定的温度下,它们之间有着完全确定的关系,这种关系反映了材料固有的特性。本章的任务,就是要建立在弹性阶段内应力与应变的关系,即物理方程或材料的本构关系。

§4-1　应力和应变最一般的关系　广义胡克定律

视频 4-1
广义胡克定
律及功能
转化

应力与应变关系最一般的形式为

$$
\left.
\begin{aligned}
\sigma_x &= f_1(\varepsilon_x, \varepsilon_y, \varepsilon_z, \gamma_{yz}, \gamma_{xz}, \gamma_{xy}) \\
\sigma_y &= f_2(\varepsilon_x, \varepsilon_y, \varepsilon_z, \gamma_{yz}, \gamma_{xz}, \gamma_{xy}) \\
\sigma_z &= f_3(\varepsilon_x, \varepsilon_y, \varepsilon_z, \gamma_{yz}, \gamma_{xz}, \gamma_{xy}) \\
&\cdots\cdots\cdots \\
\tau_{xy} &= f_6(\varepsilon_x, \varepsilon_y, \varepsilon_z, \gamma_{yz}, \gamma_{xz}, \gamma_{xy})
\end{aligned}
\right\}
\tag{4-1}
$$

这里的 $f_i(i=1,2,\cdots,6)$ 取决于材料本身的物理特性,尽管可以去选择它们,但所选的函数要尽可能正确地反映出材料固有的物理性质。在均匀各向同性的等截面直杆作简单拉伸(或压缩)时,应力和应变关系可直接通过实验来得到。但对于复杂受力情况,即使材料是各向同性的,也很难直接通过实验来确立它们之间的关系。这里,不去研究如何确立最一般情况下的应力与应变关系,要考虑的,仅限于弹性体小变形的情况。

在变形很小的情况下,式(4-1)可展开成泰勒级数,并可略去其二阶以上的小量。例如将式(4-1)的第一式展开,得到

$$
\sigma_x = (f_1)_0 + \left(\frac{\partial f_1}{\partial \varepsilon_x}\right)_0 \varepsilon_x + \left(\frac{\partial f_1}{\partial \varepsilon_y}\right)_0 \varepsilon_y + \left(\frac{\partial f_1}{\partial \varepsilon_z}\right)_0 \varepsilon_z + \left(\frac{\partial f_1}{\partial \gamma_{yz}}\right)_0 \gamma_{yz} + \left(\frac{\partial f_1}{\partial \gamma_{xz}}\right)_0 \gamma_{xz} + \left(\frac{\partial f_1}{\partial \gamma_{xy}}\right)_0 \gamma_{xy}
$$

这里的 $\left(\dfrac{\partial f_1}{\partial \varepsilon_x}\right)_0$ 等表示函数 f_1 对应变分量的一阶偏导数在应变分量为零时的值;而 $(f_1)_0$ 则表示函数 f_1 在应变分量为零时的值,由式(4-1)看出,它实际上代表了初始应力,由无初始应力的假设,$(f_1)_0$ 应为零。经上面的处理以后,式(4-1)在小变形情况下就可简化为

$$\left.\begin{array}{l}\sigma_x = C_{11}\varepsilon_x + C_{12}\varepsilon_y + C_{13}\varepsilon_z + C_{14}\gamma_{yz} + C_{15}\gamma_{xz} + C_{16}\gamma_{xy} \\ \sigma_y = C_{21}\varepsilon_x + C_{22}\varepsilon_y + C_{23}\varepsilon_z + C_{24}\gamma_{yz} + C_{25}\gamma_{xz} + C_{26}\gamma_{xy} \\ \sigma_z = C_{31}\varepsilon_x + C_{32}\varepsilon_y + C_{33}\varepsilon_z + C_{34}\gamma_{yz} + C_{35}\gamma_{xz} + C_{36}\gamma_{xy} \\ \tau_{yz} = C_{41}\varepsilon_x + C_{42}\varepsilon_y + C_{43}\varepsilon_z + C_{44}\gamma_{yz} + C_{45}\gamma_{xz} + C_{46}\gamma_{xy} \\ \tau_{xz} = C_{51}\varepsilon_x + C_{52}\varepsilon_y + C_{53}\varepsilon_z + C_{54}\gamma_{yz} + C_{55}\gamma_{xz} + C_{56}\gamma_{xy} \\ \tau_{xy} = C_{61}\varepsilon_x + C_{62}\varepsilon_y + C_{63}\varepsilon_z + C_{64}\gamma_{yz} + C_{65}\gamma_{xz} + C_{66}\gamma_{xy} \end{array}\right\}$$

(4-2)

式(4-2)看起来似乎是纯数学演绎的结果,但在微小变形的情况下,应力与应变之间选择这样的关系显然是合理的。实际上,可以把它作为胡克定律在复杂受力情况下的推广,因此称之为**广义胡克定律**。式中的系数 $C_{mn}(m, n = 1, 2, \cdots, 6)$ 称为**弹性常数**,一共有 36 个。如果物体是由非均匀材料组成的,这时,各处就有不同的弹性效应。因此,一般说来,C_{mn} 是坐标 x, y, z 的函数。但若物体是由均匀材料组成的,则对物体内各点来说,承受同样的应力,必产生相同的应变;反之,物体内各点有相同的应变,必承受同样的应力。这一点反映在式(4-2)中,就是 C_{mn} 为常数。下面几节即将证明,对于极端各向异性体,由于应变能的存在,也只有 21 个独立的弹性常数,而各向同性体只有 2 个独立的弹性常数。

§4-2 弹性体变形过程中的功和能

设一物体在外力作用下处于运动状态,现在要利用热力学的观点,分析其内任一有限部分(设其包含的区域为 V,表面为 S)的功能变化关系。根据热力学的观点,外力所作的功,一部分将变成动能,一部分将变成内能;另外,物体在变形过程中,温度将发生变化,它必须从外界吸收热量,或向外界发散热量。以 $\dfrac{\mathrm{d}W}{\mathrm{d}t}$ 表示单位时间内外力对所取出部分作的功,分别以 $\dfrac{\mathrm{d}E_k}{\mathrm{d}t}, \dfrac{\mathrm{d}V_I}{\mathrm{d}t}$ 表示所取出部分在单位时间内动能和内能的变化,$\dfrac{\mathrm{d}Q}{\mathrm{d}t}$ 表示单位时间内输入(或输出)体内所取出部分的热量的机械当量,则由**热力学第一定律**,它们之间存在如下的关系:

$$\frac{\mathrm{d}W}{\mathrm{d}t} = \frac{\mathrm{d}E_k}{\mathrm{d}t} + \frac{\mathrm{d}V_I}{\mathrm{d}t} - \frac{\mathrm{d}Q}{\mathrm{d}t}$$

(4-3)

若考虑的是一个绝热过程,就是假定在变形过程中无热能损失,也不从外界吸入热量,此时,外力所作的功将全部变成动能和内能,则式(4-3)变为

$$\frac{\mathrm{d}W}{\mathrm{d}t} = \frac{\mathrm{d}E_k}{\mathrm{d}t} + \frac{\mathrm{d}V_I}{\mathrm{d}t}$$

(4-4)

由于物体内各点的速度在 3 个坐标方向上的分量为 $\dfrac{\partial u}{\partial t}, \dfrac{\partial v}{\partial t}, \dfrac{\partial w}{\partial t}$,如果以 ρ_1 表示物体变形前的密度,则体内所取出部分的动能为

$$E_k = \frac{1}{2} \iiint_V \rho_1 \left[\left(\frac{\partial u}{\partial t}\right)^2 + \left(\frac{\partial v}{\partial t}\right)^2 + \left(\frac{\partial w}{\partial t}\right)^2 \right] \mathrm{d}V$$

(a)

而

$$\frac{\mathrm{d}E_k}{\mathrm{d}t} = \iiint_V \rho_1 \left(\frac{\partial^2 u}{\partial t^2} \frac{\partial u}{\partial t} + \frac{\partial^2 v}{\partial t^2} \frac{\partial v}{\partial t} + \frac{\partial^2 w}{\partial t^2} \frac{\partial w}{\partial t} \right) \mathrm{d}V \qquad (\mathrm{b})$$

现在计算在 $\mathrm{d}t$ 时间内外力对物体内所取出部分作的功。仍以 (F_x, F_y, F_z) 表示单位体积的体力，(f_{vx}, f_{vy}, f_{vz}) 表示作用于取出部分边界处单位面积上的内力。由于在 $\mathrm{d}t$ 时间内各点的位移为 $\frac{\partial u}{\partial t}\mathrm{d}t, \frac{\partial v}{\partial t}\mathrm{d}t, \frac{\partial w}{\partial t}\mathrm{d}t$，故体力和面力作的功分别为

$$\mathrm{d}W_1 = \iiint_V \left(F_x \frac{\partial u}{\partial t} + F_y \frac{\partial v}{\partial t} + F_z \frac{\partial w}{\partial t} \right) \mathrm{d}t \mathrm{d}V \qquad (\mathrm{c})$$

$$\mathrm{d}W_2 = \iint_S \left(f_{vx} \frac{\partial u}{\partial t} + f_{vy} \frac{\partial v}{\partial t} + f_{vz} \frac{\partial w}{\partial t} \right) \mathrm{d}t \mathrm{d}S \qquad (\mathrm{d})$$

将式(2-4)代入式(d)，并利用高斯(Gauss, C.F.)积分公式[①]，于是有

$$\begin{aligned}
\mathrm{d}W_2 &= \iint_S \Big[(\sigma_x l + \tau_{xy} m + \tau_{xz} n) \frac{\partial u}{\partial t} + (\tau_{xy} l + \sigma_y m + \tau_{yz} n) \frac{\partial v}{\partial t} + \\
&\quad (\tau_{xz} l + \tau_{yz} m + \sigma_z n) \frac{\partial w}{\partial t} \Big] \mathrm{d}t \mathrm{d}S \\
&= \iiint_V \Big[\frac{\partial}{\partial x} \Big(\sigma_x \frac{\partial u}{\partial t} + \tau_{xy} \frac{\partial v}{\partial t} + \tau_{xz} \frac{\partial w}{\partial t} \Big) + \frac{\partial}{\partial y} \Big(\tau_{xy} \frac{\partial u}{\partial t} + \sigma_y \frac{\partial v}{\partial t} + \tau_{yz} \frac{\partial w}{\partial t} \Big) + \\
&\quad \frac{\partial}{\partial z} \Big(\tau_{xz} \frac{\partial u}{\partial t} + \tau_{yz} \frac{\partial v}{\partial t} + \sigma_z \frac{\partial w}{\partial t} \Big) \Big] \mathrm{d}t \mathrm{d}V \\
&= \iiint_V \Big[\Big(\frac{\partial \sigma_x}{\partial x} + \frac{\partial \tau_{xy}}{\partial y} + \frac{\partial \tau_{xz}}{\partial z} \Big) \frac{\partial u}{\partial t} + \Big(\frac{\partial \tau_{xy}}{\partial x} + \frac{\partial \sigma_y}{\partial y} + \frac{\partial \tau_{yz}}{\partial z} \Big) \frac{\partial v}{\partial t} + \\
&\quad \Big(\frac{\partial \tau_{xz}}{\partial x} + \frac{\partial \tau_{yz}}{\partial y} + \frac{\partial \sigma_z}{\partial z} \Big) \frac{\partial w}{\partial t} \Big] \mathrm{d}t \mathrm{d}V + \iiint_V \Big(\sigma_x \frac{\partial \varepsilon_x}{\partial t} + \sigma_y \frac{\partial \varepsilon_y}{\partial t} + \sigma_z \frac{\partial \varepsilon_z}{\partial t} + \\
&\quad \tau_{yz} \frac{\partial \gamma_{yz}}{\partial t} + \tau_{xz} \frac{\partial \gamma_{xz}}{\partial t} + \tau_{xy} \frac{\partial \gamma_{xy}}{\partial t} \Big) \mathrm{d}t \mathrm{d}V
\end{aligned} \qquad (\mathrm{e})$$

在 $\mathrm{d}t$ 时间内，外力作的全部功为

$$\mathrm{d}W = \mathrm{d}W_1 + \mathrm{d}W_2 \qquad (\mathrm{f})$$

将式(c)和式(e)代入式(f)，并利用运动方程(2-5)，然后在等号两边同除以 $\mathrm{d}t$，于是有

$$\begin{aligned}
\frac{\mathrm{d}W}{\mathrm{d}t} &= \iiint_V \rho_1 \Big(\frac{\partial^2 u}{\partial t^2} \frac{\partial u}{\partial t} + \frac{\partial^2 v}{\partial t^2} \frac{\partial v}{\partial t} + \frac{\partial^2 w}{\partial t^2} \frac{\partial w}{\partial t} \Big) \mathrm{d}V + \\
&\quad \iiint_V \Big(\sigma_x \frac{\partial \varepsilon_x}{\partial t} + \sigma_y \frac{\partial \varepsilon_y}{\partial t} + \sigma_z \frac{\partial \varepsilon_z}{\partial t} + \tau_{yz} \frac{\partial \gamma_{yz}}{\partial t} + \tau_{xz} \frac{\partial \gamma_{xz}}{\partial t} + \tau_{xy} \frac{\partial \gamma_{xy}}{\partial t} \Big) \mathrm{d}V
\end{aligned} \qquad (\mathrm{g})$$

注意到式(b)，上式的第一项即等于 $\frac{\mathrm{d}E_k}{\mathrm{d}t}$。将它代入式(4-4)，两边消去同类项，得到

[①] 高斯积分公式为 $\iint_S (Pl + Qm + Rn) \mathrm{d}S = \iiint_V \Big(\frac{\partial P}{\partial x} + \frac{\partial Q}{\partial y} + \frac{\partial R}{\partial z} \Big) \mathrm{d}V$。

$$\frac{\mathrm{d}V_{\mathrm{I}}}{\mathrm{d}t} = \iiint_V \left(\sigma_x \frac{\partial \varepsilon_x}{\partial t} + \sigma_y \frac{\partial \varepsilon_y}{\partial t} + \sigma_z \frac{\partial \varepsilon_z}{\partial t} + \tau_{yz} \frac{\partial \gamma_{yz}}{\partial t} + \tau_{xz} \frac{\partial \gamma_{xz}}{\partial t} + \tau_{xy} \frac{\partial \gamma_{xy}}{\partial t} \right) \mathrm{d}V \tag{h}$$

令单位体积的内能(即**内能密度**)为 v_{I},则

$$V_{\mathrm{I}} = \iiint_V v_{\mathrm{I}} \mathrm{d}V$$

而

$$\frac{\mathrm{d}V_{\mathrm{I}}}{\mathrm{d}t} = \iiint_V \frac{\partial v_{\mathrm{I}}}{\partial t} \mathrm{d}V$$

代入式(h),有

$$\iiint_V \frac{\partial v_{\mathrm{I}}}{\partial t} \mathrm{d}V = \iiint_V \left(\sigma_x \frac{\partial \varepsilon_x}{\partial t} + \sigma_y \frac{\partial \varepsilon_y}{\partial t} + \sigma_z \frac{\partial \varepsilon_z}{\partial t} + \tau_{yz} \frac{\partial \gamma_{yz}}{\partial t} + \tau_{xz} \frac{\partial \gamma_{xz}}{\partial t} + \tau_{xy} \frac{\partial \gamma_{xy}}{\partial t} \right) \mathrm{d}V$$

由于区域 V 可以任意选择,故上式成立的条件为

$$\frac{\partial v_{\mathrm{I}}}{\partial t} = \sigma_x \frac{\partial \varepsilon_x}{\partial t} + \sigma_y \frac{\partial \varepsilon_y}{\partial t} + \sigma_z \frac{\partial \varepsilon_z}{\partial t} + \tau_{yz} \frac{\partial \gamma_{yz}}{\partial t} + \tau_{xz} \frac{\partial \gamma_{xz}}{\partial t} + \tau_{xy} \frac{\partial \gamma_{xy}}{\partial t}$$

若固定 x, y, z 的值,则得在 $\mathrm{d}t$ 时间内 v_{I} 的增量:

$$\mathrm{d}v_{\mathrm{I}} = \sigma_x \mathrm{d}\varepsilon_x + \sigma_y \mathrm{d}\varepsilon_y + \sigma_z \mathrm{d}\varepsilon_z + \tau_{yz} \mathrm{d}\gamma_{yz} + \tau_{xz} \mathrm{d}\gamma_{xz} + \tau_{xy} \mathrm{d}\gamma_{xy}$$

由于内能密度 v_{I} 是状态的单值函数,$\mathrm{d}v_{\mathrm{I}}$ 必须是全微分,因此有以下的关系:

$$\left. \begin{aligned} \sigma_x &= \frac{\partial v_{\mathrm{I}}}{\partial \varepsilon_x}, & \tau_{yz} &= \frac{\partial v_{\mathrm{I}}}{\partial \gamma_{yz}} \\ \sigma_y &= \frac{\partial v_{\mathrm{I}}}{\partial \varepsilon_y}, & \tau_{xz} &= \frac{\partial v_{\mathrm{I}}}{\partial \gamma_{xz}} \\ \sigma_z &= \frac{\partial v_{\mathrm{I}}}{\partial \varepsilon_z}, & \tau_{xy} &= \frac{\partial v_{\mathrm{I}}}{\partial \gamma_{xy}} \end{aligned} \right\} \tag{4-5}$$

式(4-5)为弹性体在绝热情况下以能量形式表示的物理方程。

对于等温过程,同样可以推出形如式(4-5)的关系式。

引进熵这样一个状态函数。它与系统热量的增加和热力学温度的比值有关。在物体变形过程中,热量的增加可能来自两个方面:一是从周围环境输入和内部热源产生的热量,二是由于物体自身对变形和热流的阻力所消耗的功转换成的热量。分别以 $\mathrm{d}S_{\mathrm{e}}$ 和 $\mathrm{d}S_{\mathrm{i}}$ 表示过程中由这两部分热量引起的熵的增量,则总的增量为

$$\mathrm{d}S = \mathrm{d}S_{\mathrm{e}} + \mathrm{d}S_{\mathrm{i}} \tag{i}$$

其中

$$\mathrm{d}S_{\mathrm{e}} = \frac{\mathrm{d}Q}{T} \tag{j}$$

这里,T 为热力学温度,$\mathrm{d}S_{\mathrm{i}}$ 称为**产熵**,$\mathrm{d}S_{\mathrm{e}}$ 称为**供熵**。**热力学第二定律**告诉我们:自然界中发生的一切热力学过程都不会使产熵减少,即

$$\mathrm{d}S_{\mathrm{i}} \geqslant 0$$

对于塑性变形等不可逆过程,$\mathrm{d}S_{\mathrm{i}} > 0$;对于弹性变形等可逆过程,$\mathrm{d}S_{\mathrm{i}} = 0$。因此,在弹性变形的情况下,式(i)可简化为

$$dS = \frac{dQ}{T} \qquad\qquad (k)$$

或

$$\frac{dQ}{dt} = T \frac{dS}{dt} \qquad\qquad (1)$$

对于等温过程，有

$$\frac{dT}{dt} = 0 \qquad\qquad (m)$$

将式(1)代入式(4-3)，并注意到式(m)，得到

$$\frac{dW}{dt} = \frac{dE_k}{dt} + \frac{d}{dt}(V_1 - TS) \qquad\qquad (n)$$

引入

$$v_F = v_1 - T\eta$$

这里，v_1 为内能密度，η 为单位体积的熵，v_F 称为**自由能密度**，则

$$V_1 - TS = \iiint_V v_F dV = \iiint_V (v_1 - T\eta) dV$$

而

$$\frac{d}{dt}(V_1 - TS) = \iiint_V \frac{\partial v_F}{\partial t} dV \qquad\qquad (o)$$

将式(g)、式(o)代入式(n)，采用处理绝热过程同样的方法，可得到

$$dv_F = \sigma_x d\varepsilon_x + \sigma_y d\varepsilon_y + \sigma_z d\varepsilon_z + \tau_{yz} d\gamma_{yz} + \tau_{xz} d\gamma_{xz} + \tau_{xy} d\gamma_{xy}$$

由于在等温情况下 v_F 仅与应变分量有关，也是状态的单值函数，要求 dv_F 为全微分，则必存在如下的关系：

$$\left. \begin{aligned} \sigma_x &= \frac{\partial v_F}{\partial \varepsilon_x}, & \tau_{yz} &= \frac{\partial v_F}{\partial \gamma_{yz}} \\[2mm] \sigma_y &= \frac{\partial v_F}{\partial \varepsilon_y}, & \tau_{xz} &= \frac{\partial v_F}{\partial \gamma_{xz}} \\[2mm] \sigma_z &= \frac{\partial v_F}{\partial \varepsilon_z}, & \tau_{xy} &= \frac{\partial v_F}{\partial \gamma_{xy}} \end{aligned} \right\} \qquad (4\text{-}6)$$

式(4-6)为等温情况下物理方程的能量形式。

式(4-5)和式(4-6)可统一地表示为

$$\left. \begin{aligned} \sigma_x &= \frac{\partial v_\varepsilon}{\partial \varepsilon_x}, & \tau_{yz} &= \frac{\partial v_\varepsilon}{\partial \gamma_{yz}} \\[2mm] \sigma_y &= \frac{\partial v_\varepsilon}{\partial \varepsilon_y}, & \tau_{xz} &= \frac{\partial v_\varepsilon}{\partial \gamma_{xz}} \\[2mm] \sigma_z &= \frac{\partial v_\varepsilon}{\partial \varepsilon_z}, & \tau_{xy} &= \frac{\partial v_\varepsilon}{\partial \gamma_{xy}} \end{aligned} \right\} \qquad (4\text{-}7)$$

又可缩写为

$$\sigma_{ij}=\frac{\partial v_\varepsilon}{\partial \varepsilon_{ij}} \tag{4-7}'$$

这里的 v_ε 表示由于变形而储存于物体内单位体积的弹性势能,称为**应变能密度**。在绝热情况下,它为内能密度的增量,即

$$v_\varepsilon=v_1-v_{10}$$

在等温情况下,它为自由能密度的增量,即

$$v_\varepsilon=v_F-v_{F0}$$

v_{10} 和 v_{F0} 分别表示自然状态(即无应力状态)下的内能密度和自由能密度。在自然状态下,显然有 $v_\varepsilon=0$。

式(4-7)称为**格林公式**,它是通过热力学第一定律和第二定律导出的,因此不受变形大小和材料性能的限制,也不需无初始应力的假设。

如果应力和应变之间呈线性关系,如式(4-2)所示,则由式(4-7)可见,应变能密度 v_ε 一定是应变分量的齐二次函数。由齐次函数的欧拉定理,并利用式(4-7),得

$$2v_\varepsilon=\frac{\partial v_\varepsilon}{\partial \varepsilon_x}\varepsilon_x+\frac{\partial v_\varepsilon}{\partial \varepsilon_y}\varepsilon_y+\frac{\partial v_\varepsilon}{\partial \varepsilon_z}\varepsilon_z+\frac{\partial v_\varepsilon}{\partial \gamma_{yz}}\gamma_{yz}+\frac{\partial v_\varepsilon}{\partial \gamma_{xz}}\gamma_{xz}+\frac{\partial v_\varepsilon}{\partial \gamma_{xy}}\gamma_{xy}$$
$$=\sigma_x\varepsilon_x+\sigma_y\varepsilon_y+\sigma_z\varepsilon_z+\tau_{yz}\gamma_{yz}+\tau_{xz}\gamma_{xz}+\tau_{xy}\gamma_{xy}$$

即

$$v_\varepsilon=\frac{1}{2}(\sigma_x\varepsilon_x+\sigma_y\varepsilon_y+\sigma_z\varepsilon_z+\tau_{yz}\gamma_{yz}+\tau_{xz}\gamma_{xz}+\tau_{xy}\gamma_{xy}) \tag{4-8}$$

或写成

$$v_\varepsilon=\frac{1}{2}\sigma_{ij}\varepsilon_{ij} \tag{4-8}'$$

设物体的体积为 V,则整个物体的应变能为

$$V_\varepsilon=\iiint_V v_\varepsilon \mathrm{d}V \tag{4-9}$$

§4-3　各向异性弹性体

本节将从式(4-2)出发,建立几种常见的各向异性弹性体的应力与应变的关系。

(一)极端各向异性弹性体

下面要证明,由于应变能的存在,极端各向异性弹性体只有 21 个弹性常数。

事实上,将式(4-7)的 σ_y 与式(4-2)的第二式联立,得

$$\frac{\partial v_\varepsilon}{\partial \varepsilon_y}=C_{21}\varepsilon_x+C_{22}\varepsilon_y+C_{23}\varepsilon_z+C_{24}\gamma_{yz}+C_{25}\gamma_{xz}+C_{26}\gamma_{xy}$$

上式两边对应变分量求一阶偏导数,譬如,对 γ_{xz} 求偏导数,有

$$\frac{\partial^2 v_\varepsilon}{\partial \varepsilon_y \partial \gamma_{xz}}=C_{25} \tag{a}$$

再将式(4-7)的 τ_{xz} 与式(4-2)的第五式联立,得

视频 4-2
弹性常数及
测定

$$\frac{\partial v_\varepsilon}{\partial \gamma_{xz}} = C_{51}\varepsilon_x + C_{52}\varepsilon_y + C_{53}\varepsilon_z + C_{54}\gamma_{yz} + C_{55}\gamma_{xz} + C_{56}\gamma_{xy}$$

上式对 ε_y 求偏导数,有

$$\frac{\partial^2 v_\varepsilon}{\partial \gamma_{xz} \partial \varepsilon_y} = C_{52} \tag{b}$$

比较式(a)和式(b),由于偏导数次序可交换,于是得到

$$C_{25} = C_{52}$$

对于其他的 C_{mn} 和 C_{nm},同样可以证明它们是相等的,即

$$C_{mn} = C_{nm}$$

这样,就证明了对于极端的各向异性弹性体,只有 $6 + \dfrac{30}{2} = 21$ 个独立的弹性常数。

(二)具有一个弹性对称面的各向异性弹性体

如果物体内的每一点都存在这样一个平面,和该面对称的两个方向具有相同的弹性,则该平面称为物体的**弹性对称面**,而垂直于弹性对称面的方向,称为物体的**弹性主方向**。设 Oyz 平面为弹性对称面,即 x 轴为弹性主方向,于是,作图 4-1 所示的坐标变换后,应力和应变关系应保持不变。

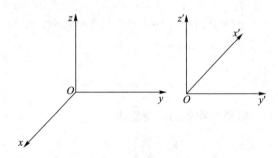

图 4-1

新老坐标之间的关系如表 4-1 所示:

表 4-1

	x	y	z
x'	$l_1 = -1$	$m_1 = 0$	$n_1 = 0$
y'	$l_2 = 0$	$m_2 = 1$	$n_2 = 0$
z'	$l_3 = 0$	$m_3 = 0$	$n_3 = 1$

由式(2-8)和式(3-10),得到下列新坐标系下的应力分量和应变分量:

$$\left.\begin{array}{lll} \sigma_{x'} = \sigma_x, & \sigma_{y'} = \sigma_y, & \sigma_{z'} = \sigma_z \\ \tau_{y'z'} = \tau_{yz}, & \tau_{x'z'} = -\tau_{xz}, & \tau_{x'y'} = -\tau_{xy} \end{array}\right\} \tag{c}$$

$$\left.\begin{array}{lll} \varepsilon_{x'} = \varepsilon_x, & \varepsilon_{y'} = \varepsilon_y, & \varepsilon_{z'} = \varepsilon_z \\ \gamma_{y'z'} = \gamma_{yz}, & \gamma_{x'z'} = -\gamma_{xz}, & \gamma_{x'y'} = -\gamma_{xy} \end{array}\right\} \tag{d}$$

将它们代入式(4-2),得到

$$
\left.
\begin{aligned}
\sigma_{x'} &= C_{11}\varepsilon_{x'} + C_{12}\varepsilon_{y'} + C_{13}\varepsilon_{z'} + C_{14}\gamma_{y'z'} - C_{15}\gamma_{x'z'} - C_{16}\gamma_{x'y'} \\
\sigma_{y'} &= C_{21}\varepsilon_{x'} + C_{22}\varepsilon_{y'} + C_{23}\varepsilon_{z'} + C_{24}\gamma_{y'z'} - C_{25}\gamma_{x'z'} - C_{26}\gamma_{x'y'} \\
\sigma_{z'} &= C_{31}\varepsilon_{x'} + C_{32}\varepsilon_{y'} + C_{33}\varepsilon_{z'} + C_{34}\gamma_{y'z'} - C_{35}\gamma_{x'z'} - C_{36}\gamma_{x'y'} \\
\tau_{y'z'} &= C_{41}\varepsilon_{x'} + C_{42}\varepsilon_{y'} + C_{43}\varepsilon_{z'} + C_{44}\gamma_{y'z'} - C_{45}\gamma_{x'z'} - C_{46}\gamma_{x'y'} \\
-\tau_{x'z'} &= C_{51}\varepsilon_{x'} + C_{52}\varepsilon_{y'} + C_{53}\varepsilon_{z'} + C_{54}\gamma_{y'z'} - C_{55}\gamma_{x'z'} - C_{56}\gamma_{x'y'} \\
-\tau_{x'y'} &= C_{61}\varepsilon_{x'} + C_{62}\varepsilon_{y'} + C_{63}\varepsilon_{z'} + C_{64}\gamma_{y'z'} - C_{65}\gamma_{x'z'} - C_{66}\gamma_{x'y'}
\end{aligned}
\right\}
\tag{e}
$$

将式(e)与式(4-2)进行比较,要使经过上述变换后的应力与应变关系不变,则必须有

$$C_{15} = C_{16} = C_{25} = C_{26} = C_{35} = C_{36} = C_{45} = C_{46} = 0$$

这样,弹性常数从 21 个减少到 13 个。式(4-2)简化为

$$
\left.
\begin{aligned}
\sigma_x &= C_{11}\varepsilon_x + C_{12}\varepsilon_y + C_{13}\varepsilon_z + C_{14}\gamma_{yz} \\
\sigma_y &= C_{21}\varepsilon_x + C_{22}\varepsilon_y + C_{23}\varepsilon_z + C_{24}\gamma_{yz} \\
\sigma_z &= C_{31}\varepsilon_x + C_{32}\varepsilon_y + C_{33}\varepsilon_z + C_{34}\gamma_{yz} \\
\tau_{yz} &= C_{41}\varepsilon_x + C_{42}\varepsilon_y + C_{43}\varepsilon_z + C_{44}\gamma_{yz} \\
\tau_{xz} &= C_{55}\gamma_{xz} + C_{56}\gamma_{xy} \\
\tau_{xy} &= C_{65}\gamma_{xz} + C_{66}\gamma_{xy}
\end{aligned}
\right\}
\tag{f}
$$

(三)正交各向异性弹性体

假定 Oxz 平面也为弹性对称面,即 y 轴为弹性主方向,于是,作图 4-2 所示的坐标变换后,应力与应变关系应保持不变。

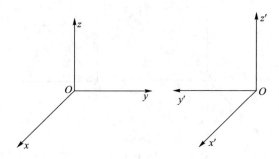

图 4-2

按照得式(c)和式(d)同样的理由,可得

$$
\left.
\begin{aligned}
\sigma_{x'} &= \sigma_x, \quad \sigma_{y'} = \sigma_y, \quad \sigma_{z'} = \sigma_z \\
\tau_{y'z'} &= -\tau_{yz}, \quad \tau_{x'z'} = \tau_{xz}, \quad \tau_{x'y'} = -\tau_{xy}
\end{aligned}
\right\}
\tag{g}
$$

$$
\left.
\begin{aligned}
\varepsilon_{x'} &= \varepsilon_x, \quad \varepsilon_{y'} = \varepsilon_y, \quad \varepsilon_{z'} = \varepsilon_z \\
\gamma_{y'z'} &= -\gamma_{yz}, \quad \gamma_{x'z'} = \gamma_{xz}, \quad \gamma_{x'y'} = -\gamma_{xy}
\end{aligned}
\right\}
\tag{h}
$$

将式(g)和式(h)代入式(f),与上面一样,要使经过这样的变换后应力与应变关系不变,则必须有

$$C_{14} = C_{24} = C_{34} = C_{56} = 0$$

于是,式(f)简化为

$$
\left.\begin{aligned}
\sigma_x &= C_{11}\varepsilon_x + C_{12}\varepsilon_y + C_{13}\varepsilon_z \\
\sigma_y &= C_{21}\varepsilon_x + C_{22}\varepsilon_y + C_{23}\varepsilon_z \\
\sigma_z &= C_{31}\varepsilon_x + C_{32}\varepsilon_y + C_{33}\varepsilon_z \\
\tau_{yz} &= C_{44}\gamma_{yz} \\
\tau_{xz} &= C_{55}\gamma_{xz} \\
\tau_{xy} &= C_{66}\gamma_{xy}
\end{aligned}\right\}
\tag{4-10}
$$

如果再设 xy 平面为弹性对称面,而 z 轴为弹性主方向,则经过与上面相同的推演,发现不会得到新的结果。这表明,如果互相垂直的 3 个平面中有 2 个是弹性对称面,则第三个平面必然也是弹性对称面。到此,弹性常数只有 9 个。这种弹性体,称为**正交各向异性弹性体**。式(4-10)表明,当坐标轴方向与弹性主方向一致时,正应力只与正应变有关,切应力只与对应的切应变有关,因此,拉压与剪切之间,以及不同平面内的切应力与切应变之间,不存在耦合作用。各种增强纤维复合材料和木材等属于这种弹性体。

(四) 横观各向同性弹性体

在正交各向异性的基础上,如果物体内每一点都有一个弹性对称轴,也就是说,每一点都有一个各向同性平面,在这个平面内,沿各个方向具有相同的弹性。这种弹性体,称为**横观各向同性弹性体**。

不妨假设 Oxy 平面为各向同性平面,即 z 轴为弹性对称轴。从式(4-10)出发,先让坐标系统 z 轴旋转 90°,如图 4-3 所示。新老坐标之间的关系如表 4-2 所示:

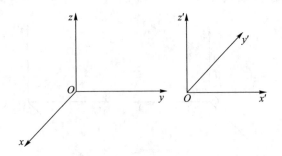

图 4-3

表 4-2

	x	y	z
x'	$l_1 = 0$	$m_1 = 1$	$n_1 = 0$
y'	$l_2 = -1$	$m_2 = 0$	$n_2 = 0$
z'	$l_3 = 0$	$m_3 = 0$	$n_3 = 1$

由式(2-8)和式(3-10)得

$$
\left.\begin{aligned}
\sigma_{x'} &= \sigma_y, \quad \sigma_{y'} = \sigma_x, \quad \sigma_{z'} = \sigma_z \\
\tau_{y'z'} &= -\tau_{xz}, \quad \tau_{x'z'} = \tau_{yz}, \quad \tau_{x'y'} = -\tau_{xy}
\end{aligned}\right\}
\tag{i}
$$

$$\left.\begin{array}{l} \varepsilon_{x'}=\varepsilon_y, \quad \varepsilon_{y'}=\varepsilon_x, \quad \varepsilon_{z'}=\varepsilon_z, \\ \gamma_{y'z'}=-\gamma_{xz}, \quad \gamma_{x'z'}=\gamma_{yz}, \quad \gamma_{x'y'}=-\gamma_{xy} \end{array}\right\} \tag{j}$$

将式(i)和(j)代入式(4-10),得到

$$\left.\begin{array}{l} \sigma_{y'}=C_{11}\varepsilon_{y'}+C_{12}\varepsilon_{x'}+C_{13}\varepsilon_{z'} \\ \sigma_{x'}=C_{12}\varepsilon_{y'}+C_{22}\varepsilon_{x'}+C_{23}\varepsilon_{z'} \\ \sigma_{z'}=C_{13}\varepsilon_{y'}+C_{23}\varepsilon_{x'}+C_{33}\varepsilon_{z'} \\ \tau_{x'z'}=C_{44}\gamma_{x'z'} \\ -\tau_{y'z'}=-C_{55}\gamma_{y'z'} \\ -\tau_{x'y'}=-C_{66}\gamma_{x'y'} \end{array}\right\} \tag{k}$$

比较式(k)和式(4-10)可以发现,要使经过这一变换后应力与应变关系不变,必须有

$$C_{11}=C_{22}, \quad C_{13}=C_{23}, \quad C_{44}=C_{55}$$

可见,弹性常数现在减少到了 6 个,而式(4-10)简化为

$$\left.\begin{array}{l} \sigma_x=C_{11}\varepsilon_x+C_{12}\varepsilon_y+C_{13}\varepsilon_z \\ \sigma_y=C_{12}\varepsilon_x+C_{11}\varepsilon_y+C_{13}\varepsilon_z \\ \sigma_z=C_{13}\varepsilon_x+C_{13}\varepsilon_y+C_{33}\varepsilon_z \\ \tau_{yz}=C_{44}\gamma_{yz} \\ \tau_{xz}=C_{44}\gamma_{xz} \\ \tau_{xy}=C_{66}\gamma_{xy} \end{array}\right\} \tag{1}$$

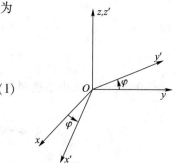

图 4-4

现在,再将坐标系绕 z 轴旋转一任意角 φ,如图 4-4 所示。新老坐标之间的关系如表 4-3 所示:

表 4-3

	x	y	z
x'	$l_1=\cos\varphi$	$m_1=\sin\varphi$	$n_1=0$
y'	$l_2=-\sin\varphi$	$m_2=\cos\varphi$	$n_2=0$
z'	$l_3=0$	$m_3=0$	$n_3=1$

由式(2-8)和式(3-10)得

$$\left.\begin{array}{l} \tau_{x'y'}=\dfrac{1}{2}(\sigma_y-\sigma_x)\sin2\varphi+\tau_{xy}\cos2\varphi \\ \gamma_{x'y'}=(\varepsilon_y-\varepsilon_x)\sin2\varphi+\gamma_{xy}\cos2\varphi \end{array}\right\} \tag{m}$$

经过上述变换后,式(1)的第六个关系仍应成立,即

$$\tau_{x'y'}=C_{66}\gamma_{x'y'} \tag{n}$$

将式(m)代入,有

$$\frac{1}{2}(\sigma_y-\sigma_x)\sin2\varphi+\tau_{xy}\cos2\varphi=C_{66}[(\varepsilon_y-\varepsilon_x)\sin2\varphi+\gamma_{xy}\cos2\varphi]$$

利用式(1)的最后一式,即

$$\tau_{xy}=C_{66}\gamma_{xy}$$

则上式简化为

$$\sigma_y - \sigma_x = 2C_{66}(\varepsilon_y - \varepsilon_x) \tag{o}$$

将式(1)的第二式减去其第一式,得

$$\sigma_y - \sigma_x = (C_{11} - C_{12})(\varepsilon_y - \varepsilon_x) \tag{p}$$

比较式(o)和式(p),可得

$$2C_{66} = C_{11} - C_{12} \tag{q}$$

可见横观各向同性弹性体有 5 个独立的弹性常数。将式(q)代入式(1),得横观各向同性弹性体的应力与应变的关系如下:

$$\left.\begin{array}{l}
\sigma_x = C_{11}\varepsilon_x + C_{12}\varepsilon_y + C_{13}\varepsilon_z \\
\sigma_y = C_{12}\varepsilon_x + C_{11}\varepsilon_y + C_{13}\varepsilon_z \\
\sigma_z = C_{13}\varepsilon_x + C_{13}\varepsilon_y + C_{33}\varepsilon_z \\
\tau_{yz} = C_{44}\gamma_{yz} \\
\tau_{xz} = C_{44}\gamma_{xz} \\
\tau_{xy} = \dfrac{1}{2}(C_{11} - C_{12})\gamma_{xy}
\end{array}\right\} \tag{4-11}$$

层状结构的地壳可认为是横观各向同性的。

§4-4 各向同性弹性体

所谓各向同性弹性体,从物理意义上说,就是沿物体各个方向看,弹性性质是完全相同的。这一物理上完全对称的特性,反映在数学上,就是应力与应变的关系在所有方位不同的坐标系中都一样。下面,要从式(4-11)出发,经过进一步的简化,建立各向同性弹性体的应力与应变的关系。

从以上的推导可知,式(4-11)反映的是这样一个弹性体,Oxy 平面既是它的各向同性面,又是它的弹性对称面,这样,既保证了沿 Oxy 平面内任一方向具有相同的弹性,又保证了沿 z 轴的正负两个方向也具有相同的弹性。但须注意,Oxy 平面内的弹性性质和 z 轴方向的弹性性质对非各向同性弹性体是不同的;对各向同性弹性体来说,它们应该相同。为此,以式(4-11)为基础,再作如图4-5所示的坐标变换;如果在这样的变换下应力应变关系保持不变,则就可保证是各向同性了。

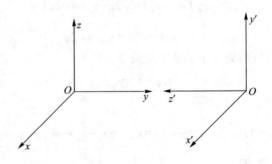

图 4-5

相应于图 4-5 的坐标变换,应力分量和应变分量的变换关系如下:

$$\left.\begin{array}{lll} \sigma_{x'}=\sigma_x, & \sigma_{y'}=\sigma_z, & \sigma_{z'}=\sigma_y \\ \tau_{y'z'}=-\tau_{yz}, & \tau_{x'z'}=-\tau_{xy}, & \tau_{x'y'}=\tau_{xz} \end{array}\right\} \quad (a)$$

$$\left.\begin{array}{lll} \varepsilon_{x'}=\varepsilon_x, & \varepsilon_{y'}=\varepsilon_z, & \varepsilon_{z'}=\varepsilon_y \\ \gamma_{y'z'}=-\gamma_{yz}, & \gamma_{x'z'}=-\gamma_{xy}, & \gamma_{x'y'}=\gamma_{xz} \end{array}\right\} \quad (b)$$

将式(a)和式(b)代入式(4-11),有

$$\left.\begin{array}{l} \sigma_{x'}=C_{11}\varepsilon_{x'}+C_{12}\varepsilon_{z'}+C_{13}\varepsilon_{y'} \\ \sigma_{z'}=C_{12}\varepsilon_{x'}+C_{11}\varepsilon_{z'}+C_{13}\varepsilon_{y'} \\ \sigma_{y'}=C_{13}\varepsilon_{x'}+C_{13}\varepsilon_{z'}+C_{33}\varepsilon_{y'} \\ -\tau_{y'z'}=-C_{44}\gamma_{y'z'} \\ \tau_{x'y'}=C_{44}\gamma_{x'y'} \\ -\tau_{x'z'}=-\dfrac{1}{2}(C_{11}-C_{12})\gamma_{x'z'} \end{array}\right\} \quad (c)$$

将式(c)与式(4-11)进行比较,要求经上述变换后应力应变关系不变,则得到

$$C_{12}=C_{13}, \quad C_{11}=C_{33}, \quad C_{44}=\frac{1}{2}(C_{11}-C_{12}) \quad (d)$$

因此,对于各向同性的弹性体,只有 2 个独立的弹性常数。

将式(d)代入式(4-11),稍加整理,有

$$\left.\begin{array}{l} \sigma_x=C_{12}\theta+(C_{11}-C_{12})\varepsilon_x \\ \sigma_y=C_{12}\theta+(C_{11}-C_{12})\varepsilon_y \\ \sigma_z=C_{12}\theta+(C_{11}-C_{12})\varepsilon_z \\ \tau_{yz}=\dfrac{1}{2}(C_{11}-C_{12})\gamma_{yz} \\ \tau_{xz}=\dfrac{1}{2}(C_{11}-C_{12})\gamma_{xz} \\ \tau_{xy}=\dfrac{1}{2}(C_{11}-C_{12})\gamma_{xy} \end{array}\right\} \quad (e)$$

这里

$$\theta=\varepsilon_x+\varepsilon_y+\varepsilon_z$$

为使表达式简洁起见,令

$$C_{12}=\lambda, \quad C_{11}-C_{12}=2\mu$$

则式(e)可改写为

$$\left.\begin{array}{ll} \sigma_x=\lambda\theta+2\mu\varepsilon_x, & \tau_{yz}=\mu\gamma_{yz} \\ \sigma_y=\lambda\theta+2\mu\varepsilon_y, & \tau_{xz}=\mu\gamma_{xz} \\ \sigma_z=\lambda\theta+2\mu\varepsilon_z, & \tau_{xy}=\mu\gamma_{xy} \end{array}\right\} \quad (4-12)$$

或

$$\sigma_{ij} = \lambda \varepsilon_{kk} \delta_{ij} + 2\mu \varepsilon_{ij} \text{[①]} \qquad (4-12)'$$

式(4-12)为各向同性弹性体的广义胡克定律,λ,μ 称为**拉梅**(Lamé,G.)**常数**。

从式(4-12)容易看出,在各向同性体内的各点,应力主方向和应变主方向是一致的。事实上,如果将坐标轴取得与物体内某点的应变主方向重合,此时,所有的切应变分量为零。但由式(4-12)的后三式可知,此时切应力分量也必须为零,因此,这 3 个坐标轴的方向又是应力主方向,也即两者是一致的。

将式(4-12)的前三式相加,得

$$\Theta = \sigma_x + \sigma_y + \sigma_z = (3\lambda + 2\mu)\theta \qquad (4-13)$$

称为**体应变的胡克定律**。利用上式,式(4-12) 可改写成如下的形式:

$$\left. \begin{aligned} \varepsilon_x &= \frac{\sigma_x}{2\mu} - \frac{\lambda}{2\mu(3\lambda+2\mu)}\Theta, & \gamma_{yz} &= \frac{1}{\mu}\tau_{yz} \\ \varepsilon_y &= \frac{\sigma_y}{2\mu} - \frac{\lambda}{2\mu(3\lambda+2\mu)}\Theta, & \gamma_{xz} &= \frac{1}{\mu}\tau_{xz} \\ \varepsilon_z &= \frac{\sigma_z}{2\mu} - \frac{\lambda}{2\mu(3\lambda+2\mu)}\Theta, & \gamma_{xy} &= \frac{1}{\mu}\tau_{xy} \end{aligned} \right\} \qquad (4-14)$$

§4-5　弹性常数的测定　各向同性体应变能密度的表达式

上述的应力与应变关系式(4-12)或式(4-14)必须包括简单拉伸和纯剪的特殊情况。因此,借助于同一材料的简单拉伸与纯剪试验来测定弹性常数 λ 和 μ。

首先,在简单拉伸的情况下,如果将试件拉伸方向作为 x 轴方向,则

$$\sigma_y = \sigma_z = \tau_{yz} = \tau_{xz} = \tau_{xy} = 0$$

将它们代入式(4-14),于是有

$$\left. \begin{aligned} \varepsilon_x &= \frac{\lambda+\mu}{\mu(3\lambda+2\mu)}\sigma_x \\ \varepsilon_y &= \varepsilon_z = -\frac{\lambda}{2\mu(3\lambda+2\mu)}\sigma_x \\ \gamma_{yz} &= \gamma_{xz} = \gamma_{xy} = 0 \end{aligned} \right\} \qquad (\text{a})$$

另一方面,根据简单拉伸试验的结果,有如下的关系:

$$\left. \begin{aligned} \varepsilon_x &= \frac{\sigma_x}{E} \\ \varepsilon_y &= \varepsilon_z = -\frac{\nu}{E}\sigma_x \\ \gamma_{yz} &= \gamma_{xz} = \gamma_{xy} = 0 \end{aligned} \right\} \qquad (\text{b})$$

这里的 E 是**杨**(Young,T.)**氏模量**,ν 是**泊松**(Poisson,S.-D.)**比**。比较式(a)和式(b),则有

---

① 式中 $\varepsilon_{kk} = \varepsilon_{11} + \varepsilon_{22} + \varepsilon_{33} = \theta$;$\delta_{ij}$ 的定义见补充材料 A。

$$E = \frac{\mu(3\lambda + 2\mu)}{\lambda + \mu}, \quad \nu = \frac{\lambda}{2(\lambda + \mu)} \qquad (4-15)$$

或

$$\lambda = \frac{E\nu}{(1+\nu)(1-2\nu)}, \quad \mu = \frac{E}{2(1+\nu)} \qquad (4-16)$$

根据试验有

$$E > 0, \quad 0 < \nu < \frac{1}{2}$$

所以

$$\lambda > 0, \quad \mu > 0$$

再考虑纯剪情况,假定切应力作用在 Oxy 平面内,于是有

$$\sigma_x = \sigma_y = \sigma_z = \tau_{yz} = \tau_{xz} = 0$$

代入式(4-14),得

$$\left. \begin{array}{l} \varepsilon_x = \varepsilon_y = \varepsilon_z = \gamma_{yz} = \gamma_{xz} = 0 \\[2mm] \gamma_{xy} = \dfrac{\tau_{xy}}{\mu} \end{array} \right\} \qquad (c)$$

另一方面,由纯剪试验得

$$\left. \begin{array}{l} \varepsilon_x = \varepsilon_y = \varepsilon_z = \gamma_{yz} = \gamma_{xz} = 0 \\[2mm] \gamma_{xy} = \dfrac{\tau_{xy}}{G} \end{array} \right\} \qquad (d)$$

G 为**切变模量**,比较式(c)和式(d),得到

$$\mu = G \qquad (4-17)$$

将式(4-16)代入式(4-14),经整理,则各向同性弹性体的广义胡克定律又可写成以下形式:

$$\left. \begin{array}{ll} \varepsilon_x = \dfrac{1}{E}\left[\sigma_x - \nu(\sigma_y + \sigma_z)\right], & \gamma_{yz} = \dfrac{2(1+\nu)}{E}\tau_{yz} \\[3mm] \varepsilon_y = \dfrac{1}{E}\left[\sigma_y - \nu(\sigma_x + \sigma_z)\right], & \gamma_{xz} = \dfrac{2(1+\nu)}{E}\tau_{xz} \\[3mm] \varepsilon_z = \dfrac{1}{E}\left[\sigma_z - \nu(\sigma_x + \sigma_y)\right], & \gamma_{xy} = \dfrac{2(1+\nu)}{E}\tau_{xy} \end{array} \right\} \qquad (4-18)$$

或

$$\varepsilon_{ij} = \frac{1}{E}\left[(1+\nu)\sigma_{ij} - \nu\sigma_{kk}\delta_{ij}\right] \qquad (4-18)'$$

这里的 $\sigma_{kk} = \Theta = \sigma_x + \sigma_y + \sigma_z$。

由式(4-18),体应变的胡克定律又可写成

$$\theta = \frac{1-2\nu}{E}\Theta \qquad (4-19)$$

最后,再以应变分量或者应力分量表示应变能密度 v_ε。前面已经证明,在应力和应变呈线性关系时,应变能密度表示为

$$2v_\varepsilon = \sigma_x \varepsilon_x + \sigma_y \varepsilon_y + \sigma_z \varepsilon_z + \tau_{yz} \gamma_{yz} + \tau_{xz} \gamma_{xz} + \tau_{xy} \gamma_{xy}$$

利用式(4-12)或式(4-18),可得

$$2v_\varepsilon = \lambda \theta^2 + 2\mu(\varepsilon_x^2 + \varepsilon_y^2 + \varepsilon_z^2) + \mu(\gamma_{yz}^2 + \gamma_{xz}^2 + \gamma_{xy}^2)$$

$$= (\lambda + 2\mu)(\varepsilon_x^2 + \varepsilon_y^2 + \varepsilon_z^2) + 2\lambda(\varepsilon_y \varepsilon_z + \varepsilon_x \varepsilon_z + \varepsilon_x \varepsilon_y) + \mu(\gamma_{yz}^2 + \gamma_{xz}^2 + \gamma_{xy}^2) \tag{4-20}$$

或

$$2v_\varepsilon = \frac{1}{E} \left[\sigma_x^2 + \sigma_y^2 + \sigma_z^2 - 2\nu(\sigma_y \sigma_z + \sigma_x \sigma_z + \sigma_x \sigma_y) + 2(1+\nu)(\tau_{yz}^2 + \tau_{xz}^2 + \tau_{xy}^2) \right] \tag{4-21}$$

从式(4-20)可以得到一个重要的结论,就是永远有

$$v_\varepsilon \geq 0$$

这说明应变能密度总是正的。

思考题与习题

4-1　橡皮立方块放在同样大小的铁盒内,在上面用铁盖封闭,铁盖上受均布压力 q 作用,如图 4-6 所示;设铁盒和铁盖可以作为刚体看待,而且橡皮与铁盒之间无摩擦力。试求铁盒内侧面所受的压力、橡皮块的体应变和橡皮中的最大切应力。

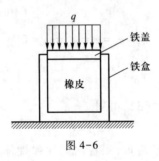

图 4-6

4-2　已知应力与应变之间满足广义胡克定律,证明

$$\varepsilon_x = \frac{\partial v_\varepsilon}{\partial \sigma_x}, \quad \varepsilon_y = \frac{\partial v_\varepsilon}{\partial \sigma_y}, \quad \varepsilon_z = \frac{\partial v_\varepsilon}{\partial \sigma_z}$$

$$\gamma_{yz} = \frac{\partial v_\varepsilon}{\partial \tau_{yz}}, \quad \gamma_{xz} = \frac{\partial v_\varepsilon}{\partial \tau_{xz}}, \quad \gamma_{xy} = \frac{\partial v_\varepsilon}{\partial \tau_{xy}}$$

这里,v_ε 为应变能密度。

4-3　证明:对各向同性的线性弹性体来说,应力主方向与应变主方向是一致的。非各向同性弹性体是否具有这样的性质? 试举例定性说明。

4-4　试写出极坐标、柱坐标和球坐标形式的各向同性弹性体的广义胡克定律。

第五章　弹性力学问题的建立和一般原理

在前三章中,已经导出了弹性力学的全部基本方程和一些常用的公式,现在可以着手讨论如何求解弹性力学的问题了。本章的主要任务有四个:(1)综合弹性力学的基本方程,并按边界条件的性质将问题分类;(2)阐述解决弹性力学问题通常采用的两种方法——位移解法和应力解法,并推演其相应的方程;(3)介绍弹性力学的几个重要原理;(4)列举弹性力学的几个简单问题。

第五章
电子教案

§5-1　弹性力学的基本方程及其边值问题

弹性力学基本方程包括平衡(运动)微分方程、几何方程和物理方程。为便于一览,将它们综合如下。

视频 5-1
问题建立及
位移和应力
解法

平衡(运动)微分方程

$$\left.\begin{array}{l}\dfrac{\partial \sigma_x}{\partial x}+\dfrac{\partial \tau_{yx}}{\partial y}+\dfrac{\partial \tau_{zx}}{\partial z}+F_x=0\left(\rho\,\dfrac{\partial^2 u}{\partial t^2}\right)\\[3mm]\dfrac{\partial \tau_{xy}}{\partial x}+\dfrac{\partial \sigma_y}{\partial y}+\dfrac{\partial \tau_{zy}}{\partial z}+F_y=0\left(\rho\,\dfrac{\partial^2 v}{\partial t^2}\right)\\[3mm]\dfrac{\partial \tau_{xz}}{\partial x}+\dfrac{\partial \tau_{yz}}{\partial y}+\dfrac{\partial \sigma_z}{\partial z}+F_z=0\left(\rho\,\dfrac{\partial^2 w}{\partial t^2}\right)\end{array}\right\} \tag{5-1}$$

或

$$\sigma_{ij,i}+F_j=0\left(\rho\,\dfrac{\partial^2 u_j}{\partial t^2}\right) \tag{5-1}'$$

几何方程——应变和位移的关系

$$\left.\begin{array}{ll}\varepsilon_x=\dfrac{\partial u}{\partial x}, & \gamma_{yz}=\dfrac{\partial w}{\partial y}+\dfrac{\partial v}{\partial z}\\[3mm]\varepsilon_y=\dfrac{\partial v}{\partial y}, & \gamma_{xz}=\dfrac{\partial u}{\partial z}+\dfrac{\partial w}{\partial x}\\[3mm]\varepsilon_z=\dfrac{\partial w}{\partial z}, & \gamma_{xy}=\dfrac{\partial v}{\partial x}+\dfrac{\partial u}{\partial y}\end{array}\right\} \tag{5-2}$$

或

$$\varepsilon_{ij}=\dfrac{1}{2}\left(u_{i,j}+u_{j,i}\right) \tag{5-2}'$$

物理方程——应力和应变的关系

（1）用应力表示应变的关系式

$$\left.\begin{array}{ll} \varepsilon_x = \dfrac{1}{E}\left[\sigma_x - \nu(\sigma_y + \sigma_z)\right], & \gamma_{yz} = \dfrac{2(1+\nu)}{E}\tau_{yz} \\[2mm] \varepsilon_y = \dfrac{1}{E}\left[\sigma_y - \nu(\sigma_x + \sigma_z)\right], & \gamma_{xz} = \dfrac{2(1+\nu)}{E}\tau_{xz} \\[2mm] \varepsilon_z = \dfrac{1}{E}\left[\sigma_z - \nu(\sigma_x + \sigma_y)\right], & \gamma_{xy} = \dfrac{2(1+\nu)}{E}\tau_{xy} \end{array}\right\} \tag{5-3}$$

或

$$\varepsilon_{ij} = \frac{1}{E}\left[(1+\nu)\sigma_{ij} - \nu\sigma_{kk}\delta_{ij}\right] \tag{5-3}'$$

（2）用应变表示应力的关系式

$$\left.\begin{array}{ll} \sigma_x = \lambda\theta + 2G\varepsilon_x, & \tau_{yz} = G\gamma_{yz} \\[2mm] \sigma_y = \lambda\theta + 2G\varepsilon_y, & \tau_{xz} = G\gamma_{xz} \\[2mm] \sigma_z = \lambda\theta + 2G\varepsilon_z, & \tau_{xy} = G\gamma_{xy} \end{array}\right\} \tag{5-4}$$

或

$$\sigma_{ij} = \lambda\varepsilon_{kk}\delta_{ij} + 2G\varepsilon_{ij} \tag{5-4}'$$

式（5-1），式（5-2）和式（5-3）[或式（5-4）]，共 15 个方程，包含 6 个应力分量，6 个应变分量和 3 个位移分量，共 15 个变量。解这些方程，还须给出边界条件。弹性力学按工程实际问题可能出现的情况，边界条件可归结为以下三种类型：

（1）在全部边界上已知面力 $\bar{f}_x, \bar{f}_y, \bar{f}_z$，若将边界记作 S，则边界条件为

$$\left.\begin{array}{l} \bar{f}_x = \sigma_x l + \tau_{yx} m + \tau_{zx} n \\[2mm] \bar{f}_y = \tau_{xy} l + \sigma_y m + \tau_{zy} n \\[2mm] \bar{f}_z = \tau_{xz} l + \tau_{yz} m + \sigma_z n \end{array}\right\} \quad （在 S 上） \tag{5-5}$$

或写成

$$\sigma_{ij} n_j = \bar{f}_i \quad （在 S 上） \tag{5-5}'$$

（2）在全部边界 S 上已知边界位移 $\bar{u}, \bar{v}, \bar{w}$，边界条件为

$$u = \bar{u}, \quad v = \bar{v}, \quad w = \bar{w} \quad （在 S 上） \tag{5-6}$$

或写成

$$u_i = \bar{u}_i \quad （在 S 上） \tag{5-6}'$$

式（5-6）称为**位移边界条件**

（3）在部分边界 S_σ 上已知面力，在另一部分边界 S_u 上已知边界位移，边界条件为

$$\left.\begin{array}{l} \bar{f}_x = \sigma_x l + \tau_{yx} m + \tau_{zx} n \\[2mm] \bar{f}_y = \tau_{xy} l + \sigma_y m + \tau_{zy} n \\[2mm] \bar{f}_z = \tau_{xz} l + \tau_{yz} m + \sigma_z n \end{array}\right\} \quad （在 S_\sigma 上） \tag{5-7a}$$

$$u = \overline{u}, \quad v = \overline{v}, \quad w = \overline{w} \quad (在\ S_u\ 上) \tag{5-7b}$$

或写成

$$\sigma_{ij} n_j = \overline{f}_i \quad (在\ S_\sigma\ 上) \tag{5-7a}'$$

$$u_i = \overline{u}_i \quad (在\ S_u\ 上) \tag{5-7b}'$$

在给定的边界条件下求解偏微分方程组的问题,称为偏微分方程组的边值问题。在上述三种边界条件下求解弹性力学的基本方程,依次分别称为**弹性力学的第一类、第二类和第三类边值问题**,第三类边值问题又称**混合边值问题**。在§5-4 中将证明,如不考虑物体的刚体运动,则三类边值问题的解是唯一的。

对于弹性动力学问题,还须给出问题的初始条件。若以 $f_1(x,y,z), f_2(x,y,z), f_3(x,y,z)$ 和 $\varphi_1(x,y,z), \varphi_2(x,y,z), \varphi_3(x,y,z)$ 分别表示初始位移和初始速度,则初始条件为

$$\left. \begin{aligned}
u &= f_1(x,y,z) \\
v &= f_2(x,y,z) \\
w &= f_3(x,y,z) \\
\frac{\partial u}{\partial t} &= \varphi_1(x,y,z) \\
\frac{\partial v}{\partial t} &= \varphi_2(x,y,z) \\
\frac{\partial w}{\partial t} &= \varphi_3(x,y,z)
\end{aligned} \right\} \quad (在\ t=0\ 时) \tag{5-8}$$

需要指出的是,从式(5-2),式(5-3)[或式(5-4)]可以看出,6 个应力分量、6 个应变分量和 3 个位移分量之间不是彼此独立的。如果给出了位移分量,则不难先由式(5-2)求应变分量,再由式(5-4)求应力分量。反之,如果给出应力分量,则也很容易由式(5-3)求应变分量,但把所求得的应变分量代入方程组(5-2)后,为使这组方程不矛盾,从而通过它们的积分求出位移分量,这就要求这组应变分量满足一组补充方程,即应变协调方程:

$$\left. \begin{aligned}
\frac{\partial^2 \varepsilon_z}{\partial y^2} + \frac{\partial^2 \varepsilon_y}{\partial z^2} &= \frac{\partial^2 \gamma_{yz}}{\partial y \partial z} \\
\frac{\partial^2 \varepsilon_x}{\partial z^2} + \frac{\partial^2 \varepsilon_z}{\partial x^2} &= \frac{\partial^2 \gamma_{xz}}{\partial x \partial z} \\
\frac{\partial^2 \varepsilon_y}{\partial x^2} + \frac{\partial^2 \varepsilon_x}{\partial y^2} &= \frac{\partial^2 \gamma_{xy}}{\partial x \partial y} \\
\frac{\partial}{\partial x}\left(-\frac{\partial \gamma_{yz}}{\partial x} + \frac{\partial \gamma_{xz}}{\partial y} + \frac{\partial \gamma_{xy}}{\partial z} \right) &= 2\frac{\partial^2 \varepsilon_x}{\partial y \partial z} \\
\frac{\partial}{\partial y}\left(\frac{\partial \gamma_{yz}}{\partial x} - \frac{\partial \gamma_{xz}}{\partial y} + \frac{\partial \gamma_{xy}}{\partial z} \right) &= 2\frac{\partial^2 \varepsilon_y}{\partial x \partial z} \\
\frac{\partial}{\partial z}\left(\frac{\partial \gamma_{yz}}{\partial x} + \frac{\partial \gamma_{xz}}{\partial y} - \frac{\partial \gamma_{xy}}{\partial z} \right) &= 2\frac{\partial^2 \varepsilon_z}{\partial x \partial y}
\end{aligned} \right\} \tag{5-9}$$

基于上述理由,通常可以采用下面两种方法求解弹性力学问题:一种是以位移分量作为基本变量求解,称为**位移解法**;另一种是以应力分量作为基本变量求解,称为**应力解法**。在§5-2和§5-3中,将分别讨论这两种解法。

§5-2 位移解法 以位移表示的平衡（或运动）微分方程

由于位移解法是以位移分量作为基本变量求解的,故必须从式(5-1)、式(5-2)和式(5-4)中消去应力分量和应变分量,以得到只包含位移分量的方程,同时,边界条件也必须用位移分量表示。

首先将式(5-2)代入式(5-4),得

$$
\left.\begin{array}{ll}
\sigma_x = \lambda\theta + 2G\dfrac{\partial u}{\partial x}, & \tau_{yz} = G\left(\dfrac{\partial w}{\partial y} + \dfrac{\partial v}{\partial z}\right) \\[2mm]
\sigma_y = \lambda\theta + 2G\dfrac{\partial v}{\partial y}, & \tau_{xz} = G\left(\dfrac{\partial u}{\partial z} + \dfrac{\partial w}{\partial x}\right) \\[2mm]
\sigma_z = \lambda\theta + 2G\dfrac{\partial w}{\partial z}, & \tau_{xy} = G\left(\dfrac{\partial v}{\partial x} + \dfrac{\partial u}{\partial y}\right)
\end{array}\right\}
\tag{a}
$$

其中

$$
\theta = \frac{\partial u}{\partial x} + \frac{\partial v}{\partial y} + \frac{\partial w}{\partial z}
\tag{b}
$$

再将式(a)代入方程组(5-1),略加整理,得到

$$
\left.\begin{array}{l}
(\lambda+G)\dfrac{\partial\theta}{\partial x} + G\nabla^2 u + F_x = 0\left(\rho\dfrac{\partial^2 u}{\partial t^2}\right) \\[2mm]
(\lambda+G)\dfrac{\partial\theta}{\partial y} + G\nabla^2 v + F_y = 0\left(\rho\dfrac{\partial^2 v}{\partial t^2}\right) \\[2mm]
(\lambda+G)\dfrac{\partial\theta}{\partial z} + G\nabla^2 w + F_z = 0\left(\rho\dfrac{\partial^2 w}{\partial t^2}\right)
\end{array}\right\}
\tag{5-10}
$$

这里的∇^2是拉普拉斯(Laplace,P.-S.)算子,即

$$
\nabla^2 = \frac{\partial^2}{\partial x^2} + \frac{\partial^2}{\partial y^2} + \frac{\partial^2}{\partial z^2}
$$

方程组(5-10)是以**位移表示的平衡微分方程**,称为**拉梅方程**,它还可表示为

$$
(\lambda+G)u_{k,ki} + G\nabla^2 u_i + F_i = 0(\rho\ddot{u}_i)
\tag{5-10}'
$$

或表示成矢量形式:

$$
(\lambda+G)\nabla\theta + G\nabla^2 \boldsymbol{U} + \boldsymbol{F} = 0\left(\rho\frac{\partial^2 \boldsymbol{U}}{\partial t^2}\right)
\tag{5-10}''
$$

式(5-10)″中的$\boldsymbol{U}$为位移矢量,$\boldsymbol{F}$为单位体积力矢量,而∇为那勃勒算子。

至于边界条件,如物体表面处的位移给定,则直接通过位移的形式给出,如式(5-6)所示;如物体表面处面力给定,则应取式(5-5)的形式,不过,其等号右边必须用位移表示。为此,将式(a)代入式(5-5),略加整理,即得用位移分量表示的应力边界条件:

$$\begin{aligned}
\bar{f}_x &= \lambda\theta l+G\left(\frac{\partial u}{\partial x}l+\frac{\partial u}{\partial y}m+\frac{\partial u}{\partial z}n\right)+G\left(\frac{\partial u}{\partial x}l+\frac{\partial v}{\partial x}m+\frac{\partial w}{\partial x}n\right)\\
\bar{f}_y &= \lambda\theta m+G\left(\frac{\partial v}{\partial x}l+\frac{\partial v}{\partial y}m+\frac{\partial v}{\partial z}n\right)+G\left(\frac{\partial u}{\partial y}l+\frac{\partial v}{\partial y}m+\frac{\partial w}{\partial y}n\right)\\
\bar{f}_z &= \lambda\theta n+G\left(\frac{\partial w}{\partial x}l+\frac{\partial w}{\partial y}m+\frac{\partial w}{\partial z}n\right)+G\left(\frac{\partial u}{\partial z}l+\frac{\partial v}{\partial z}m+\frac{\partial w}{\partial z}n\right)
\end{aligned}\right\} \tag{5-11}$$

或表示为

$$\bar{f}_i = \lambda u_{k,k}n_i+Gu_{i,j}n_j+Gu_{s,i}n_s \tag{5-11)'}$$

总之,以位移作为基本变量求解时,归结为在给定的边界条件下求解拉梅方程。求得了位移分量,就可通过关系式(5-2)和式(5-4)求应变分量和应力分量。

§5-3 应力解法 以应力表示的应变协调方程

以应力作为基本变量求解,要求在体内满足平衡微分方程,其相应的应变分量还须满足应变协调方程。因此,应力解法归结为在给定的边界条件下求解平衡微分方程(5-1)、物理方程(5-3)和应变协调方程(5-9)。现在要从中消去应变分量,使它们变成一组以应力分量表示的方程。由于平衡微分方程本来就是用应力分量表示的,故下面只需从应变协调方程(5-9)和物理方程(5-3)中消去应变分量就可以了。

把式(5-3)改写成如下的形式:

$$\begin{aligned}
\varepsilon_x &= \frac{1+\nu}{E}\sigma_x-\frac{\nu}{E}\Theta, & \gamma_{yz} &= \frac{2(1+\nu)}{E}\tau_{yz}\\
\varepsilon_y &= \frac{1+\nu}{E}\sigma_y-\frac{\nu}{E}\Theta, & \gamma_{xz} &= \frac{2(1+\nu)}{E}\tau_{xz}\\
\varepsilon_z &= \frac{1+\nu}{E}\sigma_z-\frac{\nu}{E}\Theta, & \gamma_{xy} &= \frac{2(1+\nu)}{E}\tau_{xy}
\end{aligned}\right\} \tag{a}$$

其中

$$\Theta = \sigma_x+\sigma_y+\sigma_z$$

将式(a)代入方程组(5-9)的第一式和第四式,得到

$$\frac{\partial^2\sigma_z}{\partial y^2}+\frac{\partial^2\sigma_y}{\partial z^2}-\frac{\nu}{1+\nu}\left(\frac{\partial^2\Theta}{\partial y^2}+\frac{\partial^2\Theta}{\partial z^2}\right)=2\frac{\partial^2\tau_{yz}}{\partial y\partial z} \tag{b}$$

$$\frac{\partial^2\sigma_x}{\partial y\partial z}-\frac{\nu}{1+\nu}\frac{\partial^2\Theta}{\partial y\partial z}=\frac{\partial}{\partial x}\left(-\frac{\partial\tau_{yz}}{\partial x}+\frac{\partial\tau_{xz}}{\partial y}+\frac{\partial\tau_{xy}}{\partial z}\right) \tag{c}$$

轮换 x,y,z，还可得到其余 4 个类似的关系式。问题到此可以结束了，但为了使关系式 (b) 和 (c) 等具有更简单的形式，利用方程 (5-1) 再将它们作些简化。

分别将方程 (5-1) 的第二式和第三式对 y,z 求一阶偏导数然后相加，再利用它的第一式，就得到

$$2\frac{\partial^2 \tau_{yz}}{\partial y \partial z} = -\frac{\partial}{\partial x}\left(\frac{\partial \tau_{xy}}{\partial y} + \frac{\partial \tau_{xz}}{\partial z}\right) - \frac{\partial^2 \sigma_y}{\partial y^2} - \frac{\partial^2 \sigma_z}{\partial z^2} - \frac{\partial F_y}{\partial y} - \frac{\partial F_z}{\partial z}$$

$$= \frac{\partial^2 \sigma_x}{\partial x^2} + \frac{\partial F_x}{\partial x} - \frac{\partial^2 \sigma_y}{\partial y^2} - \frac{\partial^2 \sigma_z}{\partial z^2} - \frac{\partial F_y}{\partial y} - \frac{\partial F_z}{\partial z}$$

$$= \frac{\partial^2 \sigma_x}{\partial x^2} - \frac{\partial^2 \sigma_y}{\partial y^2} - \frac{\partial^2 \sigma_z}{\partial z^2} - \left(\frac{\partial F_x}{\partial x} + \frac{\partial F_y}{\partial y} + \frac{\partial F_z}{\partial z}\right) + 2\frac{\partial F_x}{\partial x} \tag{d}$$

将式 (d) 代入式 (b) 的右边，并注意到

$$\sigma_y + \sigma_z = \Theta - \sigma_x$$

经简化后得到

$$\frac{1}{1+\nu}\boldsymbol{\nabla}^2 \Theta - \boldsymbol{\nabla}^2 \sigma_x - \frac{1}{1+\nu}\frac{\partial^2 \Theta}{\partial x^2} = -\left(\frac{\partial F_x}{\partial x} + \frac{\partial F_y}{\partial y} + \frac{\partial F_z}{\partial z}\right) + 2\frac{\partial F_x}{\partial x} \tag{e}$$

轮换 x,y,z 以后，可得到类似的两个关系式。将式 (e) 与轮换后的其他两式相加，得到一个重要的公式：

$$\boldsymbol{\nabla}^2 \Theta = -\left(\frac{\partial F_x}{\partial x} + \frac{\partial F_y}{\partial y} + \frac{\partial F_z}{\partial z}\right)\frac{1+\nu}{1-\nu} \tag{f}$$

将式 (f) 代入式 (e)，则有

$$\boldsymbol{\nabla}^2 \sigma_x + \frac{1}{1+\nu}\frac{\partial^2 \Theta}{\partial x^2} = -\frac{\nu}{1-\nu}\left(\frac{\partial F_x}{\partial x} + \frac{\partial F_y}{\partial y} + \frac{\partial F_z}{\partial z}\right) - 2\frac{\partial F_x}{\partial x} \tag{g}$$

这就是要求的公式之一。经 x,y,z 的轮换以后，还可得到类似的其他两式。

现在，再对关系式 (c) 进行简化。为此，将方程 (5-1) 的第二式和第三式分别对 z 和 y 求一阶偏导数，然后相加，得到

$$\frac{\partial^2 \tau_{xy}}{\partial x \partial z} + \frac{\partial^2 \sigma_y}{\partial y \partial z} + \frac{\partial^2 \tau_{yz}}{\partial z^2} + \frac{\partial^2 \tau_{xz}}{\partial x \partial y} + \frac{\partial^2 \tau_{yz}}{\partial y^2} + \frac{\partial^2 \sigma_z}{\partial y \partial z} = -\left(\frac{\partial F_z}{\partial y} + \frac{\partial F_y}{\partial z}\right) \tag{h}$$

将式 (h) 与式 (c) 相加，经整理后，得到

$$\boldsymbol{\nabla}^2 \tau_{yz} + \frac{1}{1+\nu}\frac{\partial^2 \Theta}{\partial y \partial z} = -\left(\frac{\partial F_z}{\partial y} + \frac{\partial F_y}{\partial z}\right) \tag{i}$$

这也是要求的公式之一。轮换 x,y,z，可得类似的其余两式。

综上所述，共得到如下的 6 个关系式：

$$\left.\begin{array}{l} \nabla^2\sigma_x + \dfrac{1}{1+\nu}\dfrac{\partial^2\Theta}{\partial x^2} = -\dfrac{\nu}{1-\nu}\left(\dfrac{\partial F_x}{\partial x}+\dfrac{\partial F_y}{\partial y}+\dfrac{\partial F_z}{\partial z}\right) - 2\dfrac{\partial F_x}{\partial x} \\[3mm] \nabla^2\sigma_y + \dfrac{1}{1+\nu}\dfrac{\partial^2\Theta}{\partial y^2} = -\dfrac{\nu}{1-\nu}\left(\dfrac{\partial F_x}{\partial x}+\dfrac{\partial F_y}{\partial y}+\dfrac{\partial F_z}{\partial z}\right) - 2\dfrac{\partial F_y}{\partial y} \\[3mm] \nabla^2\sigma_z + \dfrac{1}{1+\nu}\dfrac{\partial^2\Theta}{\partial z^2} = -\dfrac{\nu}{1-\nu}\left(\dfrac{\partial F_x}{\partial x}+\dfrac{\partial F_y}{\partial y}+\dfrac{\partial F_z}{\partial z}\right) - 2\dfrac{\partial F_z}{\partial z} \\[3mm] \nabla^2\tau_{yz} + \dfrac{1}{1+\nu}\dfrac{\partial^2\Theta}{\partial y\partial z} = -\left(\dfrac{\partial F_z}{\partial y}+\dfrac{\partial F_y}{\partial z}\right) \\[3mm] \nabla^2\tau_{xz} + \dfrac{1}{1+\nu}\dfrac{\partial^2\Theta}{\partial x\partial z} = -\left(\dfrac{\partial F_x}{\partial z}+\dfrac{\partial F_z}{\partial x}\right) \\[3mm] \nabla^2\tau_{xy} + \dfrac{1}{1+\nu}\dfrac{\partial^2\Theta}{\partial x\partial y} = -\left(\dfrac{\partial F_y}{\partial x}+\dfrac{\partial F_x}{\partial y}\right) \end{array}\right\} \tag{5-12}$$

方程组(5-12)称为**贝尔特拉米**(Beltrami, E.)-**米歇尔**(Michell, J. H.)**方程**。如体力为常数,则它可简化为

$$\left.\begin{array}{ll} \nabla^2\sigma_x + \dfrac{1}{1+\nu}\dfrac{\partial^2\Theta}{\partial x^2} = 0, & \nabla^2\tau_{yz} + \dfrac{1}{1+\nu}\dfrac{\partial^2\Theta}{\partial y\partial z} = 0 \\[3mm] \nabla^2\sigma_y + \dfrac{1}{1+\nu}\dfrac{\partial^2\Theta}{\partial y^2} = 0, & \nabla^2\tau_{xz} + \dfrac{1}{1+\nu}\dfrac{\partial^2\Theta}{\partial x\partial z} = 0 \\[3mm] \nabla^2\sigma_z + \dfrac{1}{1+\nu}\dfrac{\partial^2\Theta}{\partial z^2} = 0, & \nabla^2\tau_{xy} + \dfrac{1}{1+\nu}\dfrac{\partial^2\Theta}{\partial x\partial y} = 0 \end{array}\right\} \tag{5-12$'$}$$

贝尔特拉米-米歇尔方程的本质是与应变协调方程一致的,故又称**以应力表示的协调方程**(简称**应力协调方程**)。

方程(5-12)$'$还可表示为

$$\sigma_{ij,kk} + \dfrac{1}{1+\nu}\sigma_{kk,ij} = 0 \tag{5-12$''$}$$

总之,以应力为基本变量求解时,归结为在给定的边界条件下求解由平衡微分方程和应力协调方程组成的偏微分方程组。

§5-4 弹性力学的一般原理

这一节,要介绍三个具有普遍意义的原理,它们分别是:叠加原理、解的唯一性定理和圣维南原理。这些原理对于解决具体问题,扩大解的应用范围是极为重要的。

视频 5-2
一般原理和
简单问题

(一) 叠加原理

在材料力学和结构力学中,人们常用**叠加原理**有效地处理各种复杂受载的情况。由于本课程研究的仍为小变形线弹性情况,弹性力学的基本方程,包括位移解法中的拉梅方程,应力解法中的平衡微分方程和贝尔特拉米-米歇尔方程,以及一切边界条件都是线性的,所以极易证明叠加原理在此仍然成立(请读者自己完成)。

现将叠加原理完整地叙述如下:在小变形线弹性情况下,作用在物体上几组荷载产生的总效应(应力和变形),等于每组荷载单独作用效应的总和。

必须指出,叠加原理成立的条件除了小变形线弹性这两个假设外,还要求一种荷载的作用不会引起另一种荷载的作用发生性质的变化,否则此原理也不适用。例如,对于杆的纵横弯曲问题,横向荷载引起的弯曲变形将使轴向荷载产生附加的弯曲效应,而叠加原理却没有考虑这种效应,所以就不适用。

(二) 解的唯一性定理

要证明,在小变形线弹性情况下,弹性力学问题的解是唯一的,拟采用反证法。假设在同一体力(F_x,F_y,F_z)作用下,并在同一边界条件下有两种不同的解答,即

$$
\left.
\begin{aligned}
&u',v',w'\\
&\varepsilon_x',\varepsilon_y',\varepsilon_z',\gamma_{yz}',\gamma_{xz}',\gamma_{xy}'\\
&\sigma_x',\sigma_y',\sigma_z',\tau_{yz}',\tau_{xz}',\tau_{xy}'
\end{aligned}
\right\}
\tag{a}
$$

和

$$
\left.
\begin{aligned}
&u'',v'',w''\\
&\varepsilon_x'',\varepsilon_y'',\varepsilon_z'',\gamma_{yz}'',\gamma_{xz}'',\gamma_{xy}''\\
&\sigma_x'',\sigma_y'',\sigma_z'',\tau_{yz}'',\tau_{xz}'',\tau_{xy}''
\end{aligned}
\right\}
\tag{b}
$$

我们的目的是要证明这两组解答相等。为此试作这两组解答的差,而得到一组新的变量:

$$
\left.
\begin{aligned}
&u=u'-u'',\quad v=v'-v'',\quad w=w'-w''\\
&\varepsilon_x=\varepsilon_x'-\varepsilon_x'',\quad \varepsilon_y=\varepsilon_y'-\varepsilon_y'',\quad \varepsilon_z=\varepsilon_z'-\varepsilon_z''\\
&\gamma_{yz}=\gamma_{yz}'-\gamma_{yz}'',\quad \gamma_{xz}=\gamma_{xz}'-\gamma_{xz}'',\quad \gamma_{xy}=\gamma_{xy}'-\gamma_{xy}''\\
&\sigma_x=\sigma_x'-\sigma_x'',\quad \sigma_y=\sigma_y'-\sigma_y'',\quad \sigma_z=\sigma_z'-\sigma_z''\\
&\tau_{yz}=\tau_{yz}'-\tau_{yz}'',\quad \tau_{xz}=\tau_{xz}'-\tau_{xz}'',\quad \tau_{xy}=\tau_{xy}'-\tau_{xy}''
\end{aligned}
\right\}
\tag{c}
$$

由于带"′"的量和带"″"的量满足完全相同的方程(平衡微分方程、几何方程和物理方程),例如对应力分量,有

$$
\left.
\begin{aligned}
&\frac{\partial\sigma_x'}{\partial x}+\frac{\partial\tau_{yx}'}{\partial y}+\frac{\partial\tau_{zx}'}{\partial z}+F_x=0\\
&\frac{\partial\tau_{xy}'}{\partial x}+\frac{\partial\sigma_y'}{\partial y}+\frac{\partial\tau_{zy}'}{\partial z}+F_y=0\\
&\frac{\partial\tau_{xz}'}{\partial x}+\frac{\partial\tau_{yz}'}{\partial y}+\frac{\partial\sigma_z'}{\partial z}+F_z=0
\end{aligned}
\right\}
\tag{d}
$$

和

$$
\left.
\begin{aligned}
&\frac{\partial\sigma_x''}{\partial x}+\frac{\partial\tau_{yx}''}{\partial y}+\frac{\partial\tau_{zx}''}{\partial z}+F_x=0\\
&\frac{\partial\tau_{xy}''}{\partial x}+\frac{\partial\sigma_y''}{\partial y}+\frac{\partial\tau_{zy}''}{\partial z}+F_y=0\\
&\frac{\partial\tau_{xz}''}{\partial x}+\frac{\partial\tau_{yz}''}{\partial y}+\frac{\partial\sigma_z''}{\partial z}+F_z=0
\end{aligned}
\right\}
\tag{e}
$$

因此,将式(d),式(e)中各对应的方程相减,得到由式(c)表示的不带"′"的应力分量所满足的方程:

$$
\left.\begin{aligned}
\frac{\partial \sigma_x}{\partial x}+\frac{\partial \tau_{yx}}{\partial y}+\frac{\partial \tau_{zx}}{\partial z}=0\\
\frac{\partial \tau_{xy}}{\partial x}+\frac{\partial \sigma_y}{\partial y}+\frac{\partial \tau_{zy}}{\partial z}=0\\
\frac{\partial \tau_{xz}}{\partial x}+\frac{\partial \tau_{yz}}{\partial y}+\frac{\partial \sigma_z}{\partial z}=0
\end{aligned}\right\} \tag{f}
$$

又由于两组量还满足完全相同的边界条件,故按同样的方法,可得到式(c)中不带"′"的量所满足的边界条件,分下列三种情况:

(1) 对于第一类边值问题,有

$$
\left.\begin{aligned}
0=\sigma_x l+\tau_{yx} m+\tau_{zx} n\\
0=\tau_{xy} l+\sigma_y m+\tau_{zy} n\\
0=\tau_{xz} l+\tau_{yz} m+\sigma_z n
\end{aligned}\right\} \quad (在\ S\ 上) \tag{g}
$$

(2) 对于第二类边值问题,有

$$
u=0,\quad v=0,\quad w=0 \quad (在\ S\ 上) \tag{h}
$$

(3) 对于第三类边值问题,有

$$
\left.\begin{aligned}
0=\sigma_x l+\tau_{yx} m+\tau_{zx} n\\
0=\tau_{xy} l+\sigma_y m+\tau_{zy} n\\
0=\tau_{xz} l+\tau_{yz} m+\sigma_z n
\end{aligned}\right\} \quad (在\ S_\sigma\ 上) \tag{i$'$}
$$

$$
u=0,\quad v=0,\quad w=0 \quad (在\ S_u\ 上) \tag{i$''$}
$$

由式(f),式(g),式(h)和式(i)可以看出,以式(c)表示的不带"′"的量,相当于弹性体不受体力作用,并在物体的边界处,或者面力是零,或者位移是零,或者一部分上面力是零而另一部分上位移是零时的解。于是外力功为

$$
W=\iiint_V (F_x u+F_y v+F_z w)\,\mathrm{d}V+\iint_S (\bar{f}_x u+\bar{f}_y v+\bar{f}_z w)\,\mathrm{d}S=0
$$

将平衡微分方程(5-1)和应力边界条件(5-5)代入,并利用高斯积分定理,有

$$
\begin{aligned}
W=&-\iiint_V\left[\left(\frac{\partial \sigma_x}{\partial x}+\frac{\partial \tau_{xy}}{\partial y}+\frac{\partial \tau_{xz}}{\partial z}\right)u+\left(\frac{\partial \tau_{xy}}{\partial x}+\frac{\partial \sigma_y}{\partial y}+\frac{\partial \tau_{xz}}{\partial z}\right)v+\right.\\
&\left.\left(\frac{\partial \tau_{xz}}{\partial x}+\frac{\partial \tau_{yz}}{\partial y}+\frac{\partial \sigma_z}{\partial z}\right)w\right]\mathrm{d}V+\iint_S\left[(\sigma_x l+\tau_{xy} m+\tau_{xz} n)u+\right.\\
&\left.(\tau_{xy} l+\sigma_y m+\tau_{yz} n)v+(\tau_{xz} l+\tau_{yz} m+\sigma_z n)w\right]\mathrm{d}S\\
=&-\iint_V\left[\left(\frac{\partial \sigma_x}{\partial x}+\frac{\partial \tau_{xy}}{\partial y}+\frac{\partial \tau_{xz}}{\partial z}\right)u+\left(\frac{\partial \tau_{xy}}{\partial x}+\frac{\partial \sigma_y}{\partial y}+\frac{\partial \tau_{yz}}{\partial z}\right)v+\right.\\
&\left.\left(\frac{\partial \tau_{xz}}{\partial x}+\frac{\partial \tau_{yz}}{\partial y}+\frac{\partial \sigma_z}{\partial z}\right)w\right]\mathrm{d}V+\iiint_V\left[\left(\frac{\partial \sigma_x}{\partial x}+\frac{\partial \tau_{xy}}{\partial y}+\frac{\partial \tau_{xz}}{\partial z}\right)u+\right.\\
&\left.\left(\frac{\partial \tau_{xy}}{\partial x}+\frac{\partial \sigma_y}{\partial y}+\frac{\partial \tau_{yz}}{\partial z}\right)v+\left(\frac{\partial \tau_{xz}}{\partial x}+\frac{\partial \tau_{yz}}{\partial y}+\frac{\partial \sigma_z}{\partial z}\right)w\right]\mathrm{d}V+\iiint_V\left[\sigma_x\frac{\partial u}{\partial x}+\sigma_y\frac{\partial v}{\partial y}+\right.
\end{aligned}
$$

$$\sigma_z \frac{\partial w}{\partial z} + \tau_{yz}\left(\frac{\partial w}{\partial y} + \frac{\partial v}{\partial z}\right) + \tau_{xz}\left(\frac{\partial u}{\partial z} + \frac{\partial w}{\partial x}\right) + \tau_{xy}\left(\frac{\partial v}{\partial x} + \frac{\partial u}{\partial y}\right) \Big] dV = 0$$

消去同类项,并利用几何方程,上式简化为

$$W = \iiint_V (\sigma_x \varepsilon_x + \sigma_y \varepsilon_y + \sigma_z \varepsilon_z + \tau_{yz}\gamma_{yz} + \tau_{xz}\gamma_{xz} + \tau_{xy}\gamma_{xy}) dV$$

$$= 2\iiint_V v_\varepsilon dV = 0 \tag{j}$$

由于

$$v_\varepsilon(\varepsilon_{ij}) \geqslant 0$$

因此,式(j)成立的条件为

$$v_\varepsilon(\varepsilon_{ij}) = 0$$

于是得

$$\varepsilon_x = \varepsilon_y = \varepsilon_z = \gamma_{yz} = \gamma_{xz} = \gamma_{xy} = 0$$

$$\sigma_x = \sigma_y = \sigma_z = \tau_{yz} = \tau_{xz} = \tau_{xy} = 0$$

将它们代入式(c),得到

$$\varepsilon'_x = \varepsilon''_x, \quad \varepsilon'_y = \varepsilon''_y, \quad \varepsilon'_z = \varepsilon''_z$$

$$\gamma'_{yz} = \gamma''_{yz}, \quad \gamma'_{xz} = \gamma''_{xz}, \quad \gamma'_{xy} = \gamma''_{xy}$$

$$\sigma'_x = \sigma''_x, \quad \sigma'_y = \sigma''_y, \quad \sigma'_z = \sigma''_z$$

$$\tau'_{yz} = \tau''_{yz}, \quad \tau'_{xz} = \tau''_{xz}, \quad \tau'_{xy} = \tau''_{xy}$$

这样就证明了,在上述边值问题中,应力分量和应变分量是唯一的。至于位移,在第一类边值问题中,对于已完全确定的应变分量,在将柯西方程积分时,可允许相差一个形式为

$$u = qz - ry + a, \quad v = rx - pz + b, \quad w = py - qx + c \tag{k}$$

的函数项,这里的 a, b, c, p, q, r 为常数。函数式(k)代表物体的刚体运动。但很容易理解,在第二类和第三类边值问题中,由于在物体表面的全部或一部分上的位移是给定的,此时,位移分量就不可能有这种差别,也就是说,此时位移分量也是唯一的。

现在将弹性力学**解的唯一性定理**完整地叙述如下:假设弹性体受已知体力作用,在物体的边界上,或者面力已知,或者位移已知,或者一部分上面力已知,而另一部分上位移已知,则在弹性体平衡时,体内各点的应力分量与应变分量是唯一的,对于后两种情况,位移分量也是唯一的。

弹性力学解的唯一性定理的重要性在于,它为以后常用的**逆解法**或**半逆解法**提供了一个理论依据。在一般情况下,直接由给定的边界条件去求解弹性力学的基本方程是很困难的,因此,通常只好采用上述两种方法。

所谓逆解法,就是先按某种方法给出一组满足全部基本方程的应力分量或位移分量,然后考察,在确定的坐标系下,对于形状和几何尺寸完全确定的物体,当其表面受什么样的面力作用或具有什么样的位移时,才能得到这组解答。

所谓半逆解法,就是对于给定的问题,根据弹性体的几何形状、受力特点或材料力学已知的初等结果,假设一部分应力分量或位移分量为已知,然后由基本方程求出其他量,把这些量合在一起来凑合已知的边界条件;或者把全部的应力分量或位移分量

作为已知,然后校核这些假设的量是否满足弹性力学的基本方程和边界条件。

这里必须指出,弹性力学解的唯一性定理的证明是以这样一个假设为依据的:当物体不受外力作用时,体内的应变能为零,应力分量和应变分量也全为零。当涉及初应力问题时,这一假设不再成立,因此不能简单地套用这里的唯一性定理,而需专门加以讨论。

(三) 圣维南原理

在求解弹性力学问题时,只有知道作用于边界上的面力的详细分布情况,才能精确地写出它的边界条件。但在实际问题中往往会遇到两种情况。其一,虽然在大部分边界上面力分布是清楚的,但在其局部边界上面力分布并不清楚,而只知道它的静力效应,即它的主矢量和主矩。在这种情况下,当然无法精确地写出这局部边界上的边界条件,而只能从静力等效原则出发,让作用于这局部边界上应力的主矢量和主矩,分别地同所给面力的主矢量和主矩相等[1]。这种形式的边界条件,实际上是一种放松边界条件[2]。其二,在全部边界上的面力分布是清楚的,但我们所求的解答,虽然能精确地满足大部分边界上的边界条件,而在其局部,只能满足放松边界条件。这样,自然会产生一个问题:由于局部边界上放松边界条件的采用,究竟会给问题的解答带来多大的影响。这问题将被**圣维南原理**(局部性原理)所回答。

圣维南原理可表述为:若在物体任一小部分上作用一个平衡力系,则该平衡力系在物体内所产生的应力分布,仅局限于该力系作用的附近区域,在离该区域的相当远处,这种影响便急剧地减小。

图 5-1 表示的例子说明了局部性原理。如用钳子夹住一直杆,就等于在杆上加上一组平衡力系。试验证明,无论作用的力多大,在虚线圈着的一个小区域以外几乎不会有应力产生。

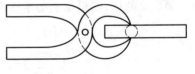

图 5-1

根据圣维南原理,不难回答上面所提出的问题。由于在局部边界上采用了放松边界条件, 被忽视的,只是这部分边界上面力的具体分布方式,但在静力上仍和原来的荷载保持等效。由刚体静力学可知,两静力等效力系之间相差的只是一个平衡力系,因此,在局部边界上采用放松边界条件,相当于在这局部边界上增减一个平衡力系所带来的影响。由圣维南原理可知,这种影响是局部的。

综上所述,圣维南原理又可表述为:若把作用在物体局部边界上的面力,用另一组与它静力等效(即有相同的主矢量和主矩)的力系来代替,则在力系作用区域的附近应力分布将有显著的改变,但在远处所受的影响可以不计。

大量的实验和数值计算方法的结果均表明这个原理是正确的。至于圣维南原理所指的影响区域,根据古迪尔(Goodier,J.N.)等人的研究,它大概和外力作用区域的大

---

① 面力从物体边界外侧作用于边界,而应力则从内侧作用于边界。所谓应力在边界上的值,是指当它的作用点趋近于边界时的极限。如果在同一边界上面力与应力分布规律一样(方向相反),则表示精确满足边界条件;如果在局部边界上,二者只有相同的主矢量和主矩(方向相反),则表示近似满足边界条件。

② 见参考文献[39]第 109 页§1 的叙述。

小相当。

必须引起注意的是,当对薄壁杆件引用圣维南原理时,要求力的作用区域必须与壁厚尺寸大致相当,否则将会导致严重的错误。例如图 5-2 所示的工字梁,在端面的两个翼缘上作用着一对大小相等、方向相反的力偶,从梁的整个横截面范围看,它是平衡力系,但实际上它构成了双力矩,将使整个杆件产生弯曲和扭转。因此,在对薄壁杆件引用圣维南原理时,应该慎重。

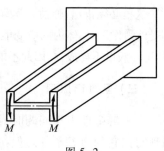

图 5-2

§5-5　弹性力学的简单问题

作为半逆解法的应用,下面将先介绍几个弹性力学的简单问题,这些问题的应力分量是坐标的一次函数,因贝尔特拉米-米歇尔方程总是满足的,故只需校核这些应力分量是否满足平衡微分方程和应力边界条件就可以了。

(一)圆柱体的扭转

考察在两端承受扭矩 M 且不计体力的圆柱体(图 5-3)。为了求解此问题,试采用按材料力学的方法求得的应力分量,校核它们是否满足平衡微分方程和应力边界条件。如满足的话,则根据解的唯一性定理,就是问题的解答。

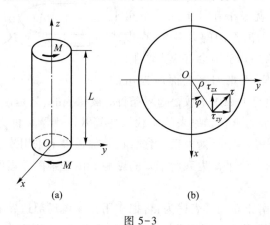

(a)　　　　　　　(b)

图 5-3

按材料力学的方法,在圆柱体扭转时,截面上发生与半径垂直且与点到圆心的距离成正比例的切应力

$$\tau = \alpha G \rho \tag{a}$$

这里的 α 表示单位长度的扭转角。将 τ 向 Ox 轴和 Oy 轴方向分解,得

$$\tau_{xz} = -\tau \sin \varphi = -\alpha G \rho \sin \varphi, \quad \tau_{yz} = \tau \cos \varphi = \alpha G \rho \cos \varphi \tag{b}$$

但由图 5-3 可以看出

$$\cos \varphi = \frac{x}{\rho}, \quad \sin \varphi = \frac{y}{\rho}$$

将上式代入式(b),并假设其余的应力分量全为零,于是得下列一组应力分量:

$$\tau_{xz} = -\alpha G y, \quad \tau_{yz} = \alpha G x, \quad \sigma_x = \sigma_y = \sigma_z = \tau_{xy} = 0 \tag{5-13}$$

不难直接验证,在体力为零时,上面一组应力分量是满足平衡微分方程的。

现在校核它们是否满足边界条件。略去式(5-5)中为零的各项,于是边界条件可写为

$$\left.\begin{array}{l} \overline{f}_x = \tau_{zx} n \\[2mm] \overline{f}_y = \tau_{zy} n \\[2mm] \overline{f}_z = \tau_{zx} l + \tau_{yz} m \end{array}\right\} \tag{c}$$

将它应用到柱体的侧面上。因为,在侧面上有

$$\overline{f}_x = \overline{f}_y = \overline{f}_z = 0$$

$$l = \cos\varphi = \frac{x}{\rho}, \quad m = \sin\varphi = \frac{y}{\rho}, \quad n = 0$$

所以,侧面处的边界条件显然是满足的。在圆柱体的两个端面上,由于外力的具体分布情况不清楚,只知道它们静力上等效于扭矩 M,因此,只能利用圣维南原理写出它的放松边界条件,即为

$$\left.\begin{array}{l} \iint \tau_{zx} \, \mathrm{d}x\mathrm{d}y = 0 \\[3mm] \iint \tau_{zy} \, \mathrm{d}x\mathrm{d}y = 0 \\[3mm] M = \iint (x\tau_{zy} - y\tau_{zx}) \, \mathrm{d}x\mathrm{d}y \end{array}\right\} \quad (\text{在 } z=0, L \text{ 处}) \tag{d}$$

将式(5-13)代入,由于坐标原点位于横截面的形心,故式(d)的第一、二式自然满足,第三式变为

$$M = \alpha G \iint (x^2 + y^2) \, \mathrm{d}x\mathrm{d}y = \alpha G I_p$$

或写成

$$\alpha = \frac{M}{G I_p} \tag{5-14}$$

其中 I_p 为极惯性矩,$G I_p$ 称为**抗扭刚度**。于是证明了对于圆柱体的扭转,用材料力学方法所求出的应力[式(5-13)],也是弹性力学的解答。

下面求位移分量。将式(5-13)代入式(5-3)求得应变分量,再利用式(5-2),得到

$$\left.\begin{array}{l} \dfrac{\partial u}{\partial x} = 0, \quad \dfrac{\partial v}{\partial y} = 0, \quad \dfrac{\partial w}{\partial z} = 0 \\[4mm] \dfrac{\partial w}{\partial y} + \dfrac{\partial v}{\partial z} = \alpha x \\[4mm] \dfrac{\partial u}{\partial z} + \dfrac{\partial w}{\partial x} = -\alpha y \\[4mm] \dfrac{\partial v}{\partial x} + \dfrac{\partial u}{\partial y} = 0 \end{array}\right\} \tag{e}$$

由式(e)的前三式可知

$$u=f(y,z)\,,\quad v=\varphi(x,z)\,,\quad w=\psi(x,y) \tag{f}$$

这里的 f,φ,ψ 均为任意函数,不过,它们还得满足方程(e)的后三式。故将式(f)代入式(e)的后三式,得到

$$\left.\begin{aligned}\frac{\partial\psi}{\partial y}+\frac{\partial\varphi}{\partial z}&=\alpha x\\[4pt]\frac{\partial f}{\partial z}+\frac{\partial\psi}{\partial x}&=-\alpha y\\[4pt]\frac{\partial\varphi}{\partial x}+\frac{\partial f}{\partial y}&=0\end{aligned}\right\} \tag{g}$$

通过阶数的升高,可将方程(g)化为

$$\left.\begin{aligned}\frac{\partial^2 f}{\partial y^2}=0\,,\quad &\frac{\partial^2 f}{\partial y\partial z}=-\alpha\,,\quad &\frac{\partial^2 f}{\partial z^2}=0\\[4pt]\frac{\partial^2\varphi}{\partial x^2}=0\,,\quad &\frac{\partial^2\varphi}{\partial x\partial z}=\alpha\,,\quad &\frac{\partial^2\varphi}{\partial z^2}=0\\[4pt]\frac{\partial^2\psi}{\partial x^2}=0\,,\quad &\frac{\partial^2\psi}{\partial x\partial y}=0\,,\quad &\frac{\partial^2\psi}{\partial y^2}=0\end{aligned}\right\} \tag{h}$$

由此得

$$f(y,z)=-\alpha yz+ay+bz+c\,,\quad \varphi(x,z)=\alpha xz+dx+ez+g\,,\quad \psi(x,y)=hx+iy+k \tag{i}$$

由式(i)表示的函数是方程组(h)的通解。但由于方程(g)变到方程组(h)阶数增高了一次,故函数式(i)未必满足方程(g)。现把它们代入方程(g),于是有

$$e+i=0\,,\quad b+h=0\,,\quad a+d=0$$

说明,当上述条件成立时,式(i)才是原方程(g)的解。故最后得到

$$\left.\begin{aligned}u&=f(y,z)=-\alpha yz-dy+bz+c\\[2pt]v&=\varphi(x,z)=\alpha xz+dx-iz+g\\[2pt]w&=\psi(x,y)=-bx+iy+k\end{aligned}\right\} \tag{j}$$

显然,式中的一次项和常数项分别表示整个柱体的刚体转动和刚体平移。为了使柱体不能随便地移动,可以假设柱体内任何一点(比如说坐标原点)的位移为零,即

$$(u)_{x=y=z=0}=(v)_{x=y=z=0}=(w)_{x=y=z=0}=0$$

将它们代入式(j),得

$$c=g=k=0$$

为了使柱体不能随便转动,只要规定过坐标原点且与坐标轴平行的三条微分线段 $\mathrm{d}x$,$\mathrm{d}y$,$\mathrm{d}z$ 中的任何两条保持不动就可以了。比如规定微分线段 $\mathrm{d}z$ 保持不动,则有

$$\left(\frac{\partial u}{\partial z}\right)_{x=y=z=0}=0\,,\quad \left(\frac{\partial v}{\partial z}\right)_{x=y=z=0}=0 \tag{k}$$

再比如规定微分线段 $\mathrm{d}y$ 在 Oxy 平面内保持不动,则有

$$\left(\frac{\partial u}{\partial y}\right)_{x=y=z=0}=0 \tag{l}$$

将条件(k)和(l)用于式(j)上,求得

$$b=d=i=0$$

故最后得

$$
\left.\begin{array}{l}
u = -\alpha yz \\
v = \alpha xz \\
w = 0
\end{array}\right\}
\tag{5-15}
$$

这里的 $w=0$ 表示,圆柱体扭转时,各横截面仍保持为平面。

(二) 梁的纯弯曲

考察一根不计自重的梁,其两端承受大小相等方向相反的力偶矩 M 的作用,并假设这两个力偶矩作用在梁的对称平面内。取坐标轴如图 5-4 所示(这里的 Oz 轴通过截面的形心,Ox 轴与 Oy 轴为截面的形心主轴)。

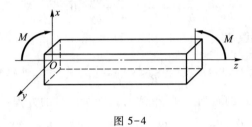

图 5-4

按材料力学的方法,这问题的结果为

$$
\left.\begin{array}{l}
\sigma_z = -\dfrac{Ex}{R} \\[2mm]
\sigma_x = \sigma_y = \tau_{yz} = \tau_{xz} = \tau_{xy} = 0
\end{array}\right\}
\tag{5-16}
$$

这里的 R 表示弯曲后梁轴线的半径。现在校核它们是否满足平衡微分方程和应力边界条件。根据题设,体力为零,故平衡微分方程显然是满足的。

再考察边界条件。首先,在梁的侧面,由于

$$
\overline{f}_x = \overline{f}_y = \overline{f}_z = 0, \quad n = 0
$$

将它们和应力表达式(5-16)一起代入边界条件(5-5),显然,它们是满足的。在梁的两个端面,按与圆柱体扭转完全类似的理由,只要作用在梁的端面上各点的应力 σ_z 能简化为与 Oy 轴平行的力偶矩,则由式(5-16)给出的应力分量为本问题的解。事实上,由于 Oz 轴通过截面的形心,且 Ox 轴与 Oy 轴为形心主轴,故梁端面上各点应力 σ_z 的主矢量为

$$
\iint \sigma_z \, \mathrm{d}x\mathrm{d}y = -\frac{E}{R} \iint x \, \mathrm{d}x\mathrm{d}y = 0
$$

主矩在 Ox 轴上的分量为

$$
\iint \sigma_z y \, \mathrm{d}x\mathrm{d}y = -\frac{E}{R} \iint xy \, \mathrm{d}x\mathrm{d}y = 0
$$

而主矩在 Oy 轴上的分量为

$$
M = -\iint \sigma_z x \, \mathrm{d}x\mathrm{d}y = \frac{E}{R} \iint x^2 \, \mathrm{d}x\mathrm{d}y = \frac{E}{R} I_y
$$

由此得

$$\frac{1}{R} = \frac{M}{EI_y} \qquad (5-17)$$

到此,就证明了以式(5-16)表示的应力分量确实对应于梁纯弯曲的解,而且,当式(5-17)成立时,它们还满足端面处的放松边界条件。

为了求得位移分量,将应力表达式(5-16)代入式(5-3)后再利用式(5-2),就得到一组方程:

$$\left.\begin{array}{ll} \dfrac{\partial u}{\partial x} = \dfrac{\nu x}{R}, & \dfrac{\partial w}{\partial y} + \dfrac{\partial v}{\partial z} = 0 \\[2mm] \dfrac{\partial v}{\partial y} = \dfrac{\nu x}{R}, & \dfrac{\partial u}{\partial z} + \dfrac{\partial w}{\partial x} = 0 \\[2mm] \dfrac{\partial w}{\partial z} = -\dfrac{x}{R}, & \dfrac{\partial v}{\partial x} + \dfrac{\partial u}{\partial y} = 0 \end{array}\right\} \qquad (a)$$

由上述方程的左列三式,得

$$u = \frac{\nu x^2}{2R} + f(y,z), \qquad v = \frac{\nu xy}{R} + \varphi(x,z), \qquad w = -\frac{xz}{R} + \psi(x,y) \qquad (b)$$

将式(b)代入方程组(a)的右列三式,得到 f, φ, ψ 所满足的方程:

$$\frac{\partial \psi}{\partial y} + \frac{\partial \varphi}{\partial z} = 0, \qquad \frac{\partial f}{\partial z} + \frac{\partial \psi}{\partial x} = \frac{z}{R}, \qquad \frac{\partial \varphi}{\partial x} + \frac{\partial f}{\partial y} = -\frac{\nu y}{R} \qquad (c)$$

通过阶数增高,将方程(c)化为

$$\left.\begin{array}{lll} \dfrac{\partial^2 f}{\partial y^2} = -\dfrac{\nu}{R}, & \dfrac{\partial^2 f}{\partial y \partial z} = 0, & \dfrac{\partial^2 f}{\partial z^2} = \dfrac{1}{R} \\[2mm] \dfrac{\partial^2 \varphi}{\partial x^2} = 0, & \dfrac{\partial^2 \varphi}{\partial x \partial z} = 0, & \dfrac{\partial^2 \varphi}{\partial z^2} = 0 \\[2mm] \dfrac{\partial^2 \psi}{\partial x^2} = 0, & \dfrac{\partial^2 \psi}{\partial x \partial y} = 0, & \dfrac{\partial^2 \psi}{\partial y^2} = 0 \end{array}\right\} \qquad (d)$$

由此得

$$f(y,z) = -\frac{\nu y^2}{2R} + \frac{z^2}{2R} + ay + bz + c, \qquad \varphi(x,z) = dx + ez + g, \qquad \psi(x,y) = hx + iy + k \qquad (e)$$

将式(e)代入式(c),得

$$i + e = 0, \qquad b + h = 0, \qquad a + d = 0 \qquad (f)$$

将式(e)代入式(b),并注意到式(f),于是得

$$\left.\begin{array}{l} u = \dfrac{z^2}{2R} + \dfrac{\nu(x^2 - y^2)}{2R} - dy + bz + c \\[3mm] v = \dfrac{\nu xy}{R} + dx - iz + g \\[3mm] w = -\dfrac{xz}{R} - bx + iy + k \end{array}\right\} \qquad (g)$$

式中的一次项与常数项分别表示梁的刚体转动和平移。为使梁不能随便地平移和转动,可按与处理圆柱体扭转完全相同的理由,假设

$$(u)_{x=y=z=0}=0, \quad (v)_{x=y=z=0}=0, \quad (w)_{x=y=z=0}=0 \atop \left(\dfrac{\partial u}{\partial z}\right)_{x=y=z=0}=0, \quad \left(\dfrac{\partial v}{\partial z}\right)_{x=y=z=0}=0, \quad \left(\dfrac{\partial v}{\partial x}\right)_{x=y=z=0}=0 } \tag{h}$$

将式(h)用于函数表示式(g)上,于是有

$$c=g=k=0, \quad b=d=i=0$$

故最后得

$$u=\frac{z^2+\nu(x^2-y^2)}{2R}, \quad v=\frac{\nu xy}{R}, \quad w=-\frac{xz}{R} \tag{5-18}$$

对于轴线上的各点($x=y=0$),由式(5-18)得

$$v=w=0, \quad u=\frac{z^2}{2R} \tag{5-19}$$

这就是梁轴线弯曲后的方程。

现任取一个梁的横截面 $z=z_0$,此截面上的各点在梁变形以后的新坐标为

$$z=z_0+w_0$$

这里的 w_0 表示 w 在 $z=z_0$ 处的值,由式(5-18),有

$$w_0=-\frac{xz_0}{R}$$

于是

$$z=z_0\left(1-\frac{x}{R}\right) \tag{5-20}$$

这是一个与 Oy 轴平行的平面方程,截面 $z=z_0$ 上的各点在梁变形以后都落在这个平面上。因此,梁的横截面在梁变形后仍保持为平面。

把变形后的横截面方程(5-20)写成

$$x=-\frac{R}{z_0}z+R$$

则横截面与 Oz 轴夹角的正切,即斜率为

$$\tan\beta=\frac{\mathrm{d}x}{\mathrm{d}z}=-\frac{R}{z_0}$$

另外,变形后的轴线[见式(5-19)]在 $z=z_0$ 处的斜率为

$$\tan\alpha=\left(\frac{\mathrm{d}u}{\mathrm{d}z}\right)_{z=z_0}=\frac{z_0}{R}$$

由于

$$\tan\alpha\tan\beta=-1$$

故弯曲后的横截面仍然和变形后梁的轴线垂直(图5-5)。这样,就完全证实了在材料力学里对梁的纯弯曲所作的平面假设的正确性。

现在,考察矩形截面的形状改变。在梁弯曲前,矩形截面的两侧边(图5-6)的方程为

$$z=z_0, \quad y=\pm\frac{b}{2}$$

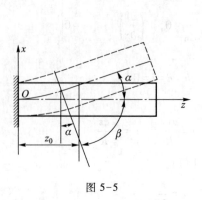

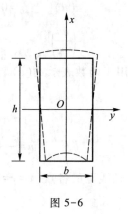

图 5-5   图 5-6

在梁弯曲后,其方程为

$$z = z_0 + w_0 = z_0 - \frac{z_0 x}{R} = z_0\left(1 - \frac{x}{R}\right) \\ y = \pm\frac{b}{2} + v_0 = \pm\frac{b}{2} \pm \frac{\nu b x}{2R}$$ (5-21)

因此两侧边仍保持为直线。

梁弯曲前,在 $z = z_0$ 处,矩形截面上下两边的方程为

$$z = z_0, \quad x = \pm\frac{h}{2}$$

在梁弯曲后,其方程为

$$z = z_0 + w_0 = z_0 - \frac{x z_0}{R} = z_0\left(1 - \frac{x}{R}\right) \\ x = \pm\frac{h}{2} + u_0 = \pm\frac{h}{2} + \frac{z_0^2 + \nu\left(\frac{h^2}{4} - y^2\right)}{2R}$$ (5-22)

上面的第一个方程是 x 的一次式,第二个方程是 y 的二次式,因此,上下两边都变为抛物线,如图 5-6 所示。

(三) 柱体在自重影响下的变形

现在,来研究一个任意横截面的柱体在自重作用下的变形情况。设柱体的长度为 L,其上端面是悬挂的,坐标的选择如图 5-7 所示。在这种情况下,体力的三个分量是

$$F_x = F_y = 0, \quad F_z = -\rho g$$

这里,ρ 是柱体的密度,g 为重力加速度。

柱体每个截面上的应力是由这截面以下部分的柱体的重量而产生的,假如其分布是均匀的,则可得

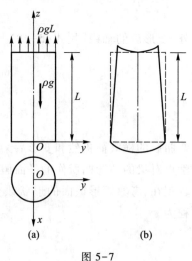

(a)   (b)

图 5-7

$$\sigma_z=\rho gz,\quad \sigma_x=\sigma_y=\tau_{yz}=\tau_{xz}=\tau_{xy}=0 \qquad (5-23)$$

这组应力分量显然满足平衡微分方程并满足侧面处和下端面的边界条件。在上端面上，由于

$$l=0,\quad m=0,\quad n=1,\quad \sigma_z=\rho gL$$

因此由式(5-5)，得

$$\bar f_x=0,\quad \bar f_y=0,\quad \bar f_z=\rho gL$$

这表明，柱体悬挂面的面力分布一定是要均匀的，这样，在截面上的应力分布均匀的假定才符合实际。

为了求得位移分量，将应力表达式(5-23)代入方程(5-3)，并利用方程(5-2)，得下列一组方程：

$$\left.\begin{array}{ll}\dfrac{\partial u}{\partial x}=-\dfrac{\nu\rho gz}{E}, & \dfrac{\partial w}{\partial y}+\dfrac{\partial v}{\partial z}=0\\[2mm]\dfrac{\partial v}{\partial y}=-\dfrac{\nu\rho gz}{E}, & \dfrac{\partial u}{\partial z}+\dfrac{\partial w}{\partial x}=0\\[2mm]\dfrac{\partial w}{\partial z}=\dfrac{\rho gz}{E}, & \dfrac{\partial v}{\partial x}+\dfrac{\partial u}{\partial y}=0\end{array}\right\} \qquad (a)$$

由方程(a)的左列三式，得

$$\left.\begin{array}{l}u=-\dfrac{\nu\rho g}{E}xz+f(y,z)\\[2mm]v=-\dfrac{\nu\rho g}{E}yz+\varphi(x,z)\\[2mm]w=\dfrac{\rho g}{2E}z^2+\psi(x,y)\end{array}\right\} \qquad (b)$$

将 u,v,w 代入方程(a)的右列三式，得到 f,φ 和 ψ 所满足的方程组：

$$\left.\begin{array}{l}\dfrac{\partial\psi}{\partial y}+\dfrac{\partial\varphi}{\partial z}=\dfrac{\nu\rho g}{E}y\\[2mm]\dfrac{\partial f}{\partial z}+\dfrac{\partial\psi}{\partial x}=\dfrac{\nu\rho g}{E}x\\[2mm]\dfrac{\partial\varphi}{\partial x}+\dfrac{\partial f}{\partial y}=0\end{array}\right\} \qquad (c)$$

通过阶数升高，得如下的方程组：

$$\left.\begin{array}{lll}\dfrac{\partial^2 f}{\partial y^2}=0, & \dfrac{\partial^2 f}{\partial y\partial z}=0, & \dfrac{\partial^2 f}{\partial z^2}=0\\[2mm]\dfrac{\partial^2\varphi}{\partial x^2}=0, & \dfrac{\partial^2\varphi}{\partial x\partial z}=0, & \dfrac{\partial^2\varphi}{\partial z^2}=0\\[2mm]\dfrac{\partial^2\psi}{\partial x^2}=\dfrac{\nu\rho g}{E}, & \dfrac{\partial^2\psi}{\partial x\partial y}=0, & \dfrac{\partial^2\psi}{\partial y^2}=\dfrac{\nu\rho g}{E}\end{array}\right\} \qquad (d)$$

由此得

$$f(y,z) = ay + bz + c$$

$$\varphi(x,z) = dx + ez + g$$

$$\psi(x,y) = \frac{\nu\rho g}{2E}(x^2 + y^2) + hx + iy + k$$

将它们代回到式(c),得

$$e + i = 0, \quad h + b = 0, \quad a + d = 0$$

于是,位移的表达式变为

$$u = -\frac{\nu\rho g}{E}xz - dy + bz + c, \quad v = -\frac{\nu\rho g}{E}yz + dx - iz + g, \quad w = \frac{\rho g}{2E}[z^2 + \nu(x^2 + y^2)] - bx + iy + k \quad (e)$$

柱体固定的方式与前面两个问题相同:

$$\left.\begin{array}{l} (u)_{x=y=0,z=L} = (v)_{x=y=0,z=L} = (w)_{x=y=0,z=L} = 0 \\[2mm] \left(\dfrac{\partial u}{\partial z}\right)_{x=y=0,z=L} = \left(\dfrac{\partial v}{\partial z}\right)_{x=y=0,z=L} = \left(\dfrac{\partial v}{\partial x}\right)_{x=y=0,z=L} = 0 \end{array}\right\} \quad (f)$$

将边界条件(f)用于位移表达式(e)上,得

$$b = c = d = g = i = 0, \quad k = -\frac{\rho g L^2}{2E}$$

代入式(e),故最后得位移分量:

$$u = -\frac{\nu\rho g}{E}xz, \quad v = -\frac{\nu\rho g}{E}yz, \quad w = \frac{\rho g}{2E}[z^2 - L^2 + \nu(x^2 + y^2)] \quad (5-24)$$

由式(5-24)可以看出,柱体轴线($x=0, y=0$)上各点的位移为

$$u = 0, \quad v = 0, \quad w = -\frac{\rho g}{2E}(L^2 - z^2)$$

当 $z=L$ 时,$w=0$;当 $z=0$ 时,$w=-\dfrac{\rho g L^2}{2E}$,位移最大。由式(5-24)还可看出,柱体截面上的线段,变形后,越到上部愈加缩短,变形后的柱体形状如图5-7b所示。现在来看一看 $z=c$ 的截面的变形情况,由式(5-24)可得

$$z' = c + w = c + \frac{\rho g(c^2 - L^2)}{2E} + \frac{\nu\rho g}{2E}(x^2 + y^2)$$

这个方程代表一个向下凹的抛物面,这就是变形前的平面经变形后变成一个抛物面。

思考题与习题

5-1　试扼要叙述弹性力学的三类边值问题和解决问题的两种方法及其最后的结论。

5-2　为什么说同时以应力、应变和位移15个量作为未知函数求解时,应变协调方程是自然满足的?

5-3　试验证应力分量

$$\sigma_x = A[y^2 + \nu(x^2 - y^2)], \quad \tau_{yz} = 0$$

$$\sigma_y = A[x^2 + \nu(y^2 - x^2)], \quad \tau_{xz} = 0$$

$$\sigma_z = A\nu(x^2 + y^2), \quad \tau_{xy} = -2A\nu xy$$

是否可能发生(设不计体力)。其中 $A \neq 0$, ν 为泊松比。

5-4 试求半无限体在自重和表面均布压力作用下的应力和位移的分布情况,设单位面积的压力为 q,物体的密度为 p。

提示: 设在半无限体内距表面的距离 h 处, $w = 0$。

5-5 一根不计自重的等截面直杆,长度为 L,横截面面积为 A,受轴向拉力 F 作用。试用材料力学方法写出它的应力分量,验证这组应力分量是否是弹性力学的解;若是,求其相应的位移分量。设 Oz 轴与杆的轴线重合,原点取在杆长的一半处。

提示: 为消除直杆的刚性平移和转动,建议采用与圆柱体扭转完全相同的几何约束条件。

5-6 图 5-8 所示的为不计自重的矩形截面长杆,一端固定,另一端受偏心压力 F 作用,杆的长度为 L,横截面面积为 A,偏心距为 e,坐标选择如图示。试用材料力学方法写出它的应力分量,并验证这组应力分量是否是弹性力学的解。

5-7 图 5-9 所示的为一块不计自重的矩形薄板,其长宽分别为 a 和 b,厚度为 h;四边不受任何约束,但两对边都受大小相等而方向相反的均匀分布的弯矩作用,设单位宽度的弯矩分别为 M_1 和 M_2。坐标选择如图示。试验证应力分量

$$\sigma_x = \frac{12 M_1 z}{h^3}, \quad \sigma_y = \frac{12 M_2 z}{h^3}, \quad \sigma_z = \tau_{yz} = \tau_{xz} = \tau_{xy} = 0$$

是否是该问题的弹性力学解。

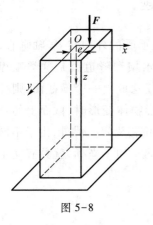

图 5-8

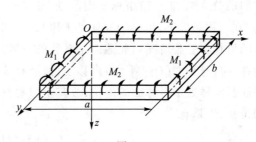

图 5-9

第六章　平面问题的直角坐标解答

第六章
电子教案

严格地说,在实际问题中,任何弹性体都是空间物体,它所受的外力一般是空间力系。因此,在一般情况下,求解弹性力学问题都将归结为复杂的偏微分方程组的边值问题。这样的求解工作,实际上存在着很大的困难。但是,当工程问题中某些结构的形状和受力情况具有一定特点时,只要经过适当的简化和力学的抽象化处理,就可归结为所谓的**弹性力学的平面问题**。这种问题的特点在于:一切现象看作是在一个平面内发生的,因而在数学上属于二维的问题。本章的任务就是要介绍弹性力学平面问题的两个组成部分:平面应变问题和平面应力问题,导出它们所适合的方程,并通过一些实例,使读者熟悉并掌握解决这类问题的方法和步骤。

§6-1　平面应变问题

视频 6-1
平面应变问
题

考察一个母线与 Oz 轴平行且很长的柱形物体,其所承受的外力与 Oz 轴垂直,而且它们的分布规律不随坐标 z 而改变(图 6-1 所示的水坝和隧道就是这类工程实例)。在上述条件下,可认为柱体是无限长的,如果从中任意取出一个横截面,则柱形物体的形状和受载情况对此截面是对称的。因此,在柱形物体变形时,截面上的各点只能在其自身平面(Oxy 平面)内移动,而沿 Oz 轴方向的位移为零。另外,由于不同的横截面都同样处于对称面的地位,故其上只要具有相同的 x 和 y 坐标,就具有完全相同的位移,于是有

$$\left.\begin{array}{l} u=u(x,y) \\ v=v(x,y) \\ w=0 \end{array}\right\} \tag{a}$$

根据几何方程(5-2),应变分量具有如下的特点:

$$\left.\begin{array}{l} \varepsilon_x=\dfrac{\partial u}{\partial x}=f_1(x,y) \\[2mm] \varepsilon_y=\dfrac{\partial v}{\partial y}=f_2(x,y) \\[2mm] \gamma_{xy}=\dfrac{\partial v}{\partial x}+\dfrac{\partial u}{\partial y}=f_3(x,y) \end{array}\right\} \tag{b}$$

而

$$\varepsilon_z=\frac{\partial w}{\partial z}=0, \quad \gamma_{yz}=\frac{\partial w}{\partial y}+\frac{\partial v}{\partial z}=0, \quad \gamma_{xz}=\frac{\partial u}{\partial z}+\frac{\partial w}{\partial x}=0 \tag{c}$$

由于这类问题的位移和应变都是在 Oxy 平面内发生的,故称为**平面应变问题**。

转而考虑应力分量。首先,由物理方程(5-3)左列第三式得

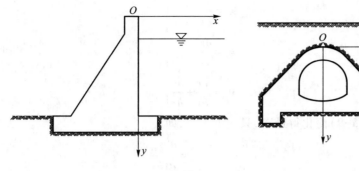

图 6-1

$$\varepsilon_z = \frac{1}{E}\left[\sigma_z - \nu(\sigma_x + \sigma_y)\right] = 0$$

即

$$\sigma_z = \nu(\sigma_x + \sigma_y) \tag{d}$$

此式表明:如假想将物体切成无数个与 Oxy 平面平行的薄片,虽然各薄片沿 Oz 轴方向的伸长被阻止,但正由于各薄片相互挤压的结果,薄片表面上的正应力是存在的,而且,它与 σ_x 和 σ_y 联系着。将式(d)代入式(5-3)左列第一、第二式,并令

$$\frac{E}{1-\nu^2} = E_1, \qquad \frac{\nu}{1-\nu} = \nu_1$$

则得

$$\varepsilon_x = \frac{1}{E_1}(\sigma_x - \nu_1\sigma_y), \qquad \varepsilon_y = \frac{1}{E_1}(\sigma_y - \nu_1\sigma_x) \tag{e}$$

另外,不难直接验证:

$$\frac{1+\nu_1}{E_1} = \frac{1+\nu}{E} \tag{f}$$

因此,式(5-3)右列第三式又可写为

$$\gamma_{xy} = \frac{2(1+\nu_1)}{E_1}\tau_{xy} \tag{g}$$

由于 $\gamma_{yz} = \gamma_{xz} = 0$,所以由式(5-3)右列第一、第二两式得

$$\tau_{yz} = \tau_{xz} = 0 \tag{h}$$

于是,在平面应变情况下,只有应力 $\sigma_x, \sigma_y, \sigma_z = \nu(\sigma_x + \sigma_y), \tau_{xy}$ 存在,而且,这些应力只是 x 和 y 的函数,与 z 无关。

根据上述结果,将使弹性力学的全部基本方程大为简化。

平衡微分方程(5-1)中只剩下 2 个,它们可简化为

$$\left.\begin{array}{l} \dfrac{\partial \sigma_x}{\partial x} + \dfrac{\partial \tau_{yx}}{\partial y} + F_x = 0 \\[3mm] \dfrac{\partial \tau_{xy}}{\partial x} + \dfrac{\partial \sigma_y}{\partial y} + F_y = 0 \end{array}\right\} \tag{6-1}$$

几何方程(5-2)只剩下 3 个,即

$$\left.\begin{array}{l} \varepsilon_x = \dfrac{\partial u}{\partial x} \\[3mm] \varepsilon_y = \dfrac{\partial v}{\partial y} \\[3mm] \gamma_{xy} = \dfrac{\partial v}{\partial x} + \dfrac{\partial u}{\partial y} \end{array}\right\} \tag{6-2}$$

应变协调方程(5-9)简化得最多,只剩下 1 个,即

$$\frac{\partial^2 \varepsilon_y}{\partial x^2} + \frac{\partial^2 \varepsilon_x}{\partial y^2} = \frac{\partial^2 \gamma_{xy}}{\partial x \partial y} \tag{6-3}$$

物理方程为

$$\left.\begin{array}{l} \varepsilon_x = \dfrac{1}{E_1}(\sigma_x - \nu_1 \sigma_y) \\[3mm] \varepsilon_y = \dfrac{1}{E_1}(\sigma_y - \nu_1 \sigma_x) \\[3mm] \gamma_{xy} = \dfrac{2(1+\nu_1)}{E_1}\tau_{xy} \end{array}\right\} \tag{6-4}$$

应力边界条件简化为

$$\left.\begin{array}{l} \overline{f}_x = \sigma_x l + \tau_{yx} m \\[3mm] \overline{f}_y = \tau_{xy} l + \sigma_y m \end{array}\right\} \tag{6-5}$$

应用方程式(6-1)~式(6-4),再配上一定的边界条件,例如应力边界条件式(6-5),就可求解平面应变问题。

将式(6-4)代入式(6-3)并注意到式(f),经整理得应力表示的协调方程:

$$\frac{\partial^2 \sigma_y}{\partial x^2} + \frac{\partial^2 \sigma_x}{\partial y^2} - 2\frac{\partial^2 \tau_{xy}}{\partial x \partial y} = \nu \boldsymbol{\nabla}^2(\sigma_x + \sigma_y) \tag{6-6}$$

只考虑体力为常量的情况。利用方程(6-1),还可使方程(6-6)具有更简单的形式。为此,将方程(6-1)的第一、第二式分别对 x 和 y 求一阶偏导数,然后相加,得

$$2\frac{\partial^2 \tau_{xy}}{\partial x \partial y} = -\frac{\partial^2 \sigma_x}{\partial x^2} - \frac{\partial^2 \sigma_y}{\partial y^2}$$

将它代入方程(6-6),并稍加整理,得到

$$\boldsymbol{\nabla}^2(\sigma_x + \sigma_y) = 0 \tag{6-7}$$

方程(6-7)和方程(6-6)具有完全相同的性质,表示物体的协调条件,这方程称为**莱维(Lévy, M.)方程**。

§6-2　平面应力问题

视频 6-2
平面应力问
题及应力解
法

现在,考虑几何形状和平面应变问题中完全相反的一种情况(图 6-2)。设有一块薄板(厚度为 h),其所受外力(包括体力和作用于板边的面力)平行于板平面(Oxy 平面),并沿厚度方向(Oz 方向)不变,在板的两表面上$\left(\text{即} z = \pm\dfrac{h}{2} \text{处}\right)$,不受外力作用,

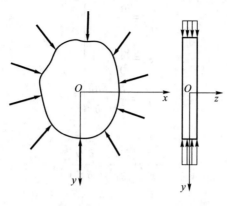

图 6-2

即有

$$(\sigma_z)_{z=\pm\frac{h}{2}}=0, \quad (\tau_{yz})_{z=\pm\frac{h}{2}}=0, \quad (\tau_{xz})_{z=\pm\frac{h}{2}}=0 \tag{a}$$

由条件(a),并因板很薄,所以,在板的内部,应力 σ_z,τ_{yz},τ_{xz} 显然是很小的。其他应力分量虽沿厚度方向有变化,但根据同样的理由,这种变化是不明显的。因此,可以认为在板的内部到处有[1]

$$\left.\begin{array}{l} \sigma_z=0, \quad \tau_{yz}=0, \quad \tau_{xz}=0 \\ \sigma_x=f_1(x,y), \quad \sigma_y=f_2(x,y), \quad \tau_{xy}=f_3(x,y) \end{array}\right\} \tag{b}$$

应力状态具有这种性质的问题,称为**平面应力问题**。

由物理方程(5-3)可知,平面应力问题的应变分量具有如下的特点:

$$\varepsilon_x=\varphi_1(x,y), \quad \varepsilon_y=\varphi_2(x,y), \quad \gamma_{xy}=\varphi_3(x,y) \tag{c}$$

而

$$\varepsilon_z=-\frac{\nu}{E}(\sigma_x+\sigma_y), \quad \gamma_{yz}=\gamma_{xz}=0 \tag{d}$$

与平面应变比较,所不同的,这里的 $\varepsilon_z\neq0$,表示薄板变形时两底面将发生畸变。但由于板很薄,这种畸变也是很小的。

由此可知,在平面应力问题中,平衡微分方程可简化为(仍考虑体力为常量的情况)

$$\left.\begin{array}{l} \dfrac{\partial\sigma_x}{\partial x}+\dfrac{\partial\tau_{yx}}{\partial y}+F_x=0 \\[3mm] \dfrac{\partial\tau_{xy}}{\partial x}+\dfrac{\partial\sigma_y}{\partial y}+F_y=0 \end{array}\right\} \tag{6-8}$$

几何方程可简化为

---

① 由式(b)表示的应力状态,实际上表示图6-2所示的薄板内的各应力分量沿其厚度方向的平均值。引自参考文献[1]中"广义平面应力问题"一节的推导。

$$\left.\begin{array}{l} \varepsilon_x = \dfrac{\partial u}{\partial x} \\[2mm] \varepsilon_y = \dfrac{\partial v}{\partial y} \\[2mm] \gamma_{xy} = \dfrac{\partial v}{\partial x} + \dfrac{\partial u}{\partial y} \end{array}\right\} \tag{6-9}$$

应变协调方程①为

$$\frac{\partial^2 \varepsilon_y}{\partial x^2} + \frac{\partial^2 \varepsilon_x}{\partial y^2} = \frac{\partial^2 \gamma_{xy}}{\partial x \partial y} \tag{6-10}$$

物理方程为

$$\left.\begin{array}{l} \varepsilon_x = \dfrac{1}{E}(\sigma_x - \nu \sigma_y) \\[2mm] \varepsilon_y = \dfrac{1}{E}(\sigma_y - \nu \sigma_x) \\[2mm] \gamma_{xy} = \dfrac{2(1+\nu)}{E}\tau_{xy} \end{array}\right\} \tag{6-11}$$

可见,平面应力问题和平面应变问题的基本方程大体上是相同的,所不同的是,在式 (6-11) 中的 E 和 ν 在平面应变情况下要改成 E_1 和 ν_1。

将式 (6-11) 代入式 (6-10),并利用平衡微分方程 (6-8) 简化,也得到莱维方程

$$\nabla^2(\sigma_x + \sigma_y) = 0 \tag{6-12}$$

§6-3 应力解法 把平面问题归结为双调和方程的边值问题

用应力作为基本变量求解弹性力学的平面问题,在体力为常量时,归结为在给定的边界条件下,求解由平衡微分方程

$$\left.\begin{array}{l} \dfrac{\partial \sigma_x}{\partial x} + \dfrac{\partial \tau_{yx}}{\partial y} + F_x = 0 \\[2mm] \dfrac{\partial \tau_{xy}}{\partial x} + \dfrac{\partial \sigma_y}{\partial y} + F_y = 0 \end{array}\right\} \tag{a}$$

和莱维方程

$$\nabla^2(\sigma_x + \sigma_y) = 0 \tag{b}$$

---

① 由式 (5-9) 不难看出,平面应力情况下的应变协调方程除式 (6-10) 以外,还包括以下三个方程

$$\frac{\partial^2 \varepsilon_z}{\partial x^2} = 0, \quad \frac{\partial^2 \varepsilon_z}{\partial y^2} = 0, \quad \frac{\partial^2 \varepsilon_z}{\partial x \partial y} = 0$$

显然,要使这三个方程同时满足,应变分量 ε_z 只能是 x 和 y 的一次函数,即

$$\varepsilon_z = ax + by + c$$

这里 a,b,c 为常数。这样,将使所研究的问题受到很大的限制,因此,今后就忽略这三个方程,只需要考虑方程 (6-10) 就可以。由此所得的结果虽然是近似的,但当板很薄时,还是足够精确的。

所组成的偏微分方程组。

方程(a)是线性非齐次的,其通解为齐次方程

$$\left.\begin{array}{l}\dfrac{\partial \sigma_x}{\partial x}+\dfrac{\partial \tau_{yx}}{\partial y}=0\\[3mm]\dfrac{\partial \tau_{xy}}{\partial x}+\dfrac{\partial \sigma_y}{\partial y}=0\end{array}\right\}\tag{c}$$

的通解与方程(a)任一特解之和。显然,方程(a)特解有两组,它们分别为

$$\sigma_x=0,\quad \sigma_y=0,\quad \tau_{xy}=\tau_{yx}=-F_y x-F_x y \tag{d}$$

和

$$\sigma_x=-F_x x,\quad \sigma_y=-F_y y,\quad \tau_{xy}=\tau_{yx}=0 \tag{e}$$

为了求得方程(c)的通解,引入任意函数 $A(x,y)$,使

$$\sigma_x=\frac{\partial A}{\partial y},\quad \tau_{yx}=-\frac{\partial A}{\partial x} \tag{f}$$

则方程(c)的第一式是满足的。同理,如果引入任意函数 $B(x,y)$,使

$$\tau_{xy}=\frac{\partial B}{\partial y},\quad \sigma_y=-\frac{\partial B}{\partial x} \tag{g}$$

则方程(c)的第二式也是满足的。但由于 $\tau_{xy}=\tau_{yx}$,故由式(f)的第二式和式(g)的第一式可知,函数 A 和 B 之间应存在如下的关系:

$$\frac{\partial A}{\partial x}+\frac{\partial B}{\partial y}=0 \tag{h}$$

为了使关系式(h)也满足,再引入任意函数 $U(x,y)$,使

$$A=\frac{\partial U}{\partial y},\quad B=-\frac{\partial U}{\partial x} \tag{i}$$

将它们分别代入式(f)和式(g),得

$$\sigma_x=\frac{\partial^2 U}{\partial y^2},\quad \sigma_y=\frac{\partial^2 U}{\partial x^2},\quad \tau_{xy}=\tau_{yx}=-\frac{\partial^2 U}{\partial x \partial y} \tag{j}$$

应力表达式(j)就是方程(c)的通解,因为不论 U 是什么函数,只要四阶连续可导,它们总是满足方程(c)。最后,将式(j)分别与式(d)和式(e)相加,得到平衡微分方程(a)的如下两种形式的通解:

$$\sigma_x=\frac{\partial^2 U}{\partial y^2},\quad \sigma_y=\frac{\partial^2 U}{\partial x^2},\quad \tau_{xy}=\tau_{yx}=-\frac{\partial^2 U}{\partial x \partial y}-F_y x-F_x y \tag{6-13}$$

$$\sigma_x=\frac{\partial^2 U}{\partial y^2}-F_x x,\quad \sigma_y=\frac{\partial^2 U}{\partial x^2}-F_y y,\quad \tau_{xy}=\tau_{yx}=-\frac{\partial^2 U}{\partial x \partial y} \tag{6-14}$$

为使以上两组应力表达式满足协调方程,则函数 U 还必须满足一定的条件。现将式(6-13)或式(6-14)代入方程(b),就得到

$$\nabla^2\nabla^2 U=\frac{\partial^4 U}{\partial x^4}+2\frac{\partial^4 U}{\partial x^2 \partial y^2}+\frac{\partial^4 U}{\partial y^4}=0 \tag{6-15}$$

这说明,若函数 $U(x,y)$ 满足双调和方程(6-15),则由式(6-13)和式(6-14)所给出的应力分量,不仅满足平衡微分方程,而且满足以应力表示的协调方程,因此,就方程(6-15)

的本质而言,它表示协调条件。

综上所述,对于体力为常量的平面问题,无论是平面应变问题,还是平面应力问题,最后都归结为在给定的边界条件下求解双调和方程(6-15)的问题。这里的函数 $U(x,y)$ 称为**艾里应力函数**。求得了函数 U,就可通过式(6-13)或式(6-14)求应力分量,然后,从方程(6-11)(如为平面应变问题,须将 E 和 ν 分别换成 E_1 和 ν_1)求应变分量,再通过几何方程的积分求位移分量。

必须一提的是,根据偏微分方程理论的基本知识,一个方程解的形态取决于未知函数定义域的形状、大小和问题的边界条件。对于弹性力学的平面问题,应力函数 U 的定义域是平面区域,它在平面应变问题中代表无限长柱形体的任何一个横截面,而在平面应力问题中代表薄板的中面。由于两类问题具有完全相同的控制方程(6-15),因此不难理解,如果应力函数的定义域为单连通的,且为第一类边值问题,则在两类问题具有相同的应力函数定义域和相同的应力边界条件时,就会求得完全相同的应力分量,它们与弹性常数无关。对于相应的位移分量,因为在求解过程中要用到物理方程,故两类问题显然是不同的。对于第二类和第三类边值问题[①],因为在求解时要用到位移边界条件,故具有相同的定义域和相同边界条件的两类问题的应力分量是不同的。

§6-4　用多项式解平面问题

上一节已把平面问题归结为在给定的边界条件下求解双调和方程的问题。现在,要转向讨论如何去求应力函数 U。

首先用多项式逆解法来解答一些具有矩形边界[②]且不计体力的平面问题(如矩形板或梁)。

这种方法的基本思想是:对不计体力的矩形梁,在给定的坐标系下分别给出幂次不同并满足方程(6-15)的代数多项式应力函数,由此求得应力分量,然后考察这些应力对应于边界上什么样的面力,从而得知该应力函数能解决什么问题。

(1)取一次多项式

$$U = a_0 + a_1 x + b_1 y \tag{6-16}$$

不论系数取何值,都能满足方程(6-15)。对应的应力分量为

$$\sigma_x = \frac{\partial^2 U}{\partial y^2} = 0, \quad \sigma_y = \frac{\partial^2 U}{\partial x^2} = 0, \quad \tau_{xy} = -\frac{\partial^2 U}{\partial x \partial y} = 0$$

这对应于无应力状态。因此,在任何应力函数中增减一个 x,y 的一次函数,并不影响应力分量的值。

(2)取二次多项式

$$U = a_2 x^2 + b_2 xy + c_2 y^2 \tag{6-17}$$

不论系数取何值,都能满足方程(6-15)。对应的应力分量为

---

① 这类问题按应力法求解是极其困难的。

② 其他直线边界,如三角形板等也能用多项式逆解法求解。

$$\sigma_x = \frac{\partial^2 U}{\partial y^2} = 2c_2 , \quad \sigma_y = \frac{\partial^2 U}{\partial x^2} = 2a_2 , \quad \tau_{xy} = -\frac{\partial^2 U}{\partial x \partial y} = -b_2$$

代表了均匀应力状态(图 6-3)。特别地,如果 $b_2 = 0$,则代表双向均匀拉伸;如 $a_2 = c_2 = 0$,则代表纯剪。

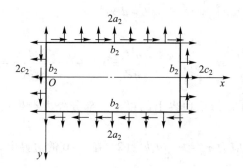

图 6-3

（3）取三次多项式

$$U = a_3 x^3 + b_3 x^2 y + c_3 x y^2 + d_3 y^3 \tag{6-18}$$

不论系数取何值,都能满足方程(6-15)。现只考虑 $U = d_3 y^3$ 的情况($a_3 = b_3 = c_3 = 0$)作为示例。对应的应力分量为

$$\sigma_x = \frac{\partial^2 U}{\partial y^2} = 6d_3 y , \quad \sigma_y = \frac{\partial^2 U}{\partial x^2} = 0 , \quad \tau_{xy} = -\frac{\partial^2 U}{\partial x \partial y} = 0$$

这是矩形梁纯弯曲的情况(图 6-4)。如果已知作用在矩形窄梁两端的弯矩 M,则由

$$M = \int_{-\frac{h}{2}}^{\frac{h}{2}} y \sigma_x \, \mathrm{d}y = 6d_3 \int_{-\frac{h}{2}}^{\frac{h}{2}} y^2 \, \mathrm{d}y$$

可得

$$d_3 = \frac{2M}{h^3}$$

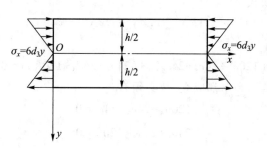

图 6-4

（4）取四次多项式

$$U = a_4 x^4 + b_4 x^3 y + c_4 x^2 y^2 + d_4 x y^3 + e_4 y^4$$

要使它满足方程(6-15),各系数必须要满足一定的关系。将它代入方程(6-15),得

$$3a_4 + c_4 + 3e_4 = 0$$

于是,上述四次多项式应写为

$$U = a_4 x^4 + b_4 x^3 y + c_4 x^2 y^2 + d_4 x y^3 - \left(a_4 + \frac{c_4}{3}\right) y^4 \qquad (6\text{-}19)$$

现在，式中的 4 个系数不论取何值，都能满足方程（6-15）。特别地，取 $a_4 = b_4 = c_4 = 0$，即

$$U = d_4 x y^3 \qquad (6\text{-}19)'$$

对应的应力分量为

$$\sigma_x = \frac{\partial^2 U}{\partial y^2} = 6 d_4 x y, \quad \sigma_y = \frac{\partial^2 U}{\partial x^2} = 0, \quad \tau_{xy} = -\frac{\partial^2 U}{\partial x \partial y} = -3 d_4 y^2$$

这个应力状态由作用于矩形梁边界上的以下三部分外力产生：（1）在 $y = \pm \dfrac{h}{2}$ 的边界上，受有均匀分布的切应力 $\tau_{yx} = -\dfrac{3}{4} d_4 h^2$；（2）在 $x = 0$ 的边界上，受有按抛物线分布的切应力 $\tau_{xy} = -3 d_4 y^2$；（3）在 $x = L$ 的边界上（L 为梁的长度），受有按抛物线分布的切应力 $\tau_{xy} = -3 d_4 y^2$ 和静力上等效于弯矩的正应力 $\sigma_x = 6 d_4 L y$。如图 6-5 所示。

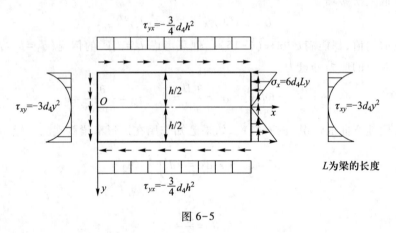

图 6-5

（5）取五次多项式

$$U = a_5 x^5 + b_5 x^4 y + c_5 x^3 y^2 + d_5 x^2 y^3 + e_5 x y^4 + f_5 y^5$$

代入方程（6-15），得

$$(120 a_5 + 24 c_5 + 24 e_5) x + (24 b_5 + 24 d_5 + 120 f_5) y = 0$$

因为这方程对所有的 x 和 y 都成立，故必须有

$$120 a_5 + 24 c_5 + 24 e_5 = 0$$
$$24 b_5 + 24 d_5 + 120 f_5 = 0$$

将 e_5 和 f_5 用其他的系数表示：

$$e_5 = -(5 a_5 + c_5), \quad f_5 = -\frac{1}{5}(b_5 + d_5)$$

于是，上述五次多项式为

$$U = a_5 x^5 + b_5 x^4 y + c_5 x^3 y^2 + d_5 x^2 y^3 - (5 a_5 + c_5) x y^4 - \frac{1}{5}(b_5 + d_5) y^5 \qquad (6\text{-}20)$$

现在，式中 4 个系数不论取何值，都能满足方程（6-15）。特别地，如果 $a_5 = b_5 = c_5 =$

0,则

$$U = d_5 x^2 y^3 - \frac{1}{5} d_5 y^5$$

对应的应力分量为

$$\sigma_x = \frac{\partial^2 U}{\partial y^2} = 6d_5 x^2 y - 4d_5 y^3, \quad \sigma_y = \frac{\partial^2 U}{\partial x^2} = 2d_5 y^3, \quad \tau_{xy} = -\frac{\partial^2 U}{\partial x \partial y} = -6d_5 xy^2$$

在矩形梁的边界上,应力分布如图 6-6 所示。

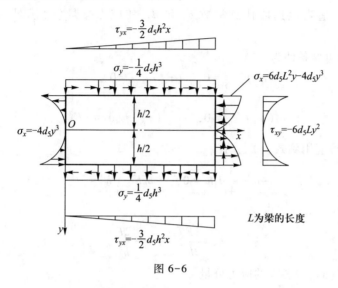

图 6-6

§6-5 悬臂梁一端受集中力作用

试考察一根长为 L、高为 h 的矩形截面悬臂梁(宽度取一单位),其左端面上受切向分布力作用,合力为 F;不计梁的自重,分析梁的应力和变形(图6-7)。

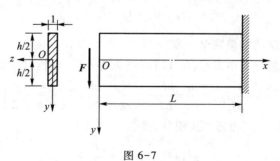

图 6-7

视频 6-3
悬臂梁一端
受集中力作
用

这是一个平面应力问题,可以采用如下的半逆解法求解:逐步地凑取幂次不同的双调和多项式函数,直到由此求得的应力分量满足问题的边界条件为止。

试考察与应力函数(6-19)′所对应的情况(图 6-5),显然,在矩形梁的两端面上,即 $x=0, L$ 处,外力分布情况大体上与本题是一致的,但在上下边界上,即 $y=\pm h/2$ 处,比本问题多出了 $-\frac{3}{4} d_4 h^2$ 的切应力。为了抵消这部分切应力,试在应力函数式(6-19)′上

叠加一个与纯剪对应的应力函数

$$U = b_2 xy$$

于是有

$$U = d_4 xy^3 + b_2 xy$$

由此得应力分量

$$\sigma_x = \frac{\partial^2 U}{\partial y^2} = 6 d_4 xy, \quad \sigma_y = \frac{\partial^2 U}{\partial x^2} = 0, \quad \tau_{xy} = -\frac{\partial^2 U}{\partial x \partial y} = -b_2 - 3 d_4 y^2 \qquad (\text{a})$$

现在的问题是,适当地选取任意常数 b_2 和 d_4,使应力分量(a)满足本问题的边界条件。

本问题的边界条件为

$$\left.\begin{array}{l} (\sigma_y)_{y=\pm\frac{h}{2}} = 0, \quad (\tau_{xy})_{y=\pm\frac{h}{2}} = 0 \\[3mm] (\sigma_x)_{x=0} = 0, \quad \int_{-\frac{h}{2}}^{\frac{h}{2}} (\tau_{xy})_{x=0} \mathrm{d}y = -F \end{array}\right\} \qquad (\text{b})$$

将边界条件(b)应用到式(a)上,有

$$-b_2 - \frac{3}{4} d_4 h^2 = 0, \quad -b_2 h - \frac{d_4}{4} h^3 = -F \qquad (\text{c})$$

解之得

$$b_2 = \frac{3F}{2h}, \quad d_4 = -\frac{2F}{h^3}$$

将它们代入式(a),得要求的应力分量

$$\sigma_x = -\frac{12F}{h^3} xy, \quad \sigma_y = 0, \quad \tau_{xy} = -\frac{3F}{2h} + \frac{6F}{h^3} y^2 \qquad (6\text{-}21)$$

注意到梁截面的惯性矩 $I = \frac{h^3}{12}$,力 F 对任一截面的矩 $M = -Fx$,静矩 $S = \left(\frac{h^2}{8} - \frac{y^2}{2}\right)$,于是,应力分量又可表示为

$$\sigma_x = \frac{My}{I}, \quad \sigma_y = 0, \quad \tau_{xy} = -\frac{FS}{I} \qquad (6\text{-}21)'$$

这个结果与材料力学的结果完全一致。

现在求位移分量。先由方程(6-11)求得应变分量,再利用方程(6-9),于是有

$$\frac{\partial u}{\partial x} = -\frac{F}{EI} xy, \quad \frac{\partial v}{\partial y} = \frac{\nu F}{EI} xy, \quad \frac{\partial v}{\partial x} + \frac{\partial u}{\partial y} = -\frac{F}{GI}\left(\frac{h^2}{8} - \frac{y^2}{2}\right) \qquad (\text{d})$$

分别将方程(d)的第一式和第二式积分,得

$$u = -\frac{F}{2EI} x^2 y + f(y), \quad v = \frac{\nu F}{2EI} xy^2 + \varphi(x) \qquad (\text{e})$$

这里的 $f(y)$ 和 $\varphi(x)$ 均为任意函数。将式(e)代入式(d)的第三式,并移项整理,得

$$\left[\frac{\mathrm{d}\varphi(x)}{\mathrm{d}x} - \frac{Fx^2}{2EI}\right] + \left[\frac{\mathrm{d}f(y)}{\mathrm{d}y} + \frac{\nu F}{2EI} y^2 - \frac{F}{2GI} y^2\right] = -\frac{Fh^2}{8GI}$$

要使它恒等地成立,只有

$$\frac{\mathrm{d}\varphi(x)}{\mathrm{d}x} - \frac{Fx^2}{2EI} = a, \quad \frac{\mathrm{d}f(y)}{\mathrm{d}y} + \frac{\nu Fy^2}{2EI} - \frac{Fy^2}{2GI} = b \qquad (\text{f})$$

这里的 a, b 均为常数,它们满足

$$a+b = -\frac{Fh^2}{8GI} \qquad\qquad (\text{g})$$

将方程(f)积分得

$$\varphi(x) = \frac{Fx^3}{6EI} + ax + c, \quad f(y) = \frac{Fy^3}{6GI} - \frac{\nu Fy^3}{6EI} + by + d$$

这里的 c 和 d 均为任意常数。将 $\varphi(x)$ 和 $f(y)$ 代入式(e),得

$$\left.\begin{array}{l} u = -\dfrac{F}{2EI}x^2 y + \dfrac{Fy^3}{6GI} - \dfrac{\nu Fy^3}{6EI} + by + d \\[3mm] v = \dfrac{\nu F}{2EI}xy^2 + \dfrac{Fx^3}{6EI} + ax + c \end{array}\right\} \qquad (\text{h})$$

任意常数 a, b, c 和 d 由悬臂梁的约束条件确定。按梁的右端固定的条件,可以假定

$$(u)_{\substack{x=L\\y=0}} = (v)_{\substack{x=L\\y=0}} = 0, \quad \left(\frac{\partial v}{\partial x}\right)_{\substack{x=L\\y=0}} = 0 \qquad\qquad (\text{i})$$

将式(i)应用于式(h)上,有

$$d = 0, \quad \frac{FL^3}{6EI} + aL + c = 0, \quad \frac{FL^2}{2EI} + a = 0$$

解之,得

$$a = -\frac{FL^2}{2EI}, \quad c = \frac{FL^3}{3EI}, \quad d = 0$$

再由式(g)得

$$b = -\frac{Fh^2}{8GI} + \frac{FL^2}{2EI}$$

故最后得位移分量

$$\left.\begin{array}{l} u = -\dfrac{Fx^2 y}{2EI} - \dfrac{\nu Fy^3}{6EI} + \dfrac{Fy^3}{6GI} - \left(\dfrac{Fh^2}{8GI} - \dfrac{FL^2}{2EI}\right)y \\[3mm] v = \dfrac{\nu Fxy^2}{2EI} + \dfrac{Fx^3}{6EI} - \dfrac{FL^2 x}{2EI} + \dfrac{FL^3}{3EI} \end{array}\right\} \qquad (6\text{-}22)$$

当 $y = 0$ 时,即得梁轴线的挠度方程

$$v(x, 0) = \frac{Fx^3}{6EI} - \frac{FL^2 x}{2EI} + \frac{FL^3}{3EI}$$

悬臂梁自由端的挠度为

$$f = \frac{FL^3}{3EI} \qquad\qquad (\text{j})$$

这和材料力学的结果完全一致。

现在考察悬臂梁横截面的变形。设在变形前某一个横截面的方程为

$$x = x_0$$

则在变形后,它的方程变为

$$x = x_0 + u(x_0, y)$$

或

$$x = x_0 + \frac{Fy^3}{6GI} - \frac{Fx_0^2 y}{2EI} - \frac{\nu Fy^3}{6EI} - \left(\frac{Fh^2}{8GI} - \frac{FL^2}{2EI}\right)y$$

这是三次曲面,因此,在变形以后,横截面不再保持为平面了。

如果在物体变形前过$(L,0)$点作一根与Oy轴平行的微分线段,它在物体变形以后要转过一角度,其值为

$$\left(\frac{\partial u}{\partial y}\right)_{\substack{x=L \\ y=0}} = -\frac{Fh^2}{8GI} = -\frac{3F}{2Gh} < 0$$

这里的负号表明微分线段是由Oy轴的正方向朝着Ox轴的负方向转动(图6-8a)。

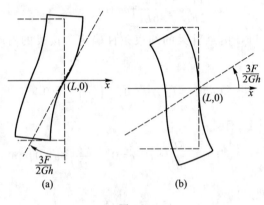

图 6-8

上述对于悬臂梁变形的一些结论,是在梁的右端按条件(i)的固定方式得到的。现在假设梁的右端按另一种方式固定,即

$$(u)_{\substack{x=L \\ y=0}} = 0, \quad (v)_{\substack{x=L \\ y=0}} = 0, \quad \left(\frac{\partial u}{\partial y}\right)_{\substack{x=L \\ y=0}} = 0 \tag{k}$$

前者与条件(i)相同,后者表示过$(L,0)$点并与Oy轴平行的微分线段在物体变形后仍保持与Oy轴平行(图6-8b)。将式(k)用于式(h)上,有

$$\left. \begin{array}{c} d = 0 \\[2mm] \dfrac{FL^3}{6EI} + aL + c = 0, \quad -\dfrac{FL^2}{2EI} + b = 0 \end{array} \right\} \tag{l}$$

将式(l)与式(g)联立,求得

$$a = -\frac{Fh^2}{8GI} - \frac{FL^2}{2EI}, \quad b = \frac{FL^2}{2EI}, \quad c = \frac{Fh^2 L}{8GI} + \frac{FL^3}{3EI}, \quad d = 0$$

代入式(h),得

$$\left. \begin{array}{l} u = -\dfrac{Fx^2 y}{2EI} + \dfrac{Fy^3}{6GI} - \dfrac{\nu Fy^3}{6EI} + \dfrac{FL^2 y}{2EI} \\[4mm] v = \dfrac{\nu Fxy^2}{2EI} + \dfrac{Fx^3}{6EI} - \left(\dfrac{Fh^2}{8GI} + \dfrac{FL^2}{2EI}\right)x + \dfrac{Fh^2 L}{8GI} + \dfrac{FL^3}{3EI} \end{array} \right\} \tag{6-23}$$

可见位移改变了。梁轴线弯曲后的方程为

$$v(x,0) = \frac{Fx^3}{6EI} - \left(\frac{Fh^2}{8GI} + \frac{FL^2}{2EI}\right)x + \frac{Fh^2L}{8GI} + \frac{FL^3}{3EI}$$

自由端的挠度为

$$f = \frac{FL^3}{3EI} + \frac{Fh^2L}{8GI} = \frac{FL^3}{3EI} + \frac{3FL}{2Gh}$$

与式(j)比较,可以发现,按第二种固定方式所得到的自由端挠度,较之于按第一种固定方式增加了 $\frac{3FL}{2Gh}$,这一项表现出剪力对弯曲的影响。

过 $(L,0)$ 点并与 Ox 轴平行的微分线段在梁变形后的转角为

$$\left(\frac{\partial v}{\partial x}\right)_{\substack{x=L\\y=0}} = -\frac{Fh^2}{8GI} = -\frac{3F}{2Gh} < 0$$

表示它在物体变形后由 Ox 轴的正方向朝 Oy 轴的负方向转动(图6-8b)。

除上述两种固定方式以外,还可给出许多种固定方式,但在选取这种或那种固定方式时,必须与实际情况相接近。还必须指出,弹性力学中所采用的固定方式实际上是难以实现的,在实际工程结构中,只是近似地实现这种固定方式。

§6-6 悬臂梁受均匀分布荷载作用

不计自重的悬臂梁受均匀分布的荷载作用(图6-9),也可以采用多项式的叠加求解,不过,为了解法的多样化,现在将采用另一种方法。

视频6-4
悬臂梁受均匀分布荷载作用

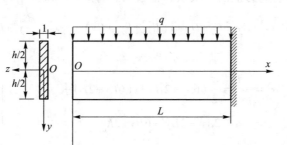

图6-9

大家知道,弯曲应力 σ_x 主要是由弯矩产生的,切应力 τ_{xy} 主要是由剪力 F_S 产生的,而挤压应力 σ_y 主要是由荷载 q 产生的,现因 q 为常数,所以,可以假定对于不同的 x,σ_y 的分布相同,也就是说 σ_y 仅仅是 y 的函数,即

$$\sigma_y = f(y)$$

于是有

$$\frac{\partial^2 U}{\partial x^2} = f(y)$$

而

$$\frac{\partial U}{\partial x} = xf(y) + f_1(y)$$

$$U = \frac{x^2}{2} f(y) + x f_1(y) + f_2(y) \qquad (a)$$

这里的 $f_1(y)$ 和 $f_2(y)$ 是 y 的任意函数。

由于应力函数 U 必须满足方程（6-15），所以，将它代入式（6-15）后，得 $f(y)$，$f_1(y)$ 和 $f_2(y)$ 必须满足的条件：

$$\frac{1}{2} \frac{\mathrm{d}^4 f(y)}{\mathrm{d}y^4} x^2 + \frac{\mathrm{d}^4 f_1(y)}{\mathrm{d}y^4} x + \frac{\mathrm{d}^4 f_2(y)}{\mathrm{d}y^4} + 2 \frac{\mathrm{d}^2 f(y)}{\mathrm{d}y^2} = 0$$

这是 x 的二次方程，但它有无穷多个根（梁内所有的 x 都满足它），因此，方程的系数和自由项应等于零，即

$$\frac{\mathrm{d}^4 f(y)}{\mathrm{d}y^4} = 0, \quad \frac{\mathrm{d}^4 f_1(y)}{\mathrm{d}y^4} = 0, \quad \frac{\mathrm{d}^4 f_2(y)}{\mathrm{d}y^4} + 2 \frac{\mathrm{d}^2 f(y)}{\mathrm{d}y^2} = 0$$

由前面两个方程，有

$$f(y) = Ay^3 + By^2 + Cy + D, \quad f_1(y) = Ey^3 + Fy^2 + Gy \qquad (b)$$

$f_1(y)$ 中已略去了不影响应力的常数项。由第三个方程，有

$$\frac{\mathrm{d}^4 f_2(y)}{\mathrm{d}y^4} = -2 \frac{\mathrm{d}^2 f(y)}{\mathrm{d}y^2} = -12Ay - 4B$$

积分后得

$$f_2(y) = -\frac{A}{10} y^5 - \frac{B}{6} y^4 + Hy^3 + Ky^2 \qquad (c)$$

这里，略去了不影响应力值的一次项和常数项。将式（b）和（c）代入式（a），得

$$U = \frac{x^2}{2} (Ay^3 + By^2 + Cy + D) + x(Ey^3 + Fy^2 + Gy) - \frac{A}{10} y^5 - \frac{B}{6} y^4 + Hy^3 + Ky^2$$

应力分量为

$$\left.\begin{aligned}
\sigma_x &= \frac{\partial^2 U}{\partial y^2} = \frac{x^2}{2} (6Ay + 2B) + x(6Ey + 2F) - \\
&\quad 2Ay^3 - 2By^2 + 6Hy + 2K \\
\sigma_y &= \frac{\partial^2 U}{\partial x^2} = Ay^3 + By^2 + Cy + D \\
\tau_{xy} &= -\frac{\partial^2 U}{\partial x \partial y} = -x(3Ay^2 + 2By + C) - (3Ey^2 + 2Fy + G)
\end{aligned}\right\} \qquad (d)$$

这些应力分量是满足平衡微分方程和协调方程的。因此，如果能适当选择 $A, B, \cdots, K$，使全部边界条件都满足，则由式（d）给出的应力分量就是问题的解答。

本问题的边界条件为

$$(\sigma_y)_{y=-\frac{h}{2}} = -q, \quad (\tau_{xy})_{y=-\frac{h}{2}} = 0 \qquad (e)$$

$$(\sigma_y)_{y=\frac{h}{2}} = 0, \quad (\tau_{xy})_{y=\frac{h}{2}} = 0 \qquad (f)$$

$$\int_{-\frac{h}{2}}^{\frac{h}{2}} (\sigma_x)_{x=0} \mathrm{d}y = 0, \quad \int_{-\frac{h}{2}}^{\frac{h}{2}} y(\sigma_x)_{x=0} \mathrm{d}y = 0, \quad (\tau_{xy})_{x=0} = 0 \qquad (g)$$

由边界条件（g）的第三式可知

$$E = F = G = 0$$

由边界条件(e)和(f),有

$$-\frac{h^3}{8}A+\frac{h^2}{4}B-\frac{h}{2}C+D=-q$$

$$\frac{3}{4}h^2A-hB+C=0$$

$$\frac{h^3}{8}A+\frac{h^2}{4}B+\frac{h}{2}C+D=0$$

$$\frac{3}{4}h^2A+hB+C=0$$

解之,得

$$A=-\frac{2q}{h^3}, \quad B=0, \quad C=\frac{3q}{2h}, \quad D=-\frac{q}{2}$$

将 $A,B,\cdots,G$ 的已知值代入式(d),得

$$\left.\begin{aligned} \sigma_x &= -\frac{6q}{h^3}x^2y+\frac{4q}{h^3}y^3+6Hy+2K \\ \sigma_y &= -\frac{2q}{h^3}y^3+\frac{3q}{2h}y-\frac{q}{2} \\ \tau_{xy} &= \frac{6q}{h^3}xy^2-\frac{3q}{2h}x \end{aligned}\right\} \tag{h}$$

再由边界条件(g)的前两个条件得

$$K=0, \quad H=-\frac{q}{10h}$$

代入式(h),并注意 $I=\dfrac{h^3}{12}$,故最后得

$$\left.\begin{aligned} \sigma_x &= -\frac{qx^2y}{2I}+\frac{q}{2I}\left(\frac{2}{3}y^3-\frac{h^2}{10}y\right) \\ \sigma_y &= -\frac{q}{2}\left(1-\frac{3y}{h}+\frac{4y^3}{h^3}\right) \\ \tau_{xy} &= \frac{q}{2I}\left(y^2-\frac{h^2}{4}\right)x \end{aligned}\right\} \tag{6-24}$$

将应力表达式(6-24)与材料力学结果相比较,可以发现切应力 τ_{xy} 与材料力学一样,正应力 σ_x 增加了一个修正项:

$$\frac{q}{2I}\left(\frac{2}{3}y^3-\frac{h^2}{10}y\right)$$

§ 6-7　简支梁受均匀分布荷载作用

　　试考察一根长为 L、高为 h 的矩形截面的窄梁(取一单位厚度),梁的上边界受有均匀分布的荷载 q 的作用;梁支承于两端,假定其支承约束力是按分布于两端截面内的剪力的形式作用于梁上;不计梁的自重,坐标选取如图 6-10 所示。

视频 6-5
简支梁受均
匀分布荷载
作用

这一问题可采用上述两种方法凑取应力函数 U 而求解。现在再介绍一种方法,这种方法是以材料力学的结果作为基础,验证它是否满足弹性力学的全部方程,如果不满足,就设法加以修正,直到满足全部方程和全部边界条件为止。

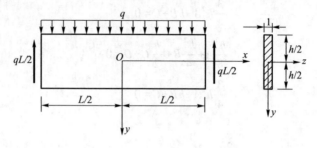

图 6-10

这个问题如果按材料力学方法求解,得到如下的应力:

$$\left. \begin{array}{l} \sigma_x = \dfrac{q}{2I}\left(\dfrac{L^2}{4}-x^2\right)y \\[3mm] \tau_{xy} = -\dfrac{qx}{2I}\left(\dfrac{h^2}{4}-y^2\right) \end{array} \right\} \qquad (\text{a})$$

另外,在材料力学里,认为 σ_y 为零。显然,应力表达式(a)与 $\sigma_y = 0$ 的假设,绝不会满足弹性力学的全部方程,因为,在梁的上表面($y=-h/2$),有

$$\sigma_y = -q \neq 0$$

因此,只好预先给定应力表达式(a),而抛弃 $\sigma_y = 0$ 的假定,来作满足弹性力学方程的试探。

现在根据应力表达式(a)来选取应力函数的普遍形式。为明了起见,先将应力表达式(a)写成更普遍的形式:

$$\sigma_x = Ay + Bx^2y, \qquad \tau_{xy} = Cx + Dxy^2$$

于是有

$$\frac{\partial^2 U}{\partial y^2} = Ay + Bx^2y, \qquad \frac{\partial^2 U}{\partial x \partial y} = -Cx - Dxy^2 \qquad (\text{b})$$

由式(b)的第一式积分,得

$$U = \frac{A}{6}y^3 + \frac{B}{6}x^2y^3 + f_1(x)y + f_2(x) \qquad (\text{c})$$

这里的 $f_1(x)$ 和 $f_2(x)$ 均为 x 的任意函数。将式(c)代入式(b)的第二式,则有

$$Bxy^2 + f_1'(x) = -Cx - Dxy^2$$

由此得

$$B = -D, \qquad f_1(x) = -\frac{C}{2}x^2 + E$$

这里的 E 为积分常数。代入式(c)后,得到

$$U = \frac{A}{6}y^3 + \frac{B}{6}x^2y^3 + \left(-\frac{C}{2}x^2 + E\right)y + f_2(x) \qquad (\text{d})$$

通过直接的演算,可以发现,上述函数 U 并不满足方程(6-15),这表明它不能取

作应力函数。现在试在这个函数上再添加一个任意函数 $\psi(x,y)$，并略去不影响应力的一次项 Ey，于是有

$$U = \frac{A}{6}y^3 + \frac{B}{6}x^2y^3 - \frac{C}{2}x^2y + f_2(x) + \psi(x,y) \qquad (e)$$

以满足式(6-15)为目标来选择函数 $\psi(x,y)$。为此，将式(e)代入式(6-15)，于是得到要使函数(e)为双调和函数时 $\psi(x,y)$ 所必须满足的方程[这里，设 $f_2(x)$ 至多是 x 的三次函数]：

$$\frac{\partial^4\psi}{\partial x^4} + 2\frac{\partial^4\psi}{\partial x^2\partial y^2} + \frac{\partial^4\psi}{\partial y^4} = -4By \qquad (f)$$

很容易看出，这个方程最简单的解答是

$$\psi(x,y) = \frac{F}{24}x^4y + \frac{H}{120}y^5 + \frac{K}{12}x^2y^3 \qquad (g)$$

将它代入式(f)，得到

$$F + 2K + H = -4B \qquad (h)$$

函数 $\psi(x,y)$ 中的 $\frac{K}{12}x^2y^3$ 项可以抛掉，因为在函数(e)中已包含了相似的项。这样，由式(h)有

$$H = -4B - F$$

因此，最后得到

$$U = \frac{A}{6}y^3 + \frac{B}{6}x^2y^3 - \frac{C}{2}x^2y + f_2(x) + \frac{F}{24}x^4y - \frac{(4B+F)}{120}y^5$$

对应的应力分量为

$$\left.\begin{array}{l} \sigma_x = \dfrac{\partial^2 U}{\partial y^2} = Ay + Bx^2y - \dfrac{4B+F}{6}y^3 \\[3mm] \sigma_y = \dfrac{\partial^2 U}{\partial x^2} = \dfrac{B}{3}y^3 - Cy + f_2''(x) + \dfrac{F}{2}x^2y \\[3mm] \tau_{xy} = -\dfrac{\partial^2 U}{\partial x\partial y} = -Bxy^2 + Cx - \dfrac{F}{6}x^3 \end{array}\right\} \qquad (i)$$

现在利用边界条件确定常数。先考察上下两面的条件：

$$\left.\begin{array}{l} (\sigma_y)_{y=-\frac{h}{2}} = -q, \quad (\tau_{xy})_{y=-\frac{h}{2}} = 0 \\[2mm] (\sigma_y)_{y=\frac{h}{2}} = 0, \quad (\tau_{xy})_{y=\frac{h}{2}} = 0 \end{array}\right\} \qquad (j)$$

将它应用到式(i)上，有

$$\left.\begin{array}{l} -\dfrac{B}{24}h^3 + \dfrac{C}{2}h + f_2''(x) - \dfrac{F}{4}x^2h = -q \\[3mm] \dfrac{B}{24}h^3 - \dfrac{C}{2}h + f_2''(x) + \dfrac{F}{4}x^2h = 0 \\[3mm] -\dfrac{B}{4}xh^2 + Cx - \dfrac{F}{6}x^3 = 0 \end{array}\right\} \qquad (k)$$

由式(k)的前两式可以看出,要使它们恒等地成立,只有

$$F = 0, \quad f_2''(x) = G$$

这样,式(k)可简化为

$$-\frac{B}{24}h^3 + \frac{C}{2}h + G = -q$$

$$\frac{B}{24}h^3 - \frac{C}{2}h + G = 0$$

$$-\frac{B}{4}h^2 + C = 0$$

解之,得

$$B = -\frac{6q}{h^3}, \quad C = -\frac{3q}{2h}, \quad G = -\frac{q}{2}$$

代入式(i),得

$$\left.\begin{aligned}
\sigma_x &= Ay - \frac{6q}{h^3}x^2y + \frac{4q}{h^3}y^3 \\
\sigma_y &= -\frac{6q}{h^3}\left(\frac{y^3}{3} - \frac{h^2}{4}y + \frac{h^3}{12}\right) \\
\tau_{xy} &= -\frac{6q}{h^3}\left(\frac{h^2}{4} - y^2\right)x
\end{aligned}\right\} \tag{1}$$

现在再考察两端的边界条件:

$$(\sigma_x)_{x=\pm\frac{L}{2}} = 0, \quad \int_{-\frac{h}{2}}^{\frac{h}{2}} (\tau_{xy})_{x=\pm\frac{L}{2}}\,dy = \mp\frac{qL}{2} \tag{m}$$

很容易验证第二个条件已经满足了,但第一个条件无法满足,因此,只好利用局部性原理,将此边界条件放松,即

$$\left.\begin{aligned}
\int_{-\frac{h}{2}}^{\frac{h}{2}} (\sigma_x)_{x=\frac{L}{2}}\,dy &= 0 \\
\int_{-\frac{h}{2}}^{\frac{h}{2}} y(\sigma_x)_{x=\frac{L}{2}}\,dy &= 0
\end{aligned}\right\} \tag{n}$$

由式(1)的第一式可看出,式(n)的第一个条件已经满足了,故由第二个条件,得

$$A = \frac{12}{h^3}\left(\frac{qL^2}{8} - \frac{qh^2}{20}\right) \text{①}$$

将它代入式(1),并稍加整理,最后得到

---

① 如简支梁两端还受弯矩 M 的作用,则式(n)的第二个条件不等于零,应等于 M,于是可得

$$A = \frac{12}{h^3}\left(M + \frac{qL^2}{8} - \frac{qh^2}{20}\right)$$

$$\sigma_x = \frac{6q}{h^3}\left(\frac{L^2}{4}-x^2\right)y + q\,\frac{y}{h}\left(4\,\frac{y^2}{h^2}-\frac{3}{5}\right)$$

$$\sigma_y = -\frac{q}{2}\left(1+\frac{y}{h}\right)\left(1-\frac{2y}{h}\right)^2 \qquad\qquad (6\text{-}25)$$

$$\tau_{xy} = -\frac{6q}{h^3}x\left(\frac{h^2}{4}-y^2\right)$$

应力分量沿任一横截面的变化大致如图 6-11 所示。

　　将应力表达式(6-25)与材料力学结果式(a)相比,可以发现,切应力 τ_{xy} 与材料力学结果完全一样;σ_y 表示纵向纤维间的挤压力,而在材料力学里假设为零;σ_x 中的第一项与材料力学结果相同,第二项表示弹性力学提出的修正项。对于通常的长而低的梁,修正项很小,可以忽略不计。对于短而高的梁,则需注意修正项。以梁的中间截面为例,梁顶和梁底的弯曲应力为

$$(\sigma_x)_{\substack{x=0\\y=\pm\frac{h}{2}}} = \pm 3q\left(\frac{L^2}{4h^2}\right)\left(1+\frac{4h^2}{15L^2}\right)$$

后一个括号内的第一项代表主要项,第二项代表修正项。当梁的长高之比 $\dfrac{L}{h}=4$ 时,修正项只占主要项的 $\dfrac{1}{60}$,即 1.7%;当梁的长高之比 $\dfrac{L}{h}=2$ 时,修正项将占主要项的 $\dfrac{1}{15}$,即 6.7%。

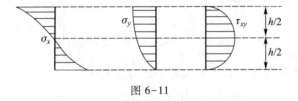

图 6-11

§ 6-8　三角形水坝

　　设有一个三角形水坝,左面铅直,右面与铅垂面成 α 角,下端可认为伸向无穷,承受坝的自重和液压力作用,水坝与液体的密度分别为 ρ 和 ρ_1,坐标选取如图 6-12 所示,分析它的应力状态。

　　这个问题可作为平面应变问题。对坝体内的任何一点,每个应力分量都应该是由两部分组成的:第一部分由重力产生,与 ρg 成正比;第二部分由液体压力产生,与 $\rho_1 g$ 成正比;另外,每一部分与 α, x, y 有关。总之,各应力分量中包括下列形式的两部分:

$$\rho g N_1(\alpha,x,y), \quad \rho_1 g N_2(\alpha,x,y) \qquad\qquad (\text{a})$$

N_1 和 N_2 为由 α, x, y 按某种形式组成的数量。现在假设本问题具有多项式解,要用量纲分析法,确定 N_1 和 N_2 的幂次。

　　由于应力的量纲为 $L^{-1}MT^{-2}$,ρg 和 $\rho_1 g$ 的量纲为 $L^{-2}MT^{-2}$,表示水坝几何形状的 α 为量纲一的量,而 x 和 y 的量纲为 L,故要使 $\rho g N_1(\alpha,x,y)$ 和 $\rho_1 g N_2(\alpha,x,y)$ 的量纲与应

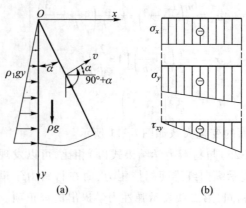

图 6-12

力量纲一致, N_1 与 N_2 必须与 x,y 成一次幂的关系。由应力与应力函数之间的关系可知,应力函数为三次多项式,即

$$U = \frac{A}{6}x^3 + \frac{B}{2}x^2y + \frac{C}{2}xy^2 + \frac{D}{6}y^3$$

它是满足方程(6-15)的。由式(6-13)(令其中 $F_x = 0$, $F_y = \rho g$)得应力分量

$$\left. \begin{aligned} \sigma_x &= \frac{\partial^2 U}{\partial y^2} = Cx + Dy \\[2mm] \sigma_y &= \frac{\partial^2 U}{\partial x^2} = Ax + By \\[2mm] \tau_{xy} &= -\frac{\partial^2 U}{\partial x \partial y} - \rho g x = -Bx - Cy - \rho g x \end{aligned} \right\} \tag{b}$$

现在利用边界条件定常数。本问题的边界条件为

$$\left. \begin{aligned} (\sigma_x)_{x=0} &= -\rho_1 g y \\[2mm] (\tau_{xy})_{x=0} &= 0 \\[2mm] \overline{f}_x &= l(\sigma_x)_{x=y\tan\alpha} + m(\tau_{xy})_{x=y\tan\alpha} = 0 \\[2mm] \overline{f}_y &= l(\tau_{xy})_{x=y\tan\alpha} + m(\sigma_y)_{x=y\tan\alpha} = 0 \end{aligned} \right\} \tag{c}$$

这里的

$$\left. \begin{aligned} l &= \cos(v,x) = \cos\alpha \\[2mm] m &= \cos(v,y) = \cos(90°+\alpha) = -\sin\alpha \end{aligned} \right\} \tag{d}$$

将边界条件(c)用到应力分量(b)上,并注意到式(d),于是有

$$\left. \begin{aligned} Dy &= -\rho_1 g y \\[2mm] -Cy &= 0 \\[2mm] (Cy\tan\alpha + Dy)\cos\alpha - [-Cy - (B+\rho g)y\tan\alpha]\sin\alpha &= 0 \\[2mm] [-Cy - (B+\rho g)y\tan\alpha]\cos\alpha - (By + Ay\tan\alpha)\sin\alpha &= 0 \end{aligned} \right\} \tag{e}$$

消去 y,然后解得

$$D = -\rho_1 g, \quad C = 0$$

$$A = \frac{\rho g}{\tan \alpha} - \frac{2\rho_1 g}{\tan^3 \alpha}, \quad B = \frac{\rho_1 g}{\tan^2 \alpha} - \rho g$$

故最后得应力分量

$$\left.\begin{aligned}
\sigma_x &= -\rho_1 gy \\
\sigma_y &= (\rho g\cot \alpha - 2\rho_1 g\cot^3 \alpha)x + (\rho_1 g\cot^2 \alpha - \rho g)y \\
\tau_{xy} &= -\rho_1 gx\cot^2 \alpha
\end{aligned}\right\} \tag{6-26}$$

沿着任一水平截面上应力变化如图 6-12b 所示。应力 σ_x 为常数,这结果不能用材料力学中的公式求得。应力 σ_y 按直线变化,在左面和右面上分别等于

$$(\sigma_y)_{x=0} = -(\rho g - \rho_1 g\cot^2 \alpha)y$$

$$(\sigma_y)_{x=y\tan \alpha} = -\rho_1 gy\cot^2 \alpha$$

与材料力学中偏心受压公式求得的结果相同。应力 τ_{xy} 也按直线变化,在左面和右面上分别等于

$$(\tau_{xy})_{x=0} = 0$$

$$(\tau_{xy})_{x=y\tan \alpha} = -\rho_1 gy\cot \alpha$$

在材料力学中,τ_{xy} 按抛物线变化,与正确解答不符。

§6-9 矩形梁弯曲的三角级数解法

在前面所讲的几个问题中,由于问题具有代数多项式形式的解,所以,比较容易地通过半逆解法凑取所要求的应力函数,从而求得应力分量和位移分量。显然,这种方法是有局限性的,它必须要求物体的主要边界上的荷载是连续的,而且能表示成代数多项式的形式。如果荷载并不具有这个特点,甚至是不连续的,则可采用三角级数求解。

试将应力函数写成如下的形式:

$$U = X(x)Y(y) \tag{a}$$

将它代入方程(6-15),得

$$X^{(4)}(x)Y(y) + 2X''(x)Y''(y) + X(x)Y^{(4)}(y) = 0 \tag{6-27}$$

等号两边同除以 $X(x)Y(y)$ 后有

$$\frac{X^{(4)}(x)}{X(x)} + 2\frac{X''(x)}{X(x)}\frac{Y''(y)}{Y(y)} + \frac{Y^{(4)}(y)}{Y(y)} = 0 \tag{6-27}'$$

将上式对 y 求一阶偏导数,得

$$2\frac{X''(x)}{X(x)}\left[\frac{Y''(y)}{Y(y)}\right]' + \left[\frac{Y^{(4)}(y)}{Y(y)}\right]' = 0 \tag{b}$$

若要式(b)成立,必须有

$$\frac{X''(x)}{X(x)} = -\frac{\left[\dfrac{Y^{(4)}(y)}{Y(y)}\right]'}{2\left[\dfrac{Y''(y)}{Y(y)}\right]'} = -\lambda^2$$

其中 λ 为常数。于是得到

$$X''(x)+\lambda^2 X(x)=0 \tag{c}$$

和

$$\left[\frac{Y^{(4)}(y)}{Y(y)}\right]'-2\lambda^2\left[\frac{Y''(y)}{Y(y)}\right]'=0 \tag{d}$$

方程(c)的通解为

$$X(x)=K_1\cos\lambda x+K_2\sin\lambda x \tag{e}$$

这里的 K_1 和 K_2 为任意常数。

不打算求方程(d)的解,因为这个方程是通过方程(6-27)对 y 求一阶偏导数而得到的,它的解未必是方程(6-27)的解。下面将采用另一种方法简化方程(6-27)。由方程(c),有

$$X''(x)=-\lambda^2 X(x)$$

而

$$X^{(4)}(x)=-\lambda^2 X''(x)=\lambda^4 X(x)$$

将它代入方程(6-27)',于是得 $Y(y)$ 所满足的方程

$$Y^{(4)}(y)-2\lambda^2 Y''(y)+\lambda^4 Y(y)=0 \tag{f}$$

这方程的通解为

$$Y(y)=A\cosh\lambda y+B\sinh\lambda y+Cy\cosh\lambda y+Dy\sinh\lambda y \tag{g}$$

将式(e)和(g)代入式(a),得方程(6-15)的一个特解为

$$U=(K_1\cos\lambda x+K_2\sin\lambda x)(A\cosh\lambda y+B\sinh\lambda y+Cy\cosh\lambda y+Dy\sinh\lambda y) \tag{6-28}$$

这里的 K_1,K_2,A,B,C,D 与 λ 为任意常数,如果取不同的值,就可以得到任意多个特解。另外,因方程(6-15)是线性的,所以,这些解答的和也是它的解答。如果在这样的和内项数取得足够多,就可以适当选择这些常数,以尽可能完全满足问题的边界条件。

现在考虑一根不计自重长度为 L、高度为 h 的狭长简支梁(图6-13),它的长边上受有任意分布的垂直荷载和切向荷载的作用。设在上表面,即 $y=0$ 处,垂直荷载 $q_2=f_2(x)$,切向荷载 $t_2=\psi_2(x)$;在下表面上,即 $y=h$ 处,垂直荷载 $q_1=f_1(x)$,切向荷载 $t_1=\psi_1(x)$。

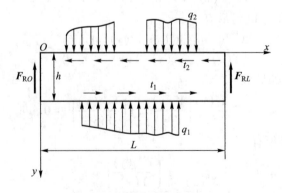

图6-13

本问题的边界条件可表示为

$$
\left.
\begin{aligned}
&(\sigma_y)_{y=0} = -f_2(x)\,, \quad (\tau_{xy})_{y=0} = \psi_2(x) \\
&(\sigma_y)_{y=h} = -f_1(x)\,, \quad (\tau_{xy})_{y=h} = \psi_1(x) \\
&(\sigma_x)_{x=0} = 0\,, \quad (\sigma_x)_{x=L} = 0 \\
&\int_0^h (\tau_{xy})_{x=0}\mathrm{d}y = F_{RO}\,, \quad \int_0^h (\tau_{xy})_{x=L}\mathrm{d}y = -F_{RL}
\end{aligned}
\right\}
\tag{h}
$$

现在将上述边界条件应用到函数式(6-28)上。首先,由式(h)的第五和第六两个条件,即在 $x=0,L$ 处, $\sigma_x = \dfrac{\partial^2 U}{\partial y^2} = 0$,得到

$$
K_1 = 0\,, \quad \lambda_m = \frac{m\pi}{L} \quad (m=1,2,3,\cdots)
$$

将它们代入式(6-28),不妨取 $K_2 = 1$,并作如下的和:

$$
U = \sum_{m=1}^{\infty} \sin\frac{m\pi x}{L}\left(A_m\cosh\frac{m\pi y}{L} + B_m\sinh\frac{m\pi y}{L} + C_m y\cosh\frac{m\pi y}{L} + D_m y\sinh\frac{m\pi y}{L}\right)
\tag{6-29}
$$

显然,这函数是满足方程(6-15)和边界条件(h)的第五和第六两个条件的。现在要适当选取 $A_m,B_m,C_m,D_m(m=1,2,3,\cdots)$,使它满足其他边界条件。

由式(6-29)得应力分量:

$$
\left.
\begin{aligned}
\sigma_x &= \frac{\partial^2 U}{\partial y^2} = \sum_{m=1}^{\infty} \frac{m^2\pi^2}{L^2}\sin\frac{m\pi x}{L}\Bigg(A_m\cosh\frac{m\pi y}{L} + B_m\sinh\frac{m\pi y}{L} + \\
&\quad \frac{2LC_m}{m\pi}\sinh\frac{m\pi y}{L} + \frac{2LD_m}{m\pi}\cosh\frac{m\pi y}{L} + C_m y\cosh\frac{m\pi y}{L} + D_m y\sinh\frac{m\pi y}{L}\Bigg) \\
\sigma_y &= \frac{\partial^2 U}{\partial x^2} = -\sum_{m=1}^{\infty} \frac{m^2\pi^2}{L^2}\sin\frac{m\pi x}{L}\Bigg(A_m\cosh\frac{m\pi y}{L} + B_m\sinh\frac{m\pi y}{L} + \\
&\quad C_m y\cosh\frac{m\pi y}{L} + D_m y\sinh\frac{m\pi y}{L}\Bigg) \\
\tau_{xy} &= -\frac{\partial^2 U}{\partial x\partial y} = -\sum_{m=1}^{\infty} \frac{m^2\pi^2}{L^2}\cos\frac{m\pi x}{L}\Bigg(A_m\sinh\frac{m\pi y}{L} + B_m\cosh\frac{m\pi y}{L} + \\
&\quad \frac{LC_m}{m\pi}\cosh\frac{m\pi y}{L} + \frac{LD_m}{m\pi}\sinh\frac{m\pi y}{L} + C_m y\sinh\frac{m\pi y}{L} + D_m y\cosh\frac{m\pi y}{L}\Bigg)
\end{aligned}
\right\}
\tag{6-30}
$$

利用上下两边的边界条件,有

$$
\left.
\begin{aligned}
&\sum_{m=1}^{\infty} \frac{m^2\pi^2}{L^2} A_m \sin\frac{m\pi x}{L} = f_2(x) \\
&\sum_{m=1}^{\infty} \frac{m^2\pi^2}{L^2} \cos\frac{m\pi x}{L}\left(B_m + \frac{LC_m}{m\pi} \right) = -\psi_2(x) \\
&\sum_{m=1}^{\infty} \frac{m^2\pi^2}{L^2} \sin\frac{m\pi x}{L}\left(A_m \cosh\frac{m\pi h}{L} + B_m \sinh\frac{m\pi h}{L} + \right. \\
&\qquad \left. C_m h\cosh\frac{m\pi h}{L} + D_m h\sinh\frac{m\pi h}{L} \right) = f_1(x) \\
&\sum_{m=1}^{\infty} \frac{m^2\pi^2}{L^2} \cos\frac{m\pi x}{L}\left[\left(A_m + \frac{LD_m}{m\pi} \right)\sinh\frac{m\pi h}{L} + \right. \\
&\qquad \left. \left(B_m + \frac{LC_m}{m\pi} \right)\cosh\frac{m\pi h}{L} + C_m h\sinh\frac{m\pi h}{L} + D_m h\cosh\frac{m\pi h}{L} \right] = -\psi_1(x)
\end{aligned}
\right\} \quad (\text{i})
$$

为了求得 A_m, B_m, C_m 和 D_m，在式(i)的第一式和第三式上乘以 $\sin\dfrac{n\pi x}{L}$，而在第二式和

第四式上乘以 $\cos\dfrac{n\pi x}{L}$，然后，从 0 到 L 积分，并利用三角函数的正交性：

$$
\int_0^L \cos\frac{m\pi x}{L}\cos\frac{n\pi x}{L}\mathrm{d}x = \begin{cases} 0 & (m \neq n) \\ \dfrac{L}{2} & (m = n) \end{cases}
$$

$$
\int_0^L \sin\frac{m\pi x}{L}\sin\frac{n\pi x}{L}\mathrm{d}x = \begin{cases} 0 & (m \neq n) \\ \dfrac{L}{2} & (m = n) \end{cases}
$$

于是得 A_m, B_m, C_m 和 D_m 所满足的代数方程组：

$$
\left.
\begin{aligned}
&A_m = \frac{2L}{m^2\pi^2}\int_0^L f_2(x)\sin\frac{m\pi x}{L}\mathrm{d}x \\
&B_m + \frac{LC_m}{m\pi} = -\frac{2L}{m^2\pi^2}\int_0^L \psi_2(x)\cos\frac{m\pi x}{L}\mathrm{d}x \\
&A_m\cosh\frac{m\pi h}{L} + B_m\sinh\frac{m\pi h}{L} + C_m h\cosh\frac{m\pi h}{L} + D_m h\sinh\frac{m\pi h}{L} \\
&\quad = \frac{2L}{m^2\pi^2}\int_0^L f_1(x)\sin\frac{m\pi x}{L}\mathrm{d}x \\
&A_m\sinh\frac{m\pi h}{L} + B_m\cosh\frac{m\pi h}{L} + C_m\left(\frac{L}{m\pi}\cosh\frac{m\pi h}{L} + h\sinh\frac{m\pi h}{L} \right) + \\
&\quad D_m\left(\frac{L}{m\pi}\sinh\frac{m\pi h}{L} + h\cosh\frac{m\pi h}{L} \right) \\
&\quad = -\frac{2L}{m^2\pi^2}\int_0^L \psi_1(x)\cos\frac{m\pi x}{L}\mathrm{d}x
\end{aligned}
\right\} \quad (6\text{-}31)
$$

由此求出 A_m, B_m, C_m, D_m 以后，代入式(6-30)，即得要求的应力分量。

不难理解，梁的两端面上的边界条件

$$\int_0^h (\tau_{xy})_{x=0}\mathrm{d}y = F_{RO}, \qquad \int_0^h (\tau_{xy})_{x=L}\mathrm{d}y = -F_{RL}$$

将自然满足。

另外,还必须指出一点,如果将式(i)的第二、第四式两边对 x 从 0 到 L 积分,则可发现等号左边的积分为零。因此,要使这两个等式成立,必须有

$$\int_0^L \psi_1(x)\,\mathrm{d}x = 0, \qquad \int_0^L \psi_2(x)\,\mathrm{d}x = 0 \tag{6-32}$$

这表明,要使问题有上述形式的解,作用在上下边界上的切向荷载的合力必须分别为零。

要消除式(6-32)所给予的限制而扩大其应用范围,应在应力函数式(6-29)后面再叠加方程(6-15)的如下形式的特解[①]

$$U_0 = (\alpha x + \beta)(Ay^3 + By^2 + Cy) \tag{6-33}$$

其相应的应力分量为

$$\left.\begin{array}{l} \sigma_x^0 = \dfrac{\partial^2 U}{\partial y^2} = (\alpha x + \beta)(6Ay + 2B) \\[2mm] \sigma_y^0 = \dfrac{\partial^2 U}{\partial x^2} = 0 \\[2mm] \tau_{xy}^0 = -\dfrac{\partial^2 U}{\partial x \partial y} = -\alpha(3Ay^2 + 2By + C) \end{array}\right\} \tag{j}$$

在上下表面处,它们给出

$$\left.\begin{array}{ll} (\sigma_y^0)_{y=0} = 0, & (\tau_{xy}^0)_{y=0} = -\alpha C \\[2mm] (\sigma_y^0)_{y=h} = 0, & (\tau_{xy}^0)_{y=h} = -\alpha(3Ah^2 + 2Bh + C) \end{array}\right\} \tag{k}$$

由此可见,只要适当地选择任意常数 α, β, A, B, C,就能在梁的上下表面处得到一些不变的切应力 τ_{xy}^0,其值是任意的。现将式(j)和式(6-30)叠加,并利用上下两边的边界条件,就可得到与式(i)相仿的关系式,但在目前情况下,其等号左边增添了式(k)所示的相应的项。由于现在其第二、第四式左边对 x 从 0 到 L 的积分不为零,故其右边积分,即

$$\int_0^L \psi_1(x)\,\mathrm{d}x, \qquad \int_0^L \psi_2(x)\,\mathrm{d}x$$

也不必为零。这说明,现在就不需要由式(6-32)所给的限制了。

另外,从式(j)可以看出,在梁的两端,有

$$\left.\begin{array}{l} (\sigma_x^0)_{x=0} = \beta(6Ay + 2B) \\[2mm] (\sigma_x^0)_{x=L} = (\alpha L + \beta)(6Ay + 2B) \end{array}\right\} \tag{l}$$

它们在静力上给出两端面上的拉力(或压力)和弯矩。故由此可知,将式(6-33)叠加到式(6-29)后,可以解决图 6-14 所示的梁弯曲问题,这问题较之于图 6-13 所示的情况更为一般了。

[①]   这个解可以从方程(c),(f)中令 $\lambda = 0$ 而求得。

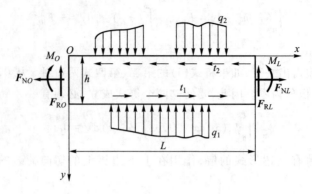

图 6-14

作为矩形梁弯曲三角级数解法的特例,考察图 6-15 所示的问题,这里 $t_1 = 0, t_2 = 0, F_{RO} = 0, F_{RL} = 0$(对照图 6-13)。于是由代数方程组(6-31),先求出各式等号右边的积分,再解得 A_m, B_m, C_m, D_m 后,代入式(6-30),即得到这一问题的解答。如果在上述解答中,令 $2a \to 0$,而 $2aq \to F$,则得图 6-16 所示问题的解答,图中的曲线表示梁的中性层上应力 σ_y 的分布规律。由图可见,中性层上的应力 σ_y 随离集中力作用线距离的增加而迅速衰减,并很快趋向于零,这证明了圣维南原理的正确性。

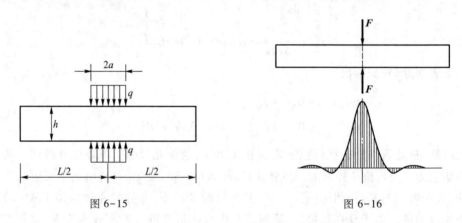

图 6-15   图 6-16

*§6-10 用傅里叶变换求解平面问题

§6-10
用傅里叶变
换求解平面
问题

本节为选学内容,介绍了傅里叶变换的概念,并求解无限长板条问题和弹性半无限平面问题。

详细内容请扫二维码阅读。

思考题与习题

6-1 试比较平面应变问题和平面应力问题的异同点。

6-2 考察图 6-2 所示的力学模型。试回答:若作用于板上的力沿板厚(即 Oz 轴方向)有变化时,能否作为平面应力问题处理? 在什么情况下才能作平面应力问题处理? 并说明其理由。

6-3 为什么说平面问题中的方程 $\nabla^2\nabla^2 U=0$(U 为艾里应力函数)表示协调条件?

6-4 试证明:若体力虽然不是常量,但却为有势力,即

$$F_x=-\frac{\partial V}{\partial x},\quad F_y=-\frac{\partial V}{\partial y}$$

这里,V 为势函数,则应力分量可用应力函数表示为

$$\sigma_x=\frac{\partial^2 U}{\partial y^2}+V,\quad \sigma_y=\frac{\partial^2 U}{\partial x^2}+V,\quad \tau_{xy}=-\frac{\partial^2 U}{\partial x\partial y}$$

并导出应力函数 U 所满足的方程。

6-5 试直接从平面问题的平衡微分方程和莱维方程出发,分别求图 6-7 和图 6-9 所示问题的应力分量(体力不计)。

提示:利用材料力学结果,必要时进行修正。

6-6 图 6-19 所示的三角形悬臂梁只受重力作用,梁的密度为 ρ,试求应力分量。

提示:设该问题有代数多项式解,用量纲分析法确定应力函数的幂次。

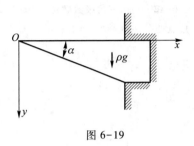

图 6-19

6-7 设有矩形截面的竖柱,密度为 ρ,在其一个侧面上作用有均匀分布的剪力 q(图6-20),求应力分量。

提示:可假设 $\sigma_x=0$,或假设 $\tau_{xy}=f(x)$。

6-8 图 6-21 表示一水坝的横截面,设水的密度为 ρ_1,坝体的密度为 ρ,试求应力分量。

提示:可假设 $\sigma_x=yf(x)$,对非主要边界,可应用局部性原理。

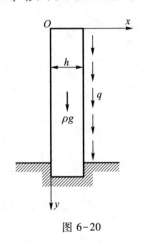

图 6-20

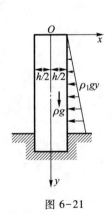

图 6-21

6-9 图 6-22 所示的矩形截面的简支梁,受三角形分布的荷载作用,求应力分量。

提示:试取应力函数为

$$U=Ax^3y^3+Bxy^5+Cx^3y+Dxy^3+Ex^3+Fxy$$

6-10 图 6-23 所示的矩形截面梁,左端 O 点被支座固定,并在左端作用有力偶(力偶矩为 M),求应力分量。

提示:试取应力函数

$$U=Ay^3+Bxy+Cxy^3$$

6-11 利用三角级数解法,求图 6-10 所示的矩形截面简支梁的应力分量。将坐标原点移置到左上角点处。

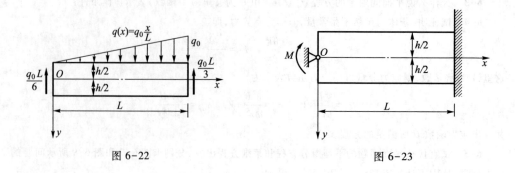

图 6-22　　　　　　　　　　　　　　图 6-23

6-12　利用三角级数解法，求图 6-22 所示的矩形截面简支梁的应力分量，坐标原点移置到左上角点处。

第七章 平面问题的极坐标解答

在处理弹性力学问题时,选择什么样的坐标系,虽然不影响对问题本质的描绘,但将直接关系到解决问题的难易程度。例如,对于像矩形梁、矩形截面水坝和三角形水坝等问题,上一章中采用了直角坐标系,但对于像圆盘、厚壁圆筒、扇形板和半无限平面等问题采用直角坐标系就不如极坐标简便。本章的任务,就是要推导极坐标形式的基本方程,并用来解决工程上经常遇到的一些问题。

§7-1 平面问题的极坐标方程

极坐标系与直角坐标系之间的关系为

$$x = \rho\cos\varphi, \quad y = \rho\sin\varphi \tag{7-1}$$

或

$$\rho = \sqrt{x^2+y^2}, \quad \varphi = \arctan\frac{y}{x} \tag{7-2}$$

如图 7-1 所示。

首先推导平衡微分方程。

试从长柱体或薄板内割出一个由相距为 $\mathrm{d}\rho$ 的两个圆柱面和夹角为 $\mathrm{d}\varphi$ 的两个径向平面围成的微分单元体 $ABDC$(图 7-2),并用 σ_ρ 表示径向正应力,σ_φ 表示环向正应力,$\tau_{\rho\varphi}$ 和 $\tau_{\varphi\rho}$ 分别表示圆柱面和径向平面上的切应力,根据切应力互等关系,应有 $\tau_{\rho\varphi} = \tau_{\varphi\rho}$。考虑到应力随位置的变化,如果假设 AB 面上的应力分量为 σ_ρ 和 $\tau_{\rho\varphi}$,则 CD 面上的应力分量为 $\sigma_\rho + \dfrac{\partial\sigma_\rho}{\partial\rho}\mathrm{d}\rho$ 和 $\tau_{\rho\varphi} + \dfrac{\partial\tau_{\rho\varphi}}{\partial\rho}\mathrm{d}\rho$;如果 AC 面上的应力分量为 σ_φ 和 $\tau_{\varphi\rho}$,则 BD

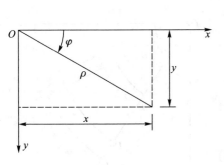

图 7-1

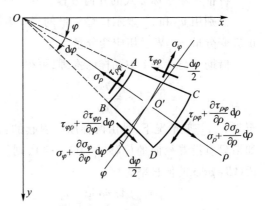

图 7-2

面上的应力分量为 $\sigma_\varphi + \dfrac{\partial \sigma_\varphi}{\partial \varphi}\mathrm{d}\varphi$ 和 $\tau_{\varphi\rho} + \dfrac{\partial \tau_{\varphi\rho}}{\partial \varphi}\mathrm{d}\varphi$。用 F_ρ 和 F_φ 分别表示单位体积的体力在 ρ 方向和 φ 方向的分量,并规定它们指向正方向。

取单元体的厚度为一单位,建立它的平衡条件。先将单元体所受各力投影到中心的径向轴上,取 $\sin\dfrac{\mathrm{d}\varphi}{2} \approx \dfrac{\mathrm{d}\varphi}{2}$,$\cos\dfrac{\mathrm{d}\varphi}{2} \approx 1$,得

$$\left(\sigma_\rho + \frac{\partial \sigma_\rho}{\partial \rho}\mathrm{d}\rho\right)(\rho+\mathrm{d}\rho)\,\mathrm{d}\varphi - \sigma_\rho\,\rho\,\mathrm{d}\varphi - \left(\sigma_\varphi + \frac{\partial \sigma_\varphi}{\partial \varphi}\mathrm{d}\varphi\right)\mathrm{d}\rho\,\frac{\mathrm{d}\varphi}{2} -$$

$$\sigma_\varphi\,\mathrm{d}\rho\,\frac{\mathrm{d}\varphi}{2} + \left(\tau_{\varphi\rho} + \frac{\partial \tau_{\varphi\rho}}{\partial \varphi}\mathrm{d}\varphi\right)\mathrm{d}\rho - \tau_{\varphi\rho}\,\mathrm{d}\rho + F_\rho\,\rho\,\mathrm{d}\varphi\,\mathrm{d}\rho = 0$$

简化上式,略去三阶微量,并在等号两边同除以 $\rho\,\mathrm{d}\varphi\,\mathrm{d}\rho$,于是有

$$\frac{\partial \sigma_\rho}{\partial \rho} + \frac{1}{\rho}\frac{\partial \tau_{\varphi\rho}}{\partial \varphi} + \frac{\sigma_\rho - \sigma_\varphi}{\rho} + F_\rho = 0 \tag{a}$$

再将单元体上所受各力投影到中心切向轴上,仍取 $\sin\dfrac{\mathrm{d}\varphi}{2} \approx \dfrac{\mathrm{d}\varphi}{2}$,$\cos\dfrac{\mathrm{d}\varphi}{2} \approx 1$,得

$$\left(\sigma_\varphi + \frac{\partial \sigma_\varphi}{\partial \varphi}\mathrm{d}\varphi\right)\mathrm{d}\rho - \sigma_\varphi\,\mathrm{d}\rho + \left(\tau_{\rho\varphi} + \frac{\partial \tau_{\rho\varphi}}{\partial \rho}\mathrm{d}\rho\right)(\rho+\mathrm{d}\rho)\,\mathrm{d}\varphi - \tau_{\rho\varphi}\,\rho\,\mathrm{d}\varphi +$$

$$\left(\tau_{\varphi\rho} + \frac{\partial \tau_{\varphi\rho}}{\partial \varphi}\mathrm{d}\varphi\right)\mathrm{d}\rho\,\frac{\mathrm{d}\varphi}{2} + \tau_{\varphi\rho}\,\mathrm{d}\rho\,\frac{\mathrm{d}\varphi}{2} + F_\varphi\,\rho\,\mathrm{d}\varphi\,\mathrm{d}\rho = 0$$

简化上式,略去三阶微量,并在等号两边同除以 $\rho\,\mathrm{d}\varphi\,\mathrm{d}\rho$,注意到 $\tau_{\rho\varphi} = \tau_{\varphi\rho}$,得

$$\frac{\partial \tau_{\rho\varphi}}{\partial \rho} + \frac{1}{\rho}\frac{\partial \sigma_\varphi}{\partial \varphi} + \frac{2\tau_{\rho\varphi}}{\rho} + F_\varphi = 0 \tag{b}$$

综合式(a)和式(b),得到极坐标形式的平衡微分方程如下:

$$\left.\begin{array}{l} \dfrac{\partial \sigma_\rho}{\partial \rho} + \dfrac{1}{\rho}\dfrac{\partial \tau_{\varphi\rho}}{\partial \varphi} + \dfrac{\sigma_\rho - \sigma_\varphi}{\rho} + F_\rho = 0 \\[3mm] \dfrac{\partial \tau_{\rho\varphi}}{\partial \rho} + \dfrac{1}{\rho}\dfrac{\partial \sigma_\varphi}{\partial \varphi} + \dfrac{2\tau_{\rho\varphi}}{\rho} + F_\varphi = 0 \end{array}\right\} \tag{7-3}$$

再推导极坐标形式的几何方程。

分别用 u_ρ 和 u_φ 表示位移矢量的径向和环向分量,用 ε_ρ 和 ε_φ 表示径向和环向的正应变分量,$\gamma_{\rho\varphi}$ 表示切应变分量。

借助于与 §3-1 中同样的推理,可得

$$\varepsilon_\rho = \frac{\partial u_\rho}{\partial \rho} \tag{c}$$

至于 ε_φ,一般情况下,是由两种原因引起的:其一,如果只有沿着径向的位移 u_ρ(图 7-3),则微分线段 $AB = \rho\,\mathrm{d}\varphi$ 的伸长率为

$$\frac{(\rho+u_\rho)\,\mathrm{d}\varphi - \rho\,\mathrm{d}\varphi}{\rho\,\mathrm{d}\varphi} = \frac{u_\rho}{\rho} \tag{d}$$

如果只有环向的位移 u_φ,也能产生一种环向的伸

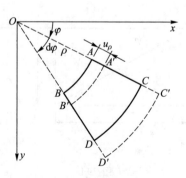

图 7-3

长率

$$\frac{\partial u_\varphi}{\partial s} = \frac{1}{\rho}\frac{\partial u_\varphi}{\partial \varphi} \tag{e}$$

将式(d)和式(e)相加,得到环向的正应变分量:

$$\varepsilon_\varphi = \frac{1}{\rho}\frac{\partial u_\varphi}{\partial \varphi} + \frac{u_\rho}{\rho} \tag{f}$$

现在考察切应变。设单元体 $ABDC$ 在变形后变成 $A'B'D'C'$,由图 7-4 很容易看出,切应变分量 $\gamma_{\rho\varphi}$ 应为

$$\gamma_{\rho\varphi} = \gamma + (\beta - \alpha) \tag{g}$$

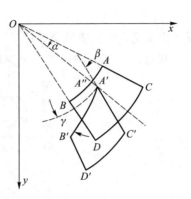

这里 γ 表示环向微分线段 AB 向 ρ 方向转过的角度,如果和 §3-1 中的式(e)作类比,可得

$$\gamma = \frac{\partial u_\rho}{\partial s} = \frac{1}{\rho}\frac{\partial u_\rho}{\partial \varphi} \tag{h}$$

β 表示径向微分线段 AC 向 φ 方向转过的角度,如果和 §3-1 中的式(d)作类比,得

图 7-4

$$\beta = \frac{\partial u_\varphi}{\partial \rho} \tag{i}$$

而由图 7-4 不难看出,α 应等于 A 点的环向位移 $AA'' = u_\varphi$ 除以 A 点径向坐标 ρ,即

$$\alpha = \frac{u_\varphi}{\rho} \tag{j}$$

将式(h),(i),(j)代入式(g),得

$$\gamma_{\rho\varphi} = \frac{1}{\rho}\frac{\partial u_\rho}{\partial \varphi} + \frac{\partial u_\varphi}{\partial \rho} - \frac{u_\varphi}{\rho} \tag{k}$$

综合关系式(c),(f)和(k),得到极坐标形式的几何方程如下:

$$\left.\begin{array}{l} \varepsilon_\rho = \dfrac{\partial u_\rho}{\partial \rho} \\[3mm] \varepsilon_\varphi = \dfrac{1}{\rho}\dfrac{\partial u_\varphi}{\partial \varphi} + \dfrac{u_\rho}{\rho} \\[3mm] \gamma_{\rho\varphi} = \dfrac{1}{\rho}\dfrac{\partial u_\rho}{\partial \varphi} + \dfrac{\partial u_\varphi}{\partial \rho} - \dfrac{u_\varphi}{\rho} \end{array}\right\} \tag{7-4}$$

平面应力问题极坐标形式的胡克定律与直角坐标表示的形式一样(因物体是各向同性的),只要将其中的 x 和 y 分别换成 ρ 和 φ 即可,即

$$\left.\begin{array}{l} \varepsilon_\rho = \dfrac{1}{E}(\sigma_\rho - \nu\sigma_\varphi) \\[3mm] \varepsilon_\varphi = \dfrac{1}{E}(\sigma_\varphi - \nu\sigma_\rho) \\[3mm] \gamma_{\rho\varphi} = \dfrac{2(1+\nu)}{E}\tau_{\rho\varphi} \end{array}\right\} \tag{7-5}$$

对于平面应变问题,必须注意将式(7-5)中的 E 和 ν 分别改成 $\dfrac{E}{1-\nu^2}$ 和 $\dfrac{\nu}{1-\nu}$。

在直角坐标系下,体力为常量时,平面问题应力形式的协调方程为

$$\nabla^2(\sigma_x+\sigma_y)=0$$

这里的

$$\nabla^2=\frac{\partial^2}{\partial x^2}+\frac{\partial^2}{\partial y^2}$$

现在也要把它变换成极坐标形式。

利用式(7-2),将 ρ 和 φ 分别对 x 和 y 求偏导数,得

$$\left.\begin{aligned}
\frac{\partial\rho}{\partial x}&=\frac{x}{\sqrt{x^2+y^2}}=\frac{x}{\rho}=\cos\varphi\\[2mm]
\frac{\partial\rho}{\partial y}&=\frac{y}{\sqrt{x^2+y^2}}=\frac{y}{\rho}=\sin\varphi\\[2mm]
\frac{\partial\varphi}{\partial x}&=-\frac{y}{x^2}\frac{1}{1+\dfrac{y^2}{x^2}}=-\frac{y}{x^2+y^2}=-\frac{1}{\rho}\sin\varphi\\[2mm]
\frac{\partial\varphi}{\partial y}&=\frac{1}{x}\frac{1}{1+\dfrac{y^2}{x^2}}=\frac{x}{x^2+y^2}=\frac{1}{\rho}\cos\varphi
\end{aligned}\right\}\tag{1}$$

注意到式(1),可导出以下的运算符号:

$$\left.\begin{aligned}
\frac{\partial}{\partial x}&=\frac{\partial\rho}{\partial x}\frac{\partial}{\partial\rho}+\frac{\partial\varphi}{\partial x}\frac{\partial}{\partial\varphi}=\cos\varphi\frac{\partial}{\partial\rho}-\frac{1}{\rho}\sin\varphi\frac{\partial}{\partial\varphi}\\[2mm]
\frac{\partial}{\partial y}&=\frac{\partial\rho}{\partial y}\frac{\partial}{\partial\rho}+\frac{\partial\varphi}{\partial y}\frac{\partial}{\partial\varphi}=\sin\varphi\frac{\partial}{\partial\rho}+\frac{1}{\rho}\cos\varphi\frac{\partial}{\partial\varphi}
\end{aligned}\right\}\tag{m}$$

$$\begin{aligned}
\frac{\partial^2}{\partial x^2}&=\left(\cos\varphi\frac{\partial}{\partial\rho}-\frac{1}{\rho}\sin\varphi\frac{\partial}{\partial\varphi}\right)\left(\cos\varphi\frac{\partial}{\partial\rho}-\frac{1}{\rho}\sin\varphi\frac{\partial}{\partial\varphi}\right)\\[2mm]
&=\cos^2\varphi\frac{\partial^2}{\partial\rho^2}-\frac{2\sin\varphi\cos\varphi}{\rho}\frac{\partial^2}{\partial\rho\partial\varphi}+\frac{\sin^2\varphi}{\rho}\frac{\partial}{\partial\rho}+\frac{2\sin\varphi\cos\varphi}{\rho^2}\frac{\partial}{\partial\varphi}+\frac{\sin^2\varphi}{\rho^2}\frac{\partial^2}{\partial\varphi^2}
\end{aligned}\tag{n}$$

$$\begin{aligned}
\frac{\partial^2}{\partial y^2}&=\left(\sin\varphi\frac{\partial}{\partial\rho}+\frac{1}{\rho}\cos\varphi\frac{\partial}{\partial\varphi}\right)\left(\sin\varphi\frac{\partial}{\partial\rho}+\frac{1}{\rho}\cos\varphi\frac{\partial}{\partial\varphi}\right)\\[2mm]
&=\sin^2\varphi\frac{\partial^2}{\partial\rho^2}+\frac{2\sin\varphi\cos\varphi}{\rho}\frac{\partial^2}{\partial\rho\partial\varphi}+\frac{\cos^2\varphi}{\rho}\frac{\partial}{\partial\rho}-\frac{2\sin\varphi\cos\varphi}{\rho^2}\frac{\partial}{\partial\varphi}+\frac{\cos^2\varphi}{\rho^2}\frac{\partial^2}{\partial\varphi^2}
\end{aligned}\tag{o}$$

$$\begin{aligned}
\frac{\partial^2}{\partial x\partial y}&=\left(\cos\varphi\frac{\partial}{\partial\rho}-\frac{1}{\rho}\sin\varphi\frac{\partial}{\partial\varphi}\right)\left(\sin\varphi\frac{\partial}{\partial\rho}+\frac{1}{\rho}\cos\varphi\frac{\partial}{\partial\varphi}\right)\\[2mm]
&=\sin\varphi\cos\varphi\frac{\partial^2}{\partial\rho^2}+\frac{\cos^2\varphi-\sin^2\varphi}{\rho}\frac{\partial^2}{\partial\rho\partial\varphi}-\frac{\sin\varphi\cos\varphi}{\rho}\frac{\partial}{\partial\rho}-\\[2mm]
&\quad\frac{\cos^2\varphi-\sin^2\varphi}{\rho^2}\frac{\partial}{\partial\varphi}-\frac{\sin\varphi\cos\varphi}{\rho^2}\frac{\partial^2}{\partial\varphi^2}
\end{aligned}\tag{p}$$

将式(n)和式(o)相加,经简化,得极坐标形式的拉普拉斯算子:

$$\nabla^2 = \frac{\partial^2}{\partial x^2} + \frac{\partial^2}{\partial y^2} = \frac{\partial^2}{\partial \rho^2} + \frac{1}{\rho} \frac{\partial}{\partial \rho} + \frac{1}{\rho^2} \frac{\partial^2}{\partial \varphi^2} \tag{q}$$

另外,注意到 $\sigma_x + \sigma_y = \sigma_\rho + \sigma_\varphi$(是不变量),因此,在极坐标系下,体力为常量时平面问题应力形式的协调方程变换为

$$\left(\frac{\partial^2}{\partial \rho^2} + \frac{1}{\rho} \frac{\partial}{\partial \rho} + \frac{1}{\rho^2} \frac{\partial^2}{\partial \varphi^2} \right) (\sigma_\rho + \sigma_\varphi) = 0 \tag{7-6}$$

若体力不计,并采用应力解法,请读者自行验证以下形式的应力表达式是否满足平衡微分方程(7-3)[①]:

$$\left. \begin{aligned} \sigma_\rho &= \frac{1}{\rho} \frac{\partial U}{\partial \rho} + \frac{1}{\rho^2} \frac{\partial^2 U}{\partial \varphi^2} \\ \sigma_\varphi &= \frac{\partial^2 U}{\partial \rho^2} \\ \tau_{\rho\varphi} = \tau_{\varphi\rho} &= -\frac{1}{\rho} \frac{\partial^2 U}{\partial \rho \partial \varphi} + \frac{1}{\rho^2} \frac{\partial U}{\partial \varphi} = -\frac{\partial}{\partial \rho} \left(\frac{1}{\rho} \frac{\partial U}{\partial \varphi} \right) \end{aligned} \right\} \tag{7-7}$$

这里的 $U(\rho, \varphi)$ 为极坐标形式的艾里应力函数,假定有连续到四阶的偏导数。将式(7-7)代入式(7-6),得

$$\left(\frac{\partial^2}{\partial \rho^2} + \frac{1}{\rho} \frac{\partial}{\partial \rho} + \frac{1}{\rho^2} \frac{\partial^2}{\partial \varphi^2} \right) \left(\frac{\partial^2 U}{\partial \rho^2} + \frac{1}{\rho} \frac{\partial U}{\partial \rho} + \frac{1}{\rho^2} \frac{\partial^2 U}{\partial \varphi^2} \right) = 0 \tag{7-8}$$

显然,这是极坐标形式的双调和方程。

总之,用极坐标解弹性力学的平面问题,与直角坐标一样,也归结为在给定的边界条件下求解双调和方程。求得了应力函数 U,由式(7-7)求应力分量,再由式(7-5)和式(7-4)求应变分量和位移分量。

§7-2 轴对称应力和对应的位移

现在考察应力函数 U 和 φ 无关的一种特殊情况,此时,方程(7-8)变成常微分方程

$$\left(\frac{d^2}{d\rho^2} + \frac{1}{\rho} \frac{d}{d\rho} \right) \left(\frac{d^2 U}{d\rho^2} + \frac{1}{\rho} \frac{dU}{d\rho} \right) = 0 \tag{a}$$

视频 7-2
轴对称应力和对应的位移

如将其等号左边展开,并在其等号两边同乘以 ρ^4,则得

$$\rho^4 \frac{d^4 U}{d\rho^4} + 2\rho^3 \frac{d^3 U}{d\rho^3} - \rho^2 \frac{d^2 U}{d\rho^2} + \rho \frac{dU}{d\rho} = 0 \tag{b}$$

这是大家熟悉的欧拉(Euler, L.)方程,对这类方程,只要引入变换

$$\rho = e^t$$

[①] 式(7-7)可利用微分算子(n),(o),(p),由 $\sigma_\rho = (\sigma_x)_{\varphi=0} = \left(\frac{\partial^2 U}{\partial y^2} \right)_{\varphi=0}, \sigma_\varphi = (\sigma_y)_{\varphi=0} = \left(\frac{\partial^2 U}{\partial x^2} \right)_{\varphi=0}, \tau_{\rho\varphi} = (\tau_{xy})_{\varphi=0} = -\left(\frac{\partial^2 U}{\partial x \partial y} \right)_{\varphi=0}$ 得到。

就可以将它变成如下的常系数微分方程

$$\frac{\mathrm{d}^4 U}{\mathrm{d}t^4} - 4\frac{\mathrm{d}^3 U}{\mathrm{d}t^3} + 4\frac{\mathrm{d}^2 U}{\mathrm{d}t^2} = 0$$

其通解为

$$U = At + Bte^{2t} + Ce^{2t} + D$$

注意到 $t = \ln \rho$，即得方程（b）的通解：

$$U = A\ln \rho + B\rho^2 \ln \rho + C\rho^2 + D \tag{c}$$

代入式（7-7），得应力表达式：

$$\left.\begin{array}{l} \sigma_\rho = \dfrac{1}{\rho}\dfrac{\mathrm{d}U}{\mathrm{d}\rho} = \dfrac{A}{\rho^2} + B(1+2\ln \rho) + 2C \\[3mm] \sigma_\varphi = \dfrac{\mathrm{d}^2 U}{\mathrm{d}\rho^2} = -\dfrac{A}{\rho^2} + B(3+2\ln \rho) + 2C \\[3mm] \tau_{\rho\varphi} = \tau_{\varphi\rho} = 0 \end{array}\right\} \tag{7-9}$$

很容易看出，式（7-9）给出的应力分量是对称于坐标原点而分布的，这种应力称为轴对称应力。

现在考察与轴对称应力相对应的位移。将式（7-9）代入到式（7-5），并利用式（7-4），于是有

$$\left.\begin{array}{l} \dfrac{\partial u_\rho}{\partial \rho} = \dfrac{1}{E}\left[(1+\nu)\dfrac{A}{\rho^2} + (1-3\nu)B + 2(1-\nu)B\ln \rho + 2(1-\nu)C\right] \\[4mm] \dfrac{u_\rho}{\rho} + \dfrac{1}{\rho}\dfrac{\partial u_\varphi}{\partial \varphi} = \dfrac{1}{E}\left[-(1+\nu)\dfrac{A}{\rho^2} + (3-\nu)B + 2(1-\nu)B\ln \rho + 2(1-\nu)C\right] \\[4mm] \dfrac{1}{\rho}\dfrac{\partial u_\rho}{\partial \varphi} + \dfrac{\partial u_\varphi}{\partial \rho} - \dfrac{u_\varphi}{\rho} = 0 \end{array}\right\} \tag{d}$$

由式（d）的第一式积分，得

$$u_\rho = \frac{1}{E}\left[-(1+\nu)\frac{A}{\rho} + (1-3\nu)B\rho + 2(1-\nu)B\rho(\ln \rho - 1) + 2(1-\nu)C\rho\right] + f(\varphi) \tag{e}$$

这里的 $f(\varphi)$ 为 φ 的任意函数。将式（e）代入式（d）的第二式，移项并以 ρ 乘等号两边，得

$$\frac{\partial u_\varphi}{\partial \varphi} = \frac{4B\rho}{E} - f(\varphi)$$

积分以后得

$$u_\varphi = \frac{4B\rho\varphi}{E} - \int f(\varphi)\,\mathrm{d}\varphi + g(\rho) \tag{f}$$

这里的 $g(\rho)$ 为 ρ 的任意函数。将式（e）和式（f）代入式（d）的第三式，有

$$\frac{1}{\rho}\frac{\mathrm{d}f(\varphi)}{\mathrm{d}\varphi} + \frac{\mathrm{d}g(\rho)}{\mathrm{d}\rho} - \frac{g(\rho)}{\rho} + \frac{1}{\rho}\int f(\varphi)\,\mathrm{d}\varphi = 0$$

或者写成

$$g(\rho) - \rho\frac{\mathrm{d}g(\rho)}{\mathrm{d}\rho} = \frac{\mathrm{d}f(\varphi)}{\mathrm{d}\varphi} + \int f(\varphi)\,\mathrm{d}\varphi$$

显然,要使此式对于所有的 ρ 和 φ 都成立,只有

$$g(\rho) - \rho \frac{\mathrm{d}g(\rho)}{\mathrm{d}\rho} = F \qquad (\mathrm{g})$$

$$\frac{\mathrm{d}f(\varphi)}{\mathrm{d}\varphi} + \int f(\varphi)\,\mathrm{d}\varphi = F \qquad (\mathrm{h})$$

这里,F 为任意常数。方程(g)的通解为

$$g(\rho) = H\rho + F \qquad (\mathrm{i})$$

其中,H 为任意常数。为了求得 $f(\varphi)$,将式(h)求一阶导数,于是有

$$\frac{\mathrm{d}^2 f(\varphi)}{\mathrm{d}\varphi^2} + f(\varphi) = 0$$

它的通解为

$$f(\varphi) = I\sin\varphi + K\cos\varphi \qquad (\mathrm{j})$$

另外,由式(h)得

$$\int f(\varphi)\,\mathrm{d}\varphi = F - \frac{\mathrm{d}f(\varphi)}{\mathrm{d}\varphi} = F - I\cos\varphi + K\sin\varphi \qquad (\mathrm{k})$$

将式(i),式(j),式(k)分别代入式(e)和式(f),最后得位移分量的表达式:

$$\left.\begin{array}{l} u_\rho = \dfrac{1}{E}\Bigg[-(1+\nu)\dfrac{A}{\rho} + (1-3\nu)B\rho + \\ \qquad 2(1-\nu)B\rho(\ln\rho - 1) + \\ \qquad 2(1-\nu)C\rho \Bigg] + I\sin\varphi + K\cos\varphi \\[2mm] u_\varphi = \dfrac{4B\rho\varphi}{E} + H\rho + I\cos\varphi - K\sin\varphi \end{array}\right\} \qquad (7\text{-}10)$$

式中的 A,B,C,H,I,K 由边界条件和约束条件来确定。

式(7-10)表示,应力轴对称并不表示位移也是轴对称的。但在轴对称应力情况下,如果物体的几何形状和受力(或几何约束)也是轴对称的,则位移也是轴对称的。这时,物体内各点都不会有环向位移,也就是说,不论 ρ 和 φ 取什么样的值,都应该有 $u_\varphi = 0$。因此,由式(7-10)的第二式,有

$$B = H = I = K = 0$$

这时,式(7-9)简化为

$$\left.\begin{array}{l} \sigma_\rho = \dfrac{A}{\rho^2} + 2C \\[2mm] \sigma_\varphi = -\dfrac{A}{\rho^2} + 2C \\[2mm] \tau_{\rho\varphi} = \tau_{\varphi\rho} = 0 \end{array}\right\} \qquad (7\text{-}11)$$

而式(7-10)简化为

$$\left.\begin{array}{l} u_\rho = \dfrac{1}{E}\Big[-(1+\nu)\dfrac{A}{\rho} + 2(1-\nu)C\rho \Big] \\[2mm] u_\varphi = 0 \end{array}\right\} \qquad (7\text{-}12)$$

式(7-10)和式(7-12)在应用于平面应变问题时,须将其中的 E 和 ν 分别换成

$\dfrac{E}{1-\nu^2}$ 和 $\dfrac{\nu}{1-\nu}$。

§7-3　厚壁圆筒受均匀分布压力作用

视频7-3
厚壁圆筒、
曲梁的极坐
标解答

　　设有一个内半径为 a 而外半径为 b 的长的厚壁圆筒,内外壁分别受到均匀分布的压力 q_1 和 q_2 作用(图7-5)。这问题显然是应力轴对称的,如不计刚体位移,位移也是轴对称的。

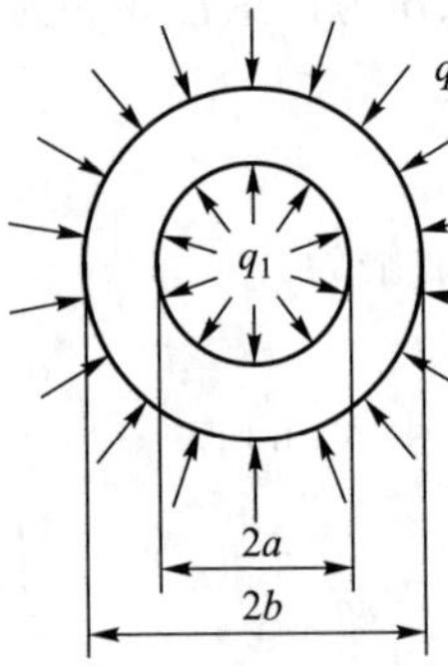

　　此时,应力具有式(7-11)所给的形式。现利用边界条件确定常数 A 和 C。

　　本问题的边界条件为

$$(\sigma_\rho)_{\rho=a}=-q_1, \quad (\sigma_\rho)_{\rho=b}=-q_2$$

将它应用于式(7-11)上,得

$$\frac{A}{a^2}+2C=-q_1, \quad \frac{A}{b^2}+2C=-q_2$$

解之,得

$$A=\frac{a^2b^2(q_2-q_1)}{b^2-a^2}, \quad C=\frac{q_1a^2-q_2b^2}{2(b^2-a^2)}$$

图7-5

将 A 和 C 的值代入式(7-11),得拉梅解答:

$$\left.\begin{aligned}
\sigma_\rho &= \frac{a^2b^2}{b^2-a^2}\frac{q_2-q_1}{\rho^2}+\frac{a^2q_1-b^2q_2}{b^2-a^2}\\
\sigma_\varphi &= -\frac{a^2b^2}{b^2-a^2}\frac{q_2-q_1}{\rho^2}+\frac{a^2q_1-b^2q_2}{b^2-a^2}\\
\tau_{\rho\varphi} &= \tau_{\varphi\rho}=0
\end{aligned}\right\} \tag{7-13}$$

当外壁的压力 $q_2=0$ 时,即圆筒只受内壁压力的作用,此时,应力为

$$\sigma_\rho=\frac{a^2q_1}{b^2-a^2}\left(1-\frac{b^2}{\rho^2}\right), \quad \sigma_\varphi=\frac{a^2q_1}{b^2-a^2}\left(1+\frac{b^2}{\rho^2}\right) \tag{7-14}$$

从这里很容易看出,$\sigma_\rho<0$,而 $\sigma_\varphi>0$,即 σ_ρ 为压应力而 σ_φ 为拉应力。拉应力最大值发生在内壁,即 $\rho=a$ 处,其值为

$$(\sigma_\varphi)_{\max}=\frac{q_1(a^2+b^2)}{b^2-a^2} \tag{7-15}$$

§7-4　曲梁的纯弯曲

　　设有一个内半径为 a,外半径为 b 的矩形截面的曲梁(截面的厚度为一单位),两端受弯矩 M 作用。取曲率中心 O 为坐标原点,极角从曲梁的任一端量起,如图7-6所示。

　　由于梁的所有径向截面上的弯矩相同(都等于 M),因而可以认为各截面上应力

分布相同,也就是说应力是轴对称的,它们应具有式
(7-9)所表示的形式:

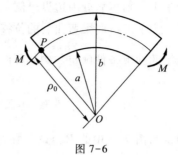

$$\sigma_\rho = \frac{A}{\rho^2} + B(1+2\ln\rho) + 2C$$

$$\sigma_\varphi = -\frac{A}{\rho^2} + B(3+2\ln\rho) + 2C \Bigg\}\qquad(\,a\,)$$

$$\tau_{\rho\varphi} = \tau_{\varphi\rho} = 0$$

图 7-6

根据边界条件确定常数 A,B,C。

本问题的边界条件为

$$(\sigma_\rho)_{\rho=a} = 0, \quad (\tau_{\rho\varphi})_{\rho=a} = 0$$

$$(\sigma_\rho)_{\rho=b} = 0, \quad (\tau_{\rho\varphi})_{\rho=b} = 0 \Bigg\}\qquad(\,b\,)$$

$$\int_a^b \sigma_\varphi \,\mathrm{d}\rho = 0, \quad \int_a^b \rho\sigma_\varphi \,\mathrm{d}\rho = -M$$

将式(a)代入,得

$$\frac{A}{a^2} + 2B\ln a + B + 2C = 0$$

$$\frac{A}{b^2} + 2B\ln b + B + 2C = 0$$

$$b\left(\frac{A}{b^2} + 2B\ln b + B + 2C\right) - a\left(\frac{A}{a^2} + 2B\ln a + B + 2C\right) = 0 \Bigg\}\qquad(\,c\,)$$

$$A\ln\frac{b}{a} - B(b^2\ln b - a^2\ln a) - (B+C)(b^2-a^2) = M$$

不难看出,式(c)的第三式是它的第一、第二式的必然结果。将其余三个方程联立求
解,得

$$A = -\frac{4M}{N}a^2b^2\ln\frac{b}{a}, \quad B = -\frac{2M}{N}(b^2-a^2), \quad C = \frac{M}{N}[\,b^2-a^2+2(b^2\ln b - a^2\ln a)\,] \quad(\,d\,)$$

其中的 N 为

$$N = (b^2-a^2)^2 - 4a^2b^2\left(\ln\frac{b}{a}\right)^2$$

将它们代入式(a),得本问题的解答:

$$\sigma_\rho = -\frac{4M}{N}\left(\frac{a^2b^2}{\rho^2}\ln\frac{b}{a} - b^2\ln\frac{b}{\rho} + a^2\ln\frac{a}{\rho}\right)$$

$$\sigma_\varphi = -\frac{4M}{N}\left(-\frac{a^2b^2}{\rho^2}\ln\frac{b}{a} + b^2\ln\frac{\rho}{b} + a^2\ln\frac{a}{\rho} + b^2 - a^2\right) \Bigg\}$$

$$\tau_{\rho\varphi} = \tau_{\varphi\rho} = 0$$

$$(7\text{-}16)$$

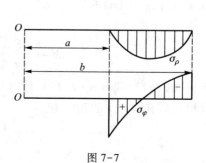

应力分布大致如图 7-7 所示。在内边界($\rho=a$),
弯曲应力 σ_φ 最大。中性轴($\sigma_\varphi=0$ 的所在处)靠
近内边界一侧,挤压应力 σ_ρ 的最大值所在处,比

图 7-7

之于中心轴更靠近内边界一侧。

为了求得曲梁弯曲后的位移,可将 A,B,C 各值代入式(7-10),其中的常数 H,K,I 由梁的约束条件确定。例如可假定,极角从左端面量起,在 $\varphi = 0,\rho = \rho_0 = \dfrac{a+b}{2}$ 处,有

$$(u_\rho)_{\substack{\varphi=0 \\ \rho=\rho_0}}=0, \quad (u_\varphi)_{\substack{\varphi=0 \\ \rho=\rho_0}}=0, \quad \left(\frac{\partial u_\varphi}{\partial \rho}\right)_{\substack{\varphi=0 \\ \rho=\rho_0}}=0 \tag{e}$$

即认为图 7-6 中的 P 点的位移是零,而且,过该点的径向微分线段向 φ 方向的转角为零。将式(e)应用于式(7-10),则可求得

$$\left.\begin{aligned}
&H=I=0 \\
&K=\frac{1}{E}\left[(1+\nu)\frac{A}{\rho_0}-2(1-\nu)B\rho_0\ln\rho_0+B(1+\nu)\rho_0-2C(1-\nu)\rho_0\right]
\end{aligned}\right\} \tag{f}$$

将它们代入式(7-10),即得所要求的位移。

现在只考虑环向位移

$$u_\varphi=\frac{4B\rho\varphi}{E}-K\sin\varphi \tag{g}$$

这是 φ 的多值函数。比如说 φ 从零变到 2π(在几何平面上是同一个点),则 u_φ 从零变到 $\dfrac{8B\rho\pi}{E}$,表明圆环形板中同一点将具有不同的环向位移。

在完整的圆环中,这当然是不合理的,因此,B 在此情况下必须是零。但在不完整的圆环中,u_φ 的多值是可能的。例如图 7-8 所示的具有一个小切口(它所张的圆心角为 α)的不完整圆环,若用外力使两端压紧后焊起来,则焊接后两端就有弯矩,这个弯矩的大小,就是为了维持环向位移

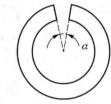

图 7-8

$$u_\varphi=\alpha\rho \tag{h}$$

另一方面,由于张角 α 很小,若将与不完整圆环右端重合的径线作为 $\varphi=0$,当它顺时针旋转到与左端面重合时,φ 近似地增加了 2π,由式(g)知,环向位移增加了

$$u_\varphi=\frac{8B\rho\pi}{E} \tag{i}$$

令式(h)和式(i)相等,有

$$B=\frac{\alpha E}{8\pi} \tag{j}$$

将式(j)代入式(d)的第二式,得

$$M=-\frac{\alpha E}{8\pi}\frac{(b^2-a^2)^2-4a^2b^2\left(\ln\dfrac{b}{a}\right)^2}{2(b^2-a^2)} \tag{7-17}$$

再将式(7-17)代入式(7-16),就得到图 7-8 所示的不完整圆环在其两端面被强行拼合焊接后其内产生的预应力。

§7-5　曲梁一端受径向集中力作用

设有一内半径为 a 外半径为 b 的矩形截面曲梁,一个端面固定,另一个端面上受径向力作用,其厚度仍为一单位(图7-9)。

根据初等理论的分析,曲梁任一截面 $m-n$ 处的弯矩与 $\sin \varphi$ 成正比。由式(7-7)的第二式,可假设应力函数 U 也和 $\sin \varphi$ 成正比。因此,试取

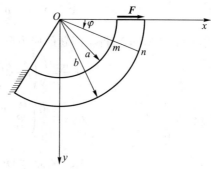

$$U = f(\rho)\sin \varphi \qquad (a)$$

将式(a)代入方程(7-8),得到 $f(\rho)$ 所必须满足的方程:

$$\left(\frac{d^2}{d\rho^2}+\frac{1}{\rho}\frac{d}{d\rho}-\frac{1}{\rho^2}\right)\left(\frac{d^2f}{d\rho^2}+\frac{1}{\rho}\frac{df}{d\rho}-\frac{f}{\rho^2}\right)=0$$

图7-9

这个方程可化为常系数的微分方程,它的通解为

$$f(\rho)=A\rho^3+B\frac{1}{\rho}+C\rho+D\rho\ln \rho$$

将它代入式(a),得

$$U=\left(A\rho^3+B\frac{1}{\rho}+C\rho+D\rho\ln \rho\right)\sin \varphi \qquad (b)$$

由式(7-7)得应力分量:

$$\left.\begin{array}{l} \sigma_\rho=\dfrac{1}{\rho}\dfrac{\partial U}{\partial \rho}+\dfrac{1}{\rho^2}\dfrac{\partial^2 U}{\partial \varphi^2}=\left(2A\rho-\dfrac{2B}{\rho^3}+\dfrac{D}{\rho}\right)\sin \varphi \\[3mm] \sigma_\varphi=\dfrac{\partial^2 U}{\partial \rho^2}=\left(6A\rho+\dfrac{2B}{\rho^3}+\dfrac{D}{\rho}\right)\sin \varphi \\[3mm] \tau_{\rho\varphi}=\tau_{\varphi\rho}=-\dfrac{\partial}{\partial \rho}\left(\dfrac{1}{\rho}\dfrac{\partial U}{\partial \varphi}\right)=-\left(2A\rho-\dfrac{2B}{\rho^3}+\dfrac{D}{\rho}\right)\cos \varphi \end{array}\right\} \qquad (c)$$

现在,利用边界条件确定常数 A,B,D。本问题的边界条件为

$$\left.\begin{array}{l} (\sigma_\rho)_{\rho=a}=0, \quad (\tau_{\rho\varphi})_{\rho=a}=0 \\[2mm] (\sigma_\rho)_{\rho=b}=0, \quad (\tau_{\rho\varphi})_{\rho=b}=0 \\[2mm] (\sigma_\varphi)_{\varphi=0}=0, \quad \displaystyle\int_a^b (\tau_{\varphi\rho})_{\varphi=0}d\rho=-F \end{array}\right\} \qquad (d)$$

将它应用于式(c)上,有

$$2Aa-\frac{2B}{a^3}+\frac{D}{a}=0$$

$$2Ab-\frac{2B}{b^3}+\frac{D}{b}=0$$

$$-A(b^2-a^2)+B\frac{b^2-a^2}{a^2b^2}-D\ln \frac{b}{a}=-F$$

解之得

$$A = -\frac{F}{2N}, \quad B = \frac{Fa^2b^2}{2N}, \quad D = \frac{F}{N}(a^2+b^2) \tag{e}$$

这里

$$N = a^2 - b^2 + (a^2+b^2)\ln\frac{b}{a} \tag{f}$$

将式(e)代入式(c),得本问题的应力分量:

$$\left. \begin{aligned} \sigma_\rho &= -\frac{F}{N}\left(\rho - \frac{a^2+b^2}{\rho} + \frac{a^2b^2}{\rho^3}\right)\sin\varphi \\ \sigma_\varphi &= -\frac{F}{N}\left(3\rho - \frac{a^2+b^2}{\rho} - \frac{a^2b^2}{\rho^3}\right)\sin\varphi \\ \tau_{\rho\varphi} = \tau_{\varphi\rho} &= \frac{F}{N}\left(\rho - \frac{a^2+b^2}{\rho} + \frac{a^2b^2}{\rho^3}\right)\cos\varphi \end{aligned} \right\} \tag{7-18}$$

其中,N由式(f)表示。

下面求位移分量,为此,将式(c)代入式(7-5),并利用式(7-4),有

$$\left. \begin{aligned} \frac{\partial u_\rho}{\partial \rho} &= \frac{\sin\varphi}{E}\left[2A\rho(1-3\nu) - \frac{2B}{\rho^3}(1+\nu) + \frac{D}{\rho}(1-\nu)\right] \\ \frac{u_\rho}{\rho} + \frac{1}{\rho}\frac{\partial u_\varphi}{\partial \varphi} &= \frac{\sin\varphi}{E}\left[2A\rho(3-\nu) + \frac{2B}{\rho^3}(1+\nu) + \frac{D}{\rho}(1-\nu)\right] \\ \frac{1}{\rho}\frac{\partial u_\rho}{\partial \varphi} + \frac{\partial u_\varphi}{\partial \rho} - \frac{u_\varphi}{\rho} &= -\frac{2(1+\nu)}{E}\cos\varphi\left(2A\rho - \frac{2B}{\rho^3} + \frac{D}{\rho}\right) \end{aligned} \right\} \tag{g}$$

通过式(g)的第一式积分,得

$$u_\rho = \frac{\sin\varphi}{E}\left[A\rho^2(1-3\nu) + \frac{B}{\rho^2}(1+\nu) + D(1-\nu)\ln\rho\right] + f(\varphi) \tag{h}$$

其中$f(\varphi)$为φ的任意函数。将式(h)代入式(g)的第二式,移项,两边同乘以ρ后对φ积分,得

$$u_\varphi = -\frac{\cos\varphi}{E}\left[A\rho^2(5+\nu) + \frac{B}{\rho^2}(1+\nu) - D(1-\nu)\ln\rho + D(1-\nu)\right] - \int f(\varphi)\,\mathrm{d}\varphi + g(\rho) \tag{i}$$

这里的$g(\rho)$为ρ的任意函数。将式(h)和(i)代入式(g)的第三式,得

$$\int f(\varphi)\,\mathrm{d}\varphi + f'(\varphi) + \rho g'(\rho) - g(\rho) = -\frac{4D\cos\varphi}{E}$$

或写成

$$f'(\varphi) + \int f(\varphi)\,\mathrm{d}\varphi + \frac{4D\cos\varphi}{E} = -\rho g'(\rho) + g(\rho)$$

欲使此式对所有的ρ和φ都成立,有

$$f'(\varphi) + \int f(\varphi)\,\mathrm{d}\varphi + \frac{4D\cos\varphi}{E} = 0 \tag{j}$$

$$\rho g'(\rho) - g(\rho) = 0 \tag{k}$$

将方程(j)对φ求导,得

$$f''(\varphi)+f(\varphi)=\frac{4D\sin\varphi}{E}$$

其通解为

$$f(\varphi)=-\frac{2D}{E}\varphi\cos\varphi+K\sin\varphi+L\cos\varphi \tag{1}$$

方程(k)的通解为

$$g(\rho)=H\rho \tag{m}$$

这里的 H,K,L 是任意常数。将式(1)和式(m)代入到式(h)和式(i),得位移分量:

$$\left.\begin{aligned}
u_\rho &= -\frac{2D}{E}\varphi\cos\varphi+\frac{\sin\varphi}{E}\Bigg[A\rho^2(1-3\nu)+\frac{B}{\rho^2}(1+\nu)+\\
&\quad D(1-\nu)\ln\rho\Bigg]+K\sin\varphi+L\cos\varphi\\
u_\varphi &= \frac{2D}{E}\varphi\sin\varphi-\frac{\cos\varphi}{E}\Bigg[A\rho^2(5+\nu)+\frac{B}{\rho^2}(1+\nu)-\\
&\quad D(1-\nu)\ln\rho\Bigg]+\frac{D(1+\nu)}{E}\cos\varphi+K\cos\varphi-L\sin\varphi+H\rho
\end{aligned}\right\} \tag{7-19}$$

这里的 A,B,D 如式(e)和式(f)所示,K,L,H 由约束条件来确定。

现在,利用式(7-19)解决两个预应力问题。

其一,设有一个内半径为 a、外半径为 b 的圆环,先在其上切开一条径向细缝,再用外力强迫细缝的两表面错开 δ(径向位移),然后焊接起来,如图 7-10a 所示。

很容易求出其内的预应力。取细缝的下表面的坐标为 $\varphi=0$,则上表面的坐标为 $\varphi=2\pi$,于是有

$$\delta=(u_\rho)_{\varphi=2\pi}-(u_\rho)_{\varphi=0}$$

利用式(7-19)的第一式,上式变为

$$\delta=-\frac{4D\pi}{E} \tag{n}$$

将式(n)和式(e)的最后一式联立,得到强使细缝表面错开 δ 所需的力:

$$F=-\frac{NE\delta}{4\pi(a^2+b^2)} \tag{o}$$

这里的 N 见式(f)。将式(o)代入式(7-18),即得所要求的应力。

其二,考察一个不完整的圆环,其小切口两表面平行,距离为 δ(图 7-10b)。若用外力强使切口的两表面合拢,然后焊牢,其内的预应力是很容易求得的。

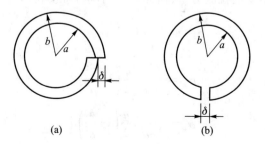

(a)   (b)

图 7-10

假想在这个不完整的圆环上,再切开一条如图 7-10a 所示的水平径向细缝,然后将被切出的四分之一圆环向左平移 δ,这时,切口的两表面正好合拢,而新切开的水平径向细缝的下表面相对于上表面向左错开了 δ。如将合拢后的切口表面焊牢(呈图 7-10a 所示的形状,但存在着水平径向细缝),这时,在环内不存在应力。为了得到一个完整的圆环,必须迫使水平径向细缝的下表面向右错动 δ,再焊接起来。显然,这样得到的完整圆环内的应力,就是要求的应力。由于现在强使水平径向细缝的下表面向右错动了 δ,和图 7-10a 所示的错位 δ 只相差一个符号,因此,所要求的应力,与图 7-10a 所示的情况相比,只差一个符号。

§7-6　具有小圆孔的平板的均匀拉伸

视频 7-4
具有小圆孔的平板的均匀拉伸

设有一个在 x 方向承受均匀拉力 q 的平板,板中有半径为 a 的小圆孔(图7-11)。小圆孔的存在,必然对板内应力分布产生影响。但由圣维南原理可知,这种影响仅局限于孔的附近区域,在离孔边的较远处,这种影响也就显著地减小。

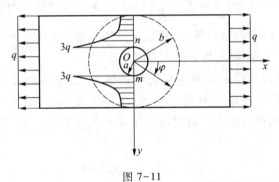

图 7-11

假设在离圆孔中心距离为 b 的地方,应力分布已经和没有圆孔的情况完全一样,于是有

$$\left.\begin{array}{l}(\sigma_\rho)_{\rho=b}=q\cos^2\varphi=\dfrac{q}{2}(1+\cos 2\varphi)\\[3mm](\tau_{\rho\varphi})_{\rho=b}=-\dfrac{q}{2}\sin 2\varphi\end{array}\right\} \qquad (\text{a})$$

式(a)表示,在与小圆孔同心的、半径为 b 的圆周上,应力由两部分组成:一部分是沿着整个外圆周作用不变的拉应力 $\dfrac{q}{2}$,由此产生的应力可按式(7-13),令其中的 $q_1=0$,

$q_2=-\dfrac{q}{2}$ 而得到,即

$$\left.\begin{array}{l}\sigma_\rho=\dfrac{b^2}{b^2-a^2}\dfrac{q}{2}\left(1-\dfrac{a^2}{\rho^2}\right)\\[4mm]\sigma_\varphi=\dfrac{b^2}{b^2-a^2}\dfrac{q}{2}\left(1+\dfrac{a^2}{\rho^2}\right)\\[4mm]\tau_{\rho\varphi}=\tau_{\varphi\rho}=0\end{array}\right\} \qquad (\text{b})$$

另一部分是随 φ 变化的法向应力 $\dfrac{q}{2}\cos 2\varphi$ 和切向应力 $-\dfrac{q}{2}\sin 2\varphi$，由式（7-7）可以看

出，由此产生的应力可由下列形式的应力函数求得

$$U=f(\rho)\cos 2\varphi \tag{c}$$

将式（c）代入式（7-8），得式（c）中的 $f(\rho)$ 所满足的方程：

$$\left(\frac{\mathrm{d}^2}{\mathrm{d}\rho^2}+\frac{1}{\rho}\frac{\mathrm{d}}{\mathrm{d}\rho}-\frac{4}{\rho^2}\right)\left(\frac{\mathrm{d}^2 f}{\mathrm{d}\rho^2}+\frac{1}{\rho}\frac{\mathrm{d}f}{\mathrm{d}\rho}-\frac{4f}{\rho^2}\right)=0$$

或写成

$$\rho^4\frac{\mathrm{d}^4 f(\rho)}{\mathrm{d}\rho^4}+2\rho^3\frac{\mathrm{d}^3 f(\rho)}{\mathrm{d}\rho^3}-9\rho^2\frac{\mathrm{d}^2 f(\rho)}{\mathrm{d}\rho^2}+9\rho\frac{\mathrm{d}f(\rho)}{\mathrm{d}\rho}=0 \tag{d}$$

这是欧拉方程，只要作 $\rho=\mathrm{e}^t$ 的变换，就可变成常系数线性常微分方程，求解后代回 $t=\ln\rho$，就可得到它的通解：

$$f(\rho)=A\rho^2+B\rho^4+\frac{C}{\rho^2}+D$$

于是应力函数为

$$U=\left(A\rho^2+B\rho^4+\frac{C}{\rho^2}+D\right)\cos 2\varphi$$

由此得应力分量：

$$\left.\begin{aligned}
\sigma_\rho &=\frac{1}{\rho}\frac{\partial U}{\partial\rho}+\frac{1}{\rho^2}\frac{\partial^2 U}{\partial\varphi^2}=-\left(2A+\frac{6C}{\rho^4}+\frac{4D}{\rho^2}\right)\cos 2\varphi\\
\sigma_\varphi &=\frac{\partial^2 U}{\partial\rho^2}=\left(2A+12B\rho^2+\frac{6C}{\rho^4}\right)\cos 2\varphi\\
\tau_{\rho\varphi}=\tau_{\varphi\rho} &=-\frac{\partial}{\partial\rho}\left(\frac{1}{\rho}\frac{\partial U}{\partial\varphi}\right)=\left(2A+6B\rho^2-\frac{6C}{\rho^4}-\frac{2D}{\rho^2}\right)\sin 2\varphi
\end{aligned}\right\} \tag{e}$$

现在利用边界条件确定常数 A,B,C,D。本问题的边界条件为

$$\left.\begin{aligned}
(\sigma_\rho)_{\rho=a}&=0,\quad(\tau_{\rho\varphi})_{\rho=a}=0\\
(\sigma_\rho)_{\rho=b}&=\frac{q}{2}\cos 2\varphi,\quad(\tau_{\rho\varphi})_{\rho=b}=-\frac{q}{2}\sin 2\varphi
\end{aligned}\right\} \tag{f}$$

将边界条件式（f）用于式（e），有

$$2A+\frac{6C}{b^4}+\frac{4D}{b^2}=-\frac{q}{2}$$

$$2A+\frac{6C}{a^4}+\frac{4D}{a^2}=0$$

$$2A+6Bb^2-\frac{6C}{b^4}-\frac{2D}{b^2}=-\frac{q}{2}$$

$$2A+6Ba^2-\frac{6C}{a^4}-\frac{2D}{a^2}=0$$

解之，并注意到 $\dfrac{a}{b}\approx 0$，于是有

$$A = -\frac{q}{4}, \quad B = 0, \quad C = -\frac{a^4 q}{4}, \quad D = \frac{a^2 q}{2}$$

代入式(e),并与式(b)相加[令式(b)中的$\frac{a}{b} \approx 0$],即得本问题的解答:

$$
\left.
\begin{aligned}
\sigma_\rho &= \frac{q}{2}\left(1 - \frac{a^2}{\rho^2}\right) + \frac{q}{2}\left(1 + \frac{3a^4}{\rho^4} - \frac{4a^2}{\rho^2}\right)\cos 2\varphi \\[2mm]
\sigma_\varphi &= \frac{q}{2}\left(1 + \frac{a^2}{\rho^2}\right) - \frac{q}{2}\left(1 + \frac{3a^4}{\rho^4}\right)\cos 2\varphi \\[2mm]
\tau_{\rho\varphi} &= \tau_{\varphi\rho} = -\frac{q}{2}\left(1 - \frac{3a^4}{\rho^4} + \frac{2a^2}{\rho^2}\right)\sin 2\varphi
\end{aligned}
\right\}
\qquad (7-20)
$$

不难看出,当ρ相当大时,式(7-20)给出式(a)表示的应力状态;当$\rho = a$时,有

$$\sigma_\rho = \tau_{\rho\varphi} = 0, \quad \sigma_\varphi = q - 2q\cos 2\varphi$$

最大环向应力发生在小圆孔边界的$\varphi = \pm\dfrac{\pi}{2}$处(即相当于图 7-11 中的 m 和 n 两点),其值为

$$(\sigma_\varphi)_{\max} = 3q$$

这表明,如果板很大,圆孔很小,则圆孔边上的 m 和 n 点将发生应力集中的现象。通常人们将比值

$$\frac{(\sigma_\varphi)_{\max}}{q} = K$$

称为集中因子,在本问题中,$K = 3$。如果上述板在 Ox 方向和 Oy 方向同时均匀受拉,则应力集中因子 $K = 2$,请读者自己证明。

§7-7   尖劈顶端受集中力或集中力偶作用

视频 7-5
尖劈顶端受
集中力或集
中力偶作用

设有一尖劈,其中心角为 α,下端可认为伸向无穷,在其顶端受集中力作用,并与尖劈的中心线成 β 角,如图 7-12 所示。取单位厚度进行考虑,并设单位厚度上所受的力为 F,坐标选取如图。

拟通过量纲分析确定这个问题应力函数的形式。根据直观分析,尖劈内任何一点的应力应正比例于力 F 的大小,并与量 α, β, ρ 和 φ 有关。由于 F 的量纲为 MT^{-2},ρ 的量纲为 L,α, β 和 φ 为量纲一的量,因此,各个应力分量表达式只能取 $\dfrac{F}{\rho} N$ 的形式,这里的 N 为 α, β 和 φ 组成的量纲一的数量。这表明,各应力分量中,ρ 只能出现负一次幂。由式(7-7)可以看出,应力函数中,ρ 的幂次要比各应力分量中的 ρ 的幂次高两次。因此,可以假设应力函数具有如下的形式:

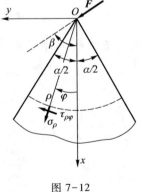

图 7-12

$$U = \rho f(\varphi) \qquad (a)$$

将式(a)代入式(7-8),得到函数 $f(\varphi)$ 所满足的方程:

$$\frac{1}{\rho^3}\left[\frac{\mathrm{d}^4 f(\varphi)}{\mathrm{d}\varphi^4}+2\frac{\mathrm{d}^2 f(\varphi)}{\mathrm{d}\varphi^2}+f(\varphi)\right]=0$$

两边乘以 ρ^3,并解之,得

$$f(\varphi)=A\cos\varphi+B\sin\varphi+\varphi(C\cos\varphi+D\sin\varphi)$$

这里的 A,B,C,D 为任意常数。代入式(a),于是得

$$U=A\rho\cos\varphi+B\rho\sin\varphi+\rho\varphi(C\cos\varphi+D\sin\varphi)$$

这里的 $A\rho\cos\varphi$ 和 $B\rho\sin\varphi$ 在直角坐标系里,可改写成 Ax 和 By,它们对求应力无影响,因此可以略去。这样,应力函数可取为

$$U=\rho\varphi(C\cos\varphi+D\sin\varphi) \tag{b}$$

由此得应力分量:

$$\left.\begin{aligned}
\sigma_\rho&=\frac{1}{\rho}\frac{\partial U}{\partial\rho}+\frac{1}{\rho^2}\frac{\partial^2 U}{\partial\varphi^2}=\frac{2}{\rho}(D\cos\varphi-C\sin\varphi)\\
\sigma_\varphi&=\frac{\partial^2 U}{\partial\rho^2}=0\\
\tau_{\rho\varphi}&=\tau_{\varphi\rho}=-\frac{\partial}{\partial\rho}\left(\frac{1}{\rho}\frac{\partial U}{\partial\varphi}\right)=0
\end{aligned}\right\} \tag{c}$$

本问题的边界条件为

$$(\sigma_\varphi)_{\varphi=\pm\frac{\alpha}{2}}=0,\ (\tau_{\varphi\rho})_{\varphi=\pm\frac{\alpha}{2}}=0$$

显然,这个条件已经满足。为了求得常数 C 和 D,考虑尖劈在任一圆柱面(如图7-12中虚线表示的)以上部分的平衡。由平衡条件 $\sum F_x=0$ 和 $\sum F_y=0$,得

$$\int_{-\frac{\alpha}{2}}^{\frac{\alpha}{2}}\rho\sigma_\rho\cos\varphi\mathrm{d}\varphi+F\cos\beta=0$$

$$\int_{-\frac{\alpha}{2}}^{\frac{\alpha}{2}}\rho\sigma_\rho\sin\varphi\mathrm{d}\varphi+F\sin\beta=0$$

将式(c)代入,积分后得

$$D(\alpha+\sin\alpha)+F\cos\beta=0$$

$$C(-\alpha+\sin\alpha)+F\sin\beta=0$$

解之,得

$$C=\frac{F\sin\beta}{\alpha-\sin\alpha},\quad D=-\frac{F\cos\beta}{\alpha+\sin\alpha}$$

代入式(c),得本问题的解答:

$$\left.\begin{aligned}
\sigma_\rho&=-\frac{2F\cos\beta\cos\varphi}{(\alpha+\sin\alpha)\rho}-\frac{2F\sin\beta\sin\varphi}{(\alpha-\sin\alpha)\rho}\\
\sigma_\varphi&=0\\
\tau_{\rho\varphi}&=\tau_{\varphi\rho}=0
\end{aligned}\right\} \tag{7-21}$$

如取 $\beta=0$,则得如图7-13a所示的受力情况,此时,由式(7-21)可以看出,应力对称于 x 轴分布。如取 $\beta=\dfrac{\pi}{2}$,则得如图7-13b所示的受力情况,这时,应力反对称于 x

轴分布。

如果尖劈顶端受力偶作用(图 7-14),设单位厚度内的弯矩为 M,则通过量纲分析可知,各应力分量中只能出现 ρ 的负二次幂,而应力函数应该与 ρ 无关,即

$$U = f(\varphi)$$

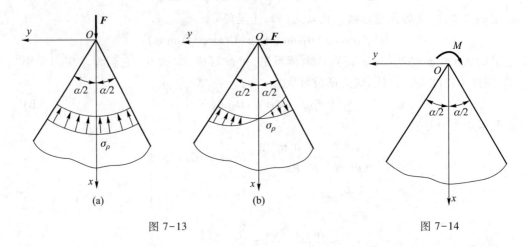

图 7-13   图 7-14

将它代入式(7-8),得 $f(\varphi)$ 所满足的方程。先求出其通解,由此求应力分量,再利用边界条件和平衡条件确定其任意常数,可得本问题的解答:

$$\left.\begin{aligned}
\sigma_\rho &= \frac{2M\sin 2\varphi}{(\sin \alpha - \alpha\cos \alpha)\rho^2} \\
\sigma_\varphi &= 0 \\
\tau_{\rho\varphi} &= \tau_{\varphi\rho} = -\frac{M(\cos 2\varphi - \cos \alpha)}{(\sin \alpha - \alpha\cos \alpha)\rho^2}
\end{aligned}\right\} \tag{7-22}$$

其详细计算过程,请读者自己完成。

§7-8 几个弹性半平面问题的解答

先介绍一个著名的**布西内斯克**(Boussinesq, J.V.)**-符拉芒**(Flamant, A.)问题。

设想有一个垂直的集中力作用在板的水平边界上,这板的下方和左右两方是无限伸长的(图 7-15),这样的板称为弹性半平面。取板的厚度为一单位,设集中力沿板的厚度是均匀分布的,F 便是单位厚度上的荷载。

这个问题的解答很容易求得,只要令式(7-21)中 $\alpha = \pi, \beta = 0$ 即可,于是有

$$\sigma_\rho = -\frac{2F\cos \varphi}{\pi\rho}, \quad \sigma_\varphi = 0, \quad \tau_{\rho\varphi} = \tau_{\varphi\rho} = 0 \tag{7-23}$$

从式(7-23)可以看出,这个问题的应力分布规律有如下两个特点:(1) 过体内任何一点 C 并与矢径垂直的微分面均为主平面,因为这微分面上的切应力为零;(2) 直径与 x 轴重合且过 O 点的圆周上各点(力作用点除外)的径向应力都相等,这是因为在这个圆周上各点有

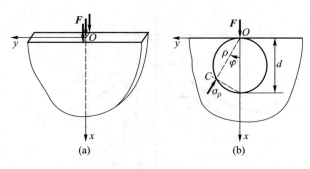

图 7-15

$$\rho = d\cos\varphi$$

即

$$\frac{\cos\varphi}{\rho} = \frac{1}{d}$$

将它代入式(7-23)的第一式,有

$$\sigma_\rho = -\frac{2F}{\pi d} = \text{const}$$

如果考虑上述弹性半平面内如图 7-16 所示的两个小单元体的平衡,并注意到

$$\cos\varphi = \frac{x}{\rho} = \frac{x}{\sqrt{x^2+y^2}}, \quad \sin\varphi = \frac{y}{\rho} = \frac{y}{\sqrt{x^2+y^2}}$$

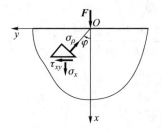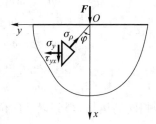

图 7-16

可得该问题应力分量的直角坐标表示式:

$$
\left.
\begin{aligned}
\sigma_x &= \sigma_\rho\cos^2\varphi = -\frac{2F}{\pi}\frac{\cos^3\varphi}{\rho} = -\frac{2F}{\pi}\frac{x^3}{(x^2+y^2)^2} \\
\sigma_y &= \sigma_\rho\sin^2\varphi = -\frac{2F}{\pi}\frac{\sin^2\varphi\cos\varphi}{\rho} = -\frac{2F}{\pi}\frac{xy^2}{(x^2+y^2)^2} \\
\tau_{xy} &= \tau_{yx} = \sigma_\rho\sin\varphi\cos\varphi = -\frac{2F}{\pi}\frac{\cos^2\varphi\sin\varphi}{\rho} = -\frac{2F}{\pi}\frac{x^2y}{(x^2+y^2)^2}
\end{aligned}
\right\}
\quad (7\text{-}24)
$$

σ_x 和 τ_{xy} 沿某一水平面 mn 的分布情况如图 7-17 所示。σ_x 的最大值在 Ox 轴上,其值为

$$(\sigma_x)_{\max} = \frac{2F}{\pi x}$$

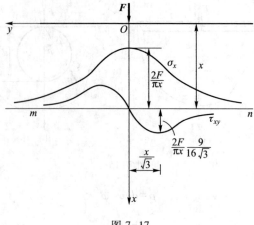

图 7-17

最大切应力发生在离 x 轴 $\dfrac{x}{\sqrt{3}}$ 处,其值为

$$(\tau_{yx})_{\max}=\frac{2F}{\pi x}\frac{9}{16\sqrt{3}}$$

现在求该问题的位移。为此,将式(7-23)代入物理方程(7-5),并利用几何方程(7-4),得

$$\frac{\partial u_\rho}{\partial\rho}=-\frac{2F}{\pi E}\frac{\cos\varphi}{\rho}$$

$$\frac{u_\rho}{\rho}+\frac{1}{\rho}\frac{\partial u_\varphi}{\partial\varphi}=\frac{2\nu F}{\pi E}\frac{\cos\varphi}{\rho}$$

$$\frac{1}{\rho}\frac{\partial u_\rho}{\partial\varphi}+\frac{\partial u_\varphi}{\partial\rho}-\frac{u_\varphi}{\rho}=0$$

经过与§7-2中相同的运算,得到以下的位移分量:

$$\left.\begin{array}{l}u_\rho=-\dfrac{2F}{\pi E}\cos\varphi\ln\rho-\dfrac{(1-\nu)F}{\pi E}\varphi\sin\varphi+I\cos\varphi+K\sin\varphi\\[3mm]u_\varphi=\dfrac{2F}{\pi E}\sin\varphi\ln\rho+\dfrac{(1+\nu)F}{\pi E}\sin\varphi-\dfrac{(1-\nu)F}{\pi E}\varphi\cos\varphi+H\rho-I\sin\varphi+K\cos\varphi\end{array}\right\}\quad(a)$$

其中 H,I,K 均为任意常数。

根据本问题的对称性,有

$$(u_\varphi)_{\varphi=0}=0$$

将此代入式(a),得

$$H=K=0$$

于是式(a)简化为

$$\left.\begin{array}{l}u_\rho=-\dfrac{2F}{\pi E}\cos\varphi\ln\rho-\dfrac{(1-\nu)F}{\pi E}\varphi\sin\varphi+I\cos\varphi\\[3mm]u_\varphi=\dfrac{2F}{\pi E}\sin\varphi\ln\rho-\dfrac{(1-\nu)F}{\pi E}\varphi\cos\varphi+\dfrac{(1+\nu)F}{\pi E}\sin\varphi-I\sin\varphi\end{array}\right\}\quad(7-25)$$

不难看出,I 表示铅垂方向(即 x 方向)的刚性位移,如果半平面不受铅垂方向的约束,则常数 I 不能确定。

如果取式(7-25)的第二式中 $\varphi = \pm\dfrac{\pi}{2}$,则对于不同的 ρ(除了 $\rho = 0$),将给出半平面表面任一点 M 的向下的铅垂位移,即所谓**沉陷**。注意到位移 u_φ 是以沿 φ 正方向时为正,因此,M 点的沉陷为

$$-(u_\varphi)_{\varphi=\frac{\pi}{2}}^{M} = -\frac{2F}{\pi E}\ln\rho - \frac{(1+\nu)F}{\pi E} + I \tag{b}$$

在半平面不受铅垂约束时,I 不能确定,因此沉陷也不能确定。这时,只能求相对沉陷。试在边界上取定一基点 B(图 7-18),它离力的作用点的距离为 s,该点的沉陷为

$$-(u_\varphi)_{\varphi=\frac{\pi}{2}}^{B} = -\frac{2F}{\pi E}\ln s - \frac{(1+\nu)F}{\pi E} + I \tag{c}$$

于是相对沉陷为

$$
\begin{aligned}
\eta &= -(u_\varphi)_{\varphi=\frac{\pi}{2}}^{M} - \left[-(u_\varphi)_{\varphi=\frac{\pi}{2}}^{B}\right] \\
&= \left[-\frac{2F}{\pi E}\ln\rho - \frac{(1+\nu)F}{\pi E} + I\right] - \left[-\frac{2F}{\pi E}\ln s - \frac{(1+\nu)F}{\pi E} + I\right]
\end{aligned}
$$

简化后得

$$\eta = \frac{2F}{\pi E}\ln\frac{s}{\rho} \tag{7-26}$$

对于平面应变问题,须将 E,ν 分别换成 $\dfrac{E}{1-\nu^2}$ 和 $\dfrac{\nu}{1-\nu}$。

如果在弹性半平面边界上同时受到几个集中力作用,则只要通过叠加,就能求出体内任一点的应力和表面的沉陷。

现考虑弹性半平面 AB 一段上受法向连续分布荷载作用的情况,设荷载的强度为 $q(y)$,如图 7-19 所示。为了求得弹性半平面内坐标为 (x,y) 的某点 M 的应力,在 AB 上距坐标原点 η 处,取微分线段 $\mathrm{d}\eta$,其上所受的 $\mathrm{d}F = q\mathrm{d}\eta$ 显然可视为集中力,由此产生的应力可以应用式(7-24)。注意到式(7-24)中的 x 和 y 分别表示欲求应力之点与集中力作用点的铅直距离和水平距离,而由图 7-19 可见,M 点与微小集中力 $\mathrm{d}F$ 的铅直距离和水平距离分别为 x 和 $y-\eta$,于是,得 $\mathrm{d}F = q\mathrm{d}\eta$ 在 M 点引起的应力为

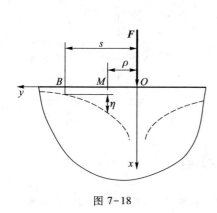

图 7-18

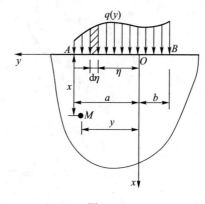

图 7-19

$$d\sigma_x = -\frac{2q\,d\eta}{\pi} \frac{x^3}{[x^2+(y-\eta)^2]^2}$$

$$d\sigma_y = -\frac{2q\,d\eta}{\pi} \frac{x(y-\eta)^2}{[x^2+(y-\eta)^2]^2}$$

$$d\tau_{xy} = -\frac{2q\,d\eta}{\pi} \frac{x^2(y-\eta)}{[x^2+(y-\eta)^2]^2}$$

将上列三式积分,即得整个分布荷载所产生的应力:

$$\left.
\begin{aligned}
\sigma_x &= -\frac{2}{\pi}\int_{-b}^{a} \frac{qx^3\,d\eta}{[x^2+(y-\eta)^2]^2} \\
\sigma_y &= -\frac{2}{\pi}\int_{-b}^{a} \frac{qx(y-\eta)^2\,d\eta}{[x^2+(y-\eta)^2]^2} \\
\tau_{xy} &= -\frac{2}{\pi}\int_{-b}^{a} \frac{qx^2(y-\eta)\,d\eta}{[x^2+(y-\eta)^2]^2}
\end{aligned}
\right\}
\tag{7-27}$$

在应用这些公式时,须将荷载强度 q 表示成 η 的函数,然后进行积分。

另外,从图 7-12 可以看出,如果令式(7-21)中的 $\alpha=\pi$,则得弹性半平面在其表面处受任意方向集中力作用时的解答。如果同时令 $\beta=\dfrac{\pi}{2}$,则得弹性半平面受切向集中力作用时(图 7-20)的解答:

$$\sigma_\rho = -\frac{2F\sin\varphi}{\pi\rho}, \quad \sigma_\varphi = 0, \quad \tau_{\rho\varphi}=\tau_{\varphi\rho}=0 \tag{7-28}$$

如果令式(7-22)中的 $\alpha=\pi$,则得弹性半平面受集中力偶作用时(图 7-21)的解答:

$$\left.
\begin{aligned}
\sigma_\rho &= \frac{2M\sin 2\varphi}{\pi\rho^2} \\
\sigma_\varphi &= 0 \\
\tau_{\rho\varphi} = \tau_{\varphi\rho} &= -\frac{M(\cos 2\varphi+1)}{\pi\rho^2}
\end{aligned}
\right\}
\tag{7-29}$$

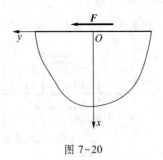

图 7-20

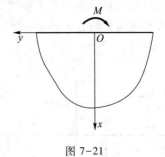

图 7-21

思考题与习题

7-1 试导出极坐标形式的位移分量 u_ρ, u_φ 与直角坐标形式的位移分量 u, v 之间的关系。

7-2 试证明极坐标形式的应变协调方程为

$$\left(\frac{\partial^2}{\partial\rho^2}+\frac{2}{\rho}\frac{\partial}{\partial\rho}\right)\varepsilon_\varphi+\left(\frac{1}{\rho^2}\frac{\partial^2}{\partial\varphi^2}-\frac{1}{\rho}\frac{\partial}{\partial\rho}\right)\varepsilon_\rho=\left(\frac{1}{\rho^2}\frac{\partial}{\partial\varphi}+\frac{1}{\rho}\frac{\partial^2}{\partial\rho\partial\varphi}\right)\gamma_{\rho\varphi}$$

7-3 试求图7-5所示问题的内半径和外半径的变化，并求圆筒厚度的改变。

7-4 设有一刚体，具有半径为b的孔道，孔道内放置内半径为a、外半径为b的厚壁圆筒，圆筒内壁受均布压力q作用，求筒壁的应力和位移。

7-5 如果上题中圆筒外的物体是无限大的弹性体，其弹性常数为E'和ν'，求筒壁的应力。

7-6 利用§7-6的结果，求图7-22所示问题的应力分量，孔边的最大正应力和最小正应力。

7-7 尖劈两侧作用有均匀分布剪力q(图7-23)，试求其应力分量。

提示：用量纲分析，或根据边界条件，设$\tau_{\varphi\varphi}$只与φ有关。

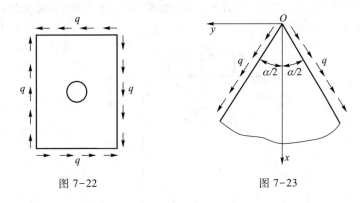

图7-22 图7-23

7-8 图7-24表示一尖劈，其一侧面受均匀分布压力q作用，求应力分量σ_ρ，σ_φ和$\tau_{\rho\varphi}$。

提示：其应力函数与上题相同。

7-9 试利用§7-6的结果，即式(7-20)，通过叠加法，求具有半径为a的小圆孔的薄板，在孔壁受均布压力q作用时(图7-25)板内的应力分量。

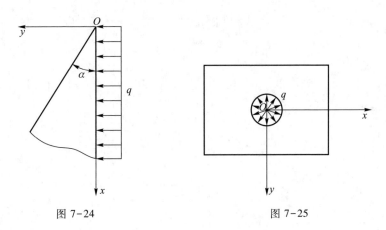

图7-24 图7-25

7-10 设有一个内半径为a、外半径为b的薄圆环形板，内壁固定，外壁受均布剪力q作用，如图7-26所示，求应力和位移。

7-11 图7-27所示的无限大薄板，板内有一小孔，孔边上受集中力F作用，求应力分量。

提示：取应力函数

$$U=A\rho\ln\rho\cos\varphi+B\rho\varphi\sin\varphi$$

并注意利用位移单值条件。

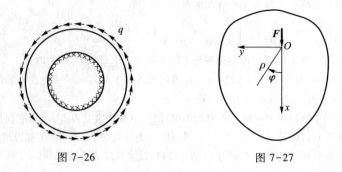

图 7-26　　　　　　　　　图 7-27

7-12　弹性半平面表面受几个集中力 F_i 构成的力系作用,这些力到所设原点的距离分别为 y_i,如图 7-28 所示,求应力分量。

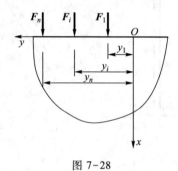

图 7-28

第八章 平面问题的复变函数解答

在前两章中,通过直接求解双调和方程解决了一些弹性力学的平面问题。本章拟借助于复变函数方法,将艾里应力函数用两个解析函数表示,并将位移、应力和边界条件也表示成复变函数的形式,从而把平面问题转化为在给定的边界条件下,去寻求两个解析函数的问题。由于对复变函数的性质一般已经有了充分的研究,所以,只要注意应用复变函数的性质,就不仅能使一些本来难以解决的问题得以解决,而且使计算大为简化。

这种方法最先由菲伦(Filon,L.N.G)提出,后由克罗索夫(Колосов,Г.В.)和穆斯赫利什维利发展并建立了一套完整的理论,而萨文(Савин,Г.Н.)又应用这些理论解决了一系列具体问题。下面介绍的是其中最基本而且也是最主要的部分。

§8-1 艾里应力函数的复变函数表示

这里要证明,艾里应力函数 $U(x,y)$(它是二维的双调和函数)能用两个解析函数表示出来。若令式(6-15)中的

$$\nabla^2 U = P \tag{a}$$

则 P 是调和函数。引进 P 的共轭调和函数 Q,于是由复变函数的理论可知,函数

$$F(z) = P(x,y) + iQ(x,y) \tag{b}$$

为解析函数。

现再取复变函数

$$\varphi_1(z) = \frac{1}{4} \int F(z) \, \mathrm{d}z = p + iq \tag{c}$$

显然,它也是解析函数,并且有

$$\varphi_1'(z) = \frac{1}{4} F(z) = \frac{\partial p}{\partial x} + i \frac{\partial q}{\partial x} \tag{d}$$

将式(d)和式(b)进行比较,并注意到柯西-黎曼(Riemann,G.F.B.)条件

$$\frac{\partial p}{\partial x} = \frac{\partial q}{\partial y}, \quad \frac{\partial p}{\partial y} = -\frac{\partial q}{\partial x}$$

就得到

$$\frac{\partial p}{\partial x} = \frac{\partial q}{\partial y} = \frac{P}{4}$$

或

$$P = 4 \frac{\partial p}{\partial x} = 4 \frac{\partial q}{\partial y} \tag{e}$$

现在,再引进一个实函数

$$p_1 = U - xp - yq \tag{f}$$

极易证明,它是一个调和函数。事实上,由于

$$\frac{\partial^2 p_1}{\partial x^2} = \frac{\partial^2 U}{\partial x^2} - 2\frac{\partial p}{\partial x} - x\frac{\partial^2 p}{\partial x^2} - y\frac{\partial^2 q}{\partial x^2}$$

$$\frac{\partial^2 p_1}{\partial y^2} = \frac{\partial^2 U}{\partial y^2} - x\frac{\partial^2 p}{\partial y^2} - 2\frac{\partial q}{\partial y} - y\frac{\partial^2 q}{\partial y^2}$$

则有

$$\nabla^2 p_1 = \nabla^2 U - 2\left(\frac{\partial p}{\partial x} + \frac{\partial q}{\partial y}\right) - x\nabla^2 p - y\nabla^2 q$$

利用式(e)和式(a),并注意到 p 和 q 是解析函数 $\varphi_1(z)$ 的实部和虚部,是调和函数,于是可见 p_1 是调和函数,即

$$\nabla^2 p_1 = 0$$

因此,对于任一双调和函数 U,有

$$U = xp + yq + p_1 \tag{8-1}$$

这里的 p 和 q 为适当选取的共轭调和函数,p_1 为适当选取的调和函数。

最后,引进 p_1 的共轭调和函数 q_1,则

$$\chi_1(z) = p_1 + \mathrm{i}q_1$$

为解析函数。容易证明

$$(x - \mathrm{i}y)(p + \mathrm{i}q) + p_1 + \mathrm{i}q_1$$

的实部与式(8-1)的右边相同。因此,式(8-1)又可以表示为如下的形式:

$$U = \mathrm{Re}[\bar{z}\varphi_1(z) + \chi_1(z)] \tag{8-2}$$

或写成

$$2U = \bar{z}\varphi_1(z) + \chi_1(z) + z\overline{\varphi_1(\bar{z})} + \overline{\chi_1(\bar{z})} \tag{8-3}$$

这样,就将任一双调和函数 U 表示为复变函数的形式,它通过两个解析函数 $\varphi_1(z)$ 和 $\chi_1(z)$ 表示出来。下一节,将把位移和应力也表示成复变函数的形式。

§8-2　位移和应力的复变函数表示

以下只考虑无体力的情况。

首先建立位移的复变函数表示式。将几何方程(6-9)代入物理方程(6-11),于是有

$$\left. \begin{array}{l} E\dfrac{\partial u}{\partial x} = \sigma_x - \nu\sigma_y \\[2mm] E\dfrac{\partial v}{\partial y} = \sigma_y - \nu\sigma_x \\[2mm] G\left(\dfrac{\partial v}{\partial x} + \dfrac{\partial u}{\partial y}\right) = \tau_{xy} \end{array} \right\} \tag{a}$$

由于在无体力时,应力函数 U 和应力分量之间有如下的关系:

$$\sigma_x = \frac{\partial^2 U}{\partial y^2}, \quad \sigma_y = \frac{\partial^2 U}{\partial x^2}, \quad \tau_{xy} = -\frac{\partial^2 U}{\partial x \partial y} \tag{b}$$

再注意到 $\nabla^2 U = P$,故式(a)的前两式变为

$$E\frac{\partial u}{\partial x} = \frac{\partial^2 U}{\partial y^2} - \nu\frac{\partial^2 U}{\partial x^2} = -(1+\nu)\frac{\partial^2 U}{\partial x^2} + P$$

$$E\frac{\partial v}{\partial y} = \frac{\partial^2 U}{\partial x^2} - \nu\frac{\partial^2 U}{\partial y^2} = -(1+\nu)\frac{\partial^2 U}{\partial y^2} + P$$

上两式等号两边同除以 $(1+\nu)$,并注意到 $G = \dfrac{E}{2(1+\nu)}$,$P = 4\dfrac{\partial p}{\partial x} = 4\dfrac{\partial q}{\partial y}$,则它们又可改写为

$$2G\frac{\partial u}{\partial x} = -\frac{\partial^2 U}{\partial x^2} + \frac{4}{1+\nu}\frac{\partial p}{\partial x}$$

$$2G\frac{\partial v}{\partial y} = -\frac{\partial^2 U}{\partial y^2} + \frac{4}{1+\nu}\frac{\partial q}{\partial y}$$

积分后得到

$$\left.\begin{aligned} 2Gu &= -\frac{\partial U}{\partial x} + \frac{4}{1+\nu}p + f_1(y)\\ 2Gv &= -\frac{\partial U}{\partial y} + \frac{4}{1+\nu}q + f_2(x) \end{aligned}\right\} \tag{c}$$

其中,$f_1(y)$ 和 $f_2(x)$ 为任意函数。将式(c)代入式(a)的第三式,得

$$-\frac{\partial^2 U}{\partial x \partial y} + \frac{2}{1+\nu}\left(\frac{\partial p}{\partial y} + \frac{\partial q}{\partial x}\right) + \frac{1}{2}\frac{\mathrm{d}f_1}{\mathrm{d}y} + \frac{1}{2}\frac{\mathrm{d}f_2}{\mathrm{d}x} = \tau_{xy}$$

但左边的第一项等于 τ_{xy},p 和 q 是满足柯西-黎曼条件的调和函数,括号内等于零。于是

$$\frac{\mathrm{d}f_1}{\mathrm{d}y} + \frac{\mathrm{d}f_2}{\mathrm{d}x} = 0$$

这表示

$$\frac{\mathrm{d}f_1}{\mathrm{d}y} = A, \quad \frac{\mathrm{d}f_2}{\mathrm{d}x} = -A$$

其中,A 为一个常数。由此可见,式(c)中的 $f_1(y)$ 和 $f_2(x)$ 代表刚体位移,丢掉这两项,不影响应力。这样,式(c)可写为

$$\left.\begin{aligned} 2Gu &= -\frac{\partial U}{\partial x} + \frac{4}{1+\nu}p\\ 2Gv &= -\frac{\partial U}{\partial y} + \frac{4}{1+\nu}q \end{aligned}\right\} \tag{8-4}$$

将式(8-4)的第二式乘以 i,并和它的第一式相加,得

$$2G(u+\mathrm{i}v) = -\left(\frac{\partial U}{\partial x} + \mathrm{i}\frac{\partial U}{\partial y}\right) + \frac{4}{1+\nu}(p+\mathrm{i}q) \tag{d}$$

为了简化式(d),将式(8-3)分别对 x 和 y 求一阶偏导数$\left(\text{注意到} \dfrac{\partial z}{\partial x}=1, \dfrac{\partial z}{\partial y}=\text{i},\right.$ $\left.\dfrac{\partial \bar{z}}{\partial x}=1, \dfrac{\partial \bar{z}}{\partial y}=-\text{i}\right)$,得

$$2\frac{\partial U}{\partial x}=\bar{z}\varphi_1'(z)+\varphi_1(z)+\chi_1'(z)+z\,\overline{\varphi}_1'(\bar{z})+\overline{\varphi}_1(\bar{z})+\overline{\chi}_1'(\bar{z})$$

$$2\frac{\partial U}{\partial y}=\text{i}\left[\,\bar{z}\varphi_1'(z)-\varphi_1(z)+\chi_1'(z)-z\,\overline{\varphi}_1'(\bar{z})+\overline{\varphi}_1(\bar{z})-\overline{\chi}_1'(\bar{z})\,\right]$$

将上述第二式乘以 i 并和第一式相加,于是得

$$\frac{\partial U}{\partial x}+\text{i}\,\frac{\partial U}{\partial y}=\varphi_1(z)+z\,\overline{\varphi}_1'(\bar{z})+\overline{\chi}_1'(\bar{z}) \tag{8-5}$$

引进函数

$$\chi_1'(z)=\psi_1(z) \tag{8-6}$$

则式(8-5)又可表示为

$$\frac{\partial U}{\partial x}+\text{i}\,\frac{\partial U}{\partial y}=\varphi_1(z)+z\,\overline{\varphi}_1'(\bar{z})+\overline{\psi}_1(\bar{z}) \tag{8-5}'$$

将式(8-5)′代入式(d),并利用 §8-1 的式(c),得到

$$2G(u+\text{i}v)=\frac{3-\nu}{1+\nu}\varphi_1(z)-z\,\overline{\varphi}_1'(\bar{z})-\overline{\psi}_1(\bar{z}) \tag{8-7}$$

式(8-7)表明,如已知复变函数 $\varphi_1(z)$ 和 $\psi_1(z)$,就可求得平面应力问题的位移分量 u 和 v。对于平面应变问题,则须将式(8-7)中的 ν 换成 $\nu/(1-\nu)$。将这里的复变函数 $\varphi_1(z)$ 和 $\psi_1(z)$ 统称为**复位势**。

再求应力的复变函数表示式。为此,将式(8-5)′对 x 求一阶偏导数,得

$$\frac{\partial^2 U}{\partial x^2}+\text{i}\,\frac{\partial^2 U}{\partial x\partial y}=\varphi_1'(z)+\overline{\varphi}_1'(\bar{z})+z\,\overline{\varphi}_1''(\bar{z})+\overline{\psi}_1'(\bar{z})$$

将式(8-5)′对 y 求一阶偏导数,并乘以 i,得

$$\text{i}\,\frac{\partial^2 U}{\partial x\partial y}-\frac{\partial^2 U}{\partial y^2}=-\varphi_1'(z)-\overline{\varphi}_1'(\bar{z})+z\,\overline{\varphi}_1''(\bar{z})+\overline{\psi}'(\bar{z})$$

将这两式相减、相加,并利用式(b),于是有

$$\sigma_x+\sigma_y=2\left[\,\varphi_1'(z)+\overline{\varphi}_1'(\bar{z})\,\right]=4\text{Re}\left[\,\varphi_1'(z)\,\right] \tag{8-8}$$

$$\sigma_y-\sigma_x-2\text{i}\tau_{xy}=2\left[\,z\,\overline{\varphi}_1''(\bar{z})+\overline{\psi}_1'(\bar{z})\,\right] \tag{8-9}$$

将式(8-9)两边共轭,得另一种形式:

$$\sigma_y-\sigma_x+2\text{i}\tau_{xy}=2\left[\,\bar{z}\varphi_1''(z)+\psi_1'(z)\,\right] \tag{8-10}$$

关系式(8-8)~(8-10)表明,如已知复位势 $\varphi_1(z)$ 和 $\psi_1(z)$,就可将式(8-9)[用式(8-10)也一样]的虚部和实部分开,分别求得 τ_{xy} 和 $\sigma_y-\sigma_x$,并将后者与由式(8-8)求得的 $\sigma_x+\sigma_y$ 联立,又可求得 σ_x 和 σ_y。

到此,就将问题归结为去寻求复位势 $\varphi_1(z)$ 和 $\psi_1(z)$ 的问题。但为使由这两个函数求得的应力和位移在平面区域的边界处满足给定的边界条件,要求它们在边界处也满足一定的条件。下一节,要建立这两个函数所服从的边界条件。

§8-3　边界条件的复变函数表示

首先讨论平面区域边界处外力已知的情况,这时,边界条件可表示为

$$
\left.
\begin{aligned}
\overline{f}_x &= \frac{\partial^2 U}{\partial y^2}l - \frac{\partial^2 U}{\partial x \partial y}m \\
\overline{f}_y &= -\frac{\partial^2 U}{\partial x \partial y}l + \frac{\partial^2 U}{\partial x^2}m
\end{aligned}
\right\}
\tag{a}
$$

由图 8-1 可见

$$
l = \cos(v,x) = \cos\alpha = \frac{\mathrm{d}y}{\mathrm{d}s}, \quad m = \cos(v,y) = \sin\alpha = -\frac{\mathrm{d}x}{\mathrm{d}s}
$$

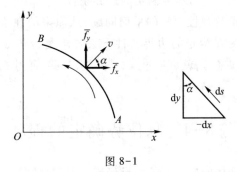

图 8-1

代入式(a),得

$$
\left.
\begin{aligned}
\overline{f}_x &= \frac{\partial^2 U}{\partial y^2}\frac{\mathrm{d}y}{\mathrm{d}s} + \frac{\partial^2 U}{\partial x \partial y}\frac{\mathrm{d}x}{\mathrm{d}s} = \frac{\mathrm{d}}{\mathrm{d}s}\left(\frac{\partial U}{\partial y}\right) \\
\overline{f}_y &= -\frac{\partial^2 U}{\partial x \partial y}\frac{\mathrm{d}y}{\mathrm{d}s} - \frac{\partial^2 U}{\partial x^2}\frac{\mathrm{d}x}{\mathrm{d}s} = -\frac{\mathrm{d}}{\mathrm{d}s}\left(\frac{\partial U}{\partial x}\right)
\end{aligned}
\right\}
\tag{b}
$$

将式(b)写成复数(复矢量)的形式,并利用式(8-5)′,得

$$
(\overline{f}_x + \mathrm{i}\overline{f}_y)\,\mathrm{d}s = -\mathrm{i}\,\mathrm{d}\left(\frac{\partial U}{\partial x} + \mathrm{i}\frac{\partial U}{\partial y}\right) = -\mathrm{i}\,\mathrm{d}\left[\varphi_1(z) + z\overline{\varphi}_1'(\overline{z}) + \overline{\psi}_1(\overline{z})\right]
\tag{c}
$$

式(c)的左边表示边界面力矢量在 $\mathrm{d}s$ 微分线段上的主矢量,将它沿边界从定点 A 到动点 B(设 B 点的坐标为 z)积分,则得边界面力矢量在边界线段 AB 上的主矢量

$$
\int_{AB}(\overline{f}_x + \mathrm{i}\overline{f}_y)\,\mathrm{d}s = -\mathrm{i}\left[\varphi_1(z) + z\overline{\varphi}_1'(\overline{z}) + \overline{\psi}_1(\overline{z})\right]_A^B = -\mathrm{i}\left[\varphi_1(z) + z\overline{\varphi}_1'(\overline{z}) + \overline{\psi}_1(\overline{z})\right] + \mathrm{const}
$$

将这关系式的两边同乘以 i,于是有

$$
\varphi_1(z) + z\overline{\varphi}_1'(\overline{z}) + \overline{\psi}_1(\overline{z}) = \mathrm{i}\int_{AB}(\overline{f}_x + \mathrm{i}\overline{f}_y)\,\mathrm{d}s + \mathrm{const}
\tag{d}
$$

显然,对于给定的边界面力 $\overline{f}_x$ 和 $\overline{f}_y$,式(d)右边为边界点的确定的函数。这里,积分路线的正方向是这样规定的:朝线段 AB 看去,使所考虑的区域保持在左边。

式(d)表示边界面力矢量在边界线段 AB 上的主矢量与复位势 $\varphi_1(z)$ 和 $\psi_1(z)$ 之间的关系。其左边应理解为当 z 从区域里边趋向于区域边界时的值。

但由式(8-8)和式(8-9)不难看出,在复位势 $\varphi_1(z)$ 或 $\psi_1(z)$ 中增减一个复常数并

不影响应力值,因此,总可以这样来选取 $\varphi_1(z)$,使式(d)的右边的常数项为零。于是,式(d)可简化为

$$\varphi_1(z)+z\overline{\varphi_1'(\bar z)}+\overline{\psi_1(\bar z)}=\mathrm{i}\int_{AB}(\bar f_x+\mathrm{i}\bar f_y)\,\mathrm{d}s \tag{8-11}$$

式(8-11)表示在边界面力给定时复位势 $\varphi_1(z)$ 和 $\psi_1(z)$ 所需满足的边界条件。

对于边界位移给定的情况,设边界处的位移为

$$u=g_1,\quad v=g_2$$

则由式(8-7)得到[若是平面应变问题,须将其中的 ν 换成 $\nu/(1-\nu)$]

$$\frac{3-\nu}{1+\nu}\varphi_1(z)-z\overline{\varphi_1'(\bar z)}-\overline{\psi_1(\bar z)}=2G(g_1+\mathrm{i}g_2) \tag{8-12}$$

等式左边理解为当 z 从区域里边趋于边界时的值。这样,式(8-12)即表示在边界位移给定时复位势 $\varphi_1(z)$ 和 $\psi_1(z)$ 所需满足的边界条件。

到这里为止,就将求解弹性力学的平面问题,从原来的在给定的边界条件下求解双调和方程的问题,变为在给定的边界条件下去寻求复位势 $\varphi_1(z)$ 和 $\psi_1(z)$ 的问题。求得了复位势 $\varphi_1(z)$ 和 $\psi_1(z)$,就可通过式(8-7)求位移,通过式(8-8)和式(8-9)[或式(8-10)]求应力。

§8-4 复位势确定的程度

现在来考察,当弹性体的应力和位移已经确定时,复位势 $\varphi_1(z)$ 和 $\psi_1(z)$ 是否完全确定,或究竟能确定到什么程度。

由式(8-8)、式(8-10),即

$$\sigma_x+\sigma_y=4\mathrm{Re}[\varphi_1'(z)] \tag{a}$$

$$\sigma_y-\sigma_x+2\mathrm{i}\tau_{xy}=2[\bar z\varphi_1''(z)+\psi_1'(z)] \tag{b}$$

不难看出,若在函数 $\varphi_1'(z)$ 后增加一个纯虚数 $\mathrm{i}C$,亦即将函数 $\varphi_1'(z)$ 代之以

$$\varphi_2'(z)=\varphi_1'(z)+\mathrm{i}C \tag{c}$$

这对求应力不会产生影响。这里,C 为任意的实常数(以后大写字母均表示实常数)。将式(c)两边对 z 积分,得

$$\varphi_2(z)=\varphi_1(z)+\mathrm{i}Cz+\gamma \tag{d}$$

其中 $\gamma=A+\mathrm{i}B$ 为任意的复常数。

再由式(b)可以看出,若在函数 $\psi_1(z)$ 后增加一个任意的复常数 $\gamma'=A'+\mathrm{i}B'$,亦即将函数 $\psi_1(z)$ 代之以

$$\psi_2(z)=\psi_1(z)+\gamma' \tag{e}$$

它对求应力也不会产生影响。

以上的推导及结果表明,在应力保持不变的情况下,复位势 $\varphi_1(z)$ 和 $\psi_1(z)$ 可分别以 $\varphi_1(z)+\mathrm{i}Cz+\gamma$ 和 $\psi_1(z)+\gamma'$ 来代替。

接下来,要考察位移。若将式(8-7),即

$$2G(u+\mathrm{i}v)=\frac{3-\nu}{1+\nu}\varphi_1(z)-z\overline{\varphi_1'(\bar z)}-\overline{\psi_1(\bar z)} \tag{f}$$

中的 $\varphi_1(z)$ 和 $\psi_1(z)$，分别换之以式(d)、式(e)中的 $\varphi_2(z)$ 和 $\psi_2(z)$，则得

$$2G(u+iv)=\frac{3-\nu}{1+\nu}\varphi_1(z)-z\overline{\varphi_1'(\bar z)}-\overline{\psi_1(\bar z)}+\frac{4}{1+\nu}iCz+\left(\frac{3-\nu}{1+\nu}\gamma-\bar\gamma'\right) \tag{g}$$

注意式(g)等号右边的最后两项。若将它们的实部和虚部分开，并各除以 $2G$，则不难发现，它们实际上表示整个物体的刚性位移(由读者自己完成)。这一结果是我们所预料到的。因此，为使位移也完全确定，则必须有

$$C=0, \quad \frac{3-\nu}{1+\nu}\gamma-\bar\gamma'=0$$

即

$$C=0, \quad \gamma'=\frac{3-\nu}{1+\nu}\bar\gamma \tag{h}$$

综上所述，在应力和位移都保持不变的情况下，复位势 $\varphi_1(z)$ 和 $\psi_1(z)$ 只能分别代之以 $\varphi_1(z)+\gamma$ 和 $\psi_1(z)+\dfrac{3-\nu}{1+\nu}\bar\gamma$，其中 γ 是可以任意选取的复常数。对于平面应变问题，需将 ν 换成 $\dfrac{\nu}{1-\nu}$。

§8-5　单孔有限域上应力和位移的单值条件 单孔无限域情况

前面，已将平面问题的应力、位移和边界条件表示成复变函数的形式，从而把问题归结为在给定的边界条件下去求复位势 $\varphi_1(z)$ 和 $\psi_1(z)$。在单连通区域里，复位势显然是单值解析函数，但在多连通区域里，复位势可能表现为解析而多值的。现在来考察如何选择这些函数，才能保证应力和位移的单值性。为便于读者理解，并出于实用的考虑，这里仅讨论单孔有限域和单孔无限域情况。设单孔有限域由内边界 s_1 和外边界 s_2 围成，如图 8-2 所示。

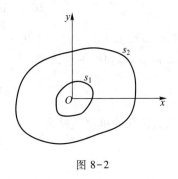

图 8-2

由关系式

$$\sigma_x+\sigma_y=4\mathrm{Re}[\varphi_1'(z)]$$

可以看出，由于应力的单值性，要求 $\varphi_1'(z)$ 的实部必须是单值的，而它的虚部不一定要求单值，亦即当环绕内边界 s_1 转过一周时，$\varphi_1'(z)$ 的虚部可以有 $2\pi iA$ 的增量，这里 A 为实常数，因子 $2\pi i$ 是为了便于论证才引进的。

现在考察函数

$$\varphi_1'(z)=A\ln z+\varphi_{1*}'(z) \tag{a}$$

这里 $\varphi_{1*}'(z)$ 为单孔有限域内的单值解析函数。不难看出，当环绕内边界 s_1 转过一周时，该式等号右边的前项恰好增加 $2\pi iA$，而后项则回复到原值。这表明，式(a)给出了要求的 $\varphi_1'(z)$。

将式(a)从定点 z_0 到动点 z 积分,得

$$\varphi_1(z) = Az\ln z - Az + \int_{z_0}^{z} \varphi'_{1*}(z)\,\mathrm{d}z + \mathrm{const} \tag{b}$$

这里,积分 $\int_{z_0}^{z} \varphi'_{1*}(z)\,\mathrm{d}z$ 是复变量 z 的函数,当环绕内边界 s_1 转过一周时,它可以得到形如 $2\pi\mathrm{i}\gamma$ 的增量,这里 γ 一般为复常数,因子 $2\pi\mathrm{i}$ 也是为了便于论证才引进的。因此与前面的做法相仿,可以写出

$$\int_{z_0}^{z} \varphi'_{1*}(z)\,\mathrm{d}z = \gamma\ln z + \text{单值解析函数} \tag{c}$$

将式(c)代入式(b),稍加整理得到

$$\varphi_1(z) = Az\ln z + \gamma\ln z + \varphi_{1*}(z) \tag{d}$$

其中 $\varphi_{1*}(z)$ 为单孔有限域内的单值解析函数。

再根据公式

$$\sigma_y - \sigma_x + 2\mathrm{i}\tau_{xy} = 2\left[\bar{z}\varphi''_1(z) + \psi'_1(z)\right]$$

可知,$\psi'_1(z)$ 为单孔有限域内的单值解析函数。将它从定点 z_0 到动点 z 积分,有

$$\psi_1(z) = \int_{z_0}^{z} \psi'_1(z)\,\mathrm{d}z$$

与式(c)的推导一样,可得到

$$\psi_1(z) = \gamma'\ln z + \psi_{1*}(z) \tag{e}$$

其中,$\psi_{1*}(z)$ 为单孔有限域内的单值解析函数,γ' 一般为复常数。

在平面应力情况下的位移分量的复变函数表示,如公式(8-7)所示,即

$$2G(u+\mathrm{i}v) = \frac{3-\nu}{1+\nu}\varphi_1(z) - z\overline{\varphi'_1(\bar{z})} - \overline{\psi_1(\bar{z})}$$

将式(a),式(d),式(e)代入,可以看出,在逆时针方向环绕 s_1 一周后,表达式 $2G(u+\mathrm{i}v)$ 得到以下的增量:

$$2\pi\mathrm{i}\left[\left(\frac{3-\nu}{1+\nu}+1\right)Az + \frac{3-\nu}{1+\nu}\gamma + \bar{\gamma}'\right]$$

可见,位移的单值条件为

$$A = 0, \qquad \frac{3-\nu}{1+\nu}\gamma + \bar{\gamma}' = 0 \tag{f}$$

现在要证明,γ 和 $\bar{\gamma}'$ 可以用作用于内边界 s_1 上的面力的主矢量来表示。为此,将式(8-11)应用于整个内边界 s_1 上(顺时针方向绕行一周后,让动点 B 与定点 A 重合),于是得到

$$\left[\varphi_1(z) + z\overline{\varphi'_1(\bar{z})} - \overline{\psi_1(\bar{z})}\right]_{s_1} = \mathrm{i}(f_x + \mathrm{i}f_y)$$

其中,$f_x + \mathrm{i}f_y$ 是作用在整个内边界 s_1 上面力的主矢量。将式(a),式(d),式(e)代入,并顺时针方向绕 s_1 一周后,得

$$-2\pi\mathrm{i}(\gamma - \bar{\gamma}') = \mathrm{i}(f_x + \mathrm{i}f_y) \tag{g}$$

联立式(g)和式(f),解得

$$A = 0, \qquad \gamma = -\frac{1+\nu}{8\pi}(f_x + \mathrm{i}f_y), \qquad \gamma' = \frac{3-\nu}{8\pi}(f_x - \mathrm{i}f_y)$$

代入式(d)和式(e),故最后得

$$\left.\begin{array}{l} \varphi_1(z) = -\dfrac{1+\nu}{8\pi}(f_x+if_y)\ln z+\varphi_{1*}(z) \\[3mm] \psi_1(z) = \dfrac{3-\nu}{8\pi}(f_x-if_y)\ln z+\psi_{1*}(z) \end{array}\right\} \tag{8-13}$$

式(8-13)所表示的复位势 $\varphi_1(z)$ 和 $\psi_1(z)$,完全保证了应力和位移的单值性。

以上讨论的是单孔有限域情况。从应用的观点看,无限域的研究,具有重要意义。

现在让图 8-2 中的 s_2 趋向无穷,则得单孔无限域。为区别于单孔有限域内的复位势表达式(8-13),将单孔无限域内的复位势 $\varphi_1(z)$ 和 $\psi_1(z)$ 改写成

$$\left.\begin{array}{l} \varphi_1(z) = -\dfrac{1+\nu}{8\pi}(f_x+if_y)\ln z+\varphi_{1**}(z) \\[3mm] \psi_1(z) = \dfrac{3-\nu}{8\pi}(f_x-if_y)\ln z+\psi_{1**}(z) \end{array}\right\} \tag{h}$$

其中,$\varphi_{1**}(z)$ 和 $\psi_{1**}(z)$ 为边界 s_1 外(无穷远点可能除外)的单值解析函数。若以坐标原点为圆心作圆周 s_R(将边界 s_1 包围在其内),则根据罗朗(Laurent,P.M.H)定理,它们在 s_R 外可展开成幂级数:

$$\varphi_{1**}(z) = \sum_{-\infty}^{\infty} a_n z^n, \quad \psi_{1**}(z) = \sum_{-\infty}^{\infty} b_n z^n \tag{i}$$

应力分量的复变函数表示如式(8-8)和式(8-10)所示,即

$$\sigma_x+\sigma_y = 2[\varphi_1'(z)+\overline{\varphi_1'(z)}] \tag{j}$$

$$\sigma_y-\sigma_x+2i\tau_{xy} = 2[\bar{z}\varphi_1''(z)+\psi_1'(z)] \tag{k}$$

将式(h)代入式(j),并利用式(i),得

$$\sigma_x+\sigma_y = 2\left[-\frac{1+\nu}{8\pi}(f_x+if_y)\frac{1}{z}-\frac{1+\nu}{8\pi}(f_x-if_y)\frac{1}{\bar{z}}+\sum_{-\infty}^{\infty}n(a_n z^{n-1}+\bar{a}_n\bar{z}^{n-1})\right]$$

显然,等号右边有可能随 $|z|$ 无限增大的项是级数

$$\sum_{n=2}^{\infty}n(a_n z^{n-1}+\bar{a}_n\bar{z}^{n-1}) = \sum_{n=2}^{\infty}n\rho^{n-1}[a_n e^{(n-1)i\varphi}+\bar{a}_n e^{-(n-1)i\varphi}]$$

这里,引进了 $z=\rho e^{i\varphi}$。由此不难看出,当 $\rho\to\infty$ 时,使应力保持为有界的条件是

$$a_n = \bar{a}_n = 0 \quad (n\geqslant 2)$$

假定这一条件已满足,根据式(k),同样可以证明,当 $\rho\to\infty$ 时,为使应力保持有界,还必须有

$$b_n = 0 \quad (n\geqslant 2)$$

因此,在应力保持有界的条件下,复位势 $\varphi_1(z)$ 和 $\psi_1(z)$ 可以表示为

$$\left.\begin{array}{l} \varphi_1(z) = -\dfrac{1+\nu}{8\pi}(f_x+if_y)\ln z+\Gamma z+\varphi_1^0(z) \\[3mm] \psi_1(z) = \dfrac{3-\nu}{8\pi}(f_x-if_y)\ln z+\Gamma' z+\psi_1^0(z) \end{array}\right\} \tag{8-14}$$

其中

$$\Gamma = B+iC, \quad \Gamma' = B'+iC' \tag{l}$$

为复常数；$\varphi_1^0(z)$ 和 $\psi_1^0(z)$ 为 s_R 之外（包括无穷远点在内）的解析函数，它们可以展开成如下的幂级数

$$\varphi_1^0(z) = a_0 + \frac{a_1}{z} + \frac{a_2}{z^2} + \cdots, \quad \psi_1^0(z) = b_0 + \frac{b_1}{z} + \frac{b_2}{z^2} + \cdots$$

由式（j）和式（k）可见，在不改变应力的情况下，可取

$$C = 0, \quad a_0 = 0, \quad b_0 = 0$$

于是式（8-14）可改写为

$$\left.\begin{aligned}\varphi_1(z) &= -\frac{1+\nu}{8\pi}(f_x + \mathrm{i}f_y)\ln z + Bz + \varphi_1^0(z)\\[2mm]\psi_1(z) &= \frac{3-\nu}{8\pi}(f_x - \mathrm{i}f_y)\ln z + (B' + \mathrm{i}C')z + \psi_1^0(z)\end{aligned}\right\} \tag{8-14'}$$

其中

$$\varphi_1^0(z) = \frac{a_1}{z} + \frac{a_2}{z^2} + \cdots, \quad \psi_1^0(z) = \frac{b_1}{z} + \frac{b_2}{z^2} + \cdots \tag{8-15}$$

式（8-14）$'$ 中的 B 和 $B' + \mathrm{i}C'$ 有非常简单的物理意义。事实上，将式（8-14）$'$ 代入式（j）和式（k），然后令 $z \to \infty$，则有

$$[\sigma_x + \sigma_y]_\infty = 4B, \quad [\sigma_y - \sigma_x + 2\mathrm{i}\tau_{xy}]_\infty = 2(B' + \mathrm{i}C') \tag{m}$$

这里的 $[\ ]_\infty$ 表示括号内的函数在无穷远处的值。

设 σ_1 和 σ_2 为无穷远处的主应力的值，而 α 为主应力 σ_1 与 Ox 轴的夹角（图 8-3），则由平衡条件有

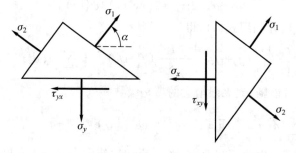

图 8-3

$$[\sigma_x]_\infty = \frac{\sigma_1 + \sigma_2}{2} + \frac{\sigma_1 - \sigma_2}{2}\cos 2\alpha$$

$$[\sigma_y]_\infty = \frac{\sigma_1 + \sigma_2}{2} - \frac{\sigma_1 - \sigma_2}{2}\cos 2\alpha$$

$$[\tau_{xy}]_\infty = \frac{\sigma_1 - \sigma_2}{2}\sin 2\alpha$$

由此很容易得到

$$[\sigma_x + \sigma_y]_\infty = \sigma_1 + \sigma_2$$

$$[\sigma_y - \sigma_x + 2\mathrm{i}\tau_{xy}]_\infty = -(\sigma_1 - \sigma_2)\mathrm{e}^{-2\mathrm{i}\alpha}$$

代入式（m），于是得到

$$B = \frac{1}{4}(\sigma_1 + \sigma_2) \left.\begin{array}{c} \\ \\ \end{array}\right\}$$

$$B' + \mathrm{i}C' = -\frac{1}{2}(\sigma_1 - \sigma_2)\,\mathrm{e}^{-2\mathrm{i}\alpha}$$

$$(8\text{-}16)$$

式(8-16)表示,只要知道了无穷远处的主应力和主应力 σ_1 与 Ox 轴的夹角 α,就可求出常数 B 和 $B' + \mathrm{i}C'$。

§8-6 保角变换和曲线坐标

为了便于根据边界条件确定复位势 $\varphi_1(z)$ 和 $\psi_1(z)$,采用保角变换

$$z = \omega(\zeta) \tag{8-17}$$

把物体在 z 平面上所占的区域变为 ζ 平面上的区域。此时,关系式(8-7),(8-8),(8-10)和(8-11)也将相应地发生变化。引进记号

$$\begin{aligned} \varphi(\zeta) &= \varphi_1(z) = \varphi_1[\omega(\zeta)] \\ \psi(\zeta) &= \psi_1(z) = \psi_1[\omega(\zeta)] \\ \Phi(\zeta) &= \varphi_1'(z) = \varphi'(\zeta)\frac{\mathrm{d}\zeta}{\mathrm{d}z} = \frac{\varphi'(\zeta)}{\omega'(\zeta)} \\ \Psi(\zeta) &= \psi_1'(z) = \psi'(\zeta)\frac{\mathrm{d}\zeta}{\mathrm{d}z} = \frac{\psi'(\zeta)}{\omega'(\zeta)} \\ \Phi'(\zeta) &= \varphi_1''(z)\omega'(\zeta) \end{aligned}\right\} \tag{8-18}$$

这样,式(8-7)变为

$$2G(u + \mathrm{i}v) = \frac{3-\nu}{1+\nu}\varphi(\zeta) - \frac{\omega(\zeta)}{\overline{\omega}'(\overline{\zeta})}\overline{\varphi}'(\overline{\zeta}) - \overline{\psi}(\overline{\zeta}) \tag{8-19}$$

式(8-8)式(8-10)变为

$$\sigma_x + \sigma_y = 2[\Phi(\zeta) + \overline{\Phi}(\overline{\zeta})] = 4\mathrm{Re}[\Phi(\zeta)] \tag{8-20}$$

$$\sigma_y - \sigma_x + 2\mathrm{i}\tau_{xy} = \frac{2}{\omega'(\zeta)}[\overline{\omega}(\overline{\zeta})\Phi'(\zeta) + \omega'(\zeta)\Psi(\zeta)] \tag{8-21}$$

而边界条件(8-11)变为

$$\varphi(\zeta) + \frac{\omega(\zeta)}{\overline{\omega}'(\overline{\zeta})}\overline{\varphi}'(\overline{\zeta}) + \overline{\psi}(\overline{\zeta}) = \mathrm{i}\int_{AB}(\overline{f}_x + \mathrm{i}\overline{f}_y)\,\mathrm{d}s \tag{8-22}$$

式(8-22)的等号两边都是变换后的区域边界点的函数。

由于在一些问题中用曲线坐标形式表示位移和应力有利于物体的应变和应力分析,下面介绍一下有关曲线坐标的概念。

大家知道,ζ 平面上的任何一点可表示为

$$\zeta = \rho\mathrm{e}^{\mathrm{i}\varphi} = \rho(\cos\varphi + \mathrm{i}\sin\varphi) \tag{a}$$

ρ 和 φ 是 ζ 点的极坐标。ζ 平面上的一个圆周 $\rho = \mathrm{const}$ 和一根径向直线 $\varphi = \mathrm{const}$ 分别对应于 z 平面上的两根曲线,这两根曲线就记作 $\rho = \mathrm{const}$ 和 $\varphi = \mathrm{const}$,如图 8-4 所示。于是,ρ 和 φ 可以看作是 z 平面上一点的曲线坐标。由于变换的保角性,这个曲线坐

标总是正交的,而且坐标轴 ρ 和 φ 的相对位置和坐标
轴 Ox 和 Oy 的相对位置相同。

若用 u_ρ 和 u_φ 分别表示图 8-4 中 z 点的位移矢量
在 ρ 轴和 φ 轴上的投影, α 表示 ρ 轴与 Ox 轴间的夹
角,则由几何关系

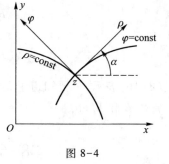

图 8-4

$$u = u_\rho \cos \alpha - u_\varphi \sin \alpha, \quad v = u_\rho \sin \alpha + u_\varphi \cos \alpha$$

于是有

$$\begin{aligned}
u + iv &= (u_\rho \cos \alpha - u_\varphi \sin \alpha) + i(u_\rho \sin \alpha + u_\varphi \cos \alpha) \\
&= u_\rho(\cos \alpha + i \sin \alpha) + iu_\varphi(\cos \alpha + i \sin \alpha) \\
&= (u_\rho + iu_\varphi)(\cos \alpha + i \sin \alpha) = (u_\rho + iu_\varphi)e^{i\alpha}
\end{aligned}$$

或

$$u_\rho + iu_\varphi = (u + iv)e^{-i\alpha} \tag{b}$$

为了计算 $e^{-i\alpha}$,假想沿 ρ 轴方向给 z 点以增量 dz,因而对应点 ζ 沿径线方向得到增
量 $d\zeta$,于是有

$$dz = |dz|(\cos \alpha + i \sin \alpha) = e^{i\alpha}|dz|$$

$$d\zeta = |d\zeta|(\cos \varphi + i \sin \varphi) = e^{i\varphi}|d\zeta|$$

这样

$$e^{i\alpha} = \frac{dz}{|dz|} = \frac{\omega'(\zeta)d\zeta}{|\omega'(\zeta)||d\zeta|} = e^{i\varphi}\frac{\omega'(\zeta)}{|\omega'(\zeta)|} = \frac{\zeta}{\rho}\frac{\omega'(\zeta)}{|\omega'(\zeta)|}$$

将上式两边共轭,有

$$e^{-i\alpha} = \frac{\bar{\zeta}}{\rho}\frac{\overline{\omega}'(\bar{\zeta})}{|\omega'(\zeta)|} \tag{c}$$

代入式(b),再利用式(8-19),得到

$$2G(u_\rho + iu_\varphi) = \frac{\bar{\zeta}}{\rho}\frac{\overline{\omega}'(\bar{\zeta})}{|\omega'(\zeta)|}\left[\frac{3-\nu}{1+\nu}\varphi(\zeta) - \frac{\omega(\zeta)}{\overline{\omega}'(\bar{\zeta})}\overline{\varphi}'(\bar{\zeta}) - \overline{\psi}(\bar{\zeta})\right] \tag{8-23}$$

这是曲线坐标中位移的复变函数表示式。

再建立曲线坐标中应力的复变函数表示式。用 $\sigma_\rho, \sigma_\varphi, \tau_{\rho\varphi}$ 表示物体在曲线坐标
中的应力分量,由图 8-5 所示的单元体的平衡,有

$$\sigma_\rho = \frac{\sigma_x + \sigma_y}{2} + \frac{\sigma_x - \sigma_y}{2}\cos 2\alpha + \tau_{xy}\sin 2\alpha$$

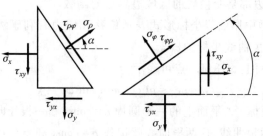

图 8-5

$$\sigma_\varphi = \frac{\sigma_x + \sigma_y}{2} - \frac{\sigma_x - \sigma_y}{2}\cos 2\alpha - \tau_{xy}\sin 2\alpha$$

$$\tau_{\rho\varphi} = -\frac{\sigma_x - \sigma_y}{2}\sin 2\alpha + \tau_{xy}\cos 2\alpha$$

由此不难得到

$$\left.\begin{aligned}
\sigma_\rho + \sigma_\varphi &= \sigma_x + \sigma_y \\
\sigma_\varphi - \sigma_\rho + 2\mathrm{i}\tau_{\rho\varphi} &= (\sigma_y - \sigma_x + 2\mathrm{i}\tau_{xy})\,\mathrm{e}^{2\mathrm{i}\alpha}
\end{aligned}\right\} \tag{d}$$

这里的

$$\mathrm{e}^{2\mathrm{i}\alpha} = \frac{\zeta^2}{\rho^2}\frac{[\omega'(\zeta)]^2}{|\omega'(\zeta)|^2} = \frac{\zeta^2}{\rho^2}\frac{[\omega'(\zeta)]^2}{\omega'(\zeta)\overline{\omega}'(\bar\zeta)} = \frac{\zeta^2}{\rho^2}\frac{\omega'(\zeta)}{\overline{\omega}'(\bar\zeta)} \tag{e}$$

将式(e)代入式(d),并利用式(8-20)和式(8-21),于是得到

$$\left.\begin{aligned}
\sigma_\rho + \sigma_\varphi &= 2[\Phi(\zeta) + \overline{\Phi(\bar\zeta)}] = 4\mathrm{Re}[\Phi(\zeta)] \\
\sigma_\varphi - \sigma_\rho + 2\mathrm{i}\tau_{\rho\varphi} &= \frac{2\zeta^2}{\rho^2\overline{\omega}'(\bar\zeta)}[\overline{\omega}(\bar\zeta)\Phi'(\zeta) + \omega'(\zeta)\Psi(\zeta)]
\end{aligned}\right\} \tag{8-24}$$

§8-7 单孔无限域上的复位势公式

在平面问题中,孔口问题最能显示出复变函数解法的优越性,下面讨论的,只限于具有单孔的无限域(例如无限平板)情况。

对于具有单孔的无限域,复位势可表示成式(8-14)′的形式,即

$$\left.\begin{aligned}
\varphi_1(z) &= -\frac{1+\nu}{8\pi}(f_x + \mathrm{i}f_y)\ln z + Bz + \varphi_1^0(z) \\
\psi_1(z) &= \frac{3-\nu}{8\pi}(f_x - \mathrm{i}f_y)\ln z + (B' + \mathrm{i}C')z + \psi_1^0(z)
\end{aligned}\right\} \tag{a}$$

这里的 f_x 和 f_y 表示作用在孔边上的面力主矢量的两个分量,常数 B 和 $B'+\mathrm{i}C'$ 由无限远处的应力状态确定[见式(8-16)]。因此,对于确定的材料和确定的外力,$\varphi_1(z)$ 和 $\psi_1(z)$ 中的前两项是已知的,留下的只需求出孔外(包括无穷远点)的解析函数 $\varphi_1^0(z)$ 和 $\psi_1^0(z)$ 就算问题解决了。

为了使问题变得更简单一些,先将孔边外部物体所占的无穷区域(z 平面)变成单位圆外部的区域[1],然后求解。这个变换函数的最一般形式为

$$z = \omega(\zeta) = R\left(\zeta + \sum_{k=1}^{n} a_k\zeta^{-k}\right)$$

其中,n 为有限大的正整数,R 为实数,a_k 一般为复数,而 $\sum_{k=1}^{n}|a_k| \leqslant 1$。

经过这个变换以后,请读者自己证明,式(a)变为

---

[1] 也可将孔外部所占的平面区域变成单位圆的内部。

$$\left.\begin{aligned}\varphi(\zeta) &= -\frac{1+\nu}{8\pi}(f_x + \mathrm{i}f_y)\ln\zeta + BR\zeta + \varphi_0(\zeta)\\[2mm]\psi(\zeta) &= \frac{3-\nu}{8\pi}(f_x - \mathrm{i}f_y)\ln\zeta + (B' + \mathrm{i}C')R\zeta + \psi_0(\zeta)\end{aligned}\right\} \quad (8\text{-}25)$$

$\varphi_0(\zeta)$ 和 $\psi_0(\zeta)$ 是单位圆外(包括无穷远点)的解析函数,它们能展成如下的幂级数

$$\varphi_0(\zeta) = \frac{a_1}{\zeta} + \frac{a_2}{\zeta^2} + \frac{a_3}{\zeta^3} + \cdots, \quad \psi_0(\zeta) = \frac{b_1}{\zeta} + \frac{b_2}{\zeta^2} + \frac{b_3}{\zeta^3} + \cdots \quad (8\text{-}26)$$

式(8-22)中的 ζ,现在表示单位圆周上的点,改用 σ 表示;并将其等号右边的 $\mathrm{i}\displaystyle\int(\overline{f}_x + \mathrm{i}\overline{f}_y)\mathrm{d}s$ 记作 $f(\sigma)$,即

$$f(\sigma) = \mathrm{i}\int(\overline{f}_x + \mathrm{i}\overline{f}_y)\mathrm{d}s \quad (8\text{-}27)$$

则 $\varphi(\zeta)$ 和 $\psi(\zeta)$ 满足如下的边界条件:

$$\varphi(\sigma) + \frac{\omega(\sigma)}{\overline{\omega}'(\overline{\sigma})}\overline{\varphi}'(\overline{\sigma}) + \overline{\psi}(\overline{\sigma}) = f(\sigma) \quad (8\text{-}28)$$

将式(8-25)代入式(8-28)并移项,加以整理,得 $\varphi_0(\zeta)$ 和 $\psi_0(\zeta)$ 所满足的边界条件:

$$\varphi_0(\sigma) + \frac{\omega(\sigma)}{\overline{\omega}'(\overline{\sigma})}\overline{\varphi}_0'(\overline{\sigma}) + \overline{\psi}_0(\overline{\sigma})$$

$$= f(\sigma) + \frac{f_x + \mathrm{i}f_y}{2\pi}\ln\sigma + \frac{1+\nu}{8\pi}(f_x - \mathrm{i}f_y)\frac{\sigma\omega(\sigma)}{\overline{\omega}'(\overline{\sigma})} - BR\left[\sigma + \frac{\omega(\sigma)}{\overline{\omega}'(\overline{\sigma})}\right] - \frac{(B' - \mathrm{i}C')R}{\sigma} \quad (8\text{-}29)$$

如果将等号右边的函数记作 $f_0(\sigma)$,即

$$f_0(\sigma) = f(\sigma) + \frac{f_x + \mathrm{i}f_y}{2\pi}\ln\sigma + \frac{1+\nu}{8\pi}(f_x - \mathrm{i}f_y)\frac{\sigma\omega(\sigma)}{\overline{\omega}'(\overline{\sigma})} - BR\left[\sigma + \frac{\omega(\sigma)}{\overline{\omega}'(\overline{\sigma})}\right] - \frac{(B' - \mathrm{i}C')R}{\sigma}$$

$$(8\text{-}30)$$

则式(8-29)可写成

$$\varphi_0(\sigma) + \frac{\omega(\sigma)}{\overline{\omega}'(\overline{\sigma})}\overline{\varphi}_0'(\overline{\sigma}) + \overline{\psi}_0(\overline{\sigma}) = f_0(\sigma) \quad (8\text{-}29)'$$

由式(8-27)和式(8-30)可以看出,只要知道了孔边的面力和无穷远处的应力状态,$f_0(\sigma)$ 是很容易求得的。式(8-29)′又可写成

$$\overline{\varphi}_0(\overline{\sigma}) + \frac{\overline{\omega}(\overline{\sigma})}{\omega'(\sigma)}\varphi_0'(\sigma) + \psi_0(\sigma) = \overline{f}_0(\overline{\sigma}) \quad (8\text{-}29)''$$

为了求得 $\varphi_0(\zeta)$,将式(8-29)′等号两边同乘以 $\dfrac{1}{\sigma - \zeta}$(这里的 ζ 表示单位圆外的任意一点,在以下推导中视为固定的),然后环绕单位圆周 γ 逆时针方向作回路积分,即

$$\int_\gamma \frac{\varphi_0(\sigma)\mathrm{d}\sigma}{\sigma - \zeta} + \int_\gamma \frac{\omega(\sigma)}{\overline{\omega}'(\overline{\sigma})}\frac{\overline{\varphi}_0'(\overline{\sigma})\mathrm{d}\sigma}{\sigma - \zeta} + \int_\gamma \frac{\overline{\psi}_0(\overline{\sigma})\mathrm{d}\sigma}{\sigma - \zeta} = \int_\gamma \frac{f_0(\sigma)\mathrm{d}\sigma}{\sigma - \zeta} \quad (8\text{-}31)$$

式(8-31)等号左边的第一个积分,由外部区域的柯西积分公式[①]得

$$\int_\gamma \frac{\varphi_0(\sigma)\,\mathrm{d}\sigma}{\sigma-\zeta} = -2\pi\mathrm{i}\varphi_0(\zeta) \tag{b}$$

下面,证明式(8-31)等号左边的第三个积分等于零,即

$$\int_\gamma \frac{\overline{\psi}_0(\overline{\sigma})\,\mathrm{d}\sigma}{\sigma-\zeta} = \int_\gamma \frac{\overline{\psi}_0\left(\dfrac{1}{\sigma}\right)\mathrm{d}\sigma}{\sigma-\zeta} = 0 \tag{c}$$

这里,用到了 $\sigma\,\overline{\sigma}=1,\overline{\sigma}=\dfrac{1}{\sigma}$。

事实上,因为 $\psi_0(\zeta)$ 在单位圆外包括无穷远点是解析的,所以,能展成如下的幂级数

$$\psi_0(\zeta) = \frac{b_1}{\zeta} + \frac{b_2}{\zeta^2} + \frac{b_3}{\zeta^3} + \cdots$$

这里,略去了对应力无关的常数项。为便于论证,仍将单位圆外的点记作 ζ_0,单位圆内的点记作 ζ_1。这样,上述级数可改写成

$$\psi_0(\zeta_0) = \frac{b_1}{\zeta_0} + \frac{b_2}{\zeta_0^2} + \frac{b_3}{\zeta_0^3} + \cdots$$

将其共轭,得

$$\overline{\psi}_0(\overline{\zeta}_0) = \frac{\overline{b}_1}{\overline{\zeta}_0} + \frac{\overline{b}_2}{\overline{\zeta}_0^2} + \frac{\overline{b}_3}{\overline{\zeta}_0^3} + \cdots \tag{d}$$

显然,对任意的 ζ_0 而言,这是一个收敛级数。设

$$\zeta_0 = \rho_0 \mathrm{e}^{\mathrm{i}\varphi}$$

则

$$\overline{\zeta}_0 = \rho_0 \mathrm{e}^{-\mathrm{i}\varphi}, \qquad \frac{1}{\overline{\zeta}_0} = \frac{1}{\rho_0} \mathrm{e}^{\mathrm{i}\varphi}$$

因 $\rho_0>1$,所以,当 ζ_0 在单位圆外变化时,则 $\dfrac{1}{\overline{\zeta}_0}=\dfrac{1}{\rho_0}\mathrm{e}^{\mathrm{i}\varphi}$ 在单位圆内变化$\left(\text{因}\dfrac{1}{\rho_0}<1\right)$。现取

$$\zeta_1 = \frac{1}{\overline{\zeta}_0} \quad \text{或} \quad \overline{\zeta}_0 = \frac{1}{\zeta_1}$$

这样,级数(d)又可写为

$$\overline{\psi}_0\left(\frac{1}{\zeta_1}\right) = \overline{b}_1\zeta_1 + \overline{b}_2\zeta_1^2 + \overline{b}_3\zeta_1^3 + \cdots$$

显然,对任意 ζ_1 而言,这个级数是收敛的。由此可以看出, $\overline{\psi}_0\left(\dfrac{1}{\zeta_1}\right)$ 是单位圆内的解析函数,且以式(8-31)左边第三个积分号下的函数 $\overline{\psi}_0(\overline{\sigma})=\overline{\psi}_0\left(\dfrac{1}{\sigma}\right)$ 为边界值。现作

---

① 见参考文献[51]第 206 页叙述。

函数

$$\frac{\overline{\psi}_0\left(\dfrac{1}{\zeta_1}\right)}{\zeta_1-\zeta_0}$$

显然,这个函数也是单位圆内的解析函数,且以式(8-31)等号左边第三个积分的被积

函数 $\dfrac{\overline{\psi}_0\left(\dfrac{1}{\sigma}\right)}{\sigma-\zeta}$ 为边界值。利用柯西定理,就得到式(c)给出的结论。

将式(b)和式(c)代入式(8-31),得

$$-\varphi_0(\zeta)+\frac{1}{2\pi i}\int_\gamma \frac{\omega(\sigma)}{\overline{\omega}'(\overline{\sigma})}\frac{\overline{\varphi}_0'(\overline{\sigma})\,\mathrm{d}\sigma}{\sigma-\zeta}=\frac{1}{2\pi i}\int_\gamma \frac{f_0(\sigma)\,\mathrm{d}\sigma}{\sigma-\zeta} \tag{8-32}$$

同样,如将式(8-29)″等号两边同乘以 $\dfrac{1}{\sigma-\zeta}$,并环绕单位圆周 γ 逆时针方向作回路

积分,并按同样方法求得

$$\int_\gamma \frac{\psi_0(\sigma)\,\mathrm{d}\sigma}{\sigma-\zeta}=-2\pi i\psi_0(\zeta),\qquad \int_\gamma \frac{\overline{\varphi}_0(\overline{\sigma})\,\mathrm{d}\sigma}{\sigma-\zeta}=0$$

于是得

$$-\psi_0(\zeta)+\frac{1}{2\pi i}\int_\gamma \frac{\overline{\omega}(\overline{\sigma})}{\omega'(\sigma)}\frac{\varphi_0'(\sigma)\,\mathrm{d}\sigma}{\sigma-\zeta}=\frac{1}{2\pi i}\int_\gamma \frac{\overline{f}_0(\overline{\sigma})\,\mathrm{d}\sigma}{\sigma-\zeta} \tag{8-33}$$

式(8-32)和式(8-33)等号左边的积分,在 $z=\omega(\zeta)$ 为有理函数时,是能求出来的,这样,它们就给出了求 $\varphi_0(\zeta)$ 和 $\psi_0(\zeta)$ 的公式。求得了 $\varphi_0(\zeta)$ 和 $\psi_0(\zeta)$,代入式(8-25),就可求得 $\varphi(\zeta)$ 和 $\psi(\zeta)$,再由式(8-18)求 $\Phi(\zeta)$ 和 $\Psi(\zeta)$,最后由式(8-23)和式(8-24)分别求出曲线坐标中的位移分量和应力分量。

§8-8　椭圆孔情况

为了说明式(8-25)、式(8-32)和式(8-33)的应用,介绍无限域的孔边为椭圆形的情况。在 z 平面上的椭圆孔的外部区域到 ζ 平面上单位圆外部区域的变换函数为

$$z=\omega(\zeta)=R\left(\zeta+\frac{m}{\zeta}\right) \tag{8-34}$$

这里,R 和 m 均为实常数,$0\leqslant m\leqslant 1$。容易验证,单位圆 $|\zeta|=1$ 对应于 z 平面上中心在原点的椭圆,其半轴为(如图8-6所示)

$$a=R(1+m),\quad b=R(1-m)$$

所以,在实际问题中,当已知椭圆的半轴 a 和 b 时,就可定出式(8-34)中的 R 和 m,即

$$R=\frac{a+b}{2},\quad m=\frac{a-b}{a+b} \tag{a}$$

现在要分别计算式(8-32)和式(8-33)等号左边的积分。为此,先根据式(8-34)求得

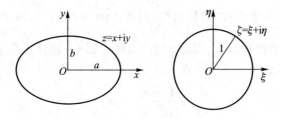

图 8-6

$$\frac{\overline{\omega(\sigma)}}{\overline{\omega'(\overline{\sigma})}} = \frac{1}{\sigma} \frac{\sigma^2 + m}{1 - m\sigma^2}$$

将它代入式(8-32)等号左边的积分,得

$$\frac{1}{2\pi i}\int_\gamma \frac{\overline{\omega(\sigma)}}{\overline{\omega'(\overline{\sigma})}} \frac{\overline{\varphi}'_0(\overline{\sigma})\,\mathrm{d}\sigma}{\sigma - \zeta} = \frac{1}{2\pi i}\int_\gamma \frac{1}{\sigma} \frac{\sigma^2 + m}{1 - m\sigma^2} \frac{\overline{\varphi}'_0(\overline{\sigma})\,\mathrm{d}\sigma}{\sigma - \zeta} \qquad (b)$$

作函数

$$f_1(\zeta_1) = \frac{1}{\zeta_1} \frac{\zeta_1^2 + m}{1 - m\zeta_1^2} \overline{\varphi}'_0\left(\frac{1}{\zeta_1}\right)\frac{1}{\zeta_1 - \zeta_0}$$

不难从式(8-26)得到

$$\frac{1}{\zeta_1}\overline{\varphi}'_0\left(\frac{1}{\zeta_1}\right) = \frac{1}{\zeta_1}(-\overline{a}_1\zeta_1^2 - 2\overline{a}_2\zeta_1^3 - 3\overline{a}_3\zeta_1^4 - \cdots) = -\overline{a}_1\zeta_1 - 2\overline{a}_2\zeta_1^2 - 3\overline{a}_3\zeta_1^3 - \cdots$$

显然它为单位圆内的解析函数;另外,由于 $0 \leqslant m \leqslant 1$,$\zeta_0$ 为单位圆外的任意点,$\dfrac{\zeta_1^2 + m}{1 - m\zeta_1^2}$,

$\dfrac{1}{\zeta_1 - \zeta_0}$ 也为单位圆内的解析函数。由此可知,$f(\zeta_1)$ 为单位圆内的解析函数,且显然以式(b)中积分号内的被积函数为边界值。由柯西定理,这个积分应等于零,即

$$\frac{1}{2\pi i}\int_\gamma \frac{\overline{\omega(\sigma)}}{\overline{\omega'(\overline{\sigma})}} \frac{\overline{\varphi}'_0(\overline{\sigma})\,\mathrm{d}\sigma}{\sigma - \zeta} = \frac{1}{2\pi i}\int_\gamma \frac{1}{\sigma} \frac{\sigma^2 + m}{1 - m\sigma^2} \frac{\overline{\varphi}'_0(\overline{\sigma})\,\mathrm{d}\sigma}{\sigma - \zeta} = 0 \qquad (c)$$

再从式(8-34)求得

$$\frac{\overline{\omega(\overline{\sigma})}}{\omega'(\sigma)} = \sigma \frac{1 + m\sigma^2}{\sigma^2 - m} \qquad (d)$$

将它代入式(8-33)等号左边的积分,得

$$\frac{1}{2\pi i}\int_\gamma \frac{\overline{\omega(\overline{\sigma})}}{\omega'(\sigma)} \frac{\varphi'_0(\sigma)\,\mathrm{d}\sigma}{\sigma - \zeta} = \frac{1}{2\pi i}\int_\gamma \sigma \frac{1 + m\sigma^2}{\sigma^2 - m} \frac{\varphi'_0(\sigma)\,\mathrm{d}\sigma}{\sigma - \zeta} \qquad (e)$$

现作函数

$$f(\zeta_0) = \zeta_0 \frac{1 + m\zeta_0^2}{\zeta_0^2 - m} \varphi'_0(\zeta_0)$$

由式(8-26)知,其中的因子

$$\zeta_0 \varphi'_0(\zeta_0) = -\frac{a_1}{\zeta_0} - \frac{2a_2}{\zeta_0^2} - \frac{3a_3}{\zeta_0^3} - \cdots$$

为单位圆外(包括无穷远点)的解析函数;另外,由于 $0 \leqslant m \leqslant 1$,因子 $\dfrac{1+m\zeta_0^2}{\zeta_0^2-m}$ 也是单位圆

外(包括无穷远点)的解析函数,因此,$f(\zeta_0)$ 为单位圆外(包括无穷远点)的解析函数,

且以式(e)积分号下的

$$\sigma \frac{1+m\sigma^2}{\sigma^2-m} \varphi_0'(\sigma)$$

为边界值。由区域外部的柯西积分公式,得

$$\frac{1}{2\pi i} \int_\gamma \sigma \frac{1+m\sigma^2}{\sigma^2-m} \frac{\varphi_0'(\sigma)\, d\sigma}{\sigma-\zeta} = -\zeta \frac{1+m\zeta^2}{\zeta^2-m} \varphi_0'(\zeta) \tag{f}$$

分别将式(c)和式(f)代入式(8-32)和式(8-33),就得到具有椭圆孔的无限域上的解

析函数 $\varphi_0(\zeta)$ 和 $\psi_0(\zeta)$ 的公式:

$$\left. \begin{aligned} \varphi_0(\zeta) &= -\frac{1}{2\pi i} \int_\gamma \frac{f_0(\sigma)\, d\sigma}{\sigma-\zeta} \\[2mm] \psi_0(\zeta) &= -\frac{1}{2\pi i} \int_\gamma \frac{\overline{f_0}(\overline{\sigma})\, d\sigma}{\sigma-\zeta} - \zeta \frac{1+m\zeta^2}{\zeta^2-m} \varphi_0'(\zeta) \end{aligned} \right\} \tag{8-35}$$

现举三个具体的例子。

例 8-1   具有小椭圆孔的平板受单向均匀
拉伸(拉应力为 q),坐标选取如图 8-7 所示。
求孔边应力。

解   由于椭圆孔很小,故此平板可看成无
限大板。

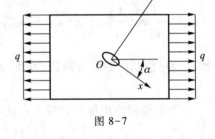

图 8-7

根据题设条件,孔边不受外力,所以有

$$f_x = f_y = 0, \quad f(\sigma) = 0 \tag{g}$$

在无穷远处,主应力 $\sigma_1 = q, \sigma_2 = 0$,所以由式(8-16),有

$$\left. \begin{aligned} B &= \frac{1}{4}(\sigma_1 + \sigma_2) = \frac{q}{4} \\[2mm] B' + iC' &= -\frac{1}{2}(\sigma_1 - \sigma_2) e^{-2i\alpha} = -\frac{q}{2} e^{-2i\alpha} \\[2mm] B' - iC' &= -\frac{q}{2} e^{2i\alpha} \end{aligned} \right\} \tag{h}$$

将式(g)和式(h)代入式(8-30),得

$$f_0(\sigma) = -\frac{qR}{4} \left[\sigma + \frac{\sigma^2+m}{\sigma(1-m\sigma^2)} \right] + \frac{qRe^{2i\alpha}}{2\sigma}$$

$$\overline{f_0}(\overline{\sigma}) = -\frac{qR}{4} \left[\frac{1}{\sigma} + \frac{1+m\sigma^2}{\sigma^2-m}\sigma \right] + \frac{qRe^{-2i\alpha}}{2}\sigma$$

再将 $f_0(\sigma)$ 和 $\overline{f_0}(\overline{\sigma})$ 代入式(8-35),先注意以下两个积分:

$$\frac{1}{2\pi i} \int_\gamma \frac{\sigma^2+m}{\sigma(1-m\sigma^2)} \frac{d\sigma}{\sigma-\zeta} \tag{i}$$

$$\frac{1}{2\pi i}\int_\gamma \sigma\,\frac{1+m\sigma^2}{\sigma^2-m}\,\frac{d\sigma}{\sigma-\zeta} \qquad\qquad (j)$$

由于其中的 ζ 是单位圆外的任意一点,所以不难看出,积分(i)的被积函数是单位圆内

(除 $\zeta_1=0$ 为一阶奇点)的解析函数 $\dfrac{\zeta_1^2+m}{\zeta_1(1-m\zeta_1^2)(\zeta_1-\zeta_0)}$ 的边界值。于是,由留数理论得

$$\frac{1}{2\pi i}\int_\gamma \frac{\sigma^2+m}{\sigma(1-m\sigma^2)}\,\frac{d\sigma}{\sigma-\zeta}=-\frac{m}{\zeta}$$

同样,积分(j)的被积函数是单位圆内(除 $\zeta_1=\pm\sqrt{m}$ 各为一阶奇点)的解析函数

$\dfrac{\zeta_1(1+m\zeta_1^2)}{(\zeta_1^2-m)(\zeta_1-\zeta_0)}$ 的边界值,由留数理论有

$$\frac{1}{2\pi i}\int_\gamma \sigma\,\frac{1+m\sigma^2}{\sigma^2-m}\,\frac{d\sigma}{\sigma-\zeta}=-\frac{(1+m^2)\zeta}{\zeta^2-m}$$

其次,显然有

$$\frac{1}{2\pi i}\int_\gamma \frac{\sigma d\sigma}{\sigma-\zeta}=0,\qquad \frac{1}{2\pi i}\int_\gamma \frac{d\sigma}{\sigma(\sigma-\zeta)}=-\frac{1}{\zeta}$$

因此,得

$$\varphi_0(\zeta)=-\frac{mqR}{4\zeta}+\frac{qRe^{2i\alpha}}{2\zeta}=\frac{qR(2e^{2i\alpha}-m)}{4\zeta}$$

$$\psi_0(\zeta)=-\frac{qR}{4\zeta}-\frac{qR(1+m^2)\zeta}{4(\zeta^2-m)}-\zeta\,\frac{1+m\zeta^2}{\zeta^2-m}\varphi_0'(\zeta)$$

最后由式(8-25),得到

$$\left.\begin{aligned}
\varphi(\zeta)&=\frac{qR}{4}\left(\zeta+\frac{2e^{2i\alpha}-m}{\zeta}\right)\\[2mm]
\psi(\zeta)&=-\frac{qR}{2}\left[e^{-2i\alpha}\zeta+\frac{e^{2i\alpha}}{m\zeta}-\frac{(1+m^2)(e^{2i\alpha}-m)}{m}\,\frac{\zeta}{\zeta^2-m}\right]
\end{aligned}\right\} \qquad (k)$$

求位移和应力没有任何困难,可由公式(8-23)和(8-24)求得。下面只限于计算

$$\sigma_\rho+\sigma_\varphi=4\mathrm{Re}[\Phi(\zeta)]$$

由于

$$4\Phi(\zeta)=\frac{4\varphi'(\zeta)}{\omega'(\zeta)}=q\,\frac{\zeta^2+m-2e^{2i\alpha}}{\zeta^2-m}=q\,\frac{(\rho^2 e^{2i\varphi}+m-2e^{2i\alpha})(\rho^2 e^{-2i\varphi}-m)}{(\rho^2 e^{2i\varphi}-m)(\rho^2 e^{-2i\varphi}-m)}$$

将其代入上式取实部,得到

$$\sigma_\rho+\sigma_\varphi=q\,\frac{\rho^4-2\rho^2\cos 2(\varphi-\alpha)-m^2+2m\cos 2\alpha}{\rho^4-2m\rho^2\cos 2\varphi+m^2}$$

在孔边上($\rho=1$),$\sigma_\rho=0$,因此,沿孔边,σ_φ 将由公式

$$\sigma_\varphi=q\,\frac{1-m^2+2m\cos 2\alpha-2\cos 2(\varphi-\alpha)}{1-2m\cos 2\varphi+m^2}$$

给出。

当 $\alpha=0$ 时(拉应力 q 与 Ox 轴平行),孔边应力为

$$\sigma_\varphi = q\frac{1-m^2+2m-2\cos 2\varphi}{1+m^2-2m\cos 2\varphi}$$

最大正应力为

$$\sigma_{\max} = (\sigma_\varphi)_{\varphi=\pm\frac{\pi}{2}} = q\frac{3+2m-m^2}{1+2m+m^2} = q\frac{3-m}{1+m}$$

最小正应力为

$$\sigma_{\min} = (\sigma_\varphi)_{\varphi=0,\pi} = q\frac{-m^2+2m-1}{1+m^2-2m} = -q$$

例 8-2 设一无限大板在其椭圆孔边受均匀压力作用，压强为 q，如图 8-8 所示。求孔边应力。

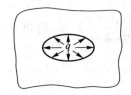

图 8-8

解 在此情况下，面力矢量的两个分量为

$$\bar{f}_x = -q\cos(v,x) = -ql$$

$$\bar{f}_y = -q\cos(v,y) = -qm$$

而在弧长 $\mathrm{d}s$ 上的面力主矢量为

$$(\bar{f}_x+\mathrm{i}\bar{f}_y)\mathrm{d}s = -q(l\mathrm{d}s+\mathrm{i}m\mathrm{d}s) = -q(\mathrm{d}y-\mathrm{i}\mathrm{d}x) = \mathrm{i}q(\mathrm{d}x+\mathrm{i}\mathrm{d}y) = \mathrm{i}q\mathrm{d}z$$

注意整个孔边的面力主矢量 $f_x=f_y=0$（外力是平衡力系），而且，$B=0$，$B'-\mathrm{i}C'=0$（因无穷远处的 $\sigma_1=\sigma_2=0$）。因此，由式(8-30)有

$$f_0(\sigma) = f(\sigma) = \mathrm{i}\int(\bar{f}_x+\mathrm{i}\bar{f}_y)\mathrm{d}s = -q\int\mathrm{d}z = -qz = -qR\left(\sigma+\frac{m}{\sigma}\right)$$

$$\bar{f}_0(\bar{\sigma}) = \bar{f}(\bar{\sigma}) = -qR\left(\frac{1}{\sigma}+m\sigma\right)$$

进行与上述相同的运算，可以得出

$$\varphi_0(\zeta) = \varphi(\zeta) = -\frac{qRm}{\zeta}$$

$$\psi_0(\zeta) = \psi(\zeta) = -\frac{qR}{\zeta} - \frac{qRm}{\zeta}\frac{1+m\zeta^2}{\zeta^2-m}$$

并得出孔边应力：

$$(\sigma_\varphi)_{\rho=1} = q\frac{1-3m^2+2m\cos 2\varphi}{1+m^2-2m\cos 2\varphi}$$

最大正应力和最小正应力分别为

$$\sigma_{\max} = (\sigma_\varphi)_{\varphi=0,\pi} = \frac{1+3m}{1-m}q = \left(2\frac{a}{b}-1\right)q$$

$$\sigma_{\min} = (\sigma_\varphi)_{\varphi=\pm\frac{\pi}{2}} = \frac{1-3m}{1+m}q = \left(2\frac{b}{a}-1\right)q$$

例 8-3 具有小圆孔(半径为 R)的薄板，孔边一点沿 y 的负向作用一集中力 F，如图 8-9 所示。求复位势和当 R 趋向零时板内的应力分量。

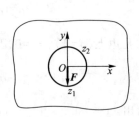

图 8-9

解 对于孔口为圆的特殊情况，若令式(8-34)中的 $m=0$，则它给出了从非单位圆外的无限区域到单位圆外的

无限区域的变换。因此,只要在式(8-35)中,令 $m = 0$,就可得到圆孔情况的相应公式:

$$\left.\begin{array}{l} \varphi_0(\zeta) = -\dfrac{1}{2\pi i}\displaystyle\int_\gamma \dfrac{f_0(\sigma)\,d\sigma}{\sigma-\zeta} \\[3mm] \psi_0(\zeta) = -\dfrac{1}{2\pi i}\displaystyle\int_\gamma \dfrac{\overline{f_0(\overline{\sigma})}\,d\sigma}{\sigma-\zeta} - \dfrac{\varphi_0'(\zeta)}{\zeta} \end{array}\right\} \tag{1}$$

式中的 $f_0(\sigma)$ 可通过将 $\dfrac{\omega(\sigma)}{\omega'(\overline{\sigma})} = \sigma$ 代入式(8-30)而得到,即

$$f_0(\sigma) = f(\sigma) + \frac{f_x + i f_y}{2\pi}\ln\sigma + \frac{1+\nu}{8\pi}(f_x - i f_y)\sigma^2 - 2BR\sigma - \frac{(B'-iC')R}{\sigma} \tag{m}$$

由于在无穷远处应力为零,所以,式(m)中的 B 和 $B'-iC'$ 全为零,再注意到 $f_x = 0$,$f_y = -F$,于是,式(m)简化为

$$f_0(\sigma) = f(\sigma) - \frac{iF}{2\pi}\ln\sigma + \frac{(1+\nu)iF}{8\pi}\sigma^2 \tag{n}$$

而

$$\overline{f_0(\overline{\sigma})} = \overline{f(\overline{\sigma})} - \frac{iF}{2\pi}\ln\sigma - \frac{(1+\nu)iF}{8\pi}\frac{1}{\sigma^2} \tag{o}$$

这里的 $f(\sigma)$ 为(设动点 z 从边界点 z_2 起逆时针围绕,见图 8-9)

$$f(\sigma) = i\int(\overline{f}_x + i\overline{f}_y)\,ds = \begin{cases} 0 & (z\ \text{在}\ z_2 z_1\ \text{间}) \\ F & (z\ \text{在}\ z_1 z_2\ \text{间}) \end{cases} \tag{p}$$

将式(n)和式(p)代入式(1)的第一式,得

$$\varphi_0(\zeta) = -\frac{1}{2\pi i}\int_\gamma \frac{f_0(\sigma)\,d\sigma}{\sigma-\zeta}$$

$$= -\frac{1}{2\pi i}\int_{\sigma_2}^{\sigma_1}\frac{f(\sigma)\,d\sigma}{\sigma-\zeta} - \frac{1}{2\pi i}\int_{\sigma_1}^{\sigma_2}\frac{f(\sigma)\,d\sigma}{\sigma-\zeta} + \frac{iF}{2\pi}\frac{1}{2\pi i}\int_\gamma \frac{\ln\sigma\,d\sigma}{\sigma-\zeta} - \frac{(1+\nu)iF}{8\pi}\frac{1}{2\pi i}\int_\gamma \frac{\sigma^2\,d\sigma}{\sigma-\zeta}$$

这里的 σ_1 和 σ_2 是 z_1 和 z_2 的对应点。

注意到积分

$$\int_{\sigma_2}^{\sigma_1}\frac{f(\sigma)\,d\sigma}{\sigma-\zeta} = 0$$

$$\int_{\sigma_1}^{\sigma_2}\frac{f(\sigma)\,d\sigma}{\sigma-\zeta} = F\int_{\sigma_1}^{\sigma_2}\frac{d\sigma}{\sigma-\zeta} = F\ln\frac{\sigma_2-\zeta}{\sigma_1-\zeta}$$

$$\int_\gamma \frac{\sigma^2\,d\sigma}{\sigma-\zeta} = 0$$

剩下的是计算积分

$$I(\zeta) = \frac{1}{2\pi i}\int_\gamma \frac{\ln\sigma\,d\sigma}{\sigma-\zeta}$$

先求出

$$\frac{dI}{d\zeta} = \frac{1}{2\pi i}\int_\gamma \frac{\ln\sigma\,d\sigma}{(\sigma-\zeta)^2} = -\frac{1}{2\pi i}\int_\gamma \ln\sigma\,d\frac{1}{\sigma-\zeta} = -\frac{1}{2\pi i}\left[\frac{\ln\sigma}{\sigma-\zeta}\right]_{\sigma_2}^{\sigma_2} + \frac{1}{2\pi i}\int_\gamma \frac{d\sigma}{\sigma(\sigma-\zeta)}$$

由留数理论,有

$$\frac{1}{2\pi\mathrm{i}}\int_\gamma \frac{\mathrm{d}\sigma}{\sigma(\sigma-\zeta)}=-\frac{1}{\zeta}$$

另外

$$\left[\frac{\ln\sigma}{\sigma-\zeta}\right]_{\sigma_2}^{\sigma_2}=\frac{2\pi\mathrm{i}}{\sigma_2-\zeta}$$

(因绕行一周后,$\ln\sigma$ 增加 $2\pi\mathrm{i}$),于是

$$\frac{\mathrm{d}I}{\mathrm{d}\zeta}=-\frac{1}{\zeta}-\frac{1}{\sigma_2-\zeta}$$

而

$$I(\zeta)=\ln\ (\sigma_2-\zeta)-\ln\zeta+\mathrm{const}$$

因此得

$$\varphi_0(\zeta)=\frac{\mathrm{i}F}{2\pi}\ln\frac{\sigma_2-\zeta}{\sigma_1-\zeta}+\frac{\mathrm{i}F}{2\pi}\ln\ (\sigma_2-\zeta)-\frac{\mathrm{i}F}{2\pi}\ln\zeta \qquad (\mathrm{q})$$

将式(o)和式(p)代入式(l)的第二式,先计算积分

$$\frac{1}{2\pi\mathrm{i}}\int_\gamma \frac{\overline{f_0}(\overline{\sigma})\mathrm{d}\sigma}{\sigma-\zeta}=\frac{1}{2\pi\mathrm{i}}\int_{\sigma_2}^{\sigma_1}\frac{\overline{f}(\overline{\sigma})\mathrm{d}\sigma}{\sigma-\zeta}+\frac{1}{2\pi\mathrm{i}}\int_{\sigma_1}^{\sigma_2}\frac{\overline{f}(\overline{\sigma})\mathrm{d}\sigma}{\sigma-\zeta}-$$

$$\frac{\mathrm{i}F}{2\pi}\frac{1}{2\pi\mathrm{i}}\int_\gamma \frac{\ln\sigma\mathrm{d}\sigma}{\sigma-\zeta}-\frac{(1+\nu)\mathrm{i}F}{8\pi}\frac{1}{2\pi\mathrm{i}}\int_\gamma \frac{\mathrm{d}\sigma}{\sigma^2(\sigma-\zeta)}$$

容易算出

$$\int_{\sigma_2}^{\sigma_1}\frac{\overline{f}(\overline{\sigma})\mathrm{d}\sigma}{\sigma-\zeta}=0,\qquad \int_{\sigma_1}^{\sigma_2}\frac{\overline{f}(\overline{\sigma})\mathrm{d}\sigma}{\sigma-\zeta}=F\ln\frac{\sigma_2-\zeta}{\sigma_1-\zeta}$$

前面已经算得

$$\frac{1}{2\pi\mathrm{i}}\int_\gamma \frac{\ln\sigma\mathrm{d}\sigma}{\sigma-\zeta}=\ln\ (\sigma_2-\zeta)-\ln\zeta+\mathrm{const}$$

根据区域外部的柯西积分公式,积分

$$\frac{1}{2\pi\mathrm{i}}\int_\gamma \frac{\mathrm{d}\sigma}{\sigma^2(\sigma-\zeta)}=-\frac{1}{\zeta^2}$$

于是

$$\frac{1}{2\pi\mathrm{i}}\int_\gamma \frac{\overline{f}(\overline{\sigma})\mathrm{d}\sigma}{\sigma-\zeta}=\frac{F}{2\pi\mathrm{i}}\ln\frac{\sigma_2-\zeta}{\sigma_1-\zeta}-\frac{\mathrm{i}F}{2\pi}\ln\ (\sigma_2-\zeta)+\frac{\mathrm{i}F}{2\pi}\ln\zeta+\frac{(1+\nu)\mathrm{i}F}{8\pi}\frac{1}{\zeta^2}$$

将此代入式(l)的第二式,并利用式(q),得

$$\psi_0(\zeta)=\frac{\mathrm{i}F}{2\pi}\ln\frac{\sigma_2-\zeta}{\sigma_1-\zeta}+\frac{\mathrm{i}F}{2\pi}\ln\ (\sigma_2-\zeta)-\frac{\mathrm{i}F}{2\pi}\ln\zeta-\frac{(1+\nu)\mathrm{i}F}{8\pi}\frac{1}{\zeta^2}-\frac{\varphi_0'(\zeta)}{\zeta} \qquad (\mathrm{r})$$

注意,上面的 σ_2(在 z 平面上的对应点为 z_2)是任意选择的。现令 $\sigma_2\to\sigma_1$(即 $z_2\to z_1$),于是,式(q),式(r)简化为

$$\varphi_0(\zeta)=\frac{\mathrm{i}F}{2\pi}\ln\ (\sigma_1-\zeta)-\frac{\mathrm{i}F}{2\pi}\ln\zeta \qquad (\mathrm{s})$$

$$\psi_0(\zeta)=\frac{\mathrm{i}F}{2\pi}\ln\ (\sigma_1-\zeta)-\frac{\mathrm{i}F}{2\pi}\ln\zeta-\frac{(1+\nu)\mathrm{i}F}{8\pi}\frac{1}{\zeta^2}-\frac{\varphi_0'(\zeta)}{\zeta}$$

$$= \frac{iF}{2\pi}\ln\ (\sigma_1 - \zeta) - \frac{iF}{2\pi}\ln\ \zeta + \frac{(3-\nu)iF}{8\pi}\frac{1}{\zeta^2} + \frac{iF}{2\pi\zeta(\sigma_1-\zeta)} \tag{t}$$

将式(s)和式(t)代入式(8-25),可得 $\varphi(\zeta)$ 和 $\psi(\zeta)$,由此不难求得应力。

现考虑一个特殊情况,令圆的半径 $R\to0$,则极易得到无限平面受集中力作用的解答。为此,将式(s)和式(t)用原来的坐标表示,即用 $\zeta = \dfrac{z}{R}$ 代回,有

$$\varphi_1^0(z) = \frac{iF}{2\pi}\ln\ (z_1 - z) - \frac{iF}{2\pi}\ln\ z$$

$$\psi_1^0(z) = \frac{iF}{2\pi}\ln\ (z_1 - z) - \frac{iF}{2\pi}\ln\ z + \frac{(3-\nu)iF}{8\pi}\frac{R^2}{z^2} + \frac{iFR^2}{2\pi z(z_1-z)}$$

令 $R\to0$(此时 z_1 也趋向于零),略去与应力无关的常数项,则得

$$\varphi_1^0(z) = 0, \quad \psi_1^0(z) = 0$$

因此,由式(8-14),得到

$$\varphi_1(z) = \frac{(1+\nu)iF}{8\pi}\ln\ z, \quad \psi_1(z) = \frac{(3-\nu)iF}{8\pi}\ln\ z \tag{u}$$

为求应力分量,读者不难利用式(8-8),式(8-10)和§8-6中的式(d),将 α 换成极角 φ,并将 $z = \rho e^{i\varphi}$ 代入,分开实部和虚部,便可求得

$$\sigma_\rho = \frac{3+\nu}{4\pi}\frac{F\sin\ \varphi}{\rho}$$

$$\sigma_\varphi = -\frac{1-\nu}{4\pi}\frac{F\sin\ \varphi}{\rho}$$

$$\tau_{\rho\varphi} = -\frac{1-\nu}{4\pi}\frac{F\cos\ \varphi}{\rho}$$

§8-9 裂纹尖端附近的应力集中

对于图 8-7 所示的具有椭圆孔口的平板的单向拉伸问题,若令短半轴 b 趋向于零,则该孔口退化成 x 方向的、长度为 $2a$ 的贯穿裂纹,如图 8-10 中的 AB 所示。这时,§8-8 中的式(a)和式(8-34)分别简化为

$$R = \frac{a}{2}, \quad m = 1 \tag{a}$$

$$z = \omega(\zeta) = \frac{a}{2}\left(\zeta + \frac{1}{\zeta}\right) \tag{b}$$

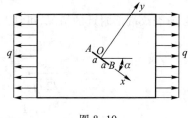

图 8-10

为了求出该问题的复位势 $\varphi(\zeta)$ 和 $\psi(\zeta)$,只需将式(a)代入§8-8中的式(k),于是有

$$\left.\begin{array}{l} \varphi(\zeta) = \dfrac{qa}{8}\left(\zeta + \dfrac{2e^{2i\alpha}-1}{\zeta}\right) \\[4mm] \psi(\zeta) = -\dfrac{qa}{4}\left[e^{-2i\alpha}\zeta + \dfrac{e^{2i\alpha}}{\zeta} - \dfrac{2(e^{2i\alpha}-1)\zeta}{\zeta^2-1}\right] \end{array}\right\} \tag{c}$$

当拉力 q 垂直于裂纹时（这种裂纹称为张开型裂纹,如图 8-11 所示）,令式（c）中 $\alpha = \dfrac{\pi}{2}$,有

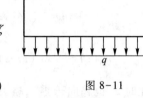

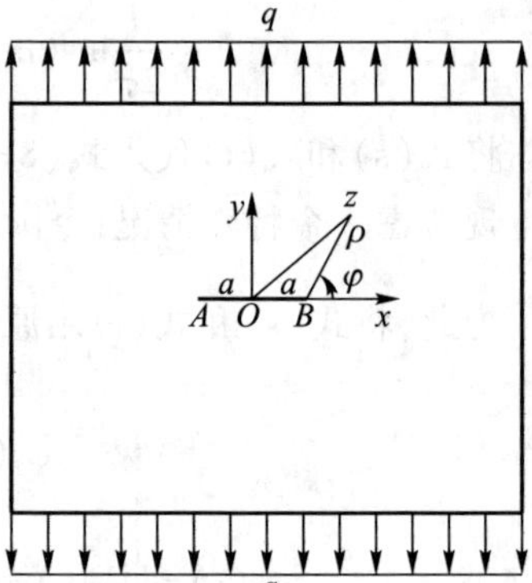

$$\left.\begin{aligned}\varphi(\zeta) &= \frac{qa}{8}\left(\zeta - \frac{3}{\zeta}\right)\\[2mm]\psi(\zeta) &= \frac{qa}{4}\left(\zeta - \frac{1+3\zeta^2}{\zeta(\zeta^2-1)}\right)\end{aligned}\right\}\qquad(\text{d})$$

为便于求出直角坐标中的应力分量,将上式中的 ζ 变换为 z。由式（b）可得

$$\zeta = \frac{z \pm \sqrt{z^2 - a^2}}{a}\qquad(\text{e})$$

图 8-11

根据 ζ 平面上的无穷远点变换到 z 平面上无穷远点的要求,式（e）取正号,即

$$\zeta = \frac{z + \sqrt{z^2 - a^2}}{a}\qquad(\text{f})$$

代入式（d）,有

$$\left.\begin{aligned}\varphi_1(z) &= \frac{q}{4}\left(2\sqrt{z^2 - a^2} - z\right)\\[2mm]\psi_1(z) &= \frac{q}{2}\left(z - \frac{a^2}{\sqrt{z^2 - a^2}}\right)\end{aligned}\right\}\qquad(\text{g})$$

于是,由式（8-8）和式（8-10）,得到

$$\left.\begin{aligned}\sigma_x + \sigma_y &= q\,\mathrm{Re}\left[\frac{2z}{\sqrt{z^2 - a^2}} - 1\right]\\[2mm]\sigma_y - \sigma_x + 2\mathrm{i}\tau_{xy} &= q\left[\frac{2\mathrm{i}a^2 y}{(z^2 - a^2)^{\frac{3}{2}}} + 1\right]\end{aligned}\right\}\qquad(\text{h})$$

为了清楚地表示出裂纹尖端附近的应力分布情况,现采用以裂纹端点 B 为原点的极坐标 ρ, φ,如图 8-11 所示,由图可见

$$z = a + \rho\mathrm{e}^{\mathrm{i}\varphi},\qquad y = \rho\sin\varphi\qquad(\text{i})$$

只考虑裂纹端部附近的情况,可认为 $\rho \ll a$,于是有

$$z \approx a,\quad z^2 - a^2 = 2a\rho\mathrm{e}^{\mathrm{i}\varphi} + \rho^2\mathrm{e}^{2\mathrm{i}\varphi} \approx 2a\rho\mathrm{e}^{\mathrm{i}\varphi}$$

$$\left.\begin{aligned}\frac{1}{\sqrt{z^2 - a^2}} &\approx \frac{1}{\sqrt{2a\rho}}\mathrm{e}^{-\mathrm{i}\varphi/2} = \frac{1}{\sqrt{2a\rho}}\left(\cos\frac{\varphi}{2} - \mathrm{i}\sin\frac{\varphi}{2}\right)\\[2mm]\frac{1}{(z^2 - a^2)^{\frac{3}{2}}} &\approx \frac{1}{(2a\rho)^{\frac{3}{2}}}\mathrm{e}^{-3\mathrm{i}\varphi/2} = \frac{1}{(2a\rho)^{\frac{3}{2}}}\left(\cos\frac{3\varphi}{2} - \mathrm{i}\sin\frac{3\varphi}{2}\right)\end{aligned}\right\}\qquad(\text{j})$$

将式（i）,式（j）代入式（h）,并注意到 $\dfrac{a}{\rho} \gg 1$,得裂纹尖端附近的应力表达式:

$$\sigma_x = q\sqrt{\frac{a}{2\rho}}\cos\frac{\varphi}{2}\left(1-\sin\frac{\varphi}{2}\sin\frac{3\varphi}{2}\right)$$

$$\sigma_y = q\sqrt{\frac{a}{2\rho}}\cos\frac{\varphi}{2}\left(1+\sin\frac{\varphi}{2}\sin\frac{3\varphi}{2}\right) \qquad (8\text{-}36)$$

$$\tau_{xy} = q\sqrt{\frac{a}{2\rho}}\sin\frac{\varphi}{2}\cos\frac{\varphi}{2}\cos\frac{3\varphi}{2}$$

当薄板在裂纹方向和垂直方向受有均布剪力 q 作用时(这种裂纹称为滑开型裂纹,如图 8-12 所示),可将这种受力状况看作是在 $\alpha = \pi/4$ 方向受均匀拉力 q 而在 $\alpha = -\pi/4$ 方向受均匀压力 q 这两种情况的叠加,由式(c)可得

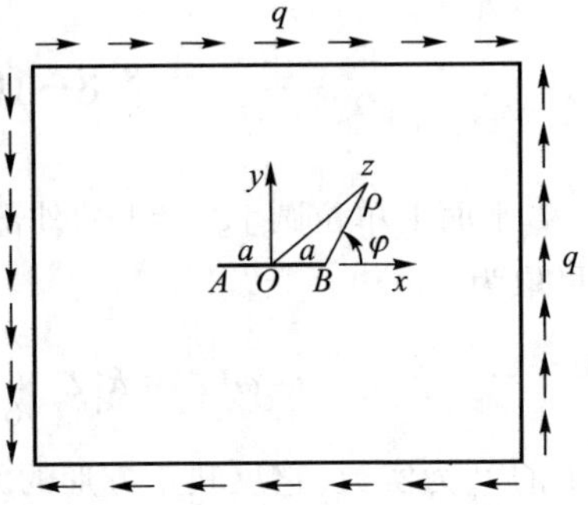

图 8-12

$$\varphi(\zeta) = \frac{qa}{8}\left[\zeta+\frac{2e^{2i\alpha}-1}{\zeta}\right]_{\alpha=\frac{\pi}{4}} - \frac{qa}{8}\left[\zeta+\frac{2e^{2i\alpha}-1}{\zeta}\right]_{\alpha=-\frac{\pi}{4}}$$

$$= i\frac{qa}{2\zeta} \qquad (k)$$

$$\psi(\zeta) = \frac{iqa}{2}\left[\zeta+\frac{\zeta^2+1}{\zeta(\zeta^2-1)}\right] \qquad (l)$$

将式(f)代入上两式,有

$$\varphi_1(z) = \frac{iq}{2}(z-\sqrt{z^2-a^2})$$

$$\psi_1(z) = \frac{iq}{2}\left(2\sqrt{z^2-a^2}+\frac{a^2}{\sqrt{z^2-a^2}}\right) \qquad (m)$$

再由式(8-8)和式(8-10),得到

$$\sigma_x+\sigma_y = -2q\mathrm{Re}\frac{iz}{\sqrt{z^2-a^2}}$$

$$\sigma_y-\sigma_x+2i\tau_{xy} = 2q\left[\frac{iz}{\sqrt{z^2-a^2}}-\frac{a^2 y}{(z^2-a^2)^{\frac{3}{2}}}\right] \qquad (n)$$

仍采用以 B 点为原点的极坐标(图 8-12),则有

$$z = a+\rho e^{i\varphi}$$

考虑到在端点附近,有 $\rho \ll a$,故

$$\frac{z}{\sqrt{z^2-a^2}} \approx \frac{a}{\sqrt{2a\rho e^{i\varphi}}} = \sqrt{\frac{a}{2\rho}}\left(\cos\frac{\varphi}{2}-i\sin\frac{\varphi}{2}\right)$$

$$\frac{a^2 y}{(z^2-a^2)^{3/2}} \approx \sqrt{\frac{a}{2\rho}}\sin\frac{\varphi}{2}\cos\frac{\varphi}{2}\left(\cos\frac{3\varphi}{2}-i\sin\frac{3\varphi}{2}\right)$$

代入式(n),经计算,得裂纹尖端附近的应力表达式:

$$\sigma_x = -q\sqrt{\frac{a}{2\rho}}\sin\frac{\varphi}{2}\left(2+\cos\frac{\varphi}{2}\cos\frac{3\varphi}{2}\right)$$

$$\sigma_y = q\sqrt{\frac{a}{2\rho}}\sin\frac{\varphi}{2}\cos\frac{\varphi}{2}\cos\frac{3\varphi}{2} \tag{8-37}$$

$$\tau_{xy} = q\sqrt{\frac{a}{2\rho}}\cos\frac{\varphi}{2}\left(1-\sin\frac{\varphi}{2}\sin\frac{3\varphi}{2}\right)$$

§8-10　正方形孔情况

ζ 平面上单位圆 $|\zeta|=1$ 的外部区域到 z 平面上正方形边界的外部区域的变换函数可取为

$$z=\omega(\zeta)=R\left(\zeta-\frac{1}{6}\zeta^{-3}+\frac{1}{56}\zeta^{-7}-\frac{1}{176}\zeta^{-11}+\frac{1}{384}\zeta^{-15}-\cdots\right) \tag{a}$$

其中的 R 为实数,它反映正方形的大小。

现将式(a)近似化,先取其中的两项,即

$$z=\omega(\zeta)=R\left(\zeta-\frac{1}{6}\zeta^{-3}\right) \tag{b}$$

以 $\zeta=e^{i\varphi}$ 代入,有

$$x+iy=R\left(e^{i\varphi}-\frac{1}{6}e^{-3i\varphi}\right)=R\left(\cos\varphi+i\sin\varphi-\frac{1}{6}\cos 3\varphi+\frac{1}{6}i\sin 3\varphi\right)$$

将实部和虚部分开,得到 z 平面上孔边曲线的参数方程:

$$x=R\left(\cos\varphi-\frac{1}{6}\cos 3\varphi\right),\quad y=R\left(\sin\varphi+\frac{1}{6}\sin 3\varphi\right)$$

其形状如图 8-13a 所示。当 $\varphi=0$ 时,$x=\frac{5}{6}R,y=0$;当 $\varphi=\frac{\pi}{2}$ 时,$x=0,y=\frac{5}{6}R$;当 $\varphi=\frac{\pi}{4}$ 时,$x=y=\frac{7}{12}\sqrt{2}R$。可见这个"近似正方形"的中心高度和中心宽度为 $2\times\frac{5}{6}R=\frac{5}{3}R=a$,而对角线的长度为

$$d=2\sqrt{2}\frac{7}{12}\sqrt{2}R=\frac{7}{3}R=\frac{7}{5}a=1.400a$$

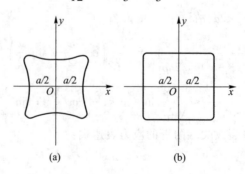

图 8-13

四个角的曲率半径为

$$|\rho| = \left| \frac{\left[\left(\dfrac{dx}{d\varphi} \right)^2 + \left(\dfrac{dy}{d\varphi} \right)^2 \right]^{3/2}}{\dfrac{dx}{d\varphi} \dfrac{d^2 y}{d\varphi^2} - \dfrac{dy}{d\varphi} \dfrac{d^2 x}{d\varphi^2}} \right|_{\varphi=\frac{\pi}{4}} = \frac{R}{10} = \frac{3}{50}a = 0.060a$$

如果在式（a）中取三项，即

$$z = \omega(\zeta) = R\left(\zeta - \frac{1}{6}\zeta^{-3} + \frac{1}{56}\zeta^{-7} \right) \tag{c}$$

则得 $|\rho| = 0.025a$，孔边曲线如图 8-13b 所示，这已和正方形相当接近。如果再增加项数，则将继续提高精度。可以验证，当取到四项时，孔边曲线与正方形之间几乎看不出什么差别。

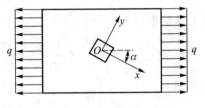

图 8-14

现在考察具有正方形小孔的平板单向均匀拉伸问题，设拉力为 q，如图 8-14 所示。

由于孔边不受力，所以

$$f_x = f_y = 0, \quad f(\sigma) = 0 \tag{d}$$

另外，由式（8-16），有

$$B = \frac{q}{4}, \quad B' - iC' = -\frac{q}{2}e^{2i\alpha} \tag{e}$$

根据式（b），导出下列关系式

$$\left. \begin{aligned}
&\omega(\sigma) = R\left(\sigma - \frac{1}{6}\sigma^{-3} \right) \\[2mm]
&\overline{\omega}(\overline{\sigma}) = R\left(\frac{1}{\sigma} - \frac{1}{6}\sigma^3 \right) \\[2mm]
&\omega'(\sigma) = R\left(1 + \frac{1}{2}\sigma^{-4} \right) \\[2mm]
&\overline{\omega}'(\overline{\sigma}) = R\left(1 + \frac{1}{2}\sigma^4 \right) \\[2mm]
&\frac{\omega(\sigma)}{\overline{\omega}'(\overline{\sigma})} = \frac{6\sigma^4 - 1}{3\sigma^3(2 + \sigma^4)} = \frac{2\sigma}{2 + \sigma^4} - \frac{1}{3\sigma^3(2 + \sigma^4)} \\[2mm]
&\frac{\overline{\omega}(\overline{\sigma})}{\omega'(\sigma)} = \frac{\sigma^3(6 - \sigma^4)}{3(2\sigma^4 + 1)} = \frac{2\sigma^3}{2\sigma^4 + 1} - \frac{\sigma^7}{3(2\sigma^4 + 1)}
\end{aligned} \right\} \tag{f}$$

将式（d），式（e），式（f）代入式（8-30），得

$$f_0(\sigma) = -\frac{qR}{4}\left[\sigma + \frac{2\sigma}{2 + \sigma^4} - \frac{1}{3\sigma^3(2 + \sigma^4)} \right] + \frac{qR}{2\sigma}e^{2i\alpha} \tag{g}$$

式（8-32）右边的积分

$$\frac{1}{2\pi i}\int_\gamma \frac{f_0(\sigma)\,d\sigma}{\sigma - \zeta} = -\frac{qR}{4}\left[\frac{1}{2\pi i}\int_\gamma \frac{\sigma\,d\sigma}{\sigma - \zeta} + \frac{1}{2\pi i}\int_\gamma \frac{2\sigma}{2 + \sigma^4}\,\frac{d\sigma}{\sigma - \zeta} - \right.$$

$$\left. \frac{1}{2\pi i}\int_\gamma \frac{1}{3\sigma^3(2 + \sigma^4)}\,\frac{d\sigma}{\sigma - \zeta} \right] + \frac{qR}{2}e^{2i\alpha}\frac{1}{2\pi i}\int_\gamma \frac{d\sigma}{\sigma(\sigma - \zeta)} \tag{h}$$

不难看出

$$\frac{1}{2\pi i}\int_\gamma \frac{\sigma d\sigma}{\sigma-\zeta}=0$$

$$\frac{1}{2\pi i}\int_\gamma \frac{2\sigma}{2+\sigma^4}\frac{d\sigma}{\sigma-\zeta}=0$$

$$\frac{1}{2\pi i}\int_\gamma \frac{d\sigma}{\sigma(\sigma-\zeta)}=-\frac{1}{\zeta}$$

$$\frac{1}{2\pi i}\int_\gamma \frac{1}{3\sigma^3(2+\sigma^4)}\frac{d\sigma}{\sigma-\zeta}=-\frac{1}{6}\zeta^{-3}$$

将上述结果代入式(h),得

$$\frac{1}{2\pi i}\int_\gamma \frac{f_0(\sigma)d\sigma}{\sigma-\zeta}=-\frac{qR}{24}\zeta^{-3}-\frac{qR}{2}e^{2i\alpha}\zeta^{-1} \qquad (i)$$

注意到

$$\overline{\varphi}_0'(\overline{\sigma})=-\overline{a}_1\sigma^2-2\overline{a}_2\sigma^3-3\overline{a}_3\sigma^4-\cdots$$

则式(8-32)左边的积分

$$\frac{1}{2\pi i}\int_\gamma \frac{\omega(\sigma)}{\overline{\omega}'(\overline{\sigma})}\frac{\overline{\varphi}_0'(\overline{\sigma})d\sigma}{\sigma-\zeta}=\frac{1}{2\pi i}\int_\gamma \frac{2\sigma}{2+\sigma^4}(-\overline{a}_1\sigma^2-2\overline{a}_2\sigma^3-\cdots)\frac{d\sigma}{\sigma-\zeta}-$$

$$\frac{1}{2\pi i}\int_\gamma \frac{1}{3\sigma^3(2+\sigma^4)}(-\overline{a}_1\sigma^2-2\overline{a}_2\sigma^3-\cdots)\frac{d\sigma}{\sigma-\zeta}$$

第一个积分为零,因为被积函数为单位圆内解析函数的边界值;第二个积分中,只有

$$\frac{1}{2\pi i}\int_\gamma \frac{\overline{a}_1}{3\sigma(2+\sigma^4)}\frac{d\sigma}{\sigma-\zeta}=-\frac{\overline{a}_1}{6}\zeta^{-1}$$

其余的全为零。于是

$$\frac{1}{2\pi i}\int_\gamma \frac{\omega(\sigma)}{\overline{\omega}'(\overline{\sigma})}\frac{\overline{\varphi}_0'(\overline{\sigma})}{\sigma-\zeta}d\sigma=-\frac{\overline{a}_1}{6}\zeta^{-1} \qquad (j)$$

将式(i)和式(j)代入式(8-32),并利用

$$\varphi_0(\zeta)=a_1\zeta^{-1}+a_2\zeta^{-2}+a_3\zeta^{-3}+\cdots$$

则有

$$-a_1\zeta^{-1}-a_2\zeta^{-2}-a_3\zeta^{-3}-\cdots-\frac{\overline{a}_1}{6}\zeta^{-1}=-\frac{qR}{2}e^{2i\alpha}\zeta^{-1}-\frac{qR}{24}\zeta^{-3}$$

比较两边的系数,有

$$a_1+\frac{\overline{a}_1}{6}=\frac{qR}{2}e^{2i\alpha},\quad a_2=0,\quad a_3=\frac{qR}{24},\quad a_n=0 \quad(n\geqslant 4)$$

从而得出

$$a_1=qR\left(\frac{3}{7}\cos 2\alpha+\frac{3}{5}i\sin 2\alpha\right),\quad a_2=0,\quad a_3=\frac{qR}{24}$$

于是得

$$\varphi_0(\zeta)=qR\left(\frac{3}{7}\cos 2\alpha+\frac{3}{5}i\sin 2\alpha\right)\zeta^{-1}+\frac{qR}{24}\zeta^{-3} \qquad (k)$$

将式(f),式(g)和式(k)代入式(8-33),有

$$-\psi_0(\zeta)+\frac{1}{2\pi i}\int_\gamma\left[\frac{2\sigma^3}{2\sigma^4+1}-\frac{\sigma^7}{3(2\sigma^4+1)}\right]qR\left[-\left(\frac{3}{7}\cos 2\alpha+\frac{3}{5}i\sin 2\alpha\right)\sigma^{-2}-\frac{1}{8}\sigma^{-4}\right]\frac{d\sigma}{\sigma-\zeta}$$

$$=-\frac{qR}{4}\frac{1}{2\pi i}\int_\gamma\left[\frac{1}{\sigma}+\frac{2\sigma^3}{2\sigma^4+1}-\frac{\sigma^7}{3(2\sigma^4+1)}\right]\frac{d\sigma}{\sigma-\zeta}+\frac{qR}{2}e^{-2i\alpha}\frac{1}{2\pi i}\int_\gamma\frac{\sigma d\sigma}{\sigma-\zeta} \qquad (1)$$

利用外部区域的柯西定理,有

$$\frac{1}{2\pi i}\int_\gamma\frac{\sigma}{2\sigma^4+1}\frac{d\sigma}{\sigma-\zeta}=-\frac{\zeta}{2\zeta^4+1}$$

$$\frac{1}{2\pi i}\int_\gamma\frac{1}{\sigma(2\sigma^4+1)}\frac{d\sigma}{\sigma-\zeta}=-\frac{1}{\zeta(2\zeta^4+1)}$$

$$\frac{1}{2\pi i}\int_\gamma\frac{\sigma^3}{2\sigma^4+1}\frac{d\sigma}{\sigma-\zeta}=-\frac{\zeta^3}{2\zeta^4+1}$$

$$\frac{1}{2\pi i}\int_\gamma\frac{d\sigma}{\sigma(\sigma-\zeta)}=-\frac{1}{\zeta}$$

$$\frac{1}{2\pi i}\int_\gamma\frac{\sigma d\sigma}{\sigma-\zeta}=0$$

$$\frac{1}{2\pi i}\int_\gamma\frac{\sigma^5}{2\sigma^4+1}\frac{d\sigma}{\sigma-\zeta}=\frac{1}{2\pi i}\int_\gamma\left[\frac{\sigma}{2}-\frac{\sigma}{2(2\sigma^4+1)}\right]\frac{d\sigma}{\sigma-\zeta}=\frac{\zeta}{2(2\zeta^4+1)}$$

$$\frac{1}{2\pi i}\int_\gamma\frac{\sigma^7}{2\sigma^4+1}\frac{d\sigma}{\sigma-\zeta}=\frac{1}{2\pi i}\int_\gamma\left[\frac{\sigma^3}{2}-\frac{\sigma^3}{2(2\sigma^4+1)}\right]\frac{d\sigma}{\sigma-\zeta}=\frac{\zeta^3}{2(2\zeta^4+1)}$$

将以上各式代入式(1),得

$$\psi_0(\zeta)=\frac{13}{6}qR\left(\frac{3}{7}\cos 2\alpha+\frac{3}{5}i\sin 2\alpha\right)\frac{\zeta}{2\zeta^4+1}-\frac{13}{12}qR\frac{\zeta^3}{2\zeta^4+1} \qquad (m)$$

再将式(k)和式(m)代入式(8-25),最后得复位势:

$$\left.\begin{array}{l}\varphi(\zeta)=qR\left[\dfrac{\zeta}{4}+\left(\dfrac{3}{7}\cos 2\alpha+\dfrac{3}{5}i\sin 2\alpha\right)\dfrac{1}{\zeta}+\dfrac{1}{24\zeta^3}\right]\\[4mm]\psi(\zeta)=-qR\left[\dfrac{\zeta}{2}e^{-2i\alpha}+\dfrac{13\zeta^3-26\left(\dfrac{3}{7}\cos 2\alpha+\dfrac{5}{3}i\sin 2\alpha\right)\zeta}{12(2\zeta^4+1)}\right]\end{array}\right\} \qquad (8-38)$$

求得了复位势,可以求应力,这里从略。

思考题与习题

8-1 无限弹性平面内有一半径为 R 的圆孔,孔边受均布压力 q 作用,试用复变函数方法求应力分量(不能直接应用例 8-2 的结果)。

8-2 无限平面内有一长轴为 $2a$、短轴为 $2b$ 的椭圆孔,孔边受均布剪力 q 作用。试求复位势 $\varphi(\zeta)$ 和 $\psi(\zeta)$,并求孔边应力及其极值。设长短轴分别同 x 轴与 y 轴重合。

8-3 试用复变函数方法求图 7-11 所示问题的解答(不能直接应用例 8-1 的结果)。

8-4 无限平面内有一圆孔,设半径为 R,在孔的一部分边界上受均布压力 q 作用,如图 8-15 所示。求复位势 $\varphi(\zeta)$ 和 $\psi(\zeta)$。

8-5　在具有正方形孔的无限平面的孔边上,受图 8-16 所示的两个集中力作用,求复位势 $\varphi(\zeta)$ 和 $\psi(\zeta)$。

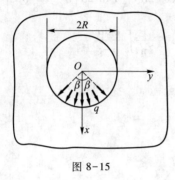

图 8-15

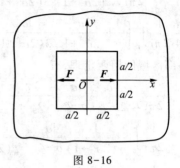

图 8-16

8-6　试归纳复变函数解法的优点。

第九章　柱形杆的扭转和弯曲

在本章中,将研究柱形杆的扭转和弯曲问题。需要指出的是,要完全精确地求解这类问题是十分困难的。因为,一方面,在实际问题中,柱形杆两端面上外力分布情况往往是不清楚的,而只知道它们的静力效应;另外,即使知道了外力在端面上的分布情况,也很难得到一组解答能精确地满足端面上的边界条件。但是,如果杆足够长,就能按局部性原理对其端面处的边界条件进行放松,而使问题得到解决。由此所得的结果,在一定的意义上仍算是精确解。下面,将采用半逆解法解决这两个问题。

§9-1　扭转问题的位移解法　圣维南扭转函数

设有横截面为任意形状的柱形杆,不计其体力,在两端面上受有大小相等而转向相反的扭矩 M 作用,如图 9-1 所示。取杆的一端面为 Oxy 平面,z 轴沿杆的轴向。

用位移解法。设这个问题的 x 方向和 y 方向的位移分量与圆柱体扭转时一样,即

$$\left.\begin{array}{l} u = -\alpha yz \\ v = \alpha xz \end{array}\right\} \qquad (9\text{-}1a)$$

至于 z 方向的位移分量,在圆柱体情况下,$w = 0$,表示变形前的横截面在扭转变形后仍保持为平面;对非圆截面情况,由于扭转变形后,横截面产生了翘曲,所以,很自然地假设

$$w = \alpha\varphi(x,y) \qquad (9\text{-}1b)$$

这里的 α 是杆的单位长度的扭转角,$\varphi(x,y)$ 称为**圣维南扭转函数**,反映了横截面翘曲情况。

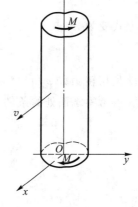

图 9-1

现在要导出函数 $\varphi(x,y)$ 所应满足的条件。

先将式(9-1a)和式(9-1b)代入以位移表示的平衡微分方程(5-10),注意到

$$\theta = \frac{\partial u}{\partial x} + \frac{\partial v}{\partial y} + \frac{\partial w}{\partial z} = 0$$

$$\nabla^2 u = 0, \quad \nabla^2 v = 0, \quad \nabla^2 w = \alpha\left(\frac{\partial^2\varphi}{\partial x^2} + \frac{\partial^2\varphi}{\partial y^2}\right)$$

则该方程组的前两式已经满足,而最后一式变为

$$\nabla^2\varphi = \frac{\partial^2\varphi}{\partial x^2} + \frac{\partial^2\varphi}{\partial y^2} = 0 \qquad (9\text{-}2)$$

这是拉普拉斯方程,表示要使由式(9-1)给出的位移分量满足拉梅方程,扭转函数 $\varphi(x,y)$ 必须是调和函数。

利用式(5-2)和式(5-4)求出与位移表达式(9-1)相对应的应力分量:

$$\sigma_x = \lambda\theta + 2G\frac{\partial u}{\partial x} = 0, \quad \sigma_y = \lambda\theta + 2G\frac{\partial v}{\partial y} = 0 \\ \sigma_z = \lambda\theta + 2G\frac{\partial w}{\partial z} = 0, \quad \tau_{xy} = G\left(\frac{\partial v}{\partial x} + \frac{\partial u}{\partial y}\right) = 0 \quad\quad\quad (9\text{-}3\mathrm{a})$$

$$\tau_{zx} = \tau_{xz} = \alpha G\left(\frac{\partial \varphi}{\partial x} - y\right) \\ \tau_{zy} = \tau_{yz} = \alpha G\left(\frac{\partial \varphi}{\partial y} + x\right) \quad\quad\quad (9\text{-}3\mathrm{b})$$

可见在式(9-1)的假设下,横截面内只作用有切应力 τ_{zx} 和 τ_{zy},而且它们与坐标 z 无关,即它们在所有的横截面上都相等。

考察柱形杆侧面的边界条件。由于在侧面上不受外力作用,即 $\bar{f}_x = \bar{f}_y = \bar{f}_z = 0$,且侧面的外法线方向余弦中的 $n = 0$,再注意到式(9-3),于是,式(5-5)的前两式变成恒等式,第三式变为

$$\left(\frac{\partial \varphi}{\partial x} - y\right)l + \left(\frac{\partial \varphi}{\partial y} + x\right)m = 0 \quad (\text{在横截面周界 } s \text{ 上}) \quad\quad\quad (9\text{-}4)$$

利用

$$\frac{\partial \varphi}{\partial x}l + \frac{\partial \varphi}{\partial y}m = \frac{\mathrm{d}\varphi}{\mathrm{d}v}$$

故上式变为

$$\frac{\mathrm{d}\varphi}{\mathrm{d}v} = yl - xm \quad (\text{在横截面周界 } s \text{ 上}) \quad\quad\quad (9\text{-}4)'$$

这就是扭转函数 φ 所要满足的边界条件。

再考察端面处的条件。按题设,在端面处应有

$$\iint_R \tau_{zx}\mathrm{d}x\mathrm{d}y = 0 \\ \iint_R \tau_{zy}\mathrm{d}x\mathrm{d}y = 0 \\ \iint_R (x\tau_{zy} - y\tau_{zx})\mathrm{d}x\mathrm{d}y = M \quad\quad\quad (\mathrm{a})$$

R 为横截面组成的区域,其周界为 s。现证明式(a)的前两式是恒满足的。事实上,利用式(9-3b),并注意到式(9-2),有

$$\iint_R \tau_{zx}\mathrm{d}x\mathrm{d}y = \alpha G\iint_R \left(\frac{\partial \varphi}{\partial x} - y\right)\mathrm{d}x\mathrm{d}y$$

$$= \alpha G\iint_R \left\{\frac{\partial}{\partial x}\left[x\left(\frac{\partial \varphi}{\partial x} - y\right)\right] + \frac{\partial}{\partial y}\left[x\left(\frac{\partial \varphi}{\partial y} + x\right)\right]\right\}\mathrm{d}x\mathrm{d}y$$

利用斯托克斯(Stokes,G.G.)公式[①],并由式(9-4),上式变为

---

① 斯托克斯公式为 $\oint_s (Al + Bm)\,\mathrm{d}s = \iint_R \left(\frac{\partial A}{\partial x} + \frac{\partial B}{\partial y}\right)\mathrm{d}x\mathrm{d}y$。

$$\iint_R \tau_{zx} \mathrm{d}x\mathrm{d}y = \alpha G \oint_s x\left(\frac{\mathrm{d}\varphi}{\mathrm{d}v} - yl + xm\right)\mathrm{d}s = 0$$

同理可得

$$\iint_R \tau_{zy} \mathrm{d}x\mathrm{d}y = 0$$

将式(9-3b)代入式(a)的最后一式,有

$$M = \alpha G \iint_R \left(x^2 + y^2 + x\frac{\partial\varphi}{\partial y} - y\frac{\partial\varphi}{\partial x}\right)\mathrm{d}x\mathrm{d}y \tag{9-5}$$

令

$$D = \iint_R \left(x^2 + y^2 + x\frac{\partial\varphi}{\partial y} - y\frac{\partial\varphi}{\partial x}\right)\mathrm{d}x\mathrm{d}y \tag{9-6}$$

则式(9-5)又可写成

$$M = \alpha GD \tag{9-5}'$$

GD 称为抗扭刚度,D 表示截面的几何特性(对圆截面扭杆,由于截面无翘曲,此时 φ 为零,D 即为极惯性矩 I_p);而式(9-5)给出了柱的单位长度的扭转角 α 与扭矩 M 之间的关系。对于给定的柱形杆,G 和 D 都是已知的,故只要知道了 M,就可求出 α,反之,知道了 α,也可求出 M。

总之,柱形杆扭转的位移解法,归结为在边界条件(9-4)下求解方程(9-2),求得了扭转函数 φ,分别由式(9-1)和式(9-3b)求位移分量和应力分量,其中的 α 由式(9-5)'确定。

在形如式(9-4)'的边界条件下求解方程(9-2),在数学上属于冯·诺伊曼(von Neumann,J.)边值问题,由于求解比较复杂,故下一节将着重介绍扭转问题的应力解法。

§9-2 扭转问题的应力解法 普朗特应力函数

若以应力作为基本变量求解扭转问题,可假设

$$\sigma_x = \sigma_y = \sigma_z = \tau_{xy} = 0$$

于是,平衡微分方程(5-1)和以应力表示的应变协调方程(5-12)'分别简化为

$$\left.\begin{array}{c} \dfrac{\partial \tau_{zx}}{\partial z} = 0 \\[2mm] \dfrac{\partial \tau_{zy}}{\partial z} = 0 \\[2mm] \dfrac{\partial \tau_{xz}}{\partial x} + \dfrac{\partial \tau_{yz}}{\partial y} = 0 \end{array}\right\} \tag{a}$$

$$\nabla^2 \tau_{xz} = 0, \quad \nabla^2 \tau_{yz} = 0 \tag{b}$$

为使式(a)得到满足,引入函数 $\Phi(x, y)$,使

$$\tau_{xz} = \alpha G\frac{\partial\Phi}{\partial y}, \quad \tau_{yz} = -\alpha G\frac{\partial\Phi}{\partial x} \tag{9-7}$$

将式(9-7)代入式(b),交换求导次序,有

视频 9-3
扭转问题的
应力解法

$$\frac{\partial}{\partial x}\nabla^2\varPhi=0, \quad \frac{\partial}{\partial y}\nabla^2\varPhi=0$$

由此得

$$\nabla^2\varPhi=C \tag{c}$$

C 为常数,可以证明它等于-2。事实上,联立式(9-3b)和式(9-7),有

$$\frac{\partial\varPhi}{\partial y}=\frac{\partial\varphi}{\partial x}-y \tag{d}$$

$$-\frac{\partial\varPhi}{\partial x}=\frac{\partial\varphi}{\partial y}+x \tag{e}$$

分别将式(d)和式(e)对 y 和 x 求一阶偏导数,然后将后式减去前式,得

$$\nabla^2\varPhi=-2 \tag{9-8}$$

这显然是泊松方程,它表示函数 $\varPhi(x,y)$ 在柱形杆横截面所组成的区域 R 内所必须满足的方程。函数 $\varPhi(x,y)$ 称为**普朗特(Prandtl,L.)应力函数**。

现在要推导 $\varPhi(x,y)$ 在区域 R 的周界 s 上所需满足的边界条件。由于在柱形杆的侧面,$\overline{f}_x=\overline{f}_y=\overline{f}_z=0,n=0$,故边界条件(5-5)的前两式恒满足,注意到 $l=\dfrac{\mathrm{d}y}{\mathrm{d}s},m=-\dfrac{\mathrm{d}x}{\mathrm{d}s}$,其第三式变为

$$\frac{\mathrm{d}\varPhi}{\mathrm{d}s}=\frac{\partial\varPhi}{\partial x}\frac{\mathrm{d}x}{\mathrm{d}s}+\frac{\partial\varPhi}{\partial y}\frac{\mathrm{d}y}{\mathrm{d}s}=0$$

积分后得

$$\varPhi=k \quad (\text{在横截面周界 } s \text{ 上}) \tag{9-9}$$

这里,k 为常数。

对于单连通区域,可取 $k=0$[①],于是边界条件(9-9)可写成

$$\varPhi(x,y)=0 \quad (\text{在横截面周界 } s \text{ 上}) \tag{9-10}$$

下面,推导用应力函数 $\varPhi$ 表示的扭矩 M 和 D 的计算公式。先假定横截面组成的区域 R 为单连通的。由

$$M=\iint_R (x\tau_{yz}-y\tau_{xz})\,\mathrm{d}x\mathrm{d}y$$

将式(9-7)代入,并利用斯托克斯公式,有

$$M=-\alpha G\iint_R \left(x\frac{\partial\varPhi}{\partial x}+y\frac{\partial\varPhi}{\partial y}\right)\mathrm{d}x\mathrm{d}y$$

$$=-\alpha G\iint_R\left[\frac{\partial}{\partial x}(x\varPhi)+\frac{\partial}{\partial y}(y\varPhi)\right]\mathrm{d}x\mathrm{d}y+2\alpha G\iint_R\varPhi\mathrm{d}x\mathrm{d}y$$

$$=-\alpha G\oint_s\varPhi(xl+ym)\,\mathrm{d}s+2\alpha G\iint_R\varPhi\mathrm{d}x\mathrm{d}y \tag{f}$$

再利用式(9-10),式(f)简化为

$$M=2\alpha G\iint_R\varPhi\mathrm{d}x\mathrm{d}y \tag{9-11}$$

---

① 如果函数 $\varPhi(x,y)$ 在单连通区域 R 的周界 s 上不为零,总可以另设函数 $\varPhi_1(x,y)=\varPhi(x,y)-k$。显然,函数 $\varPhi_1(x,y)$ 在周界 s 上等于零。但函数 $\varPhi_1$ 和 $\varPhi$ 只差一个常数,由这两个函数求得的应力分量是一样的。因此,作这个假定对求应力无影响。

由式(9-11)可见,显然有

$$D = 2 \iint_R \varPhi \, \mathrm{d}x\mathrm{d}y \qquad (9\text{-}12)$$

如果横截面所组成的区域为多连通的(图 9-2),
设应力函数 $\varPhi$ 在 s_0 上的值为零,而在内边界 $s_1, s_2,$
$s_3, \cdots s_n$ 上的值分别为 $k_1, k_2, k_3, \cdots, k_n$,则参照式
(f),有

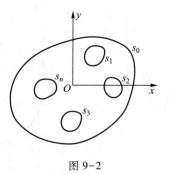

图 9-2

$$M = -\alpha G \oint_{s_1, s_2, \cdots s_n} \varPhi(xl+ym)\,\mathrm{d}s + 2\alpha G \iint_R \varPhi \, \mathrm{d}x\mathrm{d}y$$

$$= -\alpha G \sum_{i=1}^{n} \oint_{s_i} k_i(xl+ym)\,\mathrm{d}s + 2\alpha G \iint_R \varPhi \, \mathrm{d}x\mathrm{d}y \quad (\text{g})$$

由斯托克斯公式计算得

$$\oint_{s_\cap} (xl + ym)\,\mathrm{d}s = -\oint_{s_1} (xl + ym)\,\mathrm{d}s$$

$$= -2 \iint_{A_i} \mathrm{d}x\mathrm{d}y = -2A_i$$

这里,A_i 表示内边界 s_i 所围成的区域面积。将上式代入式(g),得到

$$M = 2\alpha G \iint_R \varPhi \, \mathrm{d}x\mathrm{d}y + 2\alpha G \sum_{i=1}^{n} k_i A_i \qquad (9\text{-}13)$$

由此得

$$D = 2 \iint_R \varPhi \, \mathrm{d}x\mathrm{d}y + 2 \sum_{i=1}^{n} k_i A_i \qquad (9\text{-}14)$$

综上所述,如果采用应力解法求解扭转问题,则先在边界条件(9-10)或(9-9)下
求解方程(9-8),求得了应力函数 $\varPhi$,由式(9-7)求应力分量,由式(9-12)或式
(9-14)求 D,从而可确定杆的单位长度的扭转角 α。

§9-3 扭转问题的薄膜比拟法

扭转问题应力解法的一个明显的优点,在于它能借助于所谓的**薄膜比拟(普朗特
比拟)法**使对应的运算变得更为直观。下面介绍这种比拟法。

设有一块均匀的薄膜,张在一个与受扭杆横截面形状相似的水平边界上。当薄膜
承受微小的均匀压力 q 作用时,薄膜上各点将产生微小的垂度。将边界所在水平面作
为 Oxy 平面,z 轴垂直向下(图 9-3)。由于薄膜的柔顺性,可以假定它不承受弯矩、扭
矩、剪力和压力,而只承受均匀的张力。设其内每单位宽度上的张力为 F_T。

现考虑薄膜中边长为 $\mathrm{d}x$ 和 $\mathrm{d}y$ 的矩形微元 $abcd$ 的平衡,薄膜的垂度以 Z 表示。
由图 9-3 可见,在 ad 边上的张力为 $F_\mathrm{T}\mathrm{d}y$,它在 z 轴上的投影为 $-F_\mathrm{T}\mathrm{d}y \cdot \dfrac{\partial Z}{\partial x}$;在 bc 边上
的张力也是 $F_\mathrm{T}\mathrm{d}y$,它在 z 轴上的投影为 $F_\mathrm{T}\mathrm{d}y\left(\dfrac{\partial Z}{\partial x}+\dfrac{\partial^2 Z}{\partial x^2}\mathrm{d}x\right)$。同理,$ab$ 边上的张力在 z
轴上的投影为 $-F_\mathrm{T}\mathrm{d}x \dfrac{\partial Z}{\partial y}$,而 cd 边上的张力在 z 轴上的投影为 $F_\mathrm{T}\mathrm{d}x\left(\dfrac{\partial Z}{\partial y}+\dfrac{\partial^2 Z}{\partial y^2}\mathrm{d}y\right)$。单元

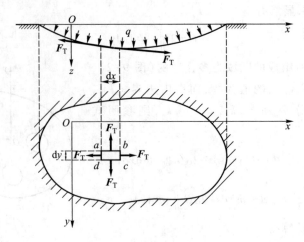

图 9-3

$abcd$ 受的总压力为 $q\mathrm{d}x\mathrm{d}y$。于是,由平衡条件 $\sum F_z = 0$,有

$$-F_T\mathrm{d}y\frac{\partial Z}{\partial x}+F_T\mathrm{d}y\left(\frac{\partial Z}{\partial x}+\frac{\partial^2 Z}{\partial x^2}\mathrm{d}x\right)-F_T\mathrm{d}x\frac{\partial Z}{\partial y}+F_T\mathrm{d}x\left(\frac{\partial Z}{\partial y}+\frac{\partial^2 Z}{\partial y^2}\mathrm{d}y\right)+q\mathrm{d}x\mathrm{d}y=0$$

简化后,除以 $\mathrm{d}x\mathrm{d}y$,得

$$\boldsymbol{\nabla}^2 Z=\frac{\partial^2 Z}{\partial x^2}+\frac{\partial^2 Z}{\partial y^2}=-\frac{q}{F_T} \tag{9-15}$$

这就是薄膜平衡时垂度所满足的微分方程。垂度在边界上显然等于零,即

$$Z=0 \quad (\text{在边界上}) \tag{9-16}$$

将式(9-15)和式(9-16)分别与式(9-8)和式(9-10)进行比较,显然,方程(9-15)的形式与方程(9-8)相同,都是泊松方程;这两个方程中的未知函数所满足的边界条件也相同。

现在计算 Oxy 平面和薄膜之间体积的 2 倍,即

$$2V=2\iint_R Z\mathrm{d}x\mathrm{d}y \tag{9-17}$$

将式(9-17)与式(9-11)进行比较,可以发现,只要适当地调整薄膜的高度,数量上使 $2V=M$,这时,数量上就有

$$Z=\alpha G\varPhi \tag{a}$$

将它代入式(9-15),稍加整理,有

$$\frac{\partial^2 \varPhi}{\partial x^2}+\frac{\partial^2 \varPhi}{\partial y^2}=-\frac{q}{\alpha GF_T} \tag{b}$$

比较式(b)和式(9-8),可得

$$F_T=\frac{q}{2\alpha G} \tag{c}$$

下面,在薄膜曲面上,形象地表示出横截面上应力的分布情况。想象用一系列和 Oxy 平面平行的平面与薄膜曲面相截,得到一系列曲线,显然,这些曲线是薄膜的等高线(图 9-4)。试考察薄膜上任一点 P。由于过该点的等高线上的垂度 Z 为常数,所以,Z 对此等高线切线方向的方向导数为零,即

$$\frac{\partial Z}{\partial s} = 0 \qquad (d)$$

式(d)对应于应力函数 Φ,有

$$\alpha G \frac{\partial \Phi}{\partial s} = 0 \qquad (e)$$

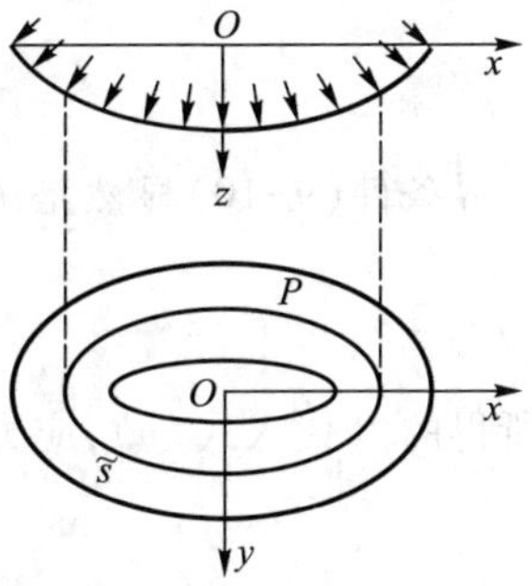

参照式(9-7),将其中的 x 和 y 分别换成曲线坐标 v 和 s,并注意到式(e),可以写出切应力分别沿等高线的法向和切向的分量表示式:

$$\tau_v = \alpha G \frac{\partial \Phi}{\partial s} = 0, \quad \tau_s = -\alpha G \frac{\partial \Phi}{\partial v} \qquad (9\text{-}18)$$

图 9-4

此式表示扭杆横截面上任一点的切应力总是沿着过薄膜上对应点的等高线的切线方向的,其值为 $\tau_s = -\alpha G \dfrac{\partial \Phi}{\partial v}$。因此,薄膜的等高线,对应于扭杆横截面上这样的曲线,其上各点的应力与曲线相切。这种曲线称为**切应力线**。这个结论对研究扭杆横截面上应力分布是很重要的。因为,虽然很难完全通过薄膜比拟测定柱形杆横截面上的应力分布,但通过这样的比拟,至少可以定性地勾画出横截面上应力分布的大致情况。例如,要知道横截面上哪一点切应力最大,就来看一看对应的薄膜上哪一点斜率 $\dfrac{\partial Z}{\partial v}$ 最大,也就是说,薄膜上斜率最大的点,就是对应的横截面上最大切应力的作用点。由此可知,最大切应力一定发生在横截面的周界上,且横截面周界是一条切应力线。

现在来研究图 9-4 中某一条等高线 $\bar{s}$ 所围成的薄膜的平衡,设这一部分薄膜的面积为 A,则有

$$-\oint_{\bar{s}} F_{\mathrm{T}} \frac{\partial Z}{\partial v} \mathrm{d}s = qA \qquad (f)$$

将式(c)代入,并注意到

$$\frac{\partial Z}{\partial v} = \alpha G \frac{\partial \Phi}{\partial v} = -\tau_s$$

于是得

$$\oint_{\bar{s}} \tau_s \mathrm{d}s = 2\alpha G A \qquad (9\text{-}19)$$

式(9-19)左边的积分称为**应力环量**。这个公式将在§9-8中用到。

§9-4　椭圆截面杆的扭转

对于椭圆截面杆,其横截面的周界方程为

$$\frac{x^2}{a^2} + \frac{y^2}{b^2} - 1 = 0$$

这里的 a,b 为椭圆的半轴,因此,若取应力函数

视频 9-4
椭圆截面杆
的扭转

$$\Phi(x,y)=B\left(\frac{x^2}{a^2}+\frac{y^2}{b^2}-1\right) \tag{a}$$

则边界条件(9-10)显然是满足的。现将式(a)代入方程(9-8),得

$$B=-\frac{a^2b^2}{a^2+b^2}$$

将所得的 B 代入式(a),应力函数为

$$\Phi(x,y)=-\frac{a^2b^2}{a^2+b^2}\left(\frac{x^2}{a^2}+\frac{y^2}{b^2}-1\right) \tag{b}$$

由此求得应力分量:

$$\left.\begin{array}{l}\tau_{xz}=\alpha G\dfrac{\partial\Phi}{\partial y}=-\dfrac{2a^2}{a^2+b^2}\alpha Gy\\[3mm]\tau_{yz}=-\alpha G\dfrac{\partial\Phi}{\partial x}=\dfrac{2b^2}{a^2+b^2}\alpha Gx\end{array}\right\} \tag{c}$$

为了求得 α,将式(b)代入式(9-12),有

$$D=-\frac{2a^2b^2}{a^2+b^2}\left(\frac{1}{a^2}\iint_R x^2\mathrm{d}x\mathrm{d}y+\frac{1}{b^2}\iint_R y^2\mathrm{d}x\mathrm{d}y-\iint_R \mathrm{d}x\mathrm{d}y\right) \tag{d}$$

注意到

$$\iint_R x^2\mathrm{d}x\mathrm{d}y=I_y=\frac{\pi a^3b}{4}$$

$$\iint_R y^2\mathrm{d}x\mathrm{d}y=I_x=\frac{\pi ab^3}{4}$$

$$\iint_R \mathrm{d}x\mathrm{d}y=\pi ab$$

代入式(d)得

$$D=\frac{\pi a^3b^3}{a^2+b^2}$$

而

$$\alpha=\frac{M}{GD}=\frac{a^2+b^2}{\pi Ga^3b^3}M$$

将 α 代入式(c),最后得应力分量

$$\tau_{xz}=-\frac{2M}{\pi ab^3}y,\quad \tau_{yz}=\frac{2M}{\pi a^3b}x \tag{9-20}$$

横截面上任一点的合成切应力为

$$\tau=\sqrt{\tau_{xz}^2+\tau_{yz}^2}=\frac{2M}{\pi ab}\sqrt{\frac{x^2}{a^4}+\frac{y^2}{b^4}}$$

由薄膜比拟,最大切应力发生在椭圆短轴的两端($x=0,y=\pm b$)处,其值为

$$\tau_{max}=\frac{2M}{\pi ab^2}$$

而最小切应力发生在椭圆长轴的两端($x=\pm a,y=0$)处,其值为

$$\tau_{\min} = \frac{2M}{\pi a^2 b}$$

如图 9-5 所示。

下面考察椭圆截面杆扭转时横截面的翘曲情况。为此,将式(c)与式(9-3b)联立,经整理,有

$$\frac{\partial \varphi}{\partial x} = -\frac{a^2 - b^2}{a^2 + b^2} y$$

$$\frac{\partial \varphi}{\partial y} = -\frac{a^2 - b^2}{a^2 + b^2} x$$

分别将上两式积分,有

$$\varphi = -\frac{a^2 - b^2}{a^2 + b^2} xy + f_1(y)$$

$$\varphi = -\frac{a^2 - b^2}{a^2 + b^2} xy + f_2(x)$$

代入式(9-1b),可见

$$\alpha f_1(y) = \alpha f_2(x) = w_0$$

w_0 表示横截面沿 z 方向的刚体平移,对横截面的变形无影响,略去它,则得

$$w = \alpha \varphi(x, y) = -\alpha \frac{a^2 - b^2}{a^2 + b^2} xy = -\frac{a^2 - b^2}{\pi G a^3 b^3} Mxy \tag{9-21}$$

式(9-21)表示横截面变形后变为双曲抛物面。图 9-6 表示翘曲面的等高线,如从 z 轴正方向看去,实线部分表示双曲抛物面上凸,而虚线部分表示下凹。

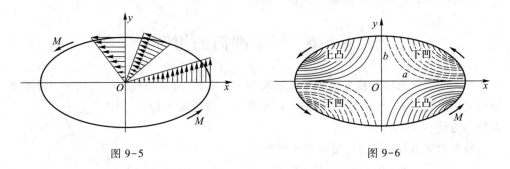

图 9-5   图 9-6

§9-5 带半圆形槽的圆轴的扭转

带半圆形槽的圆轴的横截面如图 9-7 所示。圆轴的半径为 a,槽的半径为 b。在以原点为极点的极坐标中,圆槽的方程为

$$f_1(\rho, \varphi) = \rho^2 - b^2 = 0 \tag{a}$$

而圆轴的方程为

$$f_2(\rho, \varphi) = \rho - 2a\cos\varphi = 0 \tag{b}$$

根据边界条件,可设

$$\Phi(\rho,\varphi)=B\frac{f_1 f_2}{\rho}=B\left(\rho^2-b^2-2a\rho\cos\,\varphi+\frac{2ab^2}{\rho}\cos\,\varphi\right)$$

$$(\text{c})$$

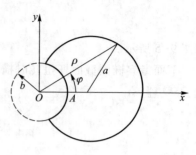

图 9-7

为求出 B，需将方程(9-8)化成极坐标形式：

$$\nabla^2\Phi=\frac{\partial^2\Phi}{\partial\rho^2}+\frac{1}{\rho}\frac{\partial\Phi}{\partial\rho}+\frac{1}{\rho^2}\frac{\partial^2\Phi}{\partial\varphi^2}=-2 \qquad(\text{d})$$

将式(c)代入，得到

$$B=-\frac{1}{2}$$

于是有

$$\Phi(\rho,\varphi)=\frac{1}{2}\left(b^2-\rho^2+2a\rho\cos\,\varphi-\frac{2ab^2}{\rho}\cos\,\varphi\right) \qquad(\text{e})$$

而应力分量为

$$\left.\begin{array}{l}\tau_{z\rho}=\alpha G\,\dfrac{1}{\rho}\,\dfrac{\partial\Phi}{\partial\varphi}=-\alpha Ga\left(1-\dfrac{b^2}{\rho^2}\right)\sin\,\varphi \\[3mm] \tau_{z\varphi}=-\alpha G\,\dfrac{\partial\Phi}{\partial\rho}=\alpha G\left[\rho-a\left(1+\dfrac{b^2}{\rho^2}\right)\cos\,\varphi\right]\end{array}\right\} \qquad(9\text{-}22)$$

最大切应力发生在槽底，即 $\rho=b,\varphi=0$ 处，其值为

$$\tau_{\max}=\left|(\tau_{z\varphi})_{\substack{\varphi=0\\\rho=b}}\right|=\alpha G(2a-b)$$

当 b 远小于 a 时，槽底的切应力为

$$\tau_{\max}\approx 2\alpha Ga$$

即 2 倍于半径为 a 的无槽圆轴中的最大切应力。

§9-6　厚壁圆筒的扭转

作为受扭柱形体的横截面为复连通域的一个实例，考察厚壁圆筒的扭转。设厚壁圆筒的内半径为 a，外半径为 b，如图 9-8 所示。采用极坐标系较为方便。

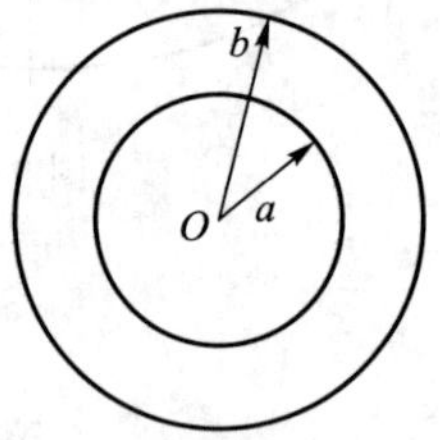

根据边界条件(9-10)，设应力函数为

$$\Phi=B(x^2+y^2-b^2)=B(\rho^2-b^2) \qquad(\text{a})$$

即让它在外边界处为零[①]，而在内边界处为

$$(\Phi)_{\rho=a}=B(a^2-b^2) \qquad(\text{b})$$

将式(a)代入 §9-5 中的式(d)，得

$$B=-\frac{1}{2}$$

于是

图 9-8

---

① 也可设它在内边界处为零，即 $\Phi=B(\rho^2-a^2)$。

$$\Phi(\rho,\varphi) = -\frac{1}{2}(\rho^2 - b^2) \tag{c}$$

由此得应力分量：

$$\tau_{z\rho} = \alpha G \frac{1}{\rho} \frac{\partial \Phi}{\partial \varphi} = 0, \quad \tau_{z\varphi} = -\alpha G \frac{\partial \Phi}{\partial \rho} = \alpha G \rho \tag{d}$$

为了求 α，先求 D。将式（9-14）中的积分改成极坐标形式，并注意到后项中

$$n = 1$$

$$k_1 = (\Phi)_{\rho=a} = B(a^2 - b^2) = -\frac{1}{2}(a^2 - b^2)$$

$$A_1 = \pi a^2$$

因此

$$D = 2\int_0^{2\pi} \left[\int_a^b \Phi\rho\,\mathrm{d}\rho \right] \mathrm{d}\varphi + 2k_1 A_1 = \frac{\pi}{2}(b^4 - a^4) \tag{e}$$

而

$$\alpha = \frac{M}{GD} = \frac{2M}{\pi G(b^4 - a^4)} \tag{f}$$

将式（f）代入式（d），最后得

$$\tau_{z\rho} = 0, \quad \tau_{z\varphi} = \alpha G \rho = \frac{2M\rho}{\pi(b^4 - a^4)} \tag{9-23}$$

其直角坐标形式的应力分量为

$$\tau_{zx} = -\frac{2My}{\pi(b^4 - a^4)}, \quad \tau_{zy} = \frac{2Mx}{\pi(b^4 - a^4)} \tag{9-24}$$

最大切应力发生在外边界处，其值为

$$\tau_{\max} = \frac{2Mb}{\pi(b^4 - a^4)}$$

§9-7 矩形截面杆的扭转

下面，讨论矩形截面杆的扭转，矩形截面的边长为 a 和 b，如图 9-9 所示。

首先，假定杆的横截面是一个很狭长的矩形，即 a/b 的值很大。在这种情况下，由薄膜比拟法知道，应力函数 Φ 在横截面的绝大部分上几乎与坐标 x 无关，因为与这部分对应的薄膜几乎不受短边约束的影响，而接近于一个柱面。因此，可以近似地取

$$\Phi = \Phi(y)$$

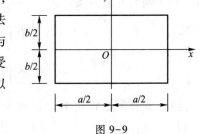

图 9-9

这样,方程(9-8)变为常微分方程

$$\frac{\mathrm{d}^2\Phi}{\mathrm{d}y^2} = -2$$

而边界条件为

$$\Phi\left(\pm\frac{b}{2}\right) = 0$$

此时,方程的解为

$$\Phi = -\left(y^2 - \frac{b^2}{4}\right) \tag{9-25}$$

代入式(9-12),得

$$D = 2\iint_R \Phi \mathrm{d}x\mathrm{d}y = -2\int_{-\frac{a}{2}}^{\frac{a}{2}}\left[\int_{-\frac{b}{2}}^{\frac{b}{2}}\left(y^2 - \frac{b^2}{4}\right)\mathrm{d}y\right]\mathrm{d}x = \frac{ab^3}{3}$$

于是

$$\alpha = \frac{M}{GD} = \frac{3M}{Gab^3} \tag{9-26}$$

由式(9-25)求得应力分量:

$$\tau_{zx} = \alpha G\frac{\partial\Phi}{\partial y} = -\frac{6M}{ab^3}y, \quad \tau_{zy} = -\alpha G\frac{\partial\Phi}{\partial x} = 0 \tag{9-27}$$

这个应力表达式除在狭长矩形截面的短边附近外,对截面的大部分区域都是正确的,最大切应力发生在长边上,即 $y = \pm\frac{b}{2}$ 处,其值为

$$\tau_{\max} = |(\tau_{zx})_{y=\pm\frac{b}{2}}| = \frac{3M}{ab^2} \tag{9-28}$$

现在再来讨论具有任意边长比的矩形截面杆的扭转,求解这个问题,应力函数 Φ 以狭长矩形截面的解(9-25)为基础,加上修正项 Φ_1,即

$$\Phi(x,y) = \frac{b^2}{4} - y^2 + \Phi_1(x,y) \tag{a}$$

函数 Φ 应满足方程(9-8),故将式(a)代入,得修正函数 Φ_1 所满足的方程:

$$\frac{\partial^2\Phi_1}{\partial x^2} + \frac{\partial^2\Phi_1}{\partial y^2} = 0 \tag{b}$$

另外,由于应力函数 $\Phi(x,y)$ 在矩形截面的边界处满足如下的边界条件:

$$\Phi\left(\pm\frac{a}{2},y\right) = 0, \quad \Phi\left(x,\pm\frac{b}{2}\right) = 0$$

所以,修正函数的边界条件为

$$\left.\begin{array}{l}\Phi_1\left(\pm\dfrac{a}{2},y\right) = y^2 - \dfrac{b^2}{4}\\[3mm]\Phi_1\left(x,\pm\dfrac{b}{2}\right) = 0\end{array}\right\} \tag{c}$$

这样,就将问题转化为在边界条件(c)下求解方程(b)。下面用分离变量法求解。设

$$\Phi_1(x,y) = X(x)Y(y) \qquad\qquad (\mathrm{d})$$

代入式(b),移项,并在等号两边同除以 $X(x)Y(y)$,有

$$\frac{X''}{X} = -\frac{Y''}{Y} = \lambda^2$$

由此得方程:

$$X'' - \lambda^2 X = 0 \qquad\qquad (\mathrm{e})$$

$$Y'' + \lambda^2 Y = 0 \qquad\qquad (\mathrm{f})$$

解之得方程(e)和(f)的通解:

$$X(x) = B_1 \cosh \lambda x + B_2 \sinh \lambda x$$

$$Y(y) = C_1 \cos \lambda y + C_2 \sin \lambda y$$

代入式(d),并注意到问题的对称性(根据薄膜比拟),有

$$\Phi_1(x,y) = A \cosh \lambda x \cos \lambda y \qquad\qquad (\mathrm{g})$$

由边界条件(c)的第二式,得

$$A \cosh \lambda x \cos \lambda \frac{b}{2} = 0$$

由此得

$$\lambda_n = \frac{(2n+1)\pi}{b} \quad (n = 0,1,2,3,\cdots)$$

代入式(g),并作如下的级数

$$\Phi_1(x,y) = \sum_{n=0}^{\infty} A_n \cosh \frac{(2n+1)\pi}{b} x \cos \frac{(2n+1)\pi}{b} y \qquad\qquad (\mathrm{h})$$

显然,此函数式是满足方程(b)的,而且已满足了边界条件 $\Phi_1\left(x, \pm\dfrac{b}{2}\right) = 0$。现在,利用边界条件(c)的第一式,确定其中的系数 A_n。代入后有

$$\sum_{n=0}^{\infty} A_n \cosh \frac{(2n+1)\pi a}{2b} \cos \frac{(2n+1)\pi}{b} y = y^2 - \frac{b^2}{4}$$

等号两边同乘以 $\cos \dfrac{(2m+1)\pi}{b} y$,从 $-\dfrac{b}{2}$ 到 $\dfrac{b}{2}$ 积分,并注意三角函数的正交性,于是有

$$A_n = \frac{(-1)^{n+1} 8b^2}{\pi^3 (2n+1)^3 \cosh \dfrac{(2n+1)\pi a}{2b}}$$

代入式(h),得

$$\Phi_1(x,y) = \frac{8b^2}{\pi^3} \sum_{n=0}^{\infty} \frac{(-1)^{n+1} \cosh \dfrac{(2n+1)\pi x}{b} \cos \dfrac{(2n+1)\pi y}{b}}{(2n+1)^3 \cosh \dfrac{(2n+1)\pi a}{2b}}$$

将上式代入式(a),就得到所要求的应力函数:

$$\Phi(x,y) = \frac{8b^2}{\pi^3} \sum_{n=0}^{\infty} \frac{(-1)^{n+1} \cosh \dfrac{(2n+1)\pi x}{b} \cos \dfrac{(2n+1)\pi y}{b}}{(2n+1)^3 \cosh \dfrac{(2n+1)\pi a}{2b}} + \frac{b^2}{4} - y^2$$

$$(9-29)$$

现将式(9-29)代入式(9-12),则有

$$D = 2\iint_R \Phi \mathrm{d}x\mathrm{d}y = ab^3 \left[\frac{1}{3} - \frac{64}{\pi^5} \frac{b}{a} \sum_{n=0}^{\infty} \frac{\tanh \dfrac{(2n+1)\pi a}{2b}}{(2n+1)^5} \right]$$

从而可求得单位长度的扭转角

$$\alpha = \frac{M}{GD} = \frac{M}{ab^3 G \left[\dfrac{1}{3} - \dfrac{64}{\pi^5} \dfrac{b}{a} \displaystyle\sum_{n=0}^{\infty} \dfrac{\tanh \dfrac{(2n+1)\pi a}{2b}}{(2n+1)^5} \right]} \qquad (\mathrm{i})$$

由薄膜比拟可以断定,最大切应力发生在矩形横截面长边的中点处,其值为

$$\tau_{\max} = \frac{M \left[1 - \dfrac{8}{\pi^2} \displaystyle\sum_{n=0}^{\infty} \dfrac{1}{(2n+1)^2 \cosh \dfrac{(2n+1)\pi a}{2b}} \right]}{ab^2 \left[\dfrac{1}{3} - \dfrac{64}{\pi^5} \dfrac{b}{a} \displaystyle\sum_{n=0}^{\infty} \dfrac{\tanh \dfrac{(2n+1)\pi a}{2b}}{(2n+1)^5} \right]} \qquad (\mathrm{j})$$

若将式(i)和式(j)分别写成

$$\alpha = \frac{M}{ab^3 G \beta} \qquad (9-30)$$

$$\tau_{\max} = \frac{M}{ab^2 \gamma} \qquad (9-31)$$

则因子 β 和 γ 只与比值 a/b 有关。两个因子的数值列表如表9-1所示:

表 9-1

a/b	β	γ	a/b	β	γ
1.0	0.141	0.208	3.0	0.263	0.267
1.2	0.166	0.219	4.0	0.281	0.282
1.5	0.196	0.230	5.0	0.291	0.291
2.0	0.229	0.246	10.0	0.312	0.312
2.5	0.249	0.258	很大	0.333	0.333

由表可见,对于很狭长矩形截面的扭杆,a/b 很大,则 β 和 γ 都趋近于 1/3,这时,式(9-30)和式(9-31)分别简化为式(9-26)和式(9-28)。

§9-8　薄壁杆的扭转

通常使用的开口薄壁杆,它们的横截面大都是由等宽度的狭长矩形组成的,如图9-10所示。从薄膜比拟可以想象,一个直的狭长矩形和一个曲的狭长矩形,如果具有相同的长度 a 和宽度 b ,则当张在这两个狭长矩形上的薄膜受有相同的压力 q 和张力 F_T 时,两个薄膜与各自边界平面间所占的体积 V 和它们的斜率 $\dfrac{\partial Z}{\partial v}$ 大体是相同的。因此,一个曲的狭长矩形截面扭杆,可以用一个同一种材料制成的、同宽同长的直的矩形截面杆来代替,而不致引起多大的误差。

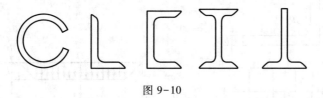

图 9-10

用 a_i 和 b_i 表示扭杆横截面的第 i 个狭长矩形的长度和宽度, M_i 表示该矩形面积上承受的扭矩, τ_i 表示该矩形长边中点附近的切应力, α 为杆的单位长度的扭转角。由式(9-26)和(9-28),有

$$\alpha = \frac{3M_i}{Ga_ib_i^3} \tag{a}$$

$$\tau_i = \frac{3M_i}{a_ib_i^2} \tag{b}$$

由式(a)

$$M_i = \frac{G\alpha a_ib_i^3}{3} \tag{c}$$

整个横截面上的扭矩为

$$M = \sum M_i = \frac{G\alpha}{3} \sum a_ib_i^3 \tag{d}$$

由式(c)和式(d)消去 α ,得 $M_i = \dfrac{a_ib_i^3}{\sum a_ib_i^3}M$,代回式(a)和式(b),得到

$$\alpha = \frac{3M}{G\sum a_ib_i^3} \tag{9-32}$$

$$\tau_i = \frac{3Mb_i}{\sum a_ib_i^3} \tag{9-33}$$

对于狭长矩形长边中点的切应力 τ_i ,式(9-33)给出相当精确的值。但须注意,在两个狭长矩形的联结处,可能发生远大于此的局部切应力。图9-11给出了比值

$\tau_{\max}/\tau_i$ 与比值 ρ/b_i 之间的大体关系[1],这里的 $\tau_{\max}$ 是内圆角处的最大切应力,τ_i 是用式(9-33)算出的切应力,ρ 是内圆角的曲率半径,b_i 是狭长矩形的宽度。

对于闭口薄壁杆的扭转问题,也能通过薄膜比拟求得近似解答。假想在薄壁杆横截面的外边界上张一个薄膜,这样,保证薄膜在外边界上的垂度为零;为使薄膜在内边界处的垂度为常量,可以假想用粘在薄膜上的无重不变形的平板把截面的孔洞部分盖起来,如图 9-12 所示。由于杆壁厚度很小,所以,沿壁的厚度方向薄膜的斜率可视为常量。于是,在杆壁厚度为 δ 之处,切应力大小应等于薄膜的斜率,即

$$\tau = \frac{h}{\delta} \tag{e}$$

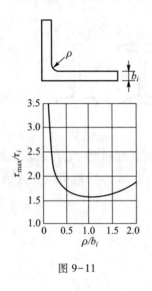

图 9-11

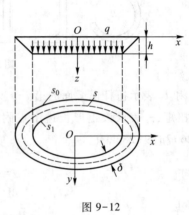

图 9-12

因如前述,扭矩 M 应等于 Oxy 平面与薄膜之间体积的 2 倍,设内外边界所包围面积的平均值(即薄壁杆截面中线所包围的面积)为 A,于是有

$$M = 2Ah$$

由此得

$$h = \frac{M}{2A}$$

代入式(e),得

$$\tau = \frac{M}{2A\delta} \tag{9-34}$$

可见,切应力与杆壁的厚度成反比,最大切应力发生在杆壁最薄之处。

为了计算单位长度的扭转角 α,通过式(9-19)求杆截面中心线(图 9-12 中的虚线,它当然为等高线)上的应力环量,以 A 表示中心线所包围的面积,于是有

$$\oint_s \tau \mathrm{d}s = \frac{M}{2A}\oint_s \frac{\mathrm{d}s}{\delta} = 2G\alpha A$$

由此得

---

[1] 这个结果是胡斯(Huth,J.H.)用差分法计算得到的。

$$\alpha = \frac{M}{4A^2 G} \oint_s \frac{ds}{\delta} \qquad (9-35)$$

如果杆壁为等厚度的,则

$$\alpha = \frac{Ml}{4A^2 G \delta}$$

其中,l 为杆截面中心线的长度。

若闭口薄壁杆有凹角(图 9-13),在凹角处可能发生高度的应力集中现象。比值 τ_{max}/τ 和 ρ/δ 之间的大体关系[①]如图 9-14 所示。

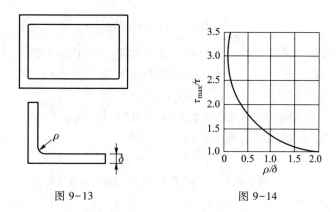

图 9-13   图 9-14

对于薄壁杆的横截面有两个孔的多连通域的情况(图 9-15),同样能通过薄膜比拟法求解。由于杆壁厚度 δ_1,δ_2 和 δ_3 都很小,于是有

$$\left. \begin{array}{l} \tau_1 = \dfrac{h_1}{\delta_1} \\[3mm] \tau_2 = \dfrac{h_2}{\delta_2} \\[3mm] \tau_3 = \dfrac{h_1 - h_2}{\delta_3} = \dfrac{\tau_1 \delta_1 - \tau_2 \delta_2}{\delta_3} \end{array} \right\} \qquad (f)$$

图 9-15

---

① 这条曲线由胡斯用差分法算得。

这里的 h_1 和 h_2 表示薄膜内边界 s_1 和 s_2 的高度。

由薄膜和外边界所在平面之间的体积求得扭矩:

$$M = 2(A_1 h_1 + A_2 h_2)$$

从式(f)的前两式求出 h_1 和 h_2,代入,则得

$$M = 2A_1 \delta_1 \tau_1 + 2A_2 \delta_2 \tau_2 \tag{g}$$

这里的 A_1 和 A_2 表示图中虚线所包围的面积。

再由式(9-19)分别对两根中心闭合线 $ACBA$ 和 $ABDA$(图中虚线)求应力环量,有

$$\left.\begin{array}{l} \int_{ACB} \tau_1 ds + \int_{BA} \tau_3 ds = 2G\alpha A_1 \\[2mm] \int_{BDA} \tau_2 ds - \int_{BA} \tau_3 ds = 2G\alpha A_2 \end{array}\right\} \tag{h}$$

若 δ_1,δ_2 为常量,则由式(f)知,τ_1,τ_2 和 τ_3 也为常量,于是式(h)变为

$$\left.\begin{array}{l} \tau_1 l_1 + \tau_3 l_3 = 2G\alpha A_1 \\[2mm] \tau_2 l_2 - \tau_3 l_3 = 2G\alpha A_2 \end{array}\right\} \tag{i}$$

这里的 l_1,l_2 和 l_3 分别表示中心线 ACB,BDA 和 BA 的长度。

将式(f)的第三式与式(g)和式(i)联立,求得

$$\left.\begin{array}{l} \tau_1 = \dfrac{M[\delta_3 l_2 A_1 + \delta_2 l_3 (A_1+A_2)]}{2[\delta_1 \delta_3 l_2 A_1^2 + \delta_2 \delta_3 l_1 A_2^2 + \delta_1 \delta_2 l_3 (A_1+A_2)^2]} \\[4mm] \tau_2 = \dfrac{M[\delta_3 l_1 A_2 + \delta_1 l_3 (A_1+A_2)]}{2[\delta_1 \delta_3 l_2 A_1^2 + \delta_2 \delta_3 l_1 A_2^2 + \delta_1 \delta_2 l_3 (A_1+A_2)^2]} \\[4mm] \tau_3 = \dfrac{M[\delta_1 l_2 A_1 - \delta_2 l_1 A_2]}{2[\delta_1 \delta_3 l_2 A_1^2 + \delta_2 \delta_3 l_1 A_2^2 + \delta_1 \delta_2 l_3 (A_1+A_2)^2]} \end{array}\right\} \tag{9-36}$$

$$\alpha = \frac{M(l_1 l_2 \delta_3 + l_1 l_3 \delta_2 + l_2 l_3 \delta_1)}{4G[\delta_1 \delta_3 l_2 A_1^2 + \delta_2 \delta_3 l_1 A_2^2 + \delta_1 \delta_2 l_3 (A_1+A_2)^2]} \tag{9-37}$$

如果薄壁杆横截面具有更多的孔,也可采用完全同样的方法求切应力和单位长度杆的扭转角。

§9-9　柱形杆的弯曲

现在讨论悬臂柱形杆由于自由端面上受切向集中力作用而产生的横向弯曲问题(图9-16)。假设横截面具有任意形状,将固定端面的形心作为坐标原点,杆的中心轴线作为 z 轴,x 和 y 轴与截面的主轴重合。设剪力 F 和 x 轴平行,其作用线的位置应根据杆没有扭转而只有弯曲的条件来决定[①]。

用应力解法。假设轴向正应力同材料力学的结果一样,而纵向纤维之间无挤压,于是

$$\sigma_z = \frac{M_y}{I_y} x = -\frac{F}{I_y}(L-z)x, \quad \sigma_x = \sigma_y = \tau_{xy} = 0 \tag{9-38}$$

---

① 要使杆不产生扭转,剪力 F 必须通过横截面上一个特殊的点,这个点称为弯曲中心。

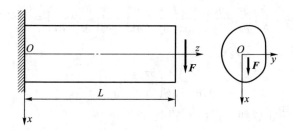

图 9-16

至于其他应力分量,应由平衡微分方程(5-1),以应力表示的应变协调方程(5-12)′和边界条件来确定。

将式(9-38)代入方程式(5-1)和式(5-12)′,并略去体力的影响,则两组方程简化为

$$\left.\begin{array}{l} \dfrac{\partial \tau_{zx}}{\partial z}=0 \\[2mm] \dfrac{\partial \tau_{zy}}{\partial z}=0 \\[2mm] \dfrac{\partial \tau_{zx}}{\partial x}+\dfrac{\partial \tau_{zy}}{\partial y}=-\dfrac{F}{I_y}x \end{array}\right\} \tag{a}$$

$$\nabla^2 \tau_{zy}=0, \quad \nabla^2 \tau_{zx}=-\dfrac{F}{(1+\nu)I_y} \tag{b}$$

从式(a)的前两式可以看出,τ_{zx},τ_{zy} 只是 x 和 y 的函数,而与 z 无关。现引入应力函数 $\Phi(x,y)$,使

$$\left.\begin{array}{l} \tau_{zx}=\dfrac{\partial \Phi}{\partial y}-\dfrac{F}{2I_y}x^2+f(y) \\[3mm] \tau_{zy}=-\dfrac{\partial \Phi}{\partial x} \end{array}\right\} \tag{9-39}$$

容易看出,平衡方程(a)的最后一式也满足,这里的 $f(y)$ 为任意函数,如何选择它,将以简化边界条件为目的。

将式(9-39)代入式(b),有

$$\dfrac{\partial}{\partial x}\nabla^2 \Phi=0, \quad \dfrac{\partial}{\partial y}\nabla^2 \Phi=\dfrac{\nu}{1+\nu}\dfrac{F}{I_y}-f''(y)$$

由此得

$$\nabla^2 \Phi=\dfrac{\nu}{1+\nu}\dfrac{F}{I_y}y-f'(y)+k \tag{c}$$

其中,k 为积分常数,可证明它为零。事实上,试考虑悬臂梁横截面上任一单元面的转动,由式(3-6),有

$$\omega_z=2r=\dfrac{\partial v}{\partial x}-\dfrac{\partial u}{\partial y}$$

r 沿 z 方向的变化率为

$$\frac{\partial}{\partial z}(2r) = \frac{\partial}{\partial z}\left(\frac{\partial v}{\partial x} - \frac{\partial u}{\partial y}\right) = \frac{\partial}{\partial x}\left(\frac{\partial w}{\partial y} + \frac{\partial v}{\partial z}\right) - \frac{\partial}{\partial y}\left(\frac{\partial u}{\partial z} + \frac{\partial w}{\partial x}\right) = \frac{\partial \gamma_{yz}}{\partial x} - \frac{\partial \gamma_{xz}}{\partial y}$$

利用胡克定律,上式变为

$$\frac{\partial r}{\partial z} = \frac{1}{2G}\left(\frac{\partial \tau_{zy}}{\partial x} - \frac{\partial \tau_{zx}}{\partial y}\right)$$

将式(9-39)代入,并注意到方程(c),得到

$$-\frac{\partial r}{\partial z} = \frac{1}{2G}\frac{\nu}{1+\nu}\frac{Fy}{I_y} + \frac{k}{2G} = \frac{\nu}{E}\frac{Fy}{I_y} + \alpha \qquad (\text{d})$$

这里,$\alpha = \dfrac{k}{2G}$。因按定义,r 表示微分单元体角位移矢量在 z 方向的分量,所以,如假想

将杆分割成无数根纵向微条,则 $\dfrac{\partial r}{\partial z}$ 代表任意一根纵向微条单位长度的轴向转角。按式

(d),它由两部分组成:其中 y 的一次项表示对不同的 y 坐标的纵向微条将产生不同的
单位长度的转角,因此,这部分将引起横截面的畸变;其中常数项表示对于杆中所有的
纵向微条,将产生相同的单位长度的轴向转角,因此,这部分代表杆的扭转变形,实际
上,α 就是单位长度的扭转角。但根据题设条件,这里不产生扭转,故 $\alpha = 0$,亦即

$$k = 0$$

于是,方程(c)变为

$$\nabla^2 \Phi = \frac{\nu}{1+\nu}\frac{F}{I_y}y - f'(y) \qquad (9\text{-}40)$$

现在考察边界条件。在杆的周侧不受外力作用,即 $\bar{f}_x = \bar{f}_y = \bar{f}_z = 0$,将式(9-38)和
(9-39)代入式(5-5),并注意到在杆的周侧 $n = 0$,有

$$\left[\frac{\partial \Phi}{\partial y} - \frac{F}{2I_y}x^2 + f(y)\right]l - \frac{\partial \Phi}{\partial x}m = 0 \quad (\text{在横截面周界 } s \text{ 上})$$

因为在横截面周边上

$$l = \frac{\mathrm{d}y}{\mathrm{d}s}, \quad m = -\frac{\mathrm{d}x}{\mathrm{d}s}$$

代入上式,移项后得到

$$\frac{\mathrm{d}\Phi}{\mathrm{d}s} = \frac{\partial \Phi}{\partial x}\frac{\mathrm{d}x}{\mathrm{d}s} + \frac{\partial \Phi}{\partial y}\frac{\mathrm{d}y}{\mathrm{d}s} = \left[\frac{Fx^2}{2I_y} - f(y)\right]\frac{\mathrm{d}y}{\mathrm{d}s} \quad (\text{在横截面周界 } s \text{ 上})$$

在垂直于 y 轴的周边上,$\dfrac{\mathrm{d}y}{\mathrm{d}s} = 0$,因此,$\dfrac{\mathrm{d}\Phi}{\mathrm{d}s} = 0$,应力函数 Φ 为常数。在不垂直于 y 轴的

周边上(设上下边界对称于 y 轴),可以选择 $f(y)$,使

$$\frac{F}{2I_y}x^2 - f(y) = 0 \quad (\text{在周界 } s \text{ 上}) \qquad (9\text{-}41)$$

于是,也有 $\dfrac{\mathrm{d}\Phi}{\mathrm{d}s} = 0$,从而应力函数 Φ 的边界值也成为常数。但应力函数相差一个常数
对求应力无影响,因此,总可以将应力函数的边界值取为零,即

$$\Phi = 0 \quad (\text{在杆的横截面周界 } s \text{ 上}) \qquad (9\text{-}42)$$

再考虑自由端面上的边界条件。由于在这个边界上外力分布的详细情况不清楚，只知道它静力上等效于剪力 F，故由圣维南原理，其上的边界条件可写为

$$\iint_R \tau_{zx}\mathrm{d}x\mathrm{d}y = F, \qquad \iint_R \tau_{zy}\mathrm{d}x\mathrm{d}y = 0 \tag{e}$$

由式(9-39)的第一式计算下面的积分：

$$\iint_R \tau_{zx}\mathrm{d}x\mathrm{d}y = \iint_R \frac{\partial \varPhi}{\partial y}\mathrm{d}x\mathrm{d}y - \iint_R \frac{F}{2I_y}x^2\mathrm{d}x\mathrm{d}y + \iint_R f(y)\mathrm{d}x\mathrm{d}y \tag{f}$$

对于等号右边的第一个积分，根据斯托克斯公式，并利用式(9-42)，有

$$\iint_R \frac{\partial \varPhi}{\partial y}\mathrm{d}x\mathrm{d}y = \oint_s \varPhi m\mathrm{d}s = 0 \tag{g}$$

对于等号右边的第二个积分，注意到

$$\iint_R x^2\mathrm{d}x\mathrm{d}y = I_y$$

于是有

$$\iint_R \frac{F}{2I_y}x^2\mathrm{d}x\mathrm{d}y = \frac{F}{2} \tag{h}$$

对于等号右边的第三个积分，利用斯托克斯公式，有

$$\iint_R f(y)\mathrm{d}x\mathrm{d}y = \iint_R \frac{\partial}{\partial x}\left[xf(y)\right]\mathrm{d}x\mathrm{d}y = \oint_s xf(y)l\mathrm{d}s$$

将式(9-41)代入，于是，上式变为

$$\iint_R f(y)\mathrm{d}x\mathrm{d}y = \oint_s \frac{Fx^3}{2I_y}l\mathrm{d}s = \frac{3F}{2I_y}\iint_R x^2\mathrm{d}x\mathrm{d}y = \frac{3F}{2} \tag{i}$$

将式(g)，式(h)和式(i)代入式(f)，得到

$$\iint_R \tau_{zx}\mathrm{d}x\mathrm{d}y = -\frac{F}{2} + \frac{3F}{2} = F$$

可见边界条件(e)的第一式是满足的。

将式(9-39)的第二式代入式(e)的第二个条件，利用斯托克斯公式，并注意到式(9-42)，有

$$\iint_R \tau_{zy}\mathrm{d}x\mathrm{d}y = -\iint_R \frac{\partial \varPhi}{\partial x}\mathrm{d}x\mathrm{d}y = -\oint_s \varPhi l\mathrm{d}s = 0$$

可见这个条件也是满足的。

总之，对于悬臂柱形杆，由于自由端面受切向集中力作用所产生的横向弯曲问题，只需根据(9-41)选择 $f(y)$，于是，归结为在边界条件(9-42)下求解方程(9-40)，求得了应力函数 $\varPhi$，由式(9-39)求应力分量。方程(9-40)也是泊松方程，同样可以借助于薄膜比拟法求解。

§9-10　椭圆截面杆的弯曲

如果悬臂柱形杆的横截面是长短半轴分别为 a 和 b 的椭圆(图9-17)，显然，椭圆的中心即为弯曲中心。椭圆的周界方程为

$$\frac{x^2}{a^2} + \frac{y^2}{b^2} - 1 = 0$$

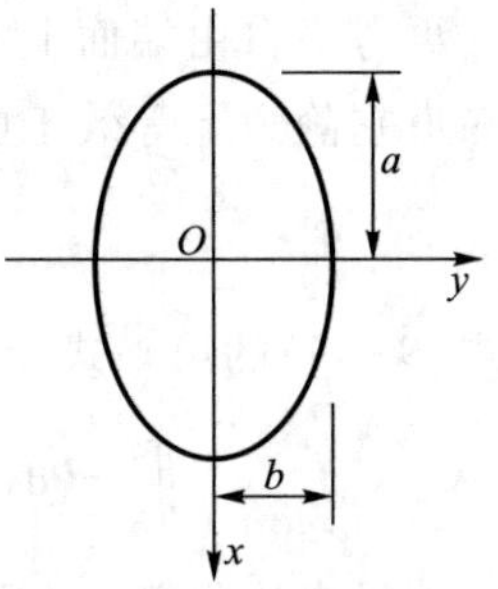

因此,在椭圆周界上有

$$x^2 = a^2 - \frac{a^2}{b^2}y^2$$

为使式(9-41)得到满足,取

$$f(y) = \left[\frac{F}{2I_y}x^2\right]_s = \frac{F}{2I_y}\left(a^2 - \frac{a^2}{b^2}y^2\right) \tag{a}$$

图 9-17

将式(a)代入方程(9-40),得

$$\nabla^2 \Phi = \frac{\nu}{1+\nu}\frac{F}{I_y}y + \frac{Fa^2}{I_yb^2}y = \frac{F}{I_y}\left(\frac{a^2}{b^2} + \frac{\nu}{1+\nu}\right)y \tag{b}$$

试取应力函数

$$\Phi = B\left(\frac{x^2}{a^2} + \frac{y^2}{b^2} - 1\right)y \tag{c}$$

显然,它是满足边界条件(9-42)的,B 是待定常数。现将它代入方程(b),有

$$2\left(\frac{1}{a^2} + \frac{3}{b^2}\right)By = \frac{F}{I_y}\left(\frac{a^2}{b^2} + \frac{\nu}{1+\nu}\right)y$$

由此得

$$B = \frac{\dfrac{F}{2I_y}\left(\dfrac{a^2}{b^2} + \dfrac{\nu}{1+\nu}\right)}{\dfrac{1}{a^2} + \dfrac{3}{b^2}}$$

代入式(c),得要求的应力函数为

$$\Phi = \frac{(1+\nu)a^2 + \nu b^2}{2(1+\nu)(3a^2 + b^2)}\frac{F}{I_y}\left(x^2 + \frac{a^2}{b^2}y^2 - a^2\right)y$$

并由此求得应力分量为

$$\begin{aligned}
\tau_{zx} &= \frac{\partial \Phi}{\partial y} - \frac{Fx^2}{2I_y} + f(y) \\
&= \frac{2(1+\nu)a^2 + b^2}{2(1+\nu)(3a^2 + b^2)}\frac{F}{I_y}\left[a^2 - x^2 - \frac{(1-2\nu)a^2}{2(1+\nu)a^2 + b^2}y^2\right] \\
\tau_{zy} &= -\frac{\partial \Phi}{\partial x} = -\frac{(1+\nu)a^2 + \nu b^2}{(1+\nu)(3a^2 + b^2)}\frac{F}{I_y}xy
\end{aligned}\right\} \tag{9-43}$$

在横轴上

$$\begin{aligned}
(\tau_{zx})_{x=0} &= \frac{2(1+\nu)a^2 + b^2}{2(1+\nu)(3a^2 + b^2)}\frac{Fa^2}{I_y}\left[1 - \frac{(1-2\nu)y^2}{2(1+\nu)a^2 + b^2}\right] \\
(\tau_{zy})_{x=0} &= 0
\end{aligned}\right\} \tag{9-44}$$

最大切应力发生在椭圆的中心,其值为

$$\tau_{max} = (\tau_{zx})_{\substack{x=0 \\ y=0}} = \frac{(1+\nu)a^2 + \dfrac{1}{2}b^2}{(1+\nu)(3a^2 + b^2)}\frac{Fa^2}{I_y} \tag{9-45}$$

如果 $b \ll a$，则可略去 $\dfrac{b^2}{a^2}$ 的项，得

$$\tau_{\max} = \frac{4}{3} \frac{F}{\pi ab} \tag{9-46}$$

这和初等理论[①]所得的结果相同。如果 $b \gg a$，则可以略去 $\dfrac{a^2}{b^2}$ 的项，得

$$\tau_{\max} = \frac{2}{1+\nu} \frac{F}{\pi ab} \tag{9-47}$$

这时，在水平轴两端的切应力为

$$(\tau_{zx})_{\substack{x=0 \\ y=\pm b}} = \frac{4\nu}{1+\nu} \frac{F}{\pi ab} \tag{9-48}$$

可见，在这种情况下，切应力沿水平轴的分布远非均匀，而且与泊松比 ν 的大小有关。取 $\nu = 0.3$，则

$$\tau_{\max} = 1.54 \frac{F}{\pi ab}$$

$$(\tau_{zx})_{\substack{x=0 \\ y=b}} = 0.92 \frac{F}{\pi ab}$$

最大切应力比初等理论的结果大约大 16%。

若在式(9-44)中令 $a=b$，则可以得到圆截面的结果：

$$\left. \begin{aligned} (\tau_{zx})_{x=0} &= \frac{3+2\nu}{8(1+\nu)} \frac{Fa^2}{I_y} \left(1 - \frac{1-2\nu}{3+2\nu} \frac{y^2}{a^2}\right) \\ (\tau_{zy})_{x=0} &= 0 \end{aligned} \right\} \tag{9-49}$$

最大切应力发生在圆心处，其值为

$$\tau_{\max} = (\tau_{zx})_{x=y=0} = \frac{3+2\nu}{2(1+\nu)} \frac{F}{\pi a^2} \tag{9-50}$$

水平直径两端的切应力为

$$(\tau_{zx})_{\substack{x=0 \\ y=\pm a}} = \frac{1+2\nu}{1+\nu} \frac{F}{\pi a^2} \tag{9-51}$$

取 $\nu = 0.3$，则式(9-50)和式(9-51)成为

$$\tau_{\max} = 1.38 \frac{F}{\pi a^2}$$

$$(\tau_{zx})_{\substack{x=0 \\ y=\pm a}} = 1.23 \frac{F}{\pi a^2}$$

可见，在这种情况下，最大切应力比初等理论的结果大约大 4%。只有当 $\nu = 1/2$ 时，解答式(9-49)才与初等理论结果一致。

---

① 在初等理论中，假设切应力 τ_{zx} 沿水平轴均匀分布。

§9-11　矩形截面杆的弯曲

如果悬臂柱形杆的横截面为长宽分别等于 $2a$ 和 $2b$ 的矩形（图 9-18），则在左右边界上，有

$$\frac{\mathrm{d}y}{\mathrm{d}s} = 0$$

在上下边界上，有

$$x^2 = a^2$$

因此，若根据式（9-41），取

$$f(y) = \left[\frac{F}{2I_y}x^2\right]_s = \frac{Fa^2}{2I_y} \tag{a}$$

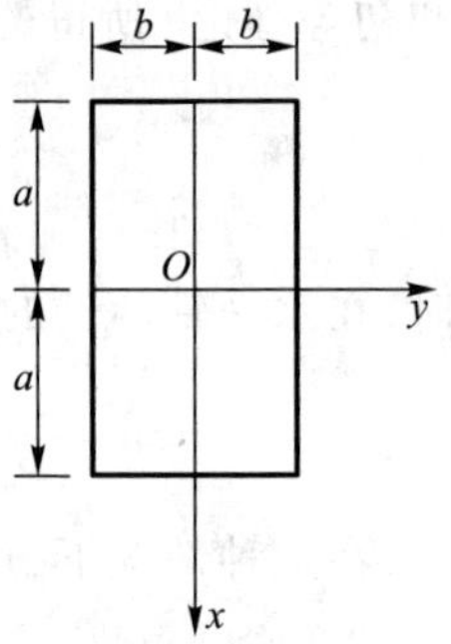

则边界条件（9-42）成立，在本问题中，可写成

$$(\Phi)_{x=\pm a} = 0, \quad (\Phi)_{y=\pm b} = 0 \tag{b}$$

将式（a）代入方程（9-40），有

图 9-18

$$\nabla^2 \Phi = \frac{\nu}{1+\nu}\frac{F}{I_y}y \tag{c}$$

方程（c）是二阶线性非齐次偏微分方程，其通解为非齐次的任意一个特解和齐次通解之和。但由本问题的对称性，切应力 τ_{zx} 应该是 x 和 y 的偶函数，再由式（a）和式（9-39）的第一式，$\dfrac{\partial \Phi}{\partial y}$ 也应该是 x 和 y 的偶函数。由此可见，Φ 应该是 x 的偶函数，y 的奇函数。现在，从这点出发，并利用边界条件（b）的第二式，选择非齐次特解和齐次通解。非齐次特解取为

$$\Phi_1 = \frac{\nu}{1+\nu}\frac{F}{6I_y}(y^2 - b^2)y$$

显然，它是 y 的奇函数，并满足边界条件（b）的第二式；奇次通解取为

$$\Phi_2 = \sum_{m=1}^{\infty} A_m \cosh\frac{m\pi x}{b}\sin\frac{m\pi y}{b}$$

显然，它是 x 的偶函数，y 的奇函数，也满足边界条件（b）的第二式，由此得

$$\Phi = \Phi_1 + \Phi_2 = \frac{\nu}{1+\nu}\frac{F}{6I_y}(y^2 - b^2)y + \sum_{m=1}^{\infty} A_m \cosh\frac{m\pi x}{b}\sin\frac{m\pi y}{b} \tag{d}$$

现在利用式（b）的第一个条件，有

$$\frac{\nu}{1+\nu}\frac{F}{6I_y}(y^2 - b^2)y + \sum_{m=1}^{\infty} A_m \cosh\frac{m\pi a}{b}\sin\frac{m\pi y}{b} = 0$$

即

$$\sum_{m=0}^{\infty} A_m \cosh\frac{m\pi a}{b}\sin\frac{m\pi y}{b} = \frac{\nu}{1+\nu}\frac{F}{6I_y}(b^2 - y^2)y$$

等号两边同乘以 $\sin\dfrac{n\pi y}{b}$，从 $-b$ 到 b 积分，并注意三角函数的正交性，有

$$A_m = (-1)^{m+1} \frac{2\nu F b^3}{(1+\nu) I_y \pi^3 m^3 \cosh \dfrac{m\pi a}{b}}$$

代入式(d)得到要求的应力函数：

$$\Phi = \frac{\nu}{1+\nu} \frac{F}{6 I_y} (y^2 - b^2) y + \frac{\nu}{1+\nu} \frac{2 F b^3}{\pi^3 I_y} \sum_{m=1}^{\infty} \frac{(-1)^{m+1} \cosh \dfrac{m\pi x}{b} \sin \dfrac{m\pi y}{b}}{m^3 \cosh \dfrac{m\pi a}{b}}$$

由此求得应力分量：

$$\left. \begin{aligned}
\tau_{zx} &= \frac{\partial \Phi}{\partial y} - \frac{F}{2 I_y} x^2 + f(y) \\
&= \frac{F}{2 I_y} (a^2 - x^2) + \frac{\nu}{1+\nu} \frac{F}{6 I_y} (3 y^2 - b^2) + \\
&\quad \frac{\nu}{1+\nu} \frac{2 F b^2}{\pi^2 I_y} \sum_{m=1}^{\infty} \frac{(-1)^{m+1} \cosh \dfrac{m\pi x}{b} \cos \dfrac{m\pi y}{b}}{m^2 \cosh \dfrac{m\pi a}{b}} \\
\tau_{zy} &= -\frac{\partial \Phi}{\partial x} = \frac{\nu}{1+\nu} \frac{2 F b^2}{\pi^2 I_y} \sum_{m=1}^{\infty} \frac{(-1)^{m} \sinh \dfrac{m\pi x}{b} \sin \dfrac{m\pi y}{b}}{m^2 \cosh \dfrac{m\pi a}{b}}
\end{aligned} \right\} \tag{9-52}$$

最大切应力发生在横轴的两端，如果注意到 $I_y = \dfrac{(2b)(2a)^3}{12} = \dfrac{4}{3} a^3 b$，则

$$\tau_{\max} = (\tau_{zx})_{\substack{x=0 \\ y=\pm b}} = \frac{3F}{8ab} \left[1 + \frac{\nu}{1+\nu} \frac{b^2}{a^2} \left(\frac{2}{3} - \frac{4}{\pi^2} \sum_{m=1}^{\infty} \frac{1}{m^2 \cosh \dfrac{m\pi a}{b}} \right) \right] \tag{9-53}$$

在初等理论中，假设横截面只有平行于弯曲平面的切应力 τ_{zx}，且与 y 无关。对于矩形截面，求得其应力分量为

$$\tau_{zx} = \frac{F}{I_y} \frac{a^2 - x^2}{2}$$

$$\tau_{zy} = 0$$

与式(9-52)比较，式(9-52)中 τ_{zx} 的前一项就是初等理论的结果，其后项表示对初等理论的修正；在初等理论中，切应力 τ_{zy} 是完全被忽略的。

思考题与习题

9-1 试指出扭转问题中，方程 $\nabla^2 \varphi = 0$ 和 $\nabla^2 \Phi = -2$ 所表示的物理意义，并说明其理由。这里的 φ 和 Φ 分别表示扭转函数和应力函数。

9-2 试指出在柱形杆的弯曲问题中，方程 $\nabla^2 \Phi = \dfrac{\nu}{1+\nu} \dfrac{F}{I_y} y - f'(y)$ 中的 $f(y)$ 能否取作零，说明其

理由。这里,Φ 为应力函数。

9-3 试用应力解法求解等边三角形横截面柱形杆的扭转问题,求应力分量、最大切应力和单位长度的扭转角,横截面的尺寸和坐标选取如图 9-19 所示。

9-4 一闭口薄壁杆具有图 9-20 所示的横截面和均匀厚度 δ。试证明,杆扭转时中间腹壁上无切应力,并导出远离角点处的壁中的应力公式和单位长度的扭转角,都用扭矩 M 表示。

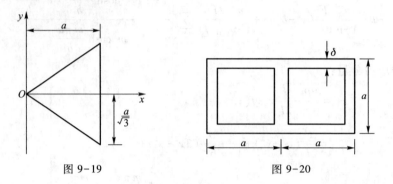

图 9-19   图 9-20

9-5 图 9-21 表示两个薄壁杆的横截面,具有相等的杆壁厚度和周长,如不考虑应力集中,试计算下列两种情况下两扭杆中切应力之比:(1) 两杆的扭矩相等;(2) 两杆的单位长度扭转角相等。

9-6 悬臂柱形杆在自由端面受铅直荷载 F 作用,杆的横截面如图 9-22 所示,左右两边为铅直边,上下两边为如下方程所示的双曲线:

$$(1+\nu)x^2 - \nu y^2 = a^2$$

试求最大切应力。这里,ν 为泊松比。

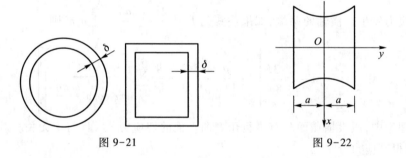

图 9-21   图 9-22

9-7 横截面形状如图 9-23 所示的悬臂柱形杆,自由端受切向集中力 F 作用。试证明,当 $\nu = \dfrac{1}{2}$ 时,取

$$f(y) = \frac{F}{6I_y}(2a+y)^2$$

$$\Phi = \frac{F}{6I_y}\left[x^2 - \frac{1}{3}(2a+y)^2\right](y-a)$$

能满足一切方程和边界条件;求切应力分量和最大切应力。

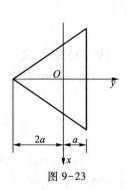

图 9-23

第十章 空间问题的解答

第九章介绍的柱形杆的扭转和弯曲是较为简单的空间问题;其中曾引进了它们各自的应力函数,从而把它们都归结为泊松方程的边值问题。这里自然要问:对于一般的空间问题,能否采取类似的步骤而给出解决问题的具体方法呢? 回答是肯定的。本章的任务,就是要从不计体力的拉梅方程出发,探求位移通解的各种表示形式,并以此来解决一些实际问题。通过这部分内容的学习,对于引导大家去解决某些复杂的空间问题,将会有所帮助。为简洁起见,本章的有关推导,将运用一些场论的知识。

第十章
电子教案

§10-1 基本方程的柱坐标和球坐标形式

在本书的第二章至第五章中,建立了弹性力学直角坐标形式的一切基本方程。由于对某些问题,例如轴对称问题和球对称问题,分别采用柱坐标和球坐标系比较方便,所以,下面就来列出柱坐标和球坐标形式的弹性力学基本方程,其推导详见本书的补充材料 B。

视频 10-1
基本方程的
柱坐标和球
坐标形式

(一) 基本方程的柱坐标形式

在直角坐标系下,空间一点 M 的位置是用三个坐标 (x,y,z) 表示的,而在柱坐标系下,空间一点的位置用 (ρ,φ,z) 表示。空间同一点的直角坐标与柱坐标之间的关系为

$$x = \rho\cos\varphi, \quad y = \rho\sin\varphi, \quad z = z$$

如图 10-1 所示。

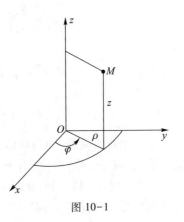

图 10-1

若分别用 $\sigma_\rho, \sigma_\varphi, \sigma_z, \tau_{\varphi z} = \tau_{z\varphi}, \tau_{\rho z} = \tau_{z\rho}, \tau_{\rho\varphi} = \tau_{\varphi\rho}$; $\varepsilon_\rho, \varepsilon_\varphi, \varepsilon_z, \gamma_{\varphi z}, \gamma_{\rho z}, \gamma_{\rho\varphi}$; u_ρ, u_φ, w 表示柱坐标系下的应力分量、应变分量和位移分量,它们应满足如下的方程:

平衡(运动)微分方程

$$\left.\begin{array}{l} \dfrac{\partial\sigma_\rho}{\partial\rho} + \dfrac{1}{\rho}\dfrac{\partial\tau_{\varphi\rho}}{\partial\varphi} + \dfrac{\partial\tau_{z\rho}}{\partial z} + \dfrac{\sigma_\rho - \sigma_\varphi}{\rho} + F_\rho = 0\left(\rho_1\dfrac{\partial^2 u_\rho}{\partial t^2}\right) \\[4mm] \dfrac{\partial\tau_{\rho\varphi}}{\partial\rho} + \dfrac{1}{\rho}\dfrac{\partial\sigma_\varphi}{\partial\varphi} + \dfrac{\partial\tau_{z\varphi}}{\partial z} + \dfrac{2\tau_{\rho\varphi}}{\rho} + F_\varphi = 0\left(\rho_1\dfrac{\partial^2 u_\varphi}{\partial t^2}\right) \\[4mm] \dfrac{\partial\tau_{\rho z}}{\partial\rho} + \dfrac{1}{\rho}\dfrac{\partial\tau_{\varphi z}}{\partial\varphi} + \dfrac{\partial\sigma_z}{\partial z} + \dfrac{\tau_{\rho z}}{\rho} + F_z = 0\left(\rho_1\dfrac{\partial^2 w}{\partial t^2}\right) \end{array}\right\} \qquad (10\text{-}1)$$

这里的(F_ρ,F_φ,F_z)表示单位体积的体力,等号右边括号内的ρ_1为密度。

几何方程

$$\left.\begin{array}{l}\varepsilon_\rho=\dfrac{\partial u_\rho}{\partial \rho}, \quad \varepsilon_\varphi=\dfrac{1}{\rho}\dfrac{\partial u_\varphi}{\partial \varphi}+\dfrac{u_\rho}{\rho}, \quad \varepsilon_z=\dfrac{\partial w}{\partial z} \\[2mm] \gamma_{\varphi z}=\dfrac{1}{\rho}\dfrac{\partial w}{\partial \varphi}+\dfrac{\partial u_\varphi}{\partial z} \\[2mm] \gamma_{\rho z}=\dfrac{\partial u_\rho}{\partial z}+\dfrac{\partial w}{\partial \rho} \\[2mm] \gamma_{\rho\varphi}=\dfrac{\partial u_\varphi}{\partial \rho}+\dfrac{1}{\rho}\dfrac{\partial u_\rho}{\partial \varphi}-\dfrac{u_\varphi}{\rho}\end{array}\right\} \quad (10\text{-}2)$$

应力与应变关系

$$\left.\begin{array}{ll}\sigma_\rho=\lambda\theta+2G\varepsilon_\rho, & \tau_{\varphi z}=G\gamma_{\varphi z} \\[1mm] \sigma_\varphi=\lambda\theta+2G\varepsilon_\varphi, & \tau_{\rho z}=G\gamma_{\rho z} \\[1mm] \sigma_z=\lambda\theta+2G\varepsilon_z, & \tau_{\rho\varphi}=G\gamma_{\rho\varphi} \\[1mm] \theta=\varepsilon_\rho+\varepsilon_\varphi+\varepsilon_z\end{array}\right\} \quad (10\text{-}3)$$

用$\lambda=\dfrac{E\nu}{(1+\nu)(1-2\nu)}$和$G=\dfrac{E}{2(1+\nu)}$代入上式,则又可表示为

$$\left.\begin{array}{ll}\sigma_\rho=\dfrac{E}{1+\nu}\left(\dfrac{\nu}{1-2\nu}\theta+\varepsilon_\rho\right), & \tau_{\varphi z}=\dfrac{E}{2(1+\nu)}\gamma_{\varphi z} \\[2mm] \sigma_\varphi=\dfrac{E}{1+\nu}\left(\dfrac{\nu}{1-2\nu}\theta+\varepsilon_\varphi\right), & \tau_{\rho z}=\dfrac{E}{2(1+\nu)}\gamma_{\rho z} \\[2mm] \sigma_z=\dfrac{\nu}{1+\nu}\left(\dfrac{\nu}{1-2\nu}\theta+\varepsilon_z\right), & \tau_{\rho\varphi}=\dfrac{E}{2(1+\nu)}\gamma_{\rho\varphi}\end{array}\right\} \quad (10\text{-}3)'$$

对于轴对称问题,即当物体的几何形状、约束情况或所受其他外界因素都对称于某一轴(设就是z轴)时,则由于变形的对称性,有$u_\rho=u_\rho(\rho,z)$,$u_\varphi=0$,$w=w(\rho,z)$。由式(10-2)和(10-3)可知,此时$\gamma_{z\varphi}=\gamma_{\rho\varphi}=\tau_{z\varphi}=\tau_{\varphi z}=\tau_{\rho\varphi}=\tau_{\varphi\rho}=0$,其余的应力分量、应变分量和位移分量仅是$\rho,z$的函数,而与$\varphi$无关。于是方程(10-1)~(10-3)简化为

$$\left.\begin{array}{l}\dfrac{\partial \sigma_\rho}{\partial \rho}+\dfrac{\partial \tau_{z\rho}}{\partial z}+\dfrac{\sigma_\rho-\sigma_\varphi}{\rho}+F_\rho=0\left(\rho_1\dfrac{\partial^2 u_\rho}{\partial t^2}\right) \\[3mm] \dfrac{\partial \tau_{\rho z}}{\partial \rho}+\dfrac{\partial \sigma_z}{\partial z}+\dfrac{\tau_{\rho z}}{\rho}+F_z=0\left(\rho_1\dfrac{\partial^2 w}{\partial t^2}\right)\end{array}\right\} \quad (10\text{-}4)$$

$$\left.\begin{array}{l}\varepsilon_\rho=\dfrac{\partial u_\rho}{\partial \rho}, \quad \varepsilon_\varphi=\dfrac{u_\rho}{\rho}, \quad \varepsilon_z=\dfrac{\partial w}{\partial z} \\[2mm] \gamma_{\rho z}=\dfrac{\partial u_\rho}{\partial z}+\dfrac{\partial w}{\partial \rho}\end{array}\right\} \quad (10\text{-}5)$$

$$\left.\begin{aligned}
\sigma_\rho &= \frac{E}{1+\nu}\left(\frac{\nu}{1-2\nu}\,\theta+\varepsilon_\rho\right)\\[4pt]
\sigma_\varphi &= \frac{E}{1+\nu}\left(\frac{\nu}{1-2\nu}\,\theta+\varepsilon_\varphi\right)\\[4pt]
\sigma_z &= \frac{E}{1+\nu}\left(\frac{\nu}{1-2\nu}\,\theta+\varepsilon_z\right)\\[4pt]
\tau_{\rho z} &= \frac{E}{2(1+\nu)}\gamma_{\rho z}\\[4pt]
\theta &= \varepsilon_\rho+\varepsilon_\varphi+\varepsilon_z
\end{aligned}\right\}\qquad(10\text{-}6)$$

（二）基本方程的球坐标形式

在球坐标系下，空间一点 M 的位置用 (r,θ,φ) 表示（图 10-2），它们和直角坐标的关系为

$$x=r\sin\theta\cos\varphi,\qquad y=r\sin\theta\sin\varphi,\qquad z=r\cos\theta$$

若分别用 $\sigma_r,\sigma_\theta,\sigma_\varphi,\tau_{\theta\varphi}=\tau_{\varphi\theta},\tau_{r\varphi}=\tau_{\varphi r},\tau_{r\theta}=\tau_{\theta r};\varepsilon_r,$ $\varepsilon_\theta,\varepsilon_\varphi,\gamma_{\theta\varphi},\gamma_{r\varphi},\gamma_{r\theta};u_r,u_\theta,u_\varphi$ 表示球坐标系下的应力分量、应变分量和位移分量，则它们应满足如下的方程：

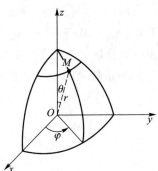

图 10-2

平衡（运动）微分方程

$$\left.\begin{aligned}
&\frac{\partial\sigma_r}{\partial r}+\frac{1}{r}\frac{\partial\tau_{\theta r}}{\partial\theta}+\frac{1}{r\sin\theta}\frac{\partial\tau_{\varphi r}}{\partial\varphi}+\frac{1}{r}(2\sigma_r-\sigma_\theta-\sigma_\varphi+\tau_{r\theta}\cot\theta)+F_r=0\left(\rho_1\frac{\partial^2 u_r}{\partial t^2}\right)\\[8pt]
&\frac{\partial\tau_{r\theta}}{\partial r}+\frac{1}{r}\frac{\partial\sigma_\theta}{\partial\theta}+\frac{1}{r\sin\theta}\frac{\partial\tau_{\varphi\theta}}{\partial\varphi}+\frac{1}{r}\left[(\sigma_\theta-\sigma_\varphi)\cot\theta+3\tau_{r\theta}\right]+F_\theta=0\left(\rho_1\frac{\partial^2 u_\theta}{\partial t^2}\right)\\[8pt]
&\frac{\partial\tau_{r\varphi}}{\partial r}+\frac{1}{r}\frac{\partial\tau_{\theta\varphi}}{\partial\theta}+\frac{1}{r\sin\theta}\frac{\partial\sigma_\varphi}{\partial\varphi}+\frac{1}{r}(3\tau_{r\varphi}+2\tau_{\theta\varphi}\cot\theta)+F_\varphi=0\left(\rho_1\frac{\partial^2 u_\varphi}{\partial t^2}\right)
\end{aligned}\right\}$$

$$(10\text{-}7)$$

这里的 F_r,F_θ,F_φ 为单位体积的体力。

几何方程

$$\left.\begin{aligned}
\varepsilon_r &= \frac{\partial u_r}{\partial r},\ \varepsilon_\theta=\frac{1}{r}\frac{\partial u_\theta}{\partial\theta}+\frac{u_r}{r}\\[6pt]
\varepsilon_\varphi &= \frac{1}{r\sin\theta}\frac{\partial u_\varphi}{\partial\varphi}+\frac{u_\theta}{r}\cot\theta+\frac{u_r}{r}\\[6pt]
\gamma_{\theta\varphi} &= \frac{1}{r}\left(\frac{\partial u_\varphi}{\partial\theta}-u_\varphi\cot\theta\right)+\frac{1}{r\sin\theta}\frac{\partial u_\theta}{\partial\varphi}\\[6pt]
\gamma_{r\varphi} &= \frac{1}{r\sin\theta}\frac{\partial u_r}{\partial\varphi}+\frac{\partial u_\varphi}{\partial r}-\frac{u_\varphi}{r}\\[6pt]
\gamma_{r\theta} &= \frac{\partial u_\theta}{\partial r}+\frac{1}{r}\frac{\partial u_r}{\partial\theta}-\frac{u_\theta}{r}
\end{aligned}\right\}\qquad(10\text{-}8)$$

应力和应变关系

$$\sigma_r = \frac{E}{1+\nu}\left(\frac{\nu}{1-2\nu}\theta + \varepsilon_r\right),\quad \tau_{\theta\varphi} = \frac{E}{2(1+\nu)}\gamma_{\theta\varphi}$$

$$\left.\begin{array}{l}\sigma_\theta = \frac{E}{1+\nu}\left(\frac{\nu}{1-2\nu}\theta + \varepsilon_\theta\right),\quad \tau_{r\varphi} = \frac{E}{2(1+\nu)}\gamma_{r\varphi}\\[2mm]\sigma_\varphi = \frac{E}{1+\nu}\left(\frac{\nu}{1-2\nu}\theta + \varepsilon_\varphi\right),\quad \tau_{r\theta} = \frac{E}{2(1+\nu)}\gamma_{r\theta}\\[2mm]\theta = \varepsilon_r + \varepsilon_\theta + \varepsilon_\varphi\end{array}\right\} \tag{10-9}$$

对于球对称问题,即当物体的几何形状、约束情况或所受其他外界因素对称于某一点(设就是坐标原点)时,则由于变形的对称性,有 $u_r = u_r(r)$,$u_\theta = u_\varphi = 0$。由式(10-8)和式(10-9)可知,$\gamma_{\theta\varphi} = \gamma_{r\varphi} = \gamma_{r\theta} = \tau_{\theta\varphi} = \tau_{\varphi\theta} = \tau_{r\varphi} = \tau_{\varphi r} = \tau_{r\theta} = \tau_{\theta r} = 0$,其余的应变分量和应力分量仅是 r 的函数而与 θ 和 φ 无关,且 $\varepsilon_\theta = \varepsilon_\varphi = \varepsilon_t$,$\sigma_\theta = \sigma_\varphi = \sigma_t$。这里的 ε_t 和 σ_t 分别表示切向的正应变和正应力。于是方程式(10-7)~式(10-9)简化为

$$\frac{\partial \sigma_r}{\partial r} + \frac{2(\sigma_r - \sigma_t)}{r} + F_r = 0\left(\rho \frac{\partial^2 u_r}{\partial t^2}\right) \tag{10-10}$$

$$\varepsilon_r = \frac{\mathrm{d}u_r}{\mathrm{d}r},\quad \varepsilon_t = \frac{u_r}{r} \tag{10-11}$$

$$\left.\begin{array}{l}\sigma_r = \frac{E}{1+\nu}\left(\frac{\nu}{1-2\nu}\theta + \varepsilon_r\right)\\[3mm]\sigma_t = \frac{E}{1+\nu}\left(\frac{\nu}{1-2\nu}\theta + \varepsilon_t\right)\\[3mm]\theta = \varepsilon_r + 2\varepsilon_t\end{array}\right\} \tag{10-12}$$

式(10-12)又可表示为

$$\left.\begin{array}{l}\sigma_r = \frac{E}{(1+\nu)(1-2\nu)}\left[(1-\nu)\varepsilon_r + 2\nu\varepsilon_t\right]\\[3mm]\sigma_t = \frac{E}{(1+\nu)(1-2\nu)}(\varepsilon_t + \nu\varepsilon_r)\end{array}\right\} \tag{10-12)$'$$

如果将式(10-11)代入式(10-12)′,然后将所得的结果再代入式(10-10),于是得球对称情况下以位移表示的平衡(运动)微分方程:

$$\frac{E(1-\nu)}{(1+\nu)(1-2\nu)}\left(\frac{\partial^2 u_r}{\partial r^2} + \frac{2}{r}\frac{\partial u_r}{\partial r} - \frac{2u_r}{r^2}\right) + F_r = 0\left(\rho_1 \frac{\partial^2 u_r}{\partial t^2}\right) \tag{10-13}$$

方程(10-13)将在第十二章中用到。

§10-2　位移场的势函数分解式

视频 10-2
位移场的势
函数分解式

根据场论中著名的**亥姆霍兹**(Helmholtz,H.)**定理**,一个任意的位移场 U 总可以分解成两部分:一部分代表没有转动的,即**无旋的位移场**,另一部分代表没有体积变化的,即**等容的位移场**,若分别用 U_1 和 U_2 表示,则

$$U = U_1 + U_2 \tag{a}$$

由于 U_1 表示无旋位移场,所以其旋度为零,即

$$\nabla \times U_1 = 0$$

这表明,对于 U_1,必存在一个标量势函数 Φ,它的梯度等于 U_1,即

$$U_1 = \nabla \Phi \tag{b}$$

这里的 ∇ 为那勃勒运算子。

至于 U_2,由于它表示等容变形,即体应变为零,亦即其散度为零,于是

$$\theta = \nabla \cdot U_2 = 0 \tag{c}$$

显然,使式(c)成立的条件为

$$U_2 = \nabla \times \Psi \tag{d}$$

Ψ 为矢量势函数。这里,不失一般性,可令

$$\nabla \cdot \Psi = 0 \tag{10-14}$$

将式(b)和式(d)代入式(a),得

$$U = \nabla \Phi + \nabla \times \Psi \tag{10-15}$$

式(10-15)称为**位移场的势函数分解式**。

分别求式(10-15)的散度和旋度,作后一运算时,注意到式(10-14),于是有

$$\left.\begin{array}{l} \theta = \nabla \cdot U = \nabla^2 \Phi \\ \omega = \nabla \times U = -\nabla^2 \Psi \end{array}\right\} \tag{10-16}$$

式(10-16)表明,在将位移场按式(10-15)的形式分解后,体应变 θ 与标量势 Φ 有关,而转动矢量 ω 与矢量势 Ψ 有关。

§10-3　拉梅应变势　空心圆球内外壁受均布压力作用

式(10-15)给出了位移场既非无旋又非等容情况的一般表达式。如果位移场是无旋的,则式(10-15)简化为

$$U = \nabla \Phi \tag{10-17}$$

将式(10-17)代入不计体力的拉梅方程

$$(\lambda + G) \nabla \theta + G \nabla^2 U = 0 \tag{10-18}$$

并注意到

$$\theta = \nabla \cdot U = \nabla^2 \Phi$$

$$\nabla^2 U = \nabla^2 \nabla \Phi = \nabla \nabla^2 \Phi$$

于是有

$$(\lambda + 2G) \nabla \nabla^2 \Phi = 0$$

由此得

$$\nabla^2 \Phi = C \tag{10-19}$$

C 为常数。这表明,如果标量势 Φ 满足泊松方程(10-19),则由式(10-17)给出的位移满足齐次拉梅方程。这里的 Φ 称为**拉梅应变势**。

为应用方便起见,式(10-17)又可写成

$$U = \frac{1}{2G} \nabla \boldsymbol{\Phi} \qquad (10\text{-}17)'$$

如果令方程(10-19)右边的常数为零,则它变为拉普拉斯方程。可见,任意一个调和函数都可以作为拉梅应变势。由于调和函数在数学中研究得十分详尽,所以,针对某些具体问题,去寻求调和函数 $\boldsymbol{\Phi}$ 是比较容易的。

可以证明[①],对于轴对称问题,拉梅应变势可写成

$$\boldsymbol{\Phi} = \boldsymbol{\Phi}(\rho, z)$$

而与式(10-17)′对应的关系式为

$$u_\rho = \frac{1}{2G} \frac{\partial \boldsymbol{\Phi}}{\partial \rho}, \quad w = \frac{1}{2G} \frac{\partial \boldsymbol{\Phi}}{\partial z} \qquad (10\text{-}20)$$

同样可以证明[②],对于球对称问题,拉梅应变势为

$$\boldsymbol{\Phi} = \boldsymbol{\Phi}(r)$$

而和式(10-17)′对应的关系为

$$u_r = \frac{1}{2G} \frac{\mathrm{d}\boldsymbol{\Phi}}{\mathrm{d}r} \qquad (10\text{-}21)$$

需要指出,由于方程(10-19)的成立,表示弹性体内各处的膨胀或收缩是均匀的,或没有膨胀和收缩,所以,能直接用拉梅应变势求解的问题是极少的。下面举一个直接用拉梅应变势求解的实例。

设有一个内半径为 a,外半径为 b 的空心厚壁圆球体,其内外壁分别受均布压力 q_1 和 q_2 作用,求应力和位移的分布情况。

这是一个球对称问题。试取拉梅应变势

$$\boldsymbol{\Phi} = \frac{A}{r} + Br^2 \qquad (\text{a})$$

可以验证,它是泊松方程(10-19)的解。将式(a)代入式(10-21),有

$$u_r = \frac{1}{2G}\left(-\frac{A}{r^2} + 2Br\right) \qquad (\text{b})$$

由式(10-11)求出应变分量,再由式(10-12)′求得应力分量:

$$\left. \begin{aligned} \sigma_r &= \frac{2A}{r^3} + 2\,\frac{1+\nu}{1-2\nu}B \\ \sigma_t &= -\frac{A}{r^3} + 2\,\frac{1+\nu}{1-2\nu}B \end{aligned} \right\} \qquad (\text{c})$$

利用边界条件定常数 A 和 B。本问题的边界条件为

$$(\sigma_r)_{r=a} = -q_1, \quad (\sigma_r)_{r=b} = -q_2 \qquad (\text{d})$$

将它应用于式(c)的第一式,有

$$\frac{2A}{a^3} + 2\,\frac{1+\nu}{1-2\nu}B = -q_1$$

$$\frac{2A}{b^3} + 2\,\frac{1+\nu}{1-2\nu}B = -q_2$$

---

①② 见习题 10-1 和 10-2。

解之,得

$$2A = \frac{a^3 b^3 (q_2 - q_1)}{b^3 - a^3}$$

$$B = \frac{1-2\nu}{2(1+\nu)} \frac{a^3 q_1 - b^3 q_2}{b^3 - a^3}$$

(e)

将式(e)代入式(b)和式(c),并注意到 $G = \frac{E}{2(1+\nu)}$,得位移分量和应力分量:

$$u_r = \frac{(1+\nu)r}{E} \left[-\frac{a^3 b^3 (q_2 - q_1)}{2(b^3 - a^3)} \frac{1}{r^3} + \frac{1-2\nu}{1+\nu} \frac{a^3 q_1 - b^3 q_2}{b^3 - a^3} \right]$$

$$= \frac{(1+\nu)r}{E} \left[q_1 \frac{\frac{1}{2}\left(\frac{b}{r}\right)^3 + \frac{1-2\nu}{1+\nu}}{\left(\frac{b}{a}\right)^3 - 1} - q_2 \frac{\frac{1-2\nu}{1+\nu} + \frac{1}{2}\left(\frac{a}{r}\right)^3}{1 - \left(\frac{a}{b}\right)^3} \right]$$

(10−22)

$$\sigma_r = \frac{a^3 b^3 (q_2 - q_1)}{b^3 - a^3} \frac{1}{r^3} + \frac{a^3 q_1 - b^3 q_2}{b^3 - a^3}$$

$$= -q_1 \frac{\left(\frac{b}{r}\right)^3 - 1}{\left(\frac{b}{a}\right)^3 - 1} - q_2 \frac{1 - \left(\frac{a}{r}\right)^3}{1 - \left(\frac{a}{b}\right)^3}$$

$$\sigma_t = -\frac{a^3 b^3 (q_2 - q_1)}{2(b^3 - a^3)} \frac{1}{r^3} + \frac{a^3 q_1 - b^3 q_2}{b^3 - a^3}$$

$$= q_1 \frac{\left(\frac{b}{r}\right)^3 + 2}{2\left[\left(\frac{b}{a}\right)^3 - 1\right]} - q_2 \frac{\left(\frac{a}{r}\right)^3 + 2}{2\left[1 - \left(\frac{a}{b}\right)^3\right]}$$

(10−23)

如果 $b \gg a$,则有

$$\sigma_r = -q_1 \left(\frac{a}{r}\right)^3 - q_2 \left[1 - \left(\frac{a}{r}\right)^3\right]$$

$$\sigma_t = \frac{q_1}{2} \left(\frac{a}{r}\right)^3 - \frac{q_2}{2} \left[\left(\frac{a}{r}\right)^3 + 2\right]$$

(10−24)

$$u_r = \frac{(1+\nu)r}{E} \left\{ \frac{q_1}{2} \left(\frac{a}{r}\right)^3 - q_2 \left[\frac{1-2\nu}{1+\nu} + \frac{1}{2}\left(\frac{a}{r}\right)^3\right] \right\}$$

(10−25)

此时,在内壁($r=a$)处的应力和位移为

$$\sigma_r = -q_1$$

$$\sigma_t = \frac{q_1}{2} - \frac{3}{2} q_2$$

$$u_r = \frac{(1+\nu)a}{E} \left[\frac{q_1}{2} - q_2 \frac{3(1-\nu)}{2(1+\nu)}\right]$$

(10−26)

当 r 很大时,由式(10−24)和式(10−25),可得

$$\sigma_r = \sigma_t = -q_2$$

$$u_r = -\frac{1-2\nu}{E}q_2 r$$

可见,在 $b \gg a$ 的情况下,空心圆球内离内壁较远之处的应力状态和实心圆球各向均匀受压(压力为 q_2)的情况一致。如果内壁压力 $q_1 = 0$,则由式(10-26)可知,圆球内壁处的应力为

$$\sigma_t = -\frac{3}{2}q_2$$

这表明,洞壁的应力是无洞孔时的 1.5 倍,即应力集中因子为 1.5。

§10-4 齐次拉梅方程的通解

齐次拉梅方程的通解有多种形式,限于篇幅,这里只介绍两种常用的形式,它们分别是布西内斯克-伽辽金(Галёркин, Б.Г.)通解和纽勃(Neuber, G)-巴博考维奇(Папкович, П.Ф.)通解。

视频 10-3
布西内斯克-伽辽金通解

(一) 布西内斯克-伽辽金通解

将位移场的分解式(10-15)改写成

$$\boldsymbol{U} = A\boldsymbol{\nabla}\Phi + \boldsymbol{\nabla}\times\boldsymbol{\Psi} \tag{a}$$

其中 A 为待定常数,矢量势 $\boldsymbol{\Psi}$ 满足方程(10-14)。但要使式(10-14)满足的条件为矢量势 $\boldsymbol{\Psi}$ 是另一个矢量势 $\boldsymbol{\varphi}$ 的旋度,即

$$\boldsymbol{\Psi} = -\boldsymbol{\nabla}\times\boldsymbol{\varphi}$$

将它代入式(a),并注意到

$$\boldsymbol{\nabla}\times\boldsymbol{\nabla}\times\boldsymbol{\varphi} = \boldsymbol{\nabla}\boldsymbol{\nabla}\cdot\boldsymbol{\varphi} - \boldsymbol{\nabla}^2\boldsymbol{\varphi}$$

于是有

$$\boldsymbol{U} = A\boldsymbol{\nabla}\Phi - \boldsymbol{\nabla}\boldsymbol{\nabla}\cdot\boldsymbol{\varphi} + \boldsymbol{\nabla}^2\boldsymbol{\varphi} \tag{b}$$

现将式(b)代入不计体力的拉梅方程(10-18),注意到

$$\theta = \boldsymbol{\nabla}\cdot\boldsymbol{U} = A\boldsymbol{\nabla}^2\Phi$$

经整理,得到

$$\boldsymbol{\nabla}^2\left(A\frac{\lambda+2G}{G}\boldsymbol{\nabla}\Phi - \boldsymbol{\nabla}\boldsymbol{\nabla}\cdot\boldsymbol{\varphi} + \boldsymbol{\nabla}^2\boldsymbol{\varphi}\right) = \boldsymbol{0} \tag{c}$$

为了要得到一个简洁明了的解答,令

$$A = \frac{G}{\lambda+2G} = \frac{1-2\nu}{2(1-\nu)} \tag{d}$$

而

$$\Phi = \boldsymbol{\nabla}\cdot\boldsymbol{\varphi} \tag{e}$$

于是式(c)变为

$$\boldsymbol{\nabla}^2\boldsymbol{\nabla}^2\boldsymbol{\varphi} = \boldsymbol{0} \tag{10-27}$$

另外,将式(d)代入式(b),并注意到式(e),于是得

$$U = -\frac{1}{2(1-\nu)} \nabla \, \Phi + \nabla^2 \boldsymbol{\varphi} \tag{10-28}$$

或

$$U = -\frac{1}{2(1-\nu)} \nabla \nabla \cdot \boldsymbol{\varphi} + \nabla^2 \boldsymbol{\varphi} \tag{10-28}'$$

综合上面的推导,可以得出结论:如果矢量势 $\boldsymbol{\varphi}$ 满足双调和方程(10-27),则由式 (10-28)′给出的位移是齐次拉梅方程的解,称之为**布西内斯克-伽辽金通解**,而矢量 势 $\boldsymbol{\varphi}$ 称为**伽辽金矢量**。

伽辽金矢量的一种特殊形式为:其前两个分量,即 $\varphi_1 = \varphi_2 = 0$,$\varphi_3 \neq 0$,这时式 (10-28)简化为

$$U = -\frac{1}{2(1-\nu)} \nabla \frac{\partial \varphi_3}{\partial z} + e_3 \nabla^2 \varphi_3 \tag{10-29}$$

φ_3 称为**勒夫(Love, A.E.H.)应变函数**。勒夫应变函数通常用以求解空间轴对称问题。 对于空间轴对称问题,采用柱坐标系比较方便,这时,

$$\varphi_3 = \varphi_3(\rho, z)$$

而式(10-29)的分量形式为

$$\left. \begin{aligned} u_\rho &= -\frac{1}{2(1-\nu)} \frac{\partial^2 \varphi_3}{\partial \rho \partial z} \\ w &= -\frac{1}{2(1-\nu)} \frac{\partial^2 \varphi_3}{\partial z^2} + \nabla^2 \varphi_3 \end{aligned} \right\} \tag{10-30}$$

由式(10-30),还不难求得对应的应力分量:

$$\left. \begin{aligned} \sigma_\rho &= \frac{E}{2(1-\nu^2)} \frac{\partial}{\partial z} \left(\nu \, \nabla^2 - \frac{\partial^2}{\partial \rho^2} \right) \varphi_3 \\ \sigma_\varphi &= \frac{E}{2(1-\nu^2)} \frac{\partial}{\partial z} \left(\nu \, \nabla^2 - \frac{1}{\rho} \frac{\partial}{\partial \rho} \right) \varphi_3 \\ \sigma_z &= \frac{E}{2(1-\nu^2)} \frac{\partial}{\partial z} \left[(2-\nu) \, \nabla^2 - \frac{\partial^2}{\partial z^2} \right] \varphi_3 \\ \tau_{\rho z} &= \frac{E}{2(1-\nu^2)} \frac{\partial}{\partial \rho} \left[(1-\nu) \, \nabla^2 - \frac{\partial^2}{\partial z^2} \right] \varphi_3 \end{aligned} \right\} \tag{10-31}$$

这里的拉普拉斯运算符号为

$$\nabla^2 = \frac{\partial^2}{\partial \rho^2} + \frac{1}{\rho} \frac{\partial}{\partial \rho} + \frac{\partial^2}{\partial z^2} \tag{10-32}$$

(二)纽勃-巴博考维奇通解

从布西内斯克-伽辽金通解出发,还可导出另一种形式的通解。为此,令式 (10-28)中的

$$\nabla^2 \boldsymbol{\varphi} = \zeta \tag{f}$$

显然,由式(10-27),有

$$\nabla^2 \zeta = \mathbf{0} \tag{g}$$

视频 10-4
纽勃-巴博
考维奇通解

即矢量函数 $\boldsymbol{\zeta}$ 为调和函数。进而将式(10-28)中的标量函数 $\varPhi$ 用矢量函数 $\boldsymbol{\zeta}$ 来表示，为此，将式(e)两边作用拉普拉斯运算符号，注意到式(f)，有

$$\nabla^2 \varPhi = \nabla^2 \nabla \cdot \boldsymbol{\varphi} = \nabla \cdot \nabla^2 \boldsymbol{\varphi} = \nabla \cdot \boldsymbol{\zeta} \tag{h}$$

可以证明，方程(h)的解为

$$\varPhi = \varPhi_0 + \frac{1}{2} \boldsymbol{r} \cdot \boldsymbol{\zeta} \tag{i}$$

这里的 $\varPhi_0$ 为调和函数，$\boldsymbol{r}$ 为位置矢量，它在直角坐标系中为

$$\boldsymbol{r} = x\boldsymbol{e}_1 + y\boldsymbol{e}_2 + z\boldsymbol{e}_3$$

事实上，在式(i)两边作用拉普拉斯运算符号，有

$$\nabla^2 \varPhi = \nabla^2 \varPhi_0 + \frac{1}{2} \boldsymbol{\zeta} \cdot \nabla^2 \boldsymbol{r} + \frac{1}{2} \boldsymbol{r} \cdot \nabla^2 \boldsymbol{\zeta} + \nabla \cdot \boldsymbol{\zeta} \tag{j}$$

由于

$$\nabla^2 \varPhi_0 = 0, \quad \nabla^2 \boldsymbol{r} = \boldsymbol{0}, \quad \nabla^2 \boldsymbol{\zeta} = \boldsymbol{0}$$

于是，式(j)简化为

$$\nabla^2 \varPhi = \nabla \cdot \boldsymbol{\zeta}$$

它就是方程(h)。这样，就证明了式(i)是方程(h)的解。

将式(f),(i)代入式(10-28)，得到

$$\boldsymbol{U} = \boldsymbol{\zeta} - \frac{1}{2(1-\nu)} \nabla \left(\varPhi_0 + \frac{1}{2} \boldsymbol{r} \cdot \boldsymbol{\zeta} \right) \tag{10-33}$$

这称为**纽勃-巴博考维奇通解**。其中的标量函数 $\varPhi_0$ 和矢量函数 $\boldsymbol{\zeta}$ 分别满足

$$\left. \begin{array}{l} \nabla^2 \varPhi_0 = 0 \\ \nabla^2 \boldsymbol{\zeta} = \boldsymbol{0} \end{array} \right\} \tag{10-34}$$

对于空间轴对称问题，$\boldsymbol{\zeta}$ 和 $\varPhi_0$ 的形式为

$$\zeta_1 = \zeta_2 = 0, \quad \zeta_3 = \zeta_3(\rho, z), \quad \varPhi_0 = \varPhi_0(\rho, z)$$

于是，式(10-33)可表示为

$$\boldsymbol{U} = \zeta_3 \boldsymbol{e}_3 - \frac{1}{2(1-\nu)} \nabla \left(\varPhi_0 + \frac{\zeta_3 z}{2} \right) \tag{10-35}$$

这里的 $\boldsymbol{e}_3$ 为 z 轴方向的单位矢量。式(10-35)的分量形式为

$$\left. \begin{array}{l} u_\rho = -\dfrac{1}{2(1-\nu)} \dfrac{\partial}{\partial \rho} \left(\varPhi_0 + \dfrac{\zeta_3 z}{2} \right) \\[3mm] w = \zeta_3 - \dfrac{1}{2(1-\nu)} \dfrac{\partial}{\partial z} \left(\varPhi_0 + \dfrac{\zeta_3 z}{2} \right) \end{array} \right\} \tag{10-35'}$$

§10-5　无限体内一点受集中力作用

设无限体内一点受集中力 F 作用，坐标选取如图 10-3a 所示，求不计重力作用时体内应力和位移的分布情况。

这个问题称为**开尔文(Kelvin, Lord)问题**，是一个空间轴对称问题，拟借助于勒夫应变函数求解。根据量纲分析，应力分量表达式应为 r, ρ, z 等长度坐标的负二次幂

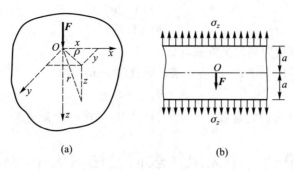

图 10-3

函数,因此,从应力分量与勒夫应变函数之间的关系(10-31)可见,φ_3 应为一次幂的双调和函数。现试取

$$\varphi_3 = Br = B(\rho^2 + z^2)^{1/2} \tag{a}$$

B 为待定常数。将式(a)代入式(10-30)和式(10-31),有

$$\left.\begin{array}{l} u_\rho = \dfrac{1}{2(1-\nu)} \dfrac{B\rho z}{r^3} \\[4mm] w = \dfrac{1}{2(1-\nu)} B\left[\dfrac{2(1-2\nu)}{r} + \dfrac{1}{r} + \dfrac{z^2}{r^3}\right] \end{array}\right\} \tag{10-36}$$

$$\left.\begin{array}{l} \sigma_\rho = \dfrac{E}{2(1-\nu^2)} B\left[\dfrac{(1-2\nu)z}{r^3} - \dfrac{3\rho^2 z}{r^5}\right] \\[4mm] \sigma_\varphi = \dfrac{E}{2(1-\nu^2)} B \dfrac{(1-2\nu)z}{r^3} \\[4mm] \sigma_z = -\dfrac{E}{2(1-\nu^2)} B\left[\dfrac{(1-2\nu)z}{r^3} + \dfrac{3z^3}{r^5}\right] \\[4mm] \tau_{\rho z} = -\dfrac{E}{2(1-\nu^2)} B\left[\dfrac{(1-2\nu)\rho}{r^3} + \dfrac{3\rho z^2}{r^5}\right] \end{array}\right\} \tag{10-37}$$

由式(10-36)和式(10-37)可见,位移分量和应力分量在坐标原点是奇异的,而在无穷远处为零。为了确定常数 B,计算 $z = \pm a$ 两平面(图 10-3b)上的正应力的合力,由平衡条件,得

$$F = \int_0^\infty 2\pi\rho(\sigma_z)_{z=-a}\mathrm{d}\rho - \int_0^\infty 2\pi\rho(\sigma_z)_{z=a}\mathrm{d}\rho \tag{b}$$

将式(10-37)的第三式代入,并注意到对于给定的 $z, \rho\mathrm{d}\rho = r\mathrm{d}r$,于是有

$$F = \frac{2\pi E}{1-\nu^2} B\left[(1-2\nu)a\int_a^\infty \frac{r\mathrm{d}r}{r^3} + 3a^3\int_a^\infty \frac{r\mathrm{d}r}{r^5}\right] = \frac{4\pi E}{1+\nu} B$$

由此得

$$B = \frac{(1+\nu)F}{4\pi E} \tag{c}$$

将式(c)代入式(10-36)和式(10-37)即得要求的位移分量和应力分量。

令式(10-37)中的 $z = 0$,可见在坐标平面 $z = 0$ 上无正应力作用,这个面上的切应力为

$$\tau_{zp} = -\frac{F(1-2\nu)}{8\pi(1-\nu)\rho^2}$$

它与离力的作用点的距离的平方成反比。

本问题也可借助于纽勃-巴博考维奇通解(10-35),取

$$\Phi_0 = 0, \quad \zeta_3 = B/r$$

来求解。式中的 B 为待定常数,$r = (\rho^2 + z^2)^{1/2}$。这工作由读者完成。

§10-6 半无限体表面受法向集中力作用

设半无限体表面受法向集中力 F 作用,坐标选取如图 10-4 所示,不计自重,求体内应力和位移的分布情况。这是著名的**布西内斯克问题**。

这也是空间轴对称问题,和开尔文问题一样,可借助于勒夫应变函数求解[1]。但这里拟采用纽勃-巴博考维奇通解来求解。由量纲分析法推知应力分量应是 r, ρ, z 等长度坐标的负二次幂函数,再由应变分量与位移分量之间以及应变分量与应力分量之间的关系可知,位移分量应是这些长度坐标的负一次幂函数。于是,由式(10-35)可以看出,调和函数 ζ_3 应是这些长度坐标的负一次幂函数,而调和函数 Φ_0 则是长度坐标的零次幂函数。现试取

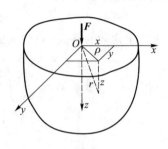

图 10-4

$$\left.\begin{aligned}
\zeta_3 &= 4(1-\nu)\frac{K}{r} \\
\Phi_0 &= 2(1-\nu)C\ln(r+z) \\
r^2 &= \rho^2 + z^2
\end{aligned}\right\} \tag{a}$$

这里的 C 和 K 为待定常数。将式(a)代入式(10-35)′,有

$$\left.\begin{aligned}
u_\rho &= -\frac{C\rho}{r(r+z)} + \frac{K\rho z}{r^3} \\
w &= \frac{(3-4\nu)K-C}{r} + \frac{Kz^2}{r^3}
\end{aligned}\right\} \tag{b}$$

本问题的边界条件为

$$(\sigma_z)_{\substack{z=0\\\rho\neq 0}} = 0, \quad (\tau_{zp})_{\substack{z=0\\\rho\neq 0}} = 0 \tag{c}$$

由式(10-5)和式(10-6),得

$$\tau_{zp} = \frac{E\rho}{(1+\nu)r^3}\left[C - K(1-2\nu) - \frac{3Kz^2}{r^2}\right] \tag{d}$$

代入边界条件(c)的第二式,有

$$C = K(1-2\nu) \tag{e}$$

同样求得

———————————

[1] 见参考文献[2]第 295 页的叙述。

$$\sigma_z = -\frac{3EKz^3}{(1+\nu)r^5} \qquad\qquad (f)$$

显然边界条件(c)的第一式自动满足。为了确定 K，考虑离表面距离为 z 的水平面上正应力的合力(图 10-5)，由平衡条件，它应等于 F，即

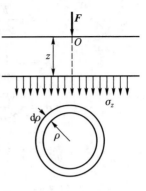

图 10-5

$$F = -\int_0^\infty 2\pi\rho\sigma_z \mathrm{d}\rho = \int_0^\infty \frac{3EKz^3}{(1+\nu)r^5}2\pi\rho\mathrm{d}\rho = \frac{2EK\pi}{1+\nu}$$

于是

$$K = \frac{(1+\nu)F}{2\pi E} \qquad\qquad (g)$$

而

$$C = K(1-2\nu) = \frac{(1+\nu)(1-2\nu)F}{2\pi E} \qquad\qquad (h)$$

将式(g)和式(h)代入式(b)，得要求的位移分量为

$$\left.\begin{aligned} u_\rho &= \frac{(1+\nu)F}{2E\pi r}\left[\frac{\rho z}{r^2} - \frac{(1-2\nu)\rho}{r+z}\right] \\[2mm] w &= \frac{(1+\nu)F}{2E\pi r}\left[\frac{z^2}{r^2} + 2(1-\nu)\right] \end{aligned}\right\} \qquad (10-38)$$

其相应的应力分量为

$$\left.\begin{aligned} \sigma_\rho &= \frac{F}{2\pi r^2}\left[-\frac{3\rho^2 z}{r^3} + \frac{(1-2\nu)r}{r+z}\right] \\[2mm] \sigma_\varphi &= \frac{(1-2\nu)F}{2\pi r^2}\left(\frac{z}{r} - \frac{r}{r+z}\right) \\[2mm] \sigma_z &= -\frac{3Fz^3}{2\pi r^5} \\[2mm] \tau_{\rho z} &= \tau_{z\rho} = -\frac{3F\rho z^2}{2\pi r^5} \end{aligned}\right\} \qquad (10-39)$$

在直角坐标系里，该问题的结果为

$$\left.\begin{aligned} u &= \frac{(1+\nu)F}{2E\pi}\left[-\frac{(1-2\nu)x}{r(r+z)} + \frac{xz}{r^3}\right] \\[2mm] v &= \frac{(1+\nu)F}{2E\pi}\left[-\frac{(1-2\nu)y}{r(r+z)} + \frac{yz}{r^3}\right] \\[2mm] w &= \frac{(1+\nu)F}{2E\pi r}\left[\frac{z^2}{r^2} + 2(1-\nu)\right] \end{aligned}\right\} \qquad (10-40)$$

$$\sigma_x = -\frac{F}{2\pi r^2}\left\{\frac{3x^2z}{r^3} - (1-2\nu)\left[\frac{z}{r} - \frac{r}{r+z} + \frac{x^2(2r+z)}{r(r+z)^2}\right]\right\}$$

$$\sigma_y = -\frac{F}{2\pi r^2}\left\{\frac{3y^2z}{r^3} - (1-2\nu)\left[\frac{z}{r} - \frac{r}{r+z} + \frac{y^2(2r+z)}{r(r+z)^2}\right]\right\}$$

$$\sigma_z = -\frac{3Fz^3}{2\pi r^5}$$

$$\tau_{yz} = \tau_{zy} = -\frac{3Fyz^2}{2\pi r^5}$$

$$\tau_{xz} = \tau_{zx} = -\frac{3Fxz^2}{2\pi r^5}$$

$$\tau_{xy} = \tau_{yx} = -\frac{F}{2\pi r^2}\left[\frac{3xyz}{r^3} - \frac{(1-2\nu)(2r+z)xy}{r(r+z)^2}\right]$$

（10-41）

由式（10-38）的第二式可见，半无限体表面处任一点的法向位移，即沉陷为

$$(w)_{z=0} = \frac{(1-\nu^2)F}{\pi E\rho}$$

（10-42）

它与离力作用点的距离 ρ 成反比。后面将多次用到这个公式。

§10-7　半无限体表面受切向集中力作用

设半无限体表面一点受切向集中力 F 作用，坐标选取如图 10-6 所示。

这个问题称为**塞路蒂**（Cerruti, V.）**问题**，可同时适当地选取拉梅应变势和伽辽金矢量而得到解决。为此，将式（10-17）′和式（10-28）′进行叠加，有

$$U = \frac{1}{2G}\nabla\,\Phi - \frac{1}{2(1-\nu)}\nabla\nabla\cdot\boldsymbol{\varphi} + \nabla^2\,\boldsymbol{\varphi}$$

（10-43）

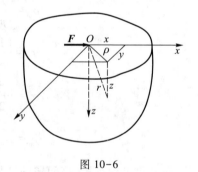

图 10-6

其分量形式为

$$u = \frac{1}{2G}\frac{\partial\Phi}{\partial x} + \nabla^2\,\varphi_1 - \frac{1}{2(1-\nu)}\frac{\partial}{\partial x}\left(\frac{\partial\varphi_1}{\partial x} + \frac{\partial\varphi_2}{\partial y} + \frac{\partial\varphi_3}{\partial z}\right)$$

$$v = \frac{1}{2G}\frac{\partial\Phi}{\partial y} + \nabla^2\,\varphi_2 - \frac{1}{2(1-\nu)}\frac{\partial}{\partial y}\left(\frac{\partial\varphi_1}{\partial x} + \frac{\partial\varphi_2}{\partial y} + \frac{\partial\varphi_3}{\partial z}\right)$$

$$w = \frac{1}{2G}\frac{\partial\Phi}{\partial z} + \nabla^2\,\varphi_3 - \frac{1}{2(1-\nu)}\frac{\partial}{\partial z}\left(\frac{\partial\varphi_1}{\partial x} + \frac{\partial\varphi_2}{\partial y} + \frac{\partial\varphi_3}{\partial z}\right)$$

（10-43）′

这里的 Φ 和 $\boldsymbol{\varphi} = (\varphi_1, \varphi_2, \varphi_3)$ 分别是拉梅应变势和伽辽金矢量，前者取调和函数，后者是双调和函数。显然，式（10-43）是齐次拉梅方程（10-18）的解。现在要适当地选取调和函数 Φ 和双调和函数 $\varphi_1, \varphi_2, \varphi_3$，使由此求得的应力分量满足该问题的边界条件。

与以上两个问题一样，根据量纲分析，该问题的位移分量应是长度坐标 r,x,y,z 的负一次幂函数。因此由式（10-43）可见，Φ 应是零次幂的调和函数，$\varphi_1,\varphi_2,\varphi_3$ 应是一次幂的双调和函数。据此，试选取如下的函数：

$$\left.\begin{aligned}\varphi_1 = Ar, \quad \varphi_2 = 0, \quad \varphi_3 = Bx\ln(r+z) \\ \Phi = \frac{Cx}{r+z}\end{aligned}\right\}\qquad(a)$$

A,B,C 为待定常数。将式（a）代入式（10-43），可求得位移分量，再利用几何方程和应力应变关系，求应力分量。根据边界条件

$$(\sigma_z)_{\substack{z=0 \\ \rho\neq0}}=0, \quad (\tau_{zx})_{\substack{z=0 \\ \rho\neq0}}=0, \quad (\tau_{zy})_{\substack{z=0 \\ \rho\neq0}}=0 \qquad(b)$$

和平衡条件

$$\int_{-\infty}^{\infty}\int_{-\infty}^{\infty}(\tau_{zx})_{z=z}\mathrm{d}x\mathrm{d}y + F = 0 \qquad(c)$$

确定常数 A,B 和 C。现将结果写在下面：

$$A = \frac{(1+\nu)F}{2\pi E}, \quad B = \frac{(1+\nu)(1-2\nu)F}{2\pi E}, \quad C = \frac{(1-2\nu)F}{2\pi} \qquad(d)$$

位移分量和应力分量分别为

$$\left.\begin{aligned}u &= \frac{(1+\nu)F}{2\pi Er}\left\{1+\frac{x^2}{r^2}+(1-2\nu)\left[\frac{r}{r+z}-\frac{x^2}{(r+z)^2}\right]\right\} \\ v &= \frac{(1+\nu)F}{2\pi Er}\left[\frac{xy}{r^2}-\frac{(1-2\nu)xy}{(r+z)^2}\right] \\ w &= \frac{(1+\nu)F}{2\pi Er}\left[\frac{xz}{r^2}+\frac{(1-2\nu)x}{r+z}\right]\end{aligned}\right\}\qquad(10\text{-}44)$$

$$\left.\begin{aligned}\sigma_x &= \frac{Fx}{2\pi r^3}\left[\frac{1-2\nu}{(r+z)^2}\left(r^2-y^2-\frac{2ry^2}{r+z}\right)-\frac{3x^2}{r^2}\right] \\ \sigma_y &= \frac{Fx}{2\pi r^3}\left[\frac{1-2\nu}{(r+z)^2}\left(3r^2-x^2-\frac{2rx^2}{r+z}\right)-\frac{3y^2}{r^2}\right] \\ \sigma_z &= -\frac{2Fxz^2}{2\pi r^5} \\ \tau_{yz} &= \tau_{zy} = \frac{3Fxyz}{2\pi r^5}, \quad \tau_{xz} = \tau_{zx} = -\frac{3Fx^2z}{2\pi r^5} \\ \tau_{xy} &= \tau_{yx} = \frac{Fy}{2\pi r^3}\left[\frac{1-2\nu}{(r+z)^2}\left(-r^2+x^2+\frac{2rx^2}{r+z}\right)-\frac{3x^2}{r^2}\right]\end{aligned}\right\}\qquad(10\text{-}45)$$

这类问题也可以不用拉梅应变势，而只采用伽辽金矢量，但计算工作量比较大一些。

§10-8 半无限体表面圆形区域内
受均匀分布压力作用

有了 §10-6 中半无限体表面受法向集中力作用的结果，可以通过叠加法求得由

法向分布荷载所引起的位移和应力。

现只考虑半无限体表面圆形区域内受均匀分布压力作用的情况,设圆形区域的半径为 a,单位面积的压力为 q。先求荷载圆中心下面(z 轴上)任意一点和半无限体表面上任意一点的位移表达式。

对于圆形区域中心下面的任意一点 M(图 10-7),由于对称性,有

$$u_\rho = u_\varphi = 0 \tag{10-46a}$$

z 方向的位移分量应从式(10-38)的第二式出发,并注意到 $\dfrac{z}{r} = \cos\beta$,$\dfrac{\rho}{r} = \sin\beta$,$\mathrm{d}\beta = \dfrac{\mathrm{d}\rho\cos\beta}{r}$ 而得到,即

$$
\begin{aligned}
w &= \int_0^a \frac{2\pi\rho q(1+\nu)\sin\beta}{2\pi E\rho}\bigl[2(1-\nu)+\cos^2\beta\bigr]\mathrm{d}\rho \\
&= \int_0^{\beta_0} \frac{(1+\nu)qz}{E}\left[2(1-\nu)\frac{\sin\beta}{\cos^2\beta}+\sin\beta\right]\mathrm{d}\beta \\
&= \frac{(1+\nu)qa}{E}\left(\frac{\sqrt{a^2+z^2}}{a}-\frac{z}{a}\right)\left[2(1-\nu)+\frac{z}{\sqrt{a^2+z^2}}\right] \tag{10-46b}
\end{aligned}
$$

令式(10-46b)中的 $z=0$,则得荷载圆中心一点的沉陷为

$$(w)_{z=0} = \frac{2(1-\nu^2)qa}{E} \tag{10-47}$$

对于半无限体表面上的点 M,首先要区分它在荷载圆之外,还是在荷载圆之内。如果 M 点在荷载圆之外,则由图 10-8 可见,利用式(10-42),得图中阴影部分的合力在 M 点产生的沉陷为

$$\frac{(1-\nu^2)q\mathrm{d}A}{\pi Es} = \frac{(1-\nu^2)qs\mathrm{d}\psi\mathrm{d}s}{\pi Es} = \frac{(1-\nu^2)q}{\pi E}\mathrm{d}\psi\mathrm{d}s$$

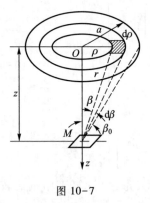

图 10-7

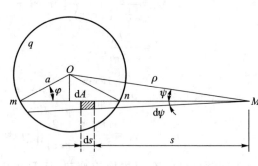

图 10-8

因此,M 点的总沉陷为

$$(w)_{z=0} = \frac{(1-\nu^2)q}{\pi E}\iint \mathrm{d}s\mathrm{d}\psi$$

对 s 进行积分,注意弦 mn 的长度为 $2\sqrt{a^2-\rho^2\sin^2\psi}$,并在对 ψ 进行积分时考虑对称性,得到

$$(w)_{z=0} = \frac{4(1-\nu^2)q}{\pi E} \int_0^{\psi_1} \sqrt{a^2 - \rho^2 \sin^2 \psi}\, \mathrm{d}\psi \tag{a}$$

这里的 ψ_1 是 ψ 的最大值,即圆的切线与 OM 之间的夹角,对于确定的点 M,这是确定的值。为了简化积分(a)的运算,引进变量 φ,由图可知,它与 ψ 之间的关系为

$$a \sin \varphi = \rho \sin \psi \tag{b}$$

由此得

$$\mathrm{d}\psi = \frac{a \cos \varphi \mathrm{d}\varphi}{\rho \cos \psi} = \frac{a \cos \varphi \mathrm{d}\varphi}{\rho \sqrt{1 - \frac{a^2}{\rho^2} \sin^2 \varphi}} \tag{c}$$

将式(b)和(c)代入式(a),并注意到当 ψ 从 0 变化到 ψ_1 时,φ 由 0 变到 $\pi/2$,于是得

$$(w)_{z=0} = \frac{4(1-\nu^2)q}{\pi E} \int_0^{\frac{\pi}{2}} \frac{a^2 \cos^2 \varphi \mathrm{d}\varphi}{\rho \sqrt{1 - \frac{a^2}{\rho^2} \sin^2 \varphi}}$$

$$= \frac{4(1-\nu^2)q\rho}{\pi E} \left[\int_0^{\frac{\pi}{2}} \sqrt{1 - \frac{a^2}{\rho^2} \sin^2 \varphi}\, \mathrm{d}\varphi - \left(1 - \frac{a^2}{\rho^2}\right) \int_0^{\frac{\pi}{2}} \frac{\mathrm{d}\varphi}{\sqrt{1 - \frac{a^2}{\rho^2} \sin^2 \varphi}} \right] \tag{10-48}$$

式(10-48)右边的两个积分是椭圆积分,它们的值可按 $\dfrac{a}{\rho}$ 的数值从函数表中查得。当 $\rho = a$ 时,式(10-48)变为

$$(w)_{z=0} = \frac{4(1-\nu^2)qa}{\pi E} \int_0^{\frac{\pi}{2}} \cos \varphi \mathrm{d}\varphi = \frac{4(1-\nu^2)qa}{\pi E} \tag{10-49}$$

如果 M 点在荷载圆之内,做法与上述相同。先考虑图 10-9 中的阴影部分(其面积 $\mathrm{d}A = s\mathrm{d}\psi \mathrm{d}s$)在 M 点引起的沉陷,然后经积分,得总的沉陷为

$$(w)_{z=0} = \frac{(1-\nu^2)q}{\pi E} \iint \mathrm{d}\psi \mathrm{d}s \tag{d}$$

由于弦 mn 的长度为 $2a\cos \varphi$,而 ψ 是由 0 变化到 $\pi/2$,故有

$$(w)_{z=0} = \frac{4(1-\nu^2)q}{\pi E} \int_0^{\frac{\pi}{2}} a\cos \varphi \mathrm{d}\psi \tag{e}$$

利用关系 $a\sin \varphi = \rho \sin \psi$,式(e)变为

$$(w)_{z=0} = \frac{4(1-\nu^2)qa}{\pi E} \int_0^{\frac{\pi}{2}} \sqrt{1 - \frac{\rho^2}{a^2} \sin^2 \psi}\, \mathrm{d}\psi \tag{10-50}$$

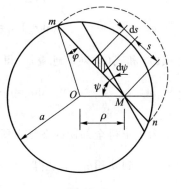

图 10-9

式(10-50)右边的积分,可根据 $\dfrac{\rho}{a}$ 的值,通过查表而得到。

若令式(10-50)中的 $\rho = 0$,又得到式(10-47)所示的结果,它是最大的沉陷。将

式(10-47)与(10-49)进行比较,可见最大沉陷是荷载圆边界沉陷的 $\dfrac{\pi}{2}$ 倍。由式(10-47)还可以看出,最大沉陷不仅与荷载集度 q 成正比,而且还与荷载圆的半径成正比。

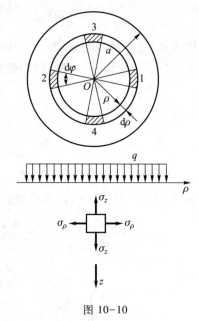

应力也可以利用叠加法求得。例如,对于荷载圆中心下面(即 z 轴上)任意一点 M(图10-10),由式(10-39)的第三式,有

$$\sigma_z = -\frac{3z^3}{2\pi}\int_0^a \frac{2\pi\rho q\,\mathrm{d}\rho}{(\rho^2+z^2)^{5/2}} = -q\left[1-\frac{z^3}{(a^2+z^2)^{3/2}}\right]$$

$$(10\text{-}51\mathrm{a})$$

图 10-10

为了求得该点处的应力分量 σ_ρ 和 σ_φ,在荷载圆中分割出微分面积,如图10-10中阴影部分所示的微分面 $1,2,3,4$。由式(10-39)的第一、第二式可以看出,微分面 $1,2$ 上的两个荷载在该点产生的应力分量为

$$\left.\begin{aligned}
(\mathrm{d}\sigma_\rho)_{1,2} &= 2\,\frac{q\rho\,\mathrm{d}\varphi\,\mathrm{d}\rho}{2\pi r^2}\left[-\frac{3\rho^2 z}{r^3}+\frac{(1-2\nu)\,r}{r+z}\right]\\
(\mathrm{d}\sigma_\varphi)_{1,2} &= 2\,\frac{(1-2\nu)\,q\rho\,\mathrm{d}\varphi\,\mathrm{d}\rho}{2\pi r^2}\left(\frac{z}{r}-\frac{r}{r+z}\right)
\end{aligned}\right\} \tag{f}$$

同样,微分面 $3,4$ 上的两个荷载在该点产生的应力分量为

$$\left.\begin{aligned}
(\mathrm{d}\sigma_\rho)_{3,4} &= 2\,\frac{(1-2\nu)\,q\rho\,\mathrm{d}\varphi\,\mathrm{d}\rho}{2\pi r^2}\left[\frac{z}{r}-\frac{r}{r+z}\right]\\
(\mathrm{d}\sigma_\varphi)_{3,4} &= 2\,\frac{q\rho\,\mathrm{d}\varphi\,\mathrm{d}\rho}{2\pi r^2}\left[-\frac{3\rho^2 z}{r^3}+\frac{(1-2\nu)\,r}{r+z}\right]
\end{aligned}\right\} \tag{g}$$

将式(f)和式(g)对应地叠加,得微分面 $1,2,3,4$ 的荷载所产生的应力为

$$\mathrm{d}\sigma_\rho = \mathrm{d}\sigma_\varphi = \frac{q\rho\,\mathrm{d}\varphi\,\mathrm{d}\rho}{\pi}\left[\frac{(1-2\nu)\,z}{r^3}-\frac{3\rho^2 z}{r^5}\right] \tag{h}$$

为了求得全部荷载在该点所产生的应力分量,只需将式(h)对 φ 从 0 到 $\dfrac{\pi}{2}$ 积分,对 ρ 从 0 到 a 积分,于是得

$$\begin{aligned}
\sigma_\rho = \sigma_\varphi &= \frac{q}{2}\int_0^a\left[\frac{(1-2\nu)\,z}{(\rho^2+z^2)^{3/2}}-\frac{3\rho^2 z}{(\rho^2+z^2)^{5/2}}\right]\rho\,\mathrm{d}\rho\\
&= -\frac{q}{2}\left[(1+2\nu)+\frac{z^3}{(a^2+z^2)^{3/2}}-\frac{2(1+\nu)z}{(a^2+z^2)^{1/2}}\right]
\end{aligned} \tag{10-51b}$$

在荷载圆中心(即 $z=0$)处,有

$$\left.\begin{aligned}
\sigma_z &= -q\\
\sigma_\rho = \sigma_\varphi &= -\frac{q(1+2\nu)}{2}
\end{aligned}\right\} \tag{i}$$

Oz 轴上任一点的最大切应力发生在与 z 轴成 45°的平面上,其值为

$$\frac{1}{2}(\sigma_\varphi-\sigma_z)=\frac{q}{2}\left[\frac{1-2\nu}{2}+\frac{(1+\nu)z}{(a^2+z^2)^{1/2}}-\frac{3}{2}\frac{z^3}{(a^2+z^2)^{3/2}}\right] \tag{j}$$

在

$$z=a\sqrt{\frac{2(1+\nu)}{7-2\nu}} \tag{k}$$

处,最大切应力变成最大值,其值为

$$\left[\frac{1}{2}(\sigma_\varphi-\sigma_z)\right]_{max}=\frac{q}{2}\left[\frac{1-2\nu}{2}+\frac{2}{9}(1+\nu)\sqrt{2(1+\nu)}\right] \tag{l}$$

当 $\nu=0.3$ 时,式(k)和(l)分别变成

$$z=0.638a$$

$$\left[\frac{1}{2}(\sigma_\varphi-\sigma_z)\right]_{max}=0.33q$$

§10-9 两弹性体之间的接触压力

(一) 两个球体的接触

利用上一节所得的结果,可以导出两个弹性体之间的接触压力及由此引起的应力和变形。下面先讨论两个球体的接触,设两个球体的半径分别为 R_1 和 R_2,如图 10-11 所示。

设开始时两个球体不受压力作用,它们仅接触于一点 O。此时,在两个球体表面上距公共法线为 ρ 的点 M 和 N(设这两点在球体变形后重合为接触面内的任意点),与 O 点的切平面之间的距离 z_1 和 z_2 可分别表示为

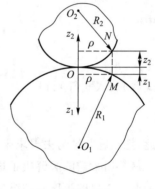

图 10-11

$$z_1=\frac{\rho^2}{2R_1},\quad z_2=\frac{\rho^2}{2R_2}$$

而 M 点与 N 点之间的距离为

$$z_1+z_2=\rho^2\left(\frac{1}{2R_1}+\frac{1}{2R_2}\right)=\frac{R_1+R_2}{2R_1R_2}\rho^2 \tag{a}$$

当两个球体沿接触点 O 的公共法线用力 F 相压时,在接触点的附近,将产生局部变形而形成一个圆形的接触面。由于接触面边界的半径远小于 R_1 和 R_2,所以,可采用 §10-6 中关于半无限体的结果来讨论这种局部变形。

以 α 表示位于 z_1 和 z_2 轴上而距 O 点相当远的两点[①]因压缩而互相接近的距离。如果点 M 和 N 在两球体产生局部变形后刚巧重合成一个边界点,则应有 $\alpha=z_1+z_2$。但

---

① 在这些点上因压缩引起的变形已经可以忽略不计。

假定点 M 和 N 在球体局部变形后重合为接触面内的任意点，也就是说，点 M 和 N 在接触后还分别在 z_1 方向和 z_2 方向产生位移 w_1 和 w_2，于是有几何关系

$$\alpha = z_1 + z_2 + w_1 + w_2$$

即

$$w_1 + w_2 = \alpha - (z_1 + z_2)$$

将式（a）代入，得

$$w_1 + w_2 = \alpha - \beta \rho^2 \qquad\qquad (b)$$

其中

$$\beta = \frac{R_1 + R_2}{2R_1 R_2} \qquad\qquad (c)$$

现在以图 10-9 中的圆表示接触面，M 点表示下面球体在接触面上的一点（即变形前的 M 点），于是，参照 §10-8 中的式（d），得该点的位移为

$$w_1 = \frac{1 - \nu_1^2}{\pi E_1} \iint q \, \mathrm{d}s \mathrm{d}\psi \qquad\qquad (d)$$

其中的 E_1 和 ν_1 为下面球体的弹性模量，而积分区域包括整个接触面。对于上面的球体，也可得到类似的关系。于是有

$$w_1 + w_2 = (k_1 + k_2) \iint q \, \mathrm{d}s \mathrm{d}\psi \qquad\qquad (e)$$

其中的

$$k_1 = \frac{1 - \nu_1^2}{\pi E_1}, \quad k_2 = \frac{1 - \nu_2^2}{\pi E_2} \qquad\qquad (f)$$

将式（e）代入式（b），得

$$(k_1 + k_2) \iint q \, \mathrm{d}s \mathrm{d}\psi = \alpha - \beta \rho^2 \qquad\qquad (10-52)$$

到此，把问题归结为去寻求未知函数 q，使积分方程（10-52）得到满足。

赫兹用半逆解法解决了这个问题。他假定接触圆（设其半径为 a）上的压力 q 与接触面上作出的半球面的纵坐标成正比，则方程（10-52）可以满足。

事实上，令 q_0 表示接触圆中心 O 的压力，则根据上述假定，应有

$$q_0 = Ka$$

由此，得

$$K = \frac{q_0}{a} \qquad\qquad (g)$$

常数因子 K 表示压力分布的比例尺。同样，接触圆内任一点的压力，应等于半球面在该点的高度和 $K = \dfrac{q_0}{a}$ 的乘积。明白了这点以后，从图 10-9 不难看出，式（10-52）左边的积分 $\int q \mathrm{d}s$ 应等于作用于弦 mn 上半圆（用虚线表示的）面积 A 和 $\dfrac{q_0}{a}$ 的乘积，即

$$\int q \mathrm{d}s = \frac{q_0}{a} A$$

由于

$$A = \frac{\pi}{2}(a^2 - \rho^2 \sin^2 \psi)$$

所以

$$\int q \, \mathrm{d}s = \frac{q_0}{a} \cdot \frac{\pi}{2}(a^2 - \rho^2 \sin^2 \psi) \tag{h}$$

将式(h)代入式(10-52),有

$$2(k_1 + k_2) \int_0^{\frac{\pi}{2}} \frac{q_0}{a} \cdot \frac{\pi}{2}(a^2 - \rho^2 \sin^2 \psi) \, \mathrm{d}\psi = \alpha - \beta \rho^2$$

积分后,得

$$(k_1 + k_2) \frac{\pi^2 q_0}{4a}(2a^2 - \rho^2) = \alpha - \beta \rho^2$$

比较等号两边的系数,有

$$\left.\begin{array}{l} (k_1 + k_2) \dfrac{\pi^2 a q_0}{2} = \alpha \\[4mm] (k_1 + k_2) \dfrac{\pi^2 q_0}{4a} = \beta \end{array}\right\} \tag{i}$$

这说明,只要式(i)成立,赫兹所假定的接触圆上压力分布是正确的。

另外,根据平衡条件,上述半球体的体积与 $\dfrac{q_0}{a}$ 的乘积应等于总压力 F,即

$$\frac{q_0}{a} \frac{2}{3} \pi a^3 = F$$

由此得最大压力

$$q_0 = \frac{3F}{2\pi a^2} \tag{10-53}$$

将式(c)和(10-53)代入式(i),解得

$$\left.\begin{array}{l} a = \left[\dfrac{3\pi F(k_1 + k_2) R_1 R_2}{4(R_1 + R_2)}\right]^{\frac{1}{3}} \\[6mm] \alpha = \left[\dfrac{9\pi^2 F^2 (k_1 + k_2)^2 (R_1 + R_2)}{16 R_1 R_2}\right]^{\frac{1}{3}} \end{array}\right\} \tag{10-54}$$

而式(10-53)又可写为

$$q_0 = \frac{3F}{2\pi}\left[\frac{4(R_1 + R_2)}{3\pi F(k_1 + k_2) R_1 R_2}\right]^{\frac{2}{3}} \tag{10-55}$$

当 $E_1 = E_2 = E$, $\nu_1 = \nu_2 = 0.3$ 时,有

$$a = 1.11\left[\frac{F R_1 R_2}{E(R_1 + R_2)}\right]^{\frac{1}{3}}$$

$$\alpha = 1.23\left[\frac{F^2 (R_1 + R_2)}{E^2 R_1 R_2}\right]^{\frac{1}{3}}$$

$$q_0 = 0.388 \left[\frac{FE^2 (R_1 + R_2)^2}{R_1^2 R_2^2} \right]^{\frac{1}{3}}$$

求得了接触面之间的压力,利用 §10-8 导出的公式,可求得两个球体中的应力。最大压应力发生在接触面的中心,其值为 q_0;最大切应力发生在公共法线上距接触中心约为 $0.47a$ 处,其值为 $0.31q_0$;最大拉应力发生在接触面的边界上,其值为 $0.133q_0$。

如球体与平面相接触(图 10-12a),只需在公式中令 $R_1 \to \infty$,即得要求的结果;如球体与球座相接触(图 10-12b),只需在以上的公式中令 R_1 为负值即可。

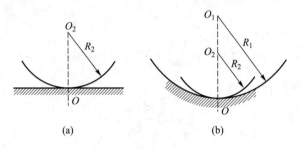

图 10-12

(二) 两个任意弹性体的接触

对于两个任意弹性体的接触,也可以采用同样的方法处理。把坐标原点放在变形前的接触点 O(参照图 10-11),以公共切面为 Oxy 平面。此时,弹性体在其接触点附近的曲面可表示为如下的普遍形式:

$$z_1 = f_1(x, y)$$
$$z_2 = f_2(x, y)$$

现把 $f_1(x, y)$ 和 $f_2(x, y)$ 在接触点邻域展成泰勒级数。因为坐标原点取在接触点,且 Oxy 平面为两个物体在接触点 O 的公共切面,所以,两个级数不包括常数项和一次项,而级数的第一项为二次项;又由于要研究的主要是接触区域及其附近的应力和变形情况,所以,可以略去三次以上的项。于是,在接触点附近,两个曲面可近似地表示为

$$z_1 = A_1 x^2 + A_2 xy + A_3 y^2$$
$$z_2 = B_1 x^2 + B_2 xy + B_3 y^2$$

而 M 与 N 间的距离为

$$z_1 + z_2 = (A_1 + B_1) x^2 + (A_2 + B_2) xy + (A_3 + B_3) y^2 \tag{j}$$

下面要证明,在 Oz 轴不变的情况下,总可以通过转轴,使式(j)中的 xy 项为零。

为此,用 $\frac{1}{R_1}, \frac{1}{R_1'}$ 表示下面弹性体的表面在接触点 O 的两个主曲率(不妨设 $R_1 <$ R_1'),用分别与这两个主曲率对应的主方向作为 Ox_1 轴和 Oy_1 轴的方向,于是,此曲面在接触点邻近的微小区域内,可表示为

$$z_1 = \frac{1}{2} \left(\frac{x_1^2}{R_1} + \frac{y_1^2}{R_1'} \right)$$

同样,对于上面的弹性体,如果用$\dfrac{1}{R_2},\dfrac{1}{R_2'}$表示其表面在接触点 O 的主曲率(设 $R_2<R_2'$),把与这两个主曲率对应的主方向分别作为 Ox_2 和 Oy_2 的方向,则这个曲面在接触点附近的微小区域内可表示为

$$z_2=\frac{1}{2}\left(\frac{x_2^2}{R_2}+\frac{y_2^2}{R_2'}\right)$$

于是,点 M 与 N 之间的距离为

$$z_1+z_2=\frac{1}{2}\left(\frac{x_1^2}{R_1}+\frac{y_1^2}{R_1'}+\frac{x_2^2}{R_2}+\frac{y_2^2}{R_2'}\right) \tag{k}$$

如果引入新坐标系 $Ox'y'$, x'轴与 x_1 轴和 x_2 轴的夹角分别为 ψ_1 和 ψ_2,而 x_1 轴与 x_2 轴的夹角为(图 10-13)

$$\psi=\psi_1-\psi_2 \tag{l}$$

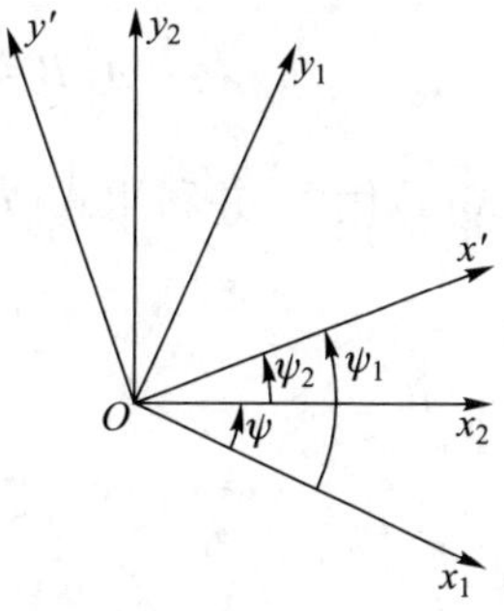

则存在如下的变换关系:

$$\left.\begin{array}{l}x_1=x'\cos\psi_1-y'\sin\psi_1\\ y_1=x'\sin\psi_1+y'\cos\psi_1\end{array}\right\} \tag{m}$$

$$\left.\begin{array}{l}x_2=x'\cos\psi_2-y'\sin\psi_2\\ y_2=x'\sin\psi_2+y'\cos\psi_2\end{array}\right\} \tag{n}$$

图 10-13

将式(m)和(n)代入式(k),有

$$\begin{aligned}z_1+z_2=\frac{1}{2}\Bigg\{&x'^2\Bigg[\frac{1}{R_1}\cos^2\psi_1+\frac{1}{R_1'}\sin^2\psi_1+\frac{1}{R_2}\cos^2\psi_2+\\ &\frac{1}{R_2'}\sin^2\psi_2\Bigg]+y'^2\Bigg[\frac{1}{R_1}\sin^2\psi_1+\frac{1}{R_1'}\cos^2\psi_1+\\ &\frac{1}{R_2}\sin^2\psi_2+\frac{1}{R_2'}\cos^2\psi_2\Bigg]-x'y'\Bigg[\left(\frac{1}{R_1}-\frac{1}{R_1'}\right)\sin2\psi_1+\\ &\left(\frac{1}{R_2}-\frac{1}{R_2'}\right)\sin2\psi_2\Bigg]\Bigg\}\end{aligned} \tag{o}$$

由式(o)可见,要使 $x'y'$项不存在,只有令其系数为零,即

$$\left(\frac{1}{R_1}-\frac{1}{R_1'}\right)\sin2\psi_1+\left(\frac{1}{R_2}-\frac{1}{R_2'}\right)\sin2\psi_2=0$$

将式(l)代入,稍加运算,得

$$\tan2\psi_1=\frac{\left(\dfrac{1}{R_2}-\dfrac{1}{R_2'}\right)\sin2\psi}{\dfrac{1}{R_1}-\dfrac{1}{R_1'}+\left(\dfrac{1}{R_2}-\dfrac{1}{R_2'}\right)\cos2\psi} \tag{p}$$

这就是式(j)不出现 xy 项的条件。

现在,设这个条件已经满足。为好看起见,把式(o)中的 x' 和 y' 改用 x 和 y 表示,也就是一开始就按不出现 xy 项的要求来选取坐标系,并令

$$2A = \frac{1}{R_1}\cos^2\psi_1 + \frac{1}{R'_1}\sin^2\psi_1 + \frac{1}{R_2}\cos^2\psi_2 + \frac{1}{R'_2}\sin^2\psi_2 \left.\right\}$$

$$2B = \frac{1}{R_1}\sin^2\psi_1 + \frac{1}{R'_1}\cos^2\psi_1 + \frac{1}{R_2}\sin^2\psi_2 + \frac{1}{R'_2}\cos^2\psi_2 \left.\right\} \tag{q}$$

于是该式简化为

$$z_1 + z_2 = Ax^2 + By^2 \tag{r}$$

将式(q)中的前后两式相加和相减,有

$$A + B = \frac{1}{2}\left(\frac{1}{R_1} + \frac{1}{R'_1} + \frac{1}{R_2} + \frac{1}{R'_2}\right)$$

$$A - B = \frac{1}{2}\left[\left(\frac{1}{R_1} - \frac{1}{R'_1}\right)\cos 2\psi_1 + \left(\frac{1}{R_2} - \frac{1}{R'_2}\right)\cos 2\psi_2\right]$$

将式(l)代入,并利用式(p),得

$$A + B = \frac{1}{2}\left(\frac{1}{R_1} + \frac{1}{R'_1} + \frac{1}{R_2} + \frac{1}{R'_2}\right) \left.\right\}$$

$$A - B = \frac{1}{2}\left[\left(\frac{1}{R_1} - \frac{1}{R'_1}\right)^2 + \left(\frac{1}{R_2} - \frac{1}{R'_2}\right)^2 + \right.$$

$$\left. 2\left(\frac{1}{R_1} - \frac{1}{R'_1}\right)\left(\frac{1}{R_2} - \frac{1}{R'_2}\right)\cos 2\psi\right]^{\frac{1}{2}} \left.\right\} \tag{10-56}$$

对给定的问题,R_1, R'_1, R_2, R'_2 和 ψ 已知,故由式(10-56)可求得 A 和 B。

考察式(r),由于 $z_1 + z_2$ 总是正的,所以,A 和 B 也都是正的。由此可知,因为接触面的边界是由两弹性体上 $z_1 + z_2$ 等值的点经局部变形叠合而形成的,故显然是椭圆。

设 α, w_1 和 w_2 具有和两个球体接触时相同的意义,于是有几何关系,可得与式(b)相似的关系:

$$w_1 + w_2 = \alpha - (z_1 + z_2) = \alpha - Ax^2 - By^2 \tag{s}$$

这里的 A 和 B 由式(10-56)求得。另一方面,利用式(10-42),可得

$$w_1 + w_2 = \left(\frac{1-\nu_1^2}{\pi E_1} + \frac{1-\nu_2^2}{\pi E_2}\right)\iint\frac{q(\xi,\eta)}{\rho}\mathrm{d}\xi\mathrm{d}\eta \tag{t}$$

这里的 ρ 为接触面上任意一点 (ξ,η) 到接触面上指定点 (x,y) 的距离,即

$$\rho = \sqrt{(x-\xi)^2 + (y-\eta)^2}$$

将式(t)代入式(s),得

$$(k_1 + k_2)\iint\frac{q}{\rho}\mathrm{d}\xi\mathrm{d}\eta = \alpha - Ax^2 - By^2 \tag{10-57}$$

这里的 k_1 和 k_2 仍如式(f)所示。这样,就把求解两个弹性体接触面上的压力问题归结为去求解积分方程(10-57)。

赫兹用下述方法解决了这个问题。他以接触面(周界为椭圆,设两个半轴为 a 和 b)为基础作半椭球面,则可以证明,接触面上的压力与该椭球面的纵坐标成正比,即

$$q(\xi,\eta) = q_0\sqrt{1 - \frac{\xi^2}{a^2} - \frac{\eta^2}{b^2}} \tag{u}$$

这里的 q_0 表示中心点 O 的压力。由平衡条件可知，半椭球的体积应等于总压力 F，即

$$F = \iint q \mathrm{d}\xi \mathrm{d}\eta = \frac{2}{3}\pi ab q_0$$

由此

$$q_0 = \frac{3F}{2\pi ab} \qquad\qquad (\mathrm{v})$$

代入式（u），得接触面上的压力分布为

$$q(\xi,\eta) = \frac{3F}{2\pi ab}\sqrt{1 - \frac{\xi^2}{a^2} - \frac{\eta^2}{b^2}} \qquad\qquad (10\text{-}58)$$

要求出其中的 a 和 b，需将式（10-58）代入方程（10-57），并经过复杂的计算。现将结果给出如下：

$$\left. \begin{aligned} a &= m\left[\frac{3\pi F(k_1 + k_2)}{4(A+B)}\right]^{\frac{1}{3}} \\ b &= n\left[\frac{3\pi F(k_1 + k_2)}{4(A+B)}\right]^{\frac{1}{3}} \end{aligned} \right\} \qquad (10\text{-}59)$$

其中的 $A+B$ 由式（10-56）确定，而系数 m 和 n 是与比率 $\dfrac{A-B}{A+B}$ 有关的数值。令

$$\frac{A-B}{A+B} = \cos\theta \qquad\qquad (10\text{-}60)$$

则 θ 与 m 和 n 间的对应关系如表 10-1 所示：

表 10-1

$\theta/(°)$	m	n	$\theta/(°)$	m	n
18	4.156	0.394	55	1.611	0.678
20	3.850	0.410	60	1.486	0.717
25	3.152	0.456	65	1.378	0.759
30	2.731	0.493	70	1.284	0.802
35	2.937	0.530	75	1.202	0.846
40	2.136	0.567	80	1.128	0.893
45	1.926	0.604	85	1.061	0.944
50	1.754	0.641	90	1.000	1.000

综上所述，对于给定的问题，先由式（10-56）求出 $A+B$ 和 $A-B$，然后，由式（10-60）确定 θ 的值，再利用上表通过插值法求得 m 和 n；有了 m 和 n，利用式（10-59）求出 a 和 b，最后，由式（10-58）给出接触面上的压力分布。

如两个弹性体都是球体，则有 $R_1 = R_1'$，$R_2 = R_2'$，由式（10-56）的第二式得 $A=B$，代入式（10-60），得 $\theta = 90°$，这时，表中 $m = n = 1$，而式（10-59）变成

$$a = b = \left[\frac{3\pi F(k_1 + k_2)R_1 R_2}{4(R_1 + R_2)}\right]^{\frac{1}{3}}$$

这就是式（10-54）。

思考题与习题

10-1 试证明对于不计体力的空间轴对称问题,若取

$$u_\rho = \frac{1}{2G} \frac{\partial \Phi}{\partial \rho}, \quad w = \frac{1}{2G} \frac{\partial \Phi}{\partial z}$$

这里 $\Phi = \Phi(\rho, z)$,且

$$\nabla^2 \Phi = \frac{\partial^2 \Phi}{\partial \rho^2} + \frac{1}{\rho} \frac{\partial \Phi}{\partial \rho} + \frac{\partial^2 \Phi}{\partial z^2} = \text{const}$$

则与 u_ρ 和 w 对应的应力分量满足平衡微分方程。

10-2 试证明对于不计体力的球对称问题,若取

$$u_r = \frac{1}{2G} \frac{\mathrm{d}\Phi}{\mathrm{d}r}$$

这里的 $\Phi = \Phi(r)$,且

$$\nabla^2 \Phi = \frac{\mathrm{d}^2 \Phi}{\mathrm{d}r^2} + \frac{2}{r} \frac{\mathrm{d}\Phi}{\mathrm{d}r} = \text{const}$$

则方程(10-13)是满足的。

10-3 试从方程(10-13)出发(设体力 F_r 为零),求空心圆球内外壁受均布压力作用时的位移和应力。设内外半径分别为 a 和 b,内外壁压力分别为 q_1 和 q_2。

10-4 一个具有小圆球孔的长方体(设球孔离六个面都较远),在六个面上受均布压力 q 作用,求球孔壁上的应力分布情况。

10-5 内半径为 a、外半径为 b 的空心圆球,外壁固定而内壁受均布压力 q 作用。求最大径向位移和最大切向正应力。

10-6 试用拉梅应变势 $\Phi = A\ln \rho + B\rho^2$ 导出拉梅解答式(7-13)。

10-7 两个圆柱体,半径均为 R,弹性模量也相同,在互相垂直的位置以力 F 相压,试求最大压力 q_0。

10-8 圆柱体的侧面受均布压力 q_1 的作用,两端面上作用着均布压力 q_2,试用勒夫应变函数

$$\varphi_3 = A\rho^2 z + B z^3$$

求应力分量,并求圆柱体的体积变化。

10-9 试用勒夫应变函数

$$\varphi_3 = A\rho^2 z + B z^3 + Cz\ln \rho$$

求拉梅解答式(7-13)。

10-10 试借助于纽勃-巴博考维奇通解(10-35)′,取 $\Phi_0 = 0, \zeta_3 = B/r$,求开尔文问题的解答。

第十一章 热 应 力

以上各章已解决了一系列由外力所引起的应力和变形问题。本章将研究由于温度变化(以下简称**变温**)在弹性体内所产生的应力,这种应力,称为**热应力**。在各类机器(例如电动机的热交换器、锅炉、化工机械中的高温高压容器)乃至像大型水利工程和土木工程的设计中,无不遇到热应力问题。尤其随着原子核动力技术的发展,高速宇宙飞行器的实现,非均匀变温所产生的高温强度问题,已成为工程学中的重大问题。对于这类问题,与材料寿命有关的热应力分析,在设计中占据着重要的位置。

需要指出的是:温度的变化将引起变形,而变形将产生热量,从而又引起温度的变化,因此,变形和温度是相互**耦合**的;对耦合问题,方程的解耦,往往成为数学上的难题。不过,对于某些工程实际问题,当它们的体应变为零,或体应变的变化速度非常缓慢时,则变形对温度的影响可以忽略不计,从而变为非耦合问题。本章只讨论非耦合问题,而且,除了已作过的均匀、各向同性、线弹性和小变形的假设外,这里还假设温度变化不大,于是,所得的全部方程和定解条件都是线性的。将研究这种问题的理论,称为**线性热弹性力学**。

在变形和温度不耦合的情况下,要求出热应力,须进行两方面的计算:(1) 由热传导方程和问题的初始条件及边界条件,计算弹性体内各点在各瞬时的温度,即所谓"决定温度场",而前后两个瞬时温度场之差,就是弹性体的变温;(2) 求解热弹性力学的基本方程而得到热应力,即所谓"决定热应力场"。由于前者在数学物理方程中已作过详细的论述,限于篇幅,下面拟重点介绍"决定热应力场"的问题。

§11-1 热传导方程及其定解条件

变形和温度不耦合的**热传导方程**为

$$\frac{\partial \tau}{\partial t} = a \, \nabla^2 \, \tau + \frac{W}{c_p \rho} \tag{11-1}$$

其中 $\tau(x,y,z,t)$ 为温度,$W(x,y,z,t)$ 为单位时间内每单位体积的热源的发热量,即热源强度,$a = \lambda/(c_p \rho)$ 为热扩散率,c_p 为质量定压热容,ρ 为密度,λ 为导热系数。对于均匀材料,c_p, ρ, λ, a 均为常量。

为了能够求解热传导方程,从而求得温度场,必须给定物体在初始瞬时的温度分布,即所谓初始条件;同时还必须给定初始瞬时以后物体边界与周围介质之间进行热交换的规律,即所谓边界条件。初始条件和边界条件合称为定解条件。现分述如下。

设在初始瞬时 $t = 0$ 时的温度为 $f(x,y,z)$,则初始条件可表示为

$$(\tau)_{t=0} = f(x,y,z) \tag{11-2}$$

在某些特殊情况下,初始瞬时的温度分布为均匀的,则式(11-2)变为

$$(\tau)_{t=0} = C \tag{11-3}$$

其中 C 为常量。

边界条件常见的有三种形式：

（1）已知物体边界处的温度为 $\varphi(t)$，则边界条件可表示为

$$(\tau)_s = \varphi(t) \tag{11-4}$$

其中 $(\tau)_s$ 表示温度在物体边界任一点的值。

（2）已知物体边界处的法向热流密度为 $\psi(t)$，则边界条件为

$$(q_v)_s = \psi(t) \tag{a}$$

其中 q_v 为法向热流密度，而 $(q_v)_s$ 表示法向热流密度在物体边界任一点的值。由于热流密度在任一方向的分量，等于导热系数乘以温度在该方向的递减率，故上式又可表示为

$$-\lambda \left(\frac{\partial \tau}{\partial v} \right)_s = \psi(t) \tag{11-5}$$

其中 $\left(\dfrac{\partial \tau}{\partial v} \right)_s$ 表示温度沿物体边界法向的方向导数在物体边界任一点的值。如果边界是绝热的，则由于热流密度为零，于是式（11-5）变为

$$\left(\frac{\partial \tau}{\partial v} \right)_s = 0 \tag{11-6}$$

（3）对流换热边界条件。设弹性体边界处的温度为 τ_s，周围介质的温度为 τ_e，则按热交换定律，通过边界的法向热流密度 q_v，正比例于物体与周围介质的温差，即

$$(q_v)_s = h(\tau_s - \tau_e) \tag{b}$$

其中 h 为表面传热系数。按照从式（a）化为式（11-5）同样的理由，式（b）又可写成

$$-\left(\frac{\partial \tau}{\partial v} \right)_s = \frac{h}{\lambda}(\tau_s - \tau_e) \tag{11-7}$$

表面传热系数 h 表示热流通过边界传入周围介质的能力，其值越小，散热条件越差。当 $h \to 0$ 时，由式（11-7）可知，$\left(\dfrac{\partial \tau}{\partial v} \right)_s \to 0$，这就是绝热边界条件（11-6）。当 $h \to \infty$ 时，由式（11-7）可得 $\tau_s = \tau_e$，即物体边界处的温度和周围介质的温度相等，这就是边界条件（11-4）。

在热应力分析中，需要的是温度场 τ 相对于某一参考状态温度场 τ_0 的变化，即变温

$$T = \tau - \tau_0$$

如果参考状态温度场是均匀的，即

$$\tau_0 = \text{const}$$

则变温 T 应满足与式（11-1）相同的热传导方程

$$\frac{\partial T}{\partial t} = a \nabla^2 T + \frac{W}{c_p \rho} \tag{11-8}$$

求解方程（11-8）所需的定解条件可按与上面类似的方式给出。

§11-2 热膨胀和由此产生的热应力

弹性体内温度的升降,会引起它体积的膨胀或收缩。现想象从弹性体内取出一个棱边长度分别为 dx, dy, dz 的微分长方体,设其初始温度为 τ_0,然后让温度增至 τ,变温 $T = \tau - \tau_0$。如果此微分单元体不受同一物体其他部分的约束,则由于材料的各向同性,三条棱边将产生相同的正应变 αT,而其切应变分量为零,即

$$\varepsilon_x = \varepsilon_y = \varepsilon_z = \alpha T, \quad \gamma_{yz} = \gamma_{xz} = \gamma_{xy} = 0 \tag{11-9}$$

α 称为**线膨胀系数**,由于假设温度变化不大,故可以把它看作为常量。

据上述的理由,可以想象:如果一个弹性体不受任何约束,也不受任何外力作用,设其初始温度 $\tau_0 = \text{const}$,然后让其温度均匀地增加(或减少)至 τ,则由于其内各部分具有相同的膨胀(或收缩)变形,且这种变形不受外界的任何限制,因此是不会产生热应力的。但如果弹性体内变温是不均匀的,则在体内各部分将产生不同的膨胀(或收缩)变形,为使变形后的物体仍保持为一个连续体,其各部分之间的变形一般会受到相互牵制。因此,弹性体的非均匀变温,即使不受任何约束,也会产生热应力[①]。不失一般性,下面只研究无外力作用、无外界约束的弹性体,由于非均匀变温而引起的热应力问题。

§11-3 热应力的简单问题

简单的热应力问题能简化为相当于边界力已知的情况来处理。作为第一个例子,考察一块等厚度的矩形薄板,其变温 T 仅仅是 y 的函数,而与 x 和 z 无关(图 11-1)。

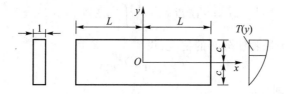

图 11-1

先作定性分析。假想将变温前的板分割成无数个棱边与坐标轴平行的平行六面体,并认为彼此之间是不相干的。显然,当板内的温度改变 T 时,各单元体的每条棱边将产生数值为 αT 的伸长率。注意到板的变温 T 仅依赖于坐标 y,而与 x 和 z 无关,故为使各自膨胀后的单元体能重新拼合成连续的整体,只有沿 y 方向的两个相邻的单元体之间在 x 方向的变形受到相互的牵制。这也等于说,板内只存在热应力 σ_x。为了求得 σ_x,先让每一个单元体在纵方向的热应变 αT 完全被阻止。为了实现这一点,要求在各单元体的纵向存在应力

[①]　特殊的非均匀温度变化也不会产生热应力。例如在定常温度场中,对于单连通区域,若内部无热源,则不会产生热应力。

$$\sigma'_x = -\alpha TE \tag{a}$$

显然,由于板的侧向是自由的,故应力式(a)的采用不会引起板的侧向应力。另外,为了在整个板内保持以式(a)表示的应力状态,在矩形板的两端处必须施以 $-\alpha TE$ 的面力。但因在矩形板的两端是无面力作用的,为了消除两端面上的压力 $-\alpha TE$,必须再在这两个面上施以拉力 αTE。因此,板内的热应力应等于由于两端面上的拉力 αTE 所产生的应力和式(a)表示的应力的叠加。如果 $2c \ll 2L$,则根据局部性原理,在两端面上的边界条件可以放松,可以用由拉力 αTE 的主矢量和主矩在板内所产生的应力来代替直接由拉力 αTE 所产生的应力。αTE 的主矢量为

$$\int_{-c}^{c} \alpha TE\,\mathrm{d}y$$

它在板内所引起的应力

$$\sigma''_x = \frac{1}{2c}\int_{-c}^{c} \alpha TE\,\mathrm{d}y \tag{b}$$

拉力 αTE 的主矩为

$$M = \int_{-c}^{c} \alpha TEy\,\mathrm{d}y$$

由此产生的弯曲应力为

$$\sigma'''_x = \frac{My}{I} = \frac{3y}{2c^3}\int_{-c}^{c} \alpha ET(y)y\,\mathrm{d}y \tag{c}$$

叠加式(a)~式(c),得矩形板内的热应力为

$$\sigma_x = -\alpha ET(y) + \frac{1}{2c}\int_{-c}^{c} \alpha ET(y)\,\mathrm{d}y + \frac{3y}{2c^3}\int_{-c}^{c} \alpha ET(y)y\,\mathrm{d}y \tag{11-10}$$

若变温 $T(y)$ 是偶函数,则式(11-10)右边的最后一项为零,于是得

$$\sigma_x = -\alpha ET(y) + \frac{1}{2c}\int_{-c}^{c} \alpha ET(y)\,\mathrm{d}y \tag{11-11}$$

例如,对于变温 T 为抛物线分布的情况,设

$$T = T_0(1 - y^2/c^2)$$

代入式(11-11)得到

$$\sigma_x = \frac{2}{3}\alpha ET_0 - \alpha ET_0\left(1 - \frac{y^2}{c^2}\right) \tag{11-12}$$

作为简单热应力问题的第二个例子,考察一个大的球体,设位于中心部位半径为 a 的小球体内变温 T 为常数。如该小球体完全不受约束,则其径向膨胀为 αTa。但是,由于小球是大球的一部分,且远离边界,所以它的热膨胀受到外侧部分的约束。结果在小球表面上受到等压力 p 的作用,而由此引起的径向应变为 $p(1-2\nu)/E$。因此,小球体内总的径向应变为

$$\alpha T - \frac{p(1-2\nu)}{E}$$

而半径的改变为

$$\Delta R = \alpha Ta - \frac{pa(1-2\nu)}{E} \tag{d}$$

再考察上述的压力 p 对小球外侧球体的作用。设大球半径为 b,则由式(10-23)得应力:

$$\sigma_r = \frac{pa^3(b^3-r^3)}{r^3(a^3-b^3)}, \quad \sigma_t = -\frac{pa^3(2r^3+b^3)}{2r^3(a^3-b^3)} \tag{e}$$

当 $b \gg a$ 时,

$$\sigma_r = -\frac{pa^3}{r^3}, \quad \sigma_t = \frac{pa^3}{2r^3} \tag{f}$$

在 $r=a$ 处,有

$$\sigma_r = -p, \quad \sigma_t = \frac{p}{2}$$

如果注意到 $\varepsilon_\theta = \varepsilon_\varphi = \varepsilon_t = \dfrac{u_r}{r}$,则

$$\Delta R = (u_r)_{r=a} = (a\varepsilon_t)_{r=a} = \frac{a}{E}\left[\sigma_t - \nu(\sigma_r + \sigma_t)\right]_{r=a} = \frac{pa}{2E}(1+\nu) \tag{g}$$

联立式(d)和式(g),得

$$p = \frac{2}{3}\frac{\alpha ET}{1-\nu}$$

代入式(f),故最后得小球外侧球体内的应力分量:

$$\left.\begin{array}{l} \sigma_r = -\dfrac{2}{3}\dfrac{\alpha ETa^3}{(1-\nu)r^3} \\[3mm] \sigma_t = \dfrac{1}{3}\dfrac{\alpha ETa^3}{(1-\nu)r^3} \end{array}\right\} \tag{11-13}$$

§ 11-4   热弹性力学的基本方程

热弹性力学的基本方程仍包括平衡微分方程、几何方程和物理方程,平衡微分方程和几何方程同等温情况一样。设不计体力,平衡微分方程为

$$\left.\begin{array}{l} \dfrac{\partial\sigma_x}{\partial x}+\dfrac{\partial\tau_{yx}}{\partial y}+\dfrac{\partial\tau_{zx}}{\partial z}=0 \\[3mm] \dfrac{\partial\tau_{xy}}{\partial x}+\dfrac{\partial\sigma_y}{\partial y}+\dfrac{\partial\tau_{zy}}{\partial z}=0 \\[3mm] \dfrac{\partial\tau_{xz}}{\partial x}+\dfrac{\partial\tau_{yz}}{\partial y}+\dfrac{\partial\sigma_z}{\partial z}=0 \end{array}\right\} \tag{11-14}$$

视频 11-2
热弹性力学
基本方程

几何方程为

$$\varepsilon_x = \frac{\partial u}{\partial x}, \quad \varepsilon_y = \frac{\partial v}{\partial y}, \quad \varepsilon_z = \frac{\partial w}{\partial z}$$

$$\gamma_{yz} = \frac{\partial w}{\partial y} + \frac{\partial v}{\partial z} \tag{11-15}$$

$$\gamma_{xz} = \frac{\partial u}{\partial z} + \frac{\partial w}{\partial x}$$

$$\gamma_{xy} = \frac{\partial v}{\partial x} + \frac{\partial u}{\partial y}$$

物理方程和等温情况有所不同。因为在变温情况下,弹性体的应变分量应由两部分叠加而成:其一,是由于自由热膨胀引起的应变分量,如式(11-9)所示;其二,在热膨胀时由于弹性体内各部分之间的相互约束所引起的应变分量,它们和热应力之间应服从胡克定律。因此,变温情况下的物理方程为

$$\varepsilon_x = \frac{1}{E}\left[\sigma_x - \nu(\sigma_y + \sigma_z)\right] + \alpha T, \quad \gamma_{yz} = \frac{2(1+\nu)}{E}\tau_{yz}$$

$$\varepsilon_y = \frac{1}{E}\left[\sigma_y - \nu(\sigma_x + \sigma_z)\right] + \alpha T, \quad \gamma_{xz} = \frac{2(1+\nu)}{E}\tau_{xz} \tag{11-16}$$

$$\varepsilon_z = \frac{1}{E}\left[\sigma_z - \nu(\sigma_x + \sigma_y)\right] + \alpha T, \quad \gamma_{xy} = \frac{2(1+\nu)}{E}\tau_{xy}$$

也可用应变分量来表示应力分量,即

$$\sigma_x = \lambda\theta + 2G\varepsilon_x - \frac{\alpha ET}{1-2\nu}$$

$$\sigma_y = \lambda\theta + 2G\varepsilon_y - \frac{\alpha ET}{1-2\nu}$$

$$\sigma_z = \lambda\theta + 2G\varepsilon_z - \frac{\alpha ET}{1-2\nu} \tag{11-17}$$

$$\tau_{yz} = G\gamma_{yz}$$

$$\tau_{xz} = G\gamma_{xz}$$

$$\tau_{xy} = G\gamma_{xy}$$

如果将式(11-15)代入,则应力分量又可通过位移分量表示,有

$$\sigma_x = \lambda\theta + 2G\frac{\partial u}{\partial x} - \frac{\alpha ET}{1-2\nu}, \quad \tau_{yz} = G\left(\frac{\partial w}{\partial y} + \frac{\partial v}{\partial z}\right)$$

$$\sigma_y = \lambda\theta + 2G\frac{\partial v}{\partial y} - \frac{\alpha ET}{1-2\nu}, \quad \tau_{xz} = G\left(\frac{\partial u}{\partial z} + \frac{\partial w}{\partial x}\right) \tag{11-18}$$

$$\sigma_z = \lambda\theta + 2G\frac{\partial w}{\partial z} - \frac{\alpha ET}{1-2\nu}, \quad \tau_{xy} = G\left(\frac{\partial v}{\partial x} + \frac{\partial u}{\partial y}\right)$$

这里

$$\theta = \varepsilon_x + \varepsilon_y + \varepsilon_z = \frac{\partial u}{\partial x} + \frac{\partial v}{\partial y} + \frac{\partial w}{\partial z}$$

在物体的边界处,还须满足面力为零的应力边界条件

$$0 = \sigma_x l + \tau_{yx} m + \tau_{zx} n$$
$$0 = \tau_{xy} l + \sigma_y m + \tau_{zy} n \qquad (11-19)$$
$$0 = \tau_{xz} l + \tau_{yz} m + \sigma_z n$$

和位移边界条件

$$u = \bar{u}, \quad v = \bar{v}, \quad w = \bar{w} \qquad (11-20)$$

参照 § 10-1,还不难写出热弹性力学基本方程的柱坐标和球坐标形式。为考虑到下面举例的需要,现只分别写出它们轴对称和球对称的特殊形式①。

轴对称的热弹性力学基本方程:

平衡微分方程

$$\frac{\partial \sigma_\rho}{\partial \rho} + \frac{\partial \tau_{\rho z}}{\partial z} + \frac{\sigma_\rho - \sigma_\varphi}{\rho} = 0$$
$$\frac{\partial \tau_{\rho z}}{\partial \rho} + \frac{\partial \sigma_z}{\partial z} + \frac{\tau_{\rho z}}{\rho} = 0 \qquad (11-21)$$

几何方程

$$\varepsilon_\rho = \frac{\partial u_\rho}{\partial \rho}$$
$$\varepsilon_\varphi = \frac{u_\rho}{\rho}$$
$$\varepsilon_z = \frac{\partial w}{\partial z} \qquad (11-22)$$
$$\gamma_{\rho z} = \frac{\partial u_\rho}{\partial z} + \frac{\partial w}{\partial \rho}$$

物理方程

$$\sigma_\rho = \frac{E}{1+\nu}\left(\frac{\nu}{1-2\nu}\theta + \varepsilon_\rho\right) - \frac{\alpha ET}{1-2\nu}$$
$$\sigma_\varphi = \frac{E}{1+\nu}\left(\frac{\nu}{1-2\nu}\theta + \varepsilon_\varphi\right) - \frac{\alpha ET}{1-2\nu}$$
$$\sigma_z = \frac{E}{1+\nu}\left(\frac{\nu}{1-2\nu}\theta + \varepsilon_z\right) - \frac{\alpha ET}{1-2\nu} \qquad (11-23)$$
$$\tau_{\rho z} = \frac{E}{2(1+\nu)}\gamma_{\rho z}$$

球对称的热弹性力学基本方程:

平衡微分方程

$$\frac{\mathrm{d}\sigma_r}{\mathrm{d}r} + \frac{2(\sigma_r - \sigma_t)}{r} = 0 \qquad (11-24)$$

几何方程

---

① 这两种形式要求物体的几何形状及温度变化分别是轴对称和球对称的。

$$\varepsilon_r = \frac{\mathrm{d}u_r}{\mathrm{d}r}, \quad \varepsilon_t = \frac{u_r}{r} \tag{11-25}$$

物理方程

$$\left.\begin{aligned} \sigma_r &= \frac{E}{1+\nu}\left(\frac{\nu}{1-2\nu}\theta+\varepsilon_r\right) - \frac{\alpha ET}{1-2\nu} \\ \sigma_t &= \frac{E}{1+\nu}\left(\frac{\nu}{1-2\nu}\theta+\varepsilon_t\right) - \frac{\alpha ET}{1-2\nu} \end{aligned}\right\} \tag{11-26}$$

解决热弹性力学问题仍可采用两种方法,即位移解法和应力解法。下面,将分别讨论这两种解法。

§11-5　位　移　解　法

视频 11-3
位移解法

以位移作为基本未知函数。将式(11-18)代入方程(11-14),得到变温情况下以位移表示的平衡微分方程:

$$\left.\begin{aligned} (\lambda+G)\frac{\partial\theta}{\partial x} + G\,\boldsymbol{\nabla}^2 u - \frac{\alpha E}{1-2\nu}\frac{\partial T}{\partial x} &= 0 \\ (\lambda+G)\frac{\partial\theta}{\partial y} + G\,\boldsymbol{\nabla}^2 v - \frac{\alpha E}{1-2\nu}\frac{\partial T}{\partial y} &= 0 \\ (\lambda+G)\frac{\partial\theta}{\partial z} + G\,\boldsymbol{\nabla}^2 w - \frac{\alpha E}{1-2\nu}\frac{\partial T}{\partial z} &= 0 \end{aligned}\right\} \tag{11-27}$$

如果将式(11-18)代入应力边界条件(11-19),得到变温情况下以位移表示的应力边界条件:

$$\left.\begin{aligned} \frac{\alpha ET}{1-2\nu}l &= \lambda\theta l + G\left(\frac{\partial u}{\partial x}l+\frac{\partial u}{\partial y}m+\frac{\partial u}{\partial z}n\right) + G\left(\frac{\partial u}{\partial x}l+\frac{\partial v}{\partial x}m+\frac{\partial w}{\partial x}n\right) \\ \frac{\alpha ET}{1-2\nu}m &= \lambda\theta m + G\left(\frac{\partial v}{\partial x}l+\frac{\partial v}{\partial y}m+\frac{\partial v}{\partial z}n\right) + G\left(\frac{\partial u}{\partial y}l+\frac{\partial v}{\partial y}m+\frac{\partial w}{\partial y}n\right) \\ \frac{\alpha ET}{1-2\nu}n &= \lambda\theta n + G\left(\frac{\partial w}{\partial x}l+\frac{\partial w}{\partial y}m+\frac{\partial w}{\partial z}n\right) + G\left(\frac{\partial u}{\partial z}l+\frac{\partial v}{\partial z}m+\frac{\partial w}{\partial z}n\right) \end{aligned}\right\} \tag{11-28}$$

将式(11-27)和式(11-28)分别与式(5-10)和式(5-11)比较可见:

$$-\frac{\alpha E}{1-2\nu}\frac{\partial T}{\partial x}, \quad -\frac{\alpha E}{1-2\nu}\frac{\partial T}{\partial y}, \quad -\frac{\alpha E}{1-2\nu}\frac{\partial T}{\partial z}$$

代替了体力分量 F_x, F_y, F_z,而

$$\frac{\alpha ET}{1-2\nu}l, \quad \frac{\alpha ET}{1-2\nu}m, \quad \frac{\alpha ET}{1-2\nu}n$$

代替了面力分量 $\overline{f}_x, \overline{f}_y, \overline{f}_z$。因此,在一定的位移边界条件下,弹性体内由于变温而引起的位移,等于等温情况下受假想体力

$$F_x = -\frac{\alpha E}{1-2\nu}\frac{\partial T}{\partial x}, \quad F_y = -\frac{\alpha E}{1-2\nu}\frac{\partial T}{\partial y}, \quad F_z = -\frac{\alpha E}{1-2\nu}\frac{\partial T}{\partial z}$$

和假想的法向面力

$$\frac{\alpha E T}{1-2\nu}$$

作用时的位移。在应力边界条件(11-28)和位移边界条件(11-20)下求得了方程(11-27)的解后,利用式(11-18)可求得应力分量。

§ 11-6   圆球体的球对称热应力

设圆球体内的变温 T 对球心是对称分布的,则此问题是球对称问题。采用球对称的热弹性力学基本方程(11-24)~(11-26),并将式(11-25)代入式(11-26),然后将所得的结果代入式(11-24),得球对称问题以位移表示的平衡微分方程:

$$\frac{\mathrm{d}^2 u_r}{\mathrm{d}r^2} + \frac{2}{r}\frac{\mathrm{d}u_r}{\mathrm{d}r} - \frac{2u_r}{r^2} = \frac{1+\nu}{1-\nu}\alpha\frac{\mathrm{d}T}{\mathrm{d}r} \tag{a}$$

或写成

$$\frac{\mathrm{d}}{\mathrm{d}r}\left[\frac{1}{r^2}\frac{\mathrm{d}}{\mathrm{d}r}(r^2 u_r)\right] = \frac{1+\nu}{1-\nu}\alpha\frac{\mathrm{d}T}{\mathrm{d}r} \tag{a}'$$

其解是

$$u_r = \frac{1+\nu}{1-\nu}\alpha\frac{1}{r^2}\int_a^r Tr^2\mathrm{d}r + C_1 r + \frac{C_2}{r^2} \tag{b}$$

这里, C_1 和 C_2 是积分常数,以后由边界条件确定; a 是积分下限,对空心球体, a 为内半径。

将式(b)代入式(11-25),然后将所得的结果再代入式(11-26),得对应的热应力分量为

$$\left.\begin{array}{l} \sigma_r = -\dfrac{2\alpha E}{1-\nu}\dfrac{1}{r^3}\displaystyle\int_a^r Tr^2\mathrm{d}r + \dfrac{EC_1}{1-2\nu} - \dfrac{2EC_2}{1+\nu}\dfrac{1}{r^3} \\[4mm] \sigma_t = \dfrac{\alpha E}{1-\nu}\dfrac{1}{r^3}\displaystyle\int_a^r Tr^2\mathrm{d}r + \dfrac{EC_1}{1-2\nu} + \dfrac{EC_2}{1+\nu}\dfrac{1}{r^3} - \dfrac{\alpha E T}{1-\nu} \end{array}\right\} \tag{c}$$

下面考虑两种特殊情况。

(一) 实心圆球体

对于半径为 b 的实心球体,取下限 a 为零。由于在 $r=0$ 处, $u_r=0$,所以,从式(b)中的

$$\lim_{r\to 0}\frac{1}{r^2}\int_0^r Tr^2\mathrm{d}r = 0$$

可知, C_2 必为零。这样,式(c)给出的应力在球心给出有限值。 C_1 由边界条件

$$(\sigma_r)_{r=b} = 0$$

确定。由此得

$$C_1 = \frac{2(1-2\nu)\alpha}{1-\nu}\frac{1}{b^3}\int_0^b Tr^2\mathrm{d}r$$

代入式(c),得实心圆球体内的热应力分量:

$$\left.\begin{array}{l} \sigma_r = \dfrac{2\alpha E}{1-\nu}\left(\dfrac{1}{b^3}\int_0^b Tr^2\,\mathrm{d}r - \dfrac{1}{r^3}\int_0^r Tr^2\,\mathrm{d}r\right) \\[4mm] \sigma_t = \dfrac{\alpha E}{1-\nu}\left(\dfrac{2}{b^3}\int_0^b Tr^2\,\mathrm{d}r + \dfrac{1}{r^3}\int_0^r Tr^2\,\mathrm{d}r - T\right) \end{array}\right\} \tag{11-29}$$

（二）空心圆球体

本问题的边界条件为

$$(\sigma_r)_{r=a}=0,\quad (\sigma_r)_{r=b}=0$$

将它用于式(c)的第一式,有

$$\frac{EC_1}{1-2\nu} - \frac{2EC_2}{1+\nu}\frac{1}{a^3}=0$$

$$-\frac{2\alpha E}{1-\nu}\frac{1}{b^3}\int_a^b Tr^2\,\mathrm{d}r + \frac{EC_1}{1-2\nu} - \frac{2EC_2}{1+\nu}\frac{1}{b^3}=0$$

解得 C_1 和 C_2 后代入式(c),得空心球体内的热应力分量:

$$\left.\begin{array}{l} \sigma_r = \dfrac{2\alpha E}{1-\nu}\left[\dfrac{r^3-a^3}{(b^3-a^3)r^3}\int_a^b Tr^2\,\mathrm{d}r - \dfrac{1}{r^3}\int_a^r Tr^2\,\mathrm{d}r\right] \\[4mm] \sigma_t = \dfrac{\alpha E}{1-\nu}\left[\dfrac{2r^3+a^3}{2(b^3-a^3)r^3}\int_a^b Tr^2\,\mathrm{d}r + \dfrac{1}{2r^3}\int_a^r Tr^2\,\mathrm{d}r - \dfrac{T}{2}\right] \end{array}\right\} \tag{11-30}$$

例如,设变温 T 为[①]

$$T=\frac{T_a a}{b-a}\left(\frac{b}{r}-1\right)$$

则由式(11-30)可求得热应力分量为

$$\sigma_r = \frac{\alpha E T_a}{1-\nu}\frac{ab}{b^3-a^3}\left[a+b-\frac{1}{r}(b^2+ab+a^2)+\frac{a^2b^2}{r^3}\right]$$

$$\sigma_t = \frac{\alpha E T_a}{1-\nu}\frac{ab}{b^3-a^3}\left[a+b-\frac{1}{2r}(b^2+ab+a^2)-\frac{a^2b^2}{2r^3}\right]$$

§11-7　热弹性应变势的引用

视频 11-4
热弹性应
变势

方程(11-27)是非齐次偏微分方程组,它的求解可分两步进行:第一步先求出它的任意一组特解,这一组特解并不一定满足问题的边界条件;第二步,求出它的某一组齐次解,使这一组解与上述特解叠加以后能满足边界条件。

为了求得方程(11-27)的特解,可引进一个函数 $\Phi(x,y,z)$,使

---

① 这是在边界条件 $(T)_{r=a}=T_a$,$(T)_{r=b}=0$ 下,定常无内热源球对称的热传导方程 $\nabla^2 T=\dfrac{\mathrm{d}^2 T}{\mathrm{d}r^2}+\dfrac{2}{r}\dfrac{\mathrm{d}T}{\mathrm{d}r}=0$ 的解。

$$u' = \frac{\partial \Phi}{\partial x}, \quad v' = \frac{\partial \Phi}{\partial y}, \quad w' = \frac{\partial \Phi}{\partial z} \tag{11-31}$$

函数 Φ 称为**热弹性应变势**。将式(11-31)代入式(11-27),并注意到

$$\lambda = \frac{E\nu}{(1+\nu)(1-2\nu)}, \quad G = \frac{E}{2(1+\nu)}$$

有

$$\left. \begin{aligned} \frac{\partial}{\partial x}\nabla^2\Phi &= \frac{1+\nu}{1-\nu}\alpha\frac{\partial T}{\partial x} \\ \frac{\partial}{\partial y}\nabla^2\Phi &= \frac{1+\nu}{1-\nu}\alpha\frac{\partial T}{\partial y} \\ \frac{\partial}{\partial z}\nabla^2\Phi &= \frac{1+\nu}{1-\nu}\alpha\frac{\partial T}{\partial z} \end{aligned} \right\} \tag{a}$$

显然,如果函数 Φ 满足微分方程

$$\nabla^2\Phi = \frac{1+\nu}{1-\nu}\alpha T \tag{11-32}$$

则式(a)将成为恒等式。这等于说,只要 Φ 满足方程(11-32),则由式(11-31)给出的位移分量就能满足方程(11-27),因而能作为方程(11-27)的特解。将式(11-31)和由式(11-32)得来的 $\alpha T = \frac{1-\nu}{1+\nu}\nabla^2\Phi$ 代入式(11-18),并注意到 $\lambda = \frac{E\nu}{(1+\nu)(1-2\nu)}$, $G = \frac{E}{2(1+\nu)}$,得到与位移特解对应的应力分量:

$$\left. \begin{aligned} \sigma'_x &= -2G\left(\frac{\partial^2\Phi}{\partial y^2}+\frac{\partial^2\Phi}{\partial z^2}\right) \\ \sigma'_y &= -2G\left(\frac{\partial^2\Phi}{\partial z^2}+\frac{\partial^2\Phi}{\partial x^2}\right) \\ \sigma'_z &= -2G\left(\frac{\partial^2\Phi}{\partial x^2}+\frac{\partial^2\Phi}{\partial y^2}\right) \\ \tau'_{yz} &= 2G\frac{\partial^2\Phi}{\partial y\partial z} \\ \tau'_{xz} &= 2G\frac{\partial^2\Phi}{\partial x\partial z} \\ \tau'_{xy} &= 2G\frac{\partial^2\Phi}{\partial x\partial y} \end{aligned} \right\} \tag{b}$$

若方程(11-27)的齐次解用 u'', v'', w'' 表示,利用几何方程和无变温时的物理方程,可得与此对应的应力分量:

$$\sigma_x'' = 2G\left[\frac{\partial u''}{\partial x} + \frac{\nu}{1-2\nu}\left(\frac{\partial u''}{\partial x} + \frac{\partial v''}{\partial y} + \frac{\partial w''}{\partial z}\right)\right]$$

$$\sigma_y'' = 2G\left[\frac{\partial v''}{\partial y} + \frac{\nu}{1-2\nu}\left(\frac{\partial u''}{\partial x} + \frac{\partial v''}{\partial y} + \frac{\partial w''}{\partial z}\right)\right]$$

$$\sigma_z'' = 2G\left[\frac{\partial w''}{\partial z} + \frac{\nu}{1-2\nu}\left(\frac{\partial u''}{\partial x} + \frac{\partial v''}{\partial y} + \frac{\partial w''}{\partial z}\right)\right]$$

$$\tau_{yz}'' = G\left(\frac{\partial w''}{\partial y} + \frac{\partial v''}{\partial z}\right)$$

$$\tau_{xz}'' = G\left(\frac{\partial u''}{\partial z} + \frac{\partial w''}{\partial x}\right) \tag{c}$$

$$\tau_{xy}'' = G\left(\frac{\partial v''}{\partial x} + \frac{\partial u''}{\partial y}\right)$$

这样,总的位移分量为

$$u = u' + u'', \quad v = v' + v'', \quad w = w' + w''$$

要求它们满足位移边界条件(11-20);总应力分量为

$$\sigma_x = \sigma_x' + \sigma_x'', \quad \sigma_y = \sigma_y' + \sigma_y'', \quad \sigma_z = \sigma_z' + \sigma_z''$$

$$\tau_{yz} = \tau_{yz}' + \tau_{yz}'', \quad \tau_{xz} = \tau_{xz}' + \tau_{xz}'', \quad \tau_{xy} = \tau_{xy}' + \tau_{xy}''$$

要求它们满足应力边界条件(11-19)。

下一节将介绍引用热弹性应变势解决问题的实例。

§11-8　圆筒的轴对称热应力

设有一个内半径为 a、外半径为 b 的长圆筒,其内的变温 T 是轴对称分布的,要求筒内的热应力。

这是轴对称的平面应变问题。注意到 $w=0$,u_ρ 仅依赖于 ρ,则方程(11-21),(11-22)和(11-23)简化为

$$\frac{\mathrm{d}\sigma_\rho}{\mathrm{d}\rho} + \frac{\sigma_\rho - \sigma_\varphi}{\rho} = 0 \tag{a}$$

$$\varepsilon_\rho = \frac{\mathrm{d}u_\rho}{\mathrm{d}\rho}, \quad \varepsilon_\varphi = \frac{u_\rho}{\rho} \tag{b}$$

$$\sigma_\rho = \frac{E}{1+\nu}\left(\frac{\nu}{1-2\nu}\theta + \varepsilon_\rho\right) - \frac{\alpha ET}{1-2\nu}$$

$$\sigma_\varphi = \frac{E}{1+\nu}\left(\frac{\nu}{1-2\nu}\theta + \varepsilon_\varphi\right) - \frac{\alpha ET}{1-2\nu}$$

$$\sigma_z = \frac{E\nu}{(1+\nu)(1-2\nu)}\theta - \frac{\alpha ET}{1-2\nu} \tag{c}$$

$$\theta = \varepsilon_\rho + \varepsilon_\varphi$$

将式(b)代入式(c),然后将所得的结果代入式(a),得

$$\frac{\mathrm{d}^2 u_\rho}{\mathrm{d}\rho^2} + \frac{1}{\rho}\frac{\mathrm{d}u_\rho}{\mathrm{d}\rho} - \frac{u_\rho}{\rho^2} = \frac{1+\nu}{1-\nu}\alpha\frac{\mathrm{d}T}{\mathrm{d}\rho} \tag{d}$$

显然,如引入热弹性应变势 $\Phi(\rho)$,使

$$u_\rho = \frac{\mathrm{d}\Phi}{\mathrm{d}\rho} \tag{e}$$

则当 Φ 满足方程

$$\frac{\mathrm{d}^2\Phi}{\mathrm{d}\rho^2} + \frac{1}{\rho}\frac{\mathrm{d}\Phi}{\mathrm{d}\rho} = \frac{1+\nu}{1-\nu}\alpha T \tag{f}$$

时,由式(e)给出的位移 u_ρ 满足方程(d)。很容易看出,方程(f)即为方程(11-32)在平面轴对称情况下的特殊形式,这是意料到的。

现在考虑如下的变温[①]:

$$T = \frac{T_a \ln\dfrac{b}{\rho}}{\ln\dfrac{b}{a}} \tag{g}$$

将式(g)代入式(f),并注意到

$$\frac{\mathrm{d}^2}{\mathrm{d}\rho^2} + \frac{1}{\rho}\frac{\mathrm{d}}{\mathrm{d}\rho} = \frac{1}{\rho}\frac{\mathrm{d}}{\mathrm{d}\rho}\left(\rho\frac{\mathrm{d}}{\mathrm{d}\rho}\right)$$

于是有

$$\frac{1}{\rho}\frac{\mathrm{d}}{\mathrm{d}\rho}\left(\rho\frac{\mathrm{d}\Phi}{\mathrm{d}\rho}\right) = \frac{1+\nu}{1-\nu}\frac{\alpha T_a}{\ln\dfrac{b}{a}}\ln\frac{b}{\rho}$$

这个方程的特解为

$$\Phi = \frac{K}{\ln\dfrac{b}{a}}\rho^2\left(\ln\frac{b}{\rho} + 1\right) \tag{h}$$

其中

$$K = \frac{1+\nu}{4(1-\nu)}\alpha T_a \tag{i}$$

参照 § 11-7 中的式(b),不难写出平面轴对称情况下应力分量与热弹性应变势的关系:

$$\sigma'_\rho = -2G\frac{1}{\rho}\frac{\mathrm{d}\Phi}{\mathrm{d}\rho} \qquad \sigma'_\varphi = -2G\frac{\mathrm{d}^2\Phi}{\mathrm{d}\rho^2} \tag{j}$$

将式(h)代入,得到与方程(d)的特解对应的应力分量:

$$\sigma'_\rho = -\frac{2GK}{\ln\dfrac{b}{a}}\left(2\ln\frac{b}{\rho} + 1\right), \qquad \sigma'_\varphi = -\frac{2GK}{\ln\dfrac{b}{a}}\left(2\ln\frac{b}{\rho} - 1\right) \tag{k}$$

这个解并不满足圆筒内外壁面力为零的边界条件,它们在内外壁处分别给出

---

① 这是在边界条件 $(T)_{\rho=a} = T_a$,$(T)_{\rho=b} = 0$ 下,定常无内热源轴对称热传导方程 $\nabla^2 T = \dfrac{\mathrm{d}^2 T}{\mathrm{d}\rho^2} + \dfrac{1}{\rho}\dfrac{\mathrm{d}T}{\mathrm{d}\rho} = 0$ 的解。

$$\left.\begin{array}{l}(\sigma'_\rho)_{\rho=a}=-2GK\left(2+\dfrac{1}{\ln\dfrac{b}{a}}\right)\equiv-q_1\\[4mm](\sigma'_\rho)_{\rho=b}=-\dfrac{2GK}{\ln\dfrac{b}{a}}\equiv-q_2\end{array}\right\}\quad(1)$$

的面压力。现在,还要找一组与方程(d)的齐次解对应的应力分量,使与特解(k)叠加后,在圆筒内外壁处满足面力为零的边界条件。不难看出,这个齐次解正好是圆筒内外壁分别受均匀拉力 q_1 和 q_2 时的解,由式(7-13)得

$$\left.\begin{array}{l}\sigma''_\rho=-\dfrac{a^2b^2}{b^2-a^2}\dfrac{q_2-q_1}{\rho^2}-\dfrac{a^2q_1-b^2q_2}{b^2-a^2}\\[4mm]\sigma''_\varphi=\dfrac{a^2b^2}{b^2-a^2}\dfrac{q_2-q_1}{\rho^2}-\dfrac{a^2q_1-b^2q_2}{b^2-a^2}\end{array}\right\}\quad(\text{m})$$

将式(k)和式(m)相加,并把式(1)中的 q_1 和 q_2 的值代入,即得要求的热应力

$$\left.\begin{array}{l}\sigma_\rho=-\dfrac{\alpha ET_a}{2(1-\nu)}\left[\dfrac{\ln\dfrac{b}{\rho}}{\ln\dfrac{b}{a}}-\dfrac{\left(\dfrac{b}{\rho}\right)^2-1}{\left(\dfrac{b}{a}\right)^2-1}\right]\\[10mm]\sigma_\varphi=-\dfrac{\alpha ET_a}{2(1-\nu)}\left[\dfrac{\ln\dfrac{b}{\rho}-1}{\ln\dfrac{b}{a}}+\dfrac{\left(\dfrac{b}{\rho}\right)^2+1}{\left(\dfrac{b}{a}\right)^2-1}\right]\end{array}\right\}\quad(11\text{-}33)$$

§11-9　应　力　解　法

按应力求解热弹性力学问题时,不仅要求热应力分量满足平衡微分方程(11-14)和应力边界条件(11-19),而且还须满足变温情况下的应力协调方程。这方程通过将式(11-16)代入式(3-16),并利用方程(11-14)简化而得到,它们是

$$\left.\begin{array}{l}\boldsymbol{\nabla}^2\sigma_x+\dfrac{1}{1+\nu}\dfrac{\partial^2\Theta}{\partial x^2}=-\alpha E\left(\dfrac{1}{1-\nu}\boldsymbol{\nabla}^2T+\dfrac{1}{1+\nu}\dfrac{\partial^2T}{\partial x^2}\right)\\[4mm]\boldsymbol{\nabla}^2\sigma_y+\dfrac{1}{1+\nu}\dfrac{\partial^2\Theta}{\partial y^2}=-\alpha E\left(\dfrac{1}{1-\nu}\boldsymbol{\nabla}^2T+\dfrac{1}{1+\nu}\dfrac{\partial^2T}{\partial y^2}\right)\\[4mm]\boldsymbol{\nabla}^2\sigma_z+\dfrac{1}{1+\nu}\dfrac{\partial^2\Theta}{\partial z^2}=-\alpha E\left(\dfrac{1}{1-\nu}\boldsymbol{\nabla}^2T+\dfrac{1}{1+\nu}\dfrac{\partial^2T}{\partial z^2}\right)\\[4mm]\boldsymbol{\nabla}^2\tau_{yz}+\dfrac{1}{1+\nu}\dfrac{\partial^2\Theta}{\partial y\partial z}=-\dfrac{\alpha E}{1+\nu}\dfrac{\partial^2T}{\partial y\partial z}\\[4mm]\boldsymbol{\nabla}^2\tau_{xz}+\dfrac{1}{1+\nu}\dfrac{\partial^2\Theta}{\partial x\partial z}=-\dfrac{\alpha E}{1+\nu}\dfrac{\partial^2T}{\partial x\partial z}\\[4mm]\boldsymbol{\nabla}^2\tau_{xy}+\dfrac{1}{1+\nu}\dfrac{\partial^2\Theta}{\partial x\partial y}=-\dfrac{\alpha E}{1+\nu}\dfrac{\partial^2T}{\partial x\partial y}\end{array}\right\}\quad(11\text{-}34)$$

其中

$$\Theta = \sigma_x + \sigma_y + \sigma_z$$

为了简化解法,将式(11-17)改写成

$$\left.\begin{aligned}
\sigma_x &= \sigma_X - \frac{\alpha ET}{1-2\nu} \\[1em]
\sigma_y &= \sigma_Y - \frac{\alpha ET}{1-2\nu} \\[1em]
\sigma_z &= \sigma_Z - \frac{\alpha ET}{1-2\nu} \\[1em]
\tau_{yz} &= \tau_{YZ} \\[0.5em]
\tau_{xz} &= \tau_{XZ} \\[0.5em]
\tau_{xy} &= \tau_{XY}
\end{aligned}\right\} \tag{11-35}$$

其中

$$\sigma_X = \lambda\theta + 2G\varepsilon_x, \quad \sigma_Y = \lambda\theta + 2G\varepsilon_y, \quad \sigma_Z = \lambda\theta + 2G\varepsilon_z$$

将式(11-35)分别代入式(11-14),式(11-34)和式(11-19),经整理,得变量 σ_X, σ_Y, σ_Z, τ_{YZ}, τ_{XZ}, τ_{XY}满足的微分方程和边界条件:

$$\left.\begin{aligned}
\frac{\partial\sigma_X}{\partial x} + \frac{\partial\tau_{YX}}{\partial y} + \frac{\partial\tau_{ZX}}{\partial z} - \frac{\alpha E}{1-2\nu}\frac{\partial T}{\partial x} &= 0 \\[1em]
\frac{\partial\tau_{XY}}{\partial x} + \frac{\partial\sigma_Y}{\partial y} + \frac{\partial\tau_{ZY}}{\partial z} - \frac{\alpha E}{1-2\nu}\frac{\partial T}{\partial y} &= 0 \\[1em]
\frac{\partial\tau_{XZ}}{\partial x} + \frac{\partial\tau_{YZ}}{\partial y} + \frac{\partial\sigma_Z}{\partial z} - \frac{\alpha E}{1-2\nu}\frac{\partial T}{\partial z} &= 0
\end{aligned}\right\} \tag{11-36}$$

$$\left.\begin{aligned}
\nabla^2\sigma_X + \frac{1}{1+\nu}\frac{\partial^2\tilde{\Theta}}{\partial x^2} &= \frac{\alpha E}{1-2\nu}\left(\frac{\nu}{1-\nu}\nabla^2 T + 2\frac{\partial^2 T}{\partial x^2}\right) \\[1em]
\nabla^2\sigma_Y + \frac{1}{1+\nu}\frac{\partial^2\tilde{\Theta}}{\partial y^2} &= \frac{\alpha E}{1-2\nu}\left(\frac{\nu}{1-\nu}\nabla^2 T + 2\frac{\partial^2 T}{\partial y^2}\right) \\[1em]
\nabla^2\sigma_Z + \frac{1}{1+\nu}\frac{\partial^2\tilde{\Theta}}{\partial z^2} &= \frac{\alpha E}{1-2\nu}\left(\frac{\nu}{1-\nu}\nabla^2 T + 2\frac{\partial^2 T}{\partial z^2}\right) \\[1em]
\nabla^2\tau_{YZ} + \frac{1}{1+\nu}\frac{\partial^2\tilde{\Theta}}{\partial y\partial z} &= \frac{2\alpha E}{1-2\nu}\frac{\partial^2 T}{\partial y\partial z} \\[1em]
\nabla^2\tau_{XZ} + \frac{1}{1+\nu}\frac{\partial^2\tilde{\Theta}}{\partial x\partial z} &= \frac{2\alpha E}{1-2\nu}\frac{\partial^2 T}{\partial x\partial z} \\[1em]
\nabla^2\tau_{XY} + \frac{1}{1+\nu}\frac{\partial^2\tilde{\Theta}}{\partial x\partial y} &= \frac{2\alpha E}{1-2\nu}\frac{\partial^2 T}{\partial x\partial y}
\end{aligned}\right\} \tag{11-37}$$

其中

$$\tilde{\Theta} = \sigma_X + \sigma_Y + \sigma_Z$$

$$\left.\begin{aligned}
\frac{\alpha E T}{1-2\nu}l &= \sigma_x l + \tau_{YX} m + \tau_{ZX} n \\
\frac{\alpha E T}{1-2\nu}m &= \tau_{XY} l + \sigma_Y m + \tau_{ZY} n \\
\frac{\alpha E T}{1-2\nu}n &= \tau_{XZ} l + \tau_{YZ} m + \sigma_z n
\end{aligned}\right\} \tag{11-38}$$

由式(11-36)~式(11-38)可见,和位移解法一样,按应力解法求热应力的问题,可归结为求在假想体力 $\left(-\dfrac{\alpha E}{1-2\nu}\dfrac{\partial T}{\partial x}, -\dfrac{\alpha E}{1-2\nu}\dfrac{\partial T}{\partial y}, -\dfrac{\alpha E}{1-2\nu}\dfrac{\partial T}{\partial z}\right)$ 和假想面力 $\left(\dfrac{\alpha E T}{1-2\nu}l, \dfrac{\alpha E T}{1-2\nu}m, \dfrac{\alpha E T}{1-2\nu}n\right)$ 作用下的等温问题的解,求得了变量 $\sigma_X, \sigma_Y, \sigma_Z, \tau_{YZ}, \tau_{XZ}, \tau_{XY}$,代入式(11-35),即得要求的热应力分量。

§11-10　热弹性力学平面问题的应力解法 艾里热应力函数

在平面问题中,不计体力的平衡微分方程为

$$\left.\begin{aligned}
\frac{\partial \sigma_x}{\partial x} + \frac{\partial \tau_{yx}}{\partial y} = 0 \\
\frac{\partial \tau_{xy}}{\partial x} + \frac{\partial \sigma_y}{\partial y} = 0
\end{aligned}\right\} \tag{a}$$

应变协调方程为

$$\frac{\partial^2 \varepsilon_y}{\partial x^2} + \frac{\partial^2 \varepsilon_x}{\partial y^2} = \frac{\partial^2 \gamma_{xy}}{\partial x \partial y} \tag{b}$$

由式(11-16),平面应力状态下的应力和应变关系为

$$\left.\begin{aligned}
\varepsilon_x &= \frac{1}{E}(\sigma_x - \nu \sigma_y) + \alpha T \\
\varepsilon_y &= \frac{1}{E}(\sigma_y - \nu \sigma_x) + \alpha T \\
\gamma_{xy} &= \frac{\tau_{xy}}{G} = \frac{2(1+\nu)}{E}\tau_{xy}
\end{aligned}\right\} \tag{c}$$

若为平面应变,由

$$\varepsilon_z = \frac{1}{E}\left[\sigma_z - \nu(\sigma_x + \sigma_y)\right] + \alpha T = 0$$

可得

$$\sigma_z = \nu(\sigma_x + \sigma_y) - \alpha E T \tag{d}$$

将式(d)代入式(11-16),得到平面应变状态下应力与应变的关系为

$$\varepsilon_x = \frac{1-\nu^2}{E}\left(\sigma_x - \frac{\nu}{1-\nu}\sigma_y\right) + (1+\nu)\alpha T$$

$$\varepsilon_y = \frac{1-\nu^2}{E}\left(\sigma_y - \frac{\nu}{1-\nu}\sigma_x\right) + (1+\nu)\alpha T \tag{e}$$

$$\gamma_{xy} = \frac{2(1+\nu)}{E}\tau_{xy}$$

比较式(e)和式(c)可见,如果设

$$E_1 = \frac{E}{1-\nu^2}, \quad \nu_1 = \frac{\nu}{1-\nu}, \quad \alpha_1 = (1+\nu)\alpha \tag{f}$$

则平面应变问题和平面应力问题具有相同形式的应力与应变的关系,即

$$\varepsilon_x = \frac{1}{E_1}(\sigma_x - \nu_1\sigma_y) + \alpha_1 T$$

$$\varepsilon_y = \frac{1}{E_1}(\sigma_y - \nu_1\sigma_x) + \alpha_1 T \tag{g}$$

$$\gamma_{xy} = \frac{2(1+\nu_1)}{E_1}\tau_{xy}$$

现引入艾里热应力函数 $U(x,y)$,使

$$\sigma_x = \frac{\partial^2 U}{\partial y^2}, \quad \sigma_y = \frac{\partial^2 U}{\partial x^2}, \quad \tau_{xy} = -\frac{\partial^2 U}{\partial x \partial y} \tag{11-39}$$

显然,方程(a)是满足的。将式(11-39)代入式(c),再将所得的结果代入式(b),经整理,得到艾里热应力函数所必须满足的方程为

$$\nabla^2\nabla^2 U = -\alpha E\nabla^2 T \tag{11-40}$$

对于平面应变问题,只要将方程(11-40)等号右边的 αE 换成 $\alpha_1 E_1 = \dfrac{\alpha E}{1-\nu}$ 即可。

考虑的是无外力作用、无边界约束的情况,故边界条件为

$$\bar{f}_x = \sigma_x l + \tau_{yx} m = \frac{\partial^2 U}{\partial y^2}l - \frac{\partial^2 U}{\partial x \partial y}m = 0$$

$$\bar{f}_y = \tau_{xy} l + \sigma_y m = -\frac{\partial^2 U}{\partial x \partial y}l + \frac{\partial^2 U}{\partial x^2}m = 0 \tag{11-41}$$

这样,就将求解平面热弹性力学问题,归结为在边界条件式(11-41)下,求解方程(11-40)的问题。对于等温问题,$\nabla^2 T = 0$,方程(11-40)退化成方程(6-15),这个结果是预料到的。

如果用极坐标表示平面热弹性力学问题,则与等温问题一样,应力分量 $\sigma_\rho, \sigma_\varphi, \tau_{\rho\varphi}$ 与热应力函数 $U(\rho,\varphi)$ 之间的关系为

$$\sigma_\rho = \frac{1}{\rho^2}\frac{\partial^2 U}{\partial \varphi^2} + \frac{1}{\rho}\frac{\partial U}{\partial \rho}$$

$$\sigma_\varphi = \frac{\partial^2 U}{\partial \rho^2} \tag{11-42}$$

$$\tau_{\rho\varphi} = -\frac{\partial}{\partial \rho}\left(\frac{1}{\rho}\frac{\partial U}{\partial \varphi}\right)$$

这里的 U 满足方程(11-40),不过,现在

$$\nabla^2 = \frac{\partial^2}{\partial\rho^2} + \frac{1}{\rho}\frac{\partial}{\partial\rho} + \frac{1}{\rho^2}\frac{\partial^2}{\partial\varphi^2}$$

对于轴对称的平面应变问题,由于应力函数和变温 T 与 φ 无关,故方程(11-40)可写成

$$\frac{1}{\rho}\frac{d}{d\rho}\left\{\rho\frac{d}{d\rho}\left[\frac{1}{\rho}\frac{d}{d\rho}\left(\rho\frac{dU}{d\rho}\right)\right]\right\} = -\frac{\alpha E}{1-\nu}\frac{1}{\rho}\frac{d}{d\rho}\left(\rho\frac{dT}{d\rho}\right)$$

上式积分四次,得到

$$U = -\frac{\alpha E}{1-\nu}\int\left(\frac{1}{\rho}\int T\rho\,d\rho\right)d\rho + A\ln\rho + B\rho^2$$

代入式(11-42),有

$$\left.\begin{array}{l} \sigma_\rho = \frac{1}{\rho}\frac{dU}{d\rho} = -\frac{\alpha E}{(1-\nu)\rho^2}\int T\rho\,d\rho + 2B + \frac{A}{\rho^2} \\[3mm] \sigma_\varphi = \frac{\partial^2 U}{\partial\rho^2} = \frac{\alpha E}{(1-\nu)\rho^2}\int T\rho\,d\rho - \frac{\alpha ET}{1-\nu} + 2B - \frac{A}{\rho^2} \end{array}\right\} \quad(h)$$

仍以内半径为 a、外半径为 b 的圆筒为例,其内存在变温

$$T = \frac{T_a\ln\dfrac{b}{\rho}}{\ln\dfrac{b}{a}}$$

由于

$$\int T\rho\,d\rho = \frac{T_a\rho^2}{2\ln\dfrac{b}{a}}\left(\ln\frac{b}{\rho} + \frac{1}{2}\right)$$

故由式(h),有

$$\left.\begin{array}{l} \sigma_\rho = -\frac{\alpha ET_a}{2(1-\nu)\ln\dfrac{b}{a}}\left(\ln\frac{b}{\rho} + \frac{1}{2}\right) + 2B + \frac{A}{\rho^2} \\[4mm] \sigma_\varphi = \frac{\alpha ET_a}{2(1-\nu)\ln\dfrac{b}{a}}\left(-\ln\frac{b}{\rho} + \frac{1}{2}\right) + 2B - \frac{A}{\rho^2} \end{array}\right\} \quad(i)$$

利用边界条件 $(\sigma_\rho)_{\rho=a}=0$,$(\sigma_\rho)_{\rho=b}=0$,求出常数 A 和 B,代回后经整理,可得到以式(11-33)表示的应力分量。

思考题与习题

11-1 非均匀材料具有均匀变温场时,是否产生热应力? 为什么?

11-2 设在图 11-1 所示的矩形板中,$L\gg c$,变温分别为

(a) $T = T_0\left(1 - \frac{y}{c}\right)$;

（b）$T = T_0 \dfrac{y^3}{c^3}$；

（c）$T = T_0 \cos \dfrac{\pi y}{2c}$。

求板内热应力。

11-3 证明在定常温度场中不产生热应力的必要条件为体内无热源，即变温 T 满足拉普拉斯方程。

11-4 试就平面应力问题，证明在不计体力和面力但考虑变温时，以位移表示的平衡方程为

$$\frac{\partial^2 u}{\partial x^2} + \frac{1-\nu}{2} \frac{\partial^2 u}{\partial y^2} + \frac{1+\nu}{2} \frac{\partial^2 v}{\partial x \partial y} - (1+\nu)\alpha \frac{\partial T}{\partial x} = 0$$

$$\frac{\partial^2 v}{\partial y^2} + \frac{1-\nu}{2} \frac{\partial^2 v}{\partial x^2} + \frac{1+\nu}{2} \frac{\partial^2 u}{\partial x \partial y} - (1+\nu)\alpha \frac{\partial T}{\partial y} = 0$$

而力的边界条件为

$$l\left(\frac{\partial u}{\partial x} + \nu \frac{\partial v}{\partial y}\right) + m \frac{1-\nu}{2}\left(\frac{\partial u}{\partial y} + \frac{\partial v}{\partial x}\right)$$

$$= l(1+\nu)\alpha T$$

$$m\left(\frac{\partial v}{\partial y} + \nu \frac{\partial u}{\partial x}\right) + l \frac{1-\nu}{2}\left(\frac{\partial v}{\partial x} + \frac{\partial u}{\partial y}\right)$$

$$= m(1+\nu)\alpha T$$

对于平面应变问题，则须将 E, ν 和 α 分别换成 $\dfrac{E}{1-\nu^2}, \dfrac{\nu}{1-\nu}$ 和 $(1+\nu)\alpha$。

11-5 试采用与 §11-7 同样的方法，为了求得题 11-4 所推得的用位移表示的平衡微分方程的特解，引进热弹性应变势 $\Phi(x, y)$，使 $u' = \dfrac{\partial \Phi}{\partial x}$，$v' = \dfrac{\partial \Phi}{\partial y}$，证明对于平面应力问题，$\Phi$ 满足

$$\nabla^2 \Phi = (1+\nu)\alpha T$$

而对于平面应变问题，有

$$\nabla^2 \Phi = \frac{1+\nu}{1-\nu}\alpha T$$

11-6 试就图 11-1 所示的问题，设 $T = T_0\left(1 - \dfrac{y^2}{c^2}\right)$，求出热弹性应变势 Φ，并由此求出相应的应力分量 $\sigma'_x, \sigma'_y, \tau'_{xy}$，然后，再叠加一个适当的齐次解 $\sigma''_x, \sigma''_y, \tau''_{xy}$，以满足本问题的边界条件。

11-7 试证明变温在圆薄板内轴对称分布时，即 $T = T(\rho)$，则有如下公式：

$$u_\rho = (1+\nu)\frac{\alpha}{\rho}\int_0^\rho T\rho \mathrm{d}\rho + C_1\rho + \frac{C_2}{\rho}$$

$$\sigma_\rho = -\frac{\alpha E}{\rho^2}\int_0^\rho T\rho \mathrm{d}\rho + \frac{E}{1-\nu^2}\left[C_1(1+\nu) - C_2(1-\nu)\frac{1}{\rho^2}\right]$$

$$\sigma_\varphi = \frac{\alpha E}{\rho^2}\int_0^\rho T\rho \mathrm{d}\rho - \alpha E T + \frac{E}{1-\nu^2}\left[C_1(1+\nu) + C_2(1-\nu)\frac{1}{\rho^2}\right]$$

第十二章 弹性波的传播

第十二章
电子教案

以上各章讨论的都是弹性静力学问题,即认为作用于物体的外力不随时间改变,或者变化得非常缓慢而可将其惯性力忽略不计。这一问题又称为准静态问题。

当物体的局部受突加荷载、冲击荷载或变化极快的荷载作用时,直接受力部分的各质点在弹性恢复力作用下立刻引起在其平衡位置附近的振动。随着时间的推移,振动区域在介质中不断地向外扩张、传播。这种因弹性机制而引起的振动在弹性介质中的传播过程,称为**弹性波**。

弹性波的传播和动力响应是弹性动力学的两个主要的研究课题,有其广泛的工程背景。本章只介绍弹性波在弹性介质中传播的一些简单问题。

§12-1 无限弹性介质中的纵波和横波

视频 12-1
纵波和横波

在讨论各向同性的弹性介质中的波的传播时,利用以位移表示的运动微分方程(5-10)较为方便。如果不考虑体力的影响,则它表示为

$$(\lambda+G)\nabla\theta+G\nabla^2 U=\rho\frac{\partial^2 U}{\partial t^2} \tag{12-1}$$

或

$$\left.\begin{array}{l}(\lambda+G)\dfrac{\partial\theta}{\partial x}+G\nabla^2 u=\rho\dfrac{\partial^2 u}{\partial t^2}\\[2mm](\lambda+G)\dfrac{\partial\theta}{\partial y}+G\nabla^2 v=\rho\dfrac{\partial^2 v}{\partial t^2}\\[2mm](\lambda+G)\dfrac{\partial\theta}{\partial z}+G\nabla^2 w=\rho\dfrac{\partial^2 w}{\partial t^2}\end{array}\right\} \tag{12-1$'$}$$

显然,弹性介质中任何一点的位移 $U=(u,v,w)$ 都应满足方程(12-1)。

先考虑下列形式的位移:

$$u=(x,t),\quad v=0,\quad w=0 \tag{12-2}$$

从这组位移可以看出,如果任作一个与 Ox 轴垂直的平面,则该平面内的各点只是在 x 方向有一相同的位移 u,而在 y 和 z 轴方向却没有移动。这也等于说,该平面在弹性介质运动时只产生 x 方向的平行移动,移动后仍垂直于 Ox 轴(图12-1)。明白了这一点以后,再假想在运动前的介质中,作一组与 Ox 轴垂直的等间隔的

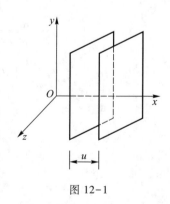

图 12-1

平面。在介质运动的每一个瞬时,由于每一个平面移动的距离(从原始位置量起)不相等,于是,这些平面就产生了疏密相间的现象(图 12-2)。称这种位移的传播为**纵波**。

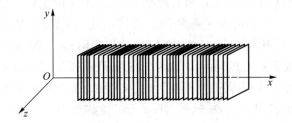

图 12-2

现在建立无限介质中纵波的方程。由式(12-2)先求出以下各量:

$$\theta = \nabla \cdot \boldsymbol{U} = \frac{\partial u}{\partial x}, \quad \frac{\partial \theta}{\partial x} = \frac{\partial^2 u}{\partial x^2}, \quad \frac{\partial \theta}{\partial y} = 0, \quad \frac{\partial \theta}{\partial z} = 0$$

$$\nabla^2 u = \frac{\partial^2 u}{\partial x^2}, \quad \nabla^2 v = 0, \quad \nabla^2 w = 0$$

将它们代入方程(12-1),则其中的第二式和第三式变为恒等式,而第一式成为

$$(\lambda + 2G)\frac{\partial^2 u}{\partial x^2} = \rho \frac{\partial^2 u}{\partial t^2} \tag{12-3}$$

或写成

$$\frac{\partial^2 u}{\partial t^2} = c_1^2 \frac{\partial^2 u}{\partial x^2} \tag{12-3}'$$

这里的

$$c_1^2 = \frac{\lambda + 2G}{\rho} = \frac{E(1-\nu)}{(1+\nu)(1-2\nu)\rho} \tag{12-4}$$

式(12-3)′就是纵波方程,说明了形如式(12-2)所示的位移分量一定要满足这一个偏微分方程。下面还要证明,这里的 c_1 就是纵波传播的速度。

考察方程(12-3)′下列形式的特解:

$$u = A\sin 2\pi\left(\frac{x}{L} - \frac{t}{T}\right) \tag{12-5}$$

这个解表示一个简谐运动。这里,A 是波幅,L 是波长,T 为周期。因为,对于固定的 x,当 t 每增加 T 时,根据式(12-5),位移是相同的;同样,对于同一个时间 t,当 x 每增加 L 时,根据式(12-5),位移也是相同的。现将式(12-5)代入式(12-3)′,即得

$$\frac{1}{T^2} = \frac{c_1^2}{L^2}$$

或

$$\frac{L}{T} = c_1 = \pm\sqrt{\frac{\lambda + 2G}{\rho}} \tag{12-6}$$

这表示当 L 和 T 适合关系式(12-6)时,式(12-5)就是方程(12-3)′的解。

为说明疏密在介质中的传播规律，考察

$$\varepsilon_x = \frac{\partial u}{\partial x} = A\frac{2\pi}{L}\cos 2\pi\left(\frac{x}{L} - \frac{t}{T}\right) \tag{12-7}$$

由此可以看出三点：（1）在同一时刻 t，应变分量 ε_x 随 x 的变化不断改变其大小和正负号，故本来垂直于 Ox 轴的等间隔的平面，在运动的同一瞬间，是疏（$\varepsilon_x > 0$）密（$\varepsilon_x < 0$）相间的。（2）在同一时刻 t，当 x 每增加 L，ε_x 的值相同，这说明，相隔 L 的两个垂直于 Ox 轴的平面附近疏密程度相同。因此，从最疏到最疏或最密到最密的距离都是波长 L。（3）对于同一个 x，即在同一个平面附近，疏密情况是随时间 t 变化的。因此，就整个介质而言，疏密的情况是沿 Ox 轴随时间 t 而等速移动的。

现在，要证明这种波传播的速度是 c_1。试任意考察一个与 Ox 轴垂直的平面，设在 t 瞬时这个平面的坐标为 x，在此平面上，各点的位移为 u，应变分量为 ε_x，它们分别由式（12-5）和式（12-7）来决定。在相隔 Δt 时间后，这个具有相同位移 u 和相同应变 ε_x 的平面移动了 Δx，即在 $t+\Delta t$ 瞬时，这个平面的坐标为 $x+\Delta x$。以 ε_x 为例，有

$$\varepsilon_x = A\frac{2\pi}{L}\cos 2\pi\left(\frac{x+\Delta x}{L} - \frac{t+\Delta t}{T}\right)$$

这里的 ε_x 和由式（12-7）给出的 ε_x 大小和正负号都相同，于是有

$$2\pi\left(\frac{x}{L} - \frac{t}{T}\right) = 2\pi\left(\frac{x+\Delta x}{L} - \frac{t+\Delta t}{T}\right)$$

即

$$\frac{\Delta x}{\Delta t} = \frac{L}{T} = c_1$$

这就证明了纵波的传播速度为 c_1。

波动方程（12-3）$'$ 的通解为

$$u = f_1(x - c_1 t) + f_2(x + c_1 t) \tag{12-8}$$

这里的 f_1 和 f_2 是任意的，表示波形，应由初始条件确定。式（12-8）的前项表示向 Ox 轴正方向传播的波，后项表示向 Ox 轴负方向传播的波，容易证明，其传播的速度都是 c_1。

总之，一切纵波，不论波长的大小，也不论波形如何，在弹性介质中都以疏密集散的形式或向前或向后传播，传播的速度为常数，仅与介质的弹性常数 λ、G 和密度 ρ 有关。

现在再考察另一形式的位移：

$$u = 0, \quad v = v(x,t), \quad w = 0 \tag{12-9}$$

由此不难看出，如果假想在介质中作一组与 Ox 轴垂直的平面，则每一个平面只作 Oy 方向的横向移动，而且，各平面的横向位移是不相同的，其运动情况如图 12-3 所示。称这种位移的传播为**横波**。

将式（12-9）代入方程（12-1）$'$，注意到

$$\theta = \nabla \cdot \boldsymbol{U} = \frac{\partial u}{\partial x} + \frac{\partial v}{\partial y} + \frac{\partial w}{\partial z} = 0 \tag{12-10}$$

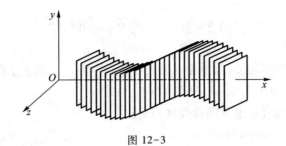

图 12-3

则它的第一式和第三式是恒等式,而第二式成为

$$G \frac{\partial^2 v}{\partial x^2} = \rho \frac{\partial^2 v}{\partial t^2} \tag{12-11}$$

或写成

$$\frac{\partial^2 v}{\partial t^2} = c_2^2 \frac{\partial^2 v}{\partial x^2} \tag{12-11$'$}$$

这里的

$$c_2^2 = \frac{G}{\rho} = \frac{E}{2(1+\nu)\rho} \tag{12-12}$$

式(12-11)$'$就是横波方程,从形式上看,它和纵波方程(12-3)$'$完全一样,其通解为

$$v = \varphi_1(x - c_2 t) + \varphi_2(x + c_2 t) \tag{12-13}$$

任意函数 φ_1 和 φ_2 同样由初始条件确定。还可以证明,向 Ox 轴正负方向传播的波速都是 c_2。另外,请注意式(12-10),它表示横波的传播不会使介质发生体积的膨胀和收缩。由此得出结论:一切横波,不论波长和波形如何,在弹性介质中都以切应变的横向位移形式向前或向后传播,由式(12-12)可知,传播的速度是常数,它取决于介质的弹性常数 G 和密度 ρ。

横波的传播速度 c_2 总是小于纵波的传播速度 c_1。根据式(12-4)和(12-12),两者的比例为

$$\frac{c_2}{c_1} = \sqrt{\frac{G}{\lambda + 2G}} = \sqrt{\frac{1 - 2\nu}{2(1 - \nu)}} \tag{12-14}$$

当 $\nu = \frac{1}{3}$ 时,$\frac{c_2}{c_1} = \frac{1}{2}$。这表明,在一般金属中,横波的传播速度大致是纵波传播速度的一半。在地震时,地震波中纵波总是比横波先到达,根据测出的纵波与横波到达时间的间隔,可以测出震源离开测定站的距离。

由以上的推导可以看出,无限弹性介质中的纵波和横波有一个共同的特点:原来位于同一平面内的各点都具有相同的位移,从而使波阵面始终是平面。称这类波为**平面波**。下一节将论证,对于传播方向余弦为 l, m, n 的一般的平面波,不是纵波就是横波,或者是两者的线性组合。

§12-2   一般的平面波

设有一个任意的平面波,以速度 c 沿某一方向传播。考察通过点 $\boldsymbol{r}=(x,y,z)$ 的波阵面,其单位法向量 $\boldsymbol{v}=(l,m,n)$,见图 12-4。在任意时刻该波阵面的位置可由下列参数来确定:

$$\xi=\boldsymbol{r}\cdot\boldsymbol{v}-ct=lx+my+nz-ct$$

因为在平面波中,波阵面上各点位移都相同,所以可表示为

$$u=f(\xi),\quad v=g(\xi),\quad w=h(\xi)\qquad(12\text{-}15)$$

其中 f,g,h 的形式由初始条件来确定。

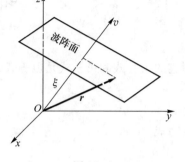

图 12-4

将式(12-15)代入方程(12-1),并注意到

$$l^2+m^2+n^2=1$$

于是有

$$\left.\begin{array}{l}(\lambda+G)(l^2f''+lmg''+lnh'')=(\rho c^2-G)f''\\(\lambda+G)(lmf''+m^2g''+mnh'')=(\rho c^2-G)g''\\(\lambda+G)(lnf''+mng''+n^2h'')=(\rho c^2-G)h''\end{array}\right\}\qquad(\text{a})$$

这里的 f'',g'',h'' 表示函数 f,g,h 对 ξ 求二阶导数,而方程(a)可看作这些导函数的线性齐次代数方程组。它肯定有非零解,否则加速度为零,就不是弹性波问题。将式(a)按 f'',g'',h'' 各项合并,令其系数行列式为零,有

$$\begin{vmatrix}l^2-\dfrac{\rho c^2-G}{\lambda+G} & lm & ln\\[2ex] lm & m^2-\dfrac{\rho c^2-G}{\lambda+G} & mn\\[2ex] ln & mn & n^2-\dfrac{\rho c^2-G}{\lambda+G}\end{vmatrix}=0\qquad(\text{b})$$

将行列式展开,简化后即得

$$(G-\rho c^2)^2(\lambda+2G-\rho c^2)=0\qquad(\text{c})$$

由此可求得两个根

$$c_1=\sqrt{\frac{\lambda+2G}{\rho}},\quad c_2=\sqrt{\frac{G}{\rho}}\qquad(12\text{-}16)$$

于是,证明了上一节最后所提出的结论。

§12-3   无限弹性介质中的膨胀波和畸变波

视频 12-2
膨胀波和畸变波

在上两节中,讨论了无限弹性介质中的纵波和横波。下面,要进一步讨论无限弹性介质中两种一般的波动:**膨胀波**和**畸变波**。

如果无限弹性介质的运动为无旋的,即

$$\boldsymbol{\omega}=\nabla\times\boldsymbol{U}=0$$

则必然存在一个势函数 $\boldsymbol{\Phi}$,使得

$$U = \nabla \boldsymbol{\Phi} \tag{a}$$

于是

$$\theta = \nabla \cdot U = \nabla^2 \boldsymbol{\Phi} \tag{b}$$

而

$$\nabla \theta = \nabla^2 \nabla \boldsymbol{\Phi} = \nabla^2 U \tag{c}$$

将式(b)和(c)代入方程(12-1),得

$$(\lambda + 2G) \nabla^2 U = \rho \frac{\partial^2 U}{\partial t^2} \tag{12-17}$$

或写成

$$\frac{\partial^2 U}{\partial t^2} = c_1^2 \nabla^2 U \tag{12-17}'$$

以式(a)表示的位移称为无旋位移,由式(12-17)′可见,它在无限弹性介质中以速度 $c_1 = \sqrt{\dfrac{\lambda + 2G}{\rho}}$ 传播。这种波称为**无旋波**。

如果无限弹性介质的运动为等容的,即到处有

$$\theta = \nabla \cdot U = 0$$

则运动微分方程(12-1)简化为

$$G \nabla^2 U = \rho \frac{\partial^2 U}{\partial t^2} \tag{12-18}$$

或写成

$$\frac{\partial^2 U}{\partial t^2} = c_2^2 \nabla^2 U \tag{12-18}'$$

使体应变保持为零的位移称为等容位移,式(12-18)′可见,它在无限弹性介质中以速度 $c_2 = \sqrt{\dfrac{G}{\rho}}$ 传播。这种波称为**等容波**。

在最一般的情况下,即当无限介质的运动既非无旋又非等容时,则位移总可取为等容位移和无旋位移两者的叠加。

下面,考察体应变 θ 和转动矢量 $\boldsymbol{\omega} = (\omega_x, \omega_y, \omega_z)$ 在无限弹性介质中的传播规律。以那勃勒算子 ∇ 点乘方程(12-1)的两边,得

$$(\lambda + 2G) \nabla^2 \theta = \rho \frac{\partial^2 \theta}{\partial t^2} \tag{12-19}$$

或写成

$$\frac{\partial^2 \theta}{\partial t^2} = c_1^2 \nabla^2 \theta \tag{12-19}'$$

可见,体应变 θ 在无限弹性介质中以速度 c_1 传播。

如果用那勃勒算子 ∇ 叉乘方程(12-1)的两边,注意到 $\boldsymbol{\omega} = \nabla \times U$,得

$$G \nabla^2 \boldsymbol{\omega} = \rho \frac{\partial^2 \boldsymbol{\omega}}{\partial t^2} \tag{12-20}$$

或写成

$$\frac{\partial^2 \boldsymbol{\omega}}{\partial t^2} = c_2^2 \, \boldsymbol{\nabla}^2 \boldsymbol{\omega} \qquad (12\text{-}20)'$$

因此,矢量 $\boldsymbol{\omega}$ 在无限弹性介质中以速度 c_2 传播。

综上所述,在无限弹性介质中,有且只能有两种类型的弹性波,它们具有相同形式的波动方程:

$$\frac{\partial^2 \varphi}{\partial t^2} = c^2 \, \boldsymbol{\nabla}^2 \varphi \qquad (12\text{-}21)$$

对于无旋位移或体应变 θ 而言,其中的 c 为 $c_1 = \sqrt{\dfrac{\lambda + 2G}{\rho}}$,这种波统称为**膨胀波**;对于

等容位移或者转动矢量 $\boldsymbol{\omega} = (\omega_x, \omega_y, \omega_z)$ 而言,其中的 c 为 $c_2 = \sqrt{\dfrac{G}{\rho}}$,这种波统称为**畸变波**。上一节所讲的纵波和横波,是这两种波的特殊情形,前者是无旋的膨胀波,后者是等容的畸变波。

§12-4　弹性介质中的球面波

如从各向同性的无限弹性介质中某一点发出一个对称的扰动,则由此引起的变形将以波的方式从扰动中心向各方向对称地传播;同样,当一个具有圆球形外表面的弹性体在其外表面受到均布动压力作用时,变形将从其外表面以波的方式向球心对称地传播。以上的波由于是球对称传播的,所以称为**球面波**。

把上述无限介质的扰动中心或圆球体的球心作为坐标原点,取球坐标系,则由于介质运动的球对称性,所以只产生径向的位移 u_r,它应满足球对称形式的运动微分方程(10-13)。如果不考虑体力的影响,则该方程为

$$\frac{E(1-\nu)}{(1+\nu)(1-2\nu)}\left(\frac{\partial^2 u_r}{\partial r^2} + \frac{2}{r}\frac{\partial u_r}{\partial r} - \frac{2u_r}{r^2}\right) = \rho\,\frac{\partial^2 u_r}{\partial t^2} \qquad (\text{a})$$

利用式(12-4),上式又可改写成

$$\frac{\partial^2 u_r}{\partial r^2} + \frac{2}{r}\frac{\partial u_r}{\partial r} - \frac{2u_r}{r^2} - \frac{1}{c_1^2}\frac{\partial^2 u_r}{\partial t^2} = 0 \qquad (\text{b})$$

注意到运动是无旋的,于是存在标量势 $\varPhi$,使

$$u_r = \frac{\partial \varPhi}{\partial r} \qquad (\text{c})$$

将其代入式(b),有

$$\frac{\partial^3 \varPhi}{\partial r^3} + \frac{2}{r}\frac{\partial^2 \varPhi}{\partial r^2} - \frac{2}{r^2}\frac{\partial \varPhi}{\partial r} - \frac{1}{c_1^2}\frac{\partial^2}{\partial t^2}\left(\frac{\partial \varPhi}{\partial r}\right) = 0 \qquad (\text{d})$$

引用下列关系:

$$\frac{\partial}{\partial r}\left[\frac{1}{r}\frac{\partial^2}{\partial r^2}(r\Phi)\right]=\frac{\partial^3\Phi}{\partial r^3}+\frac{2}{r}\frac{\partial^2\Phi}{\partial r^2}-\frac{2}{r^2}\frac{\partial\Phi}{\partial r}$$

$$\frac{\partial^2}{\partial t^2}\left(\frac{\partial\Phi}{\partial r}\right)=\frac{\partial}{\partial r}\left(\frac{\partial^2\Phi}{\partial t^2}\right)$$

式(d)可以改写成

$$\frac{\partial}{\partial r}\left[\frac{1}{r}\frac{\partial^2}{\partial r^2}(r\Phi)\right]-\frac{1}{c_1^2}\frac{\partial}{\partial r}\left(\frac{\partial^2\Phi}{\partial t^2}\right)=0$$

对 r 积分一次,得

$$\frac{1}{r}\frac{\partial^2}{\partial r^2}(r\Phi)-\frac{1}{c_1^2}\frac{\partial^2\Phi}{\partial t^2}=F(t) \tag{e}$$

这里,$F(t)$ 是 t 的任意函数,一般说,它不等于零。这样方程(e)是线性非齐次的偏微分方程,其通解为齐次的通解和任一非齐次的特解之和。但由于所凑取的特解总可以仅是 t 的函数,而与变量 r 无关,于是由式(c)可见,它对求位移无影响。因此,不妨一开始就取 $F(t)$ 为零,使方程(e)变成

$$\frac{\partial^2}{\partial t^2}(r\Phi)=c_1^2\frac{\partial^2}{\partial r^2}(r\Phi) \tag{12-22}$$

这是一个波动方程,其通解为

$$r\Phi=f_1(r-c_1t)+f_2(r+c_1t) \tag{12-23}$$

f_1 和 f_2 是任意函数,由初始条件决定。式(12-23)中的前项表示由坐标原点往外传播的球面波,适用于无限弹性介质内某点有一个对称扰动时的情况,后项表示往球心传播的球面波,适用于实心或空心的弹性圆球体当其外表受球对称动压力作用时的情况。两个波的波速都是 c_1。

§ 12-5 表 层 波

上面,介绍了各向同性无限弹性介质中的两种类型的波。如果介质是具有自由表面的弹性半无限体,则在表面附近较薄的一层内,还能产生其他类型的波(犹如投石子于水中所产生的波),即所谓**表层波**。这种波随着深度的增大其作用迅速减弱,而且随着距波源距离的增大而增加其相对于其他各种波的优势。因此,下面所要讨论的,是表层波在距自由边界较近而距波源较远处的传播。

离波源较远之处,由这种波引起的变形可当作平面变形。为简单起见,把半无限体表面取作 Oxz 坐标平面,Oy 轴垂直向下,并假定表层波沿 Ox 轴正方向传播。

把引起上述的平面变形的位移取为无旋位移与等容位移的叠加。取无旋位移的表达式为

$$\left.\begin{array}{l}u_1=Ase^{-ay}\sin(pt-sx)\\v_1=-Aae^{-ay}\cos(pt-sx)\\w_1=0\end{array}\right\} \tag{a}$$

这里的 A,a,p,s 都是常数。为确保随着深度(即 y)的增加而位移迅速减少,要求 a 必

须为正的实数。将式(a)中三角函数的幅角 $pt-sx$ 改写成 $-s(x-c_3t)$，其中

$$c_3 = \frac{p}{s} \tag{b}$$

可见式(a)所表示的位移以速度 c_3 沿 Ox 轴方向传播。将式(a)代入运动微分方程 (12-1)，可知该方程得以满足的条件是

$$a^2 = s^2 - \frac{\rho p^2}{\lambda + 2G}$$

由式(b)和(12-12)，上式可写成

$$a^2 = s^2 \left(1 - \frac{G}{\lambda + 2G} \frac{c_3^2}{c_2^2} \right) \tag{c}$$

现在取等容位移的表达式为

$$\left. \begin{array}{l} u_2 = Bb e^{-by} \sin(pt-sx) \\ v_2 = -Bs e^{-by} \cos(pt-sx) \\ w_2 = 0 \end{array} \right\} \tag{d}$$

这里的 B 和 b 为常数。为确保随着深度的增加而位移迅速地减少，同样要求 b 为正实数。常数 p 和 s 与上相同，因此，这组位移传播的速度仍为 c_3。将式(d)代入运动微分方程(12-1)，可知该方程得到满足的条件是

$$b^2 = s^2 - \frac{\rho p^2}{G}$$

注意到式(b)和式(12-12)，上式可表示为

$$b^2 = s^2 \left(1 - \frac{c_3^2}{c_2^2} \right) \tag{e}$$

该问题的边界条件为

$$\left. \begin{array}{l} (\sigma_y)_{y=0} = \left(\lambda\theta + 2G\frac{\partial v}{\partial y} \right)_{y=0} = 0 \\ (\tau_{xy})_{y=0} = G\left(\frac{\partial v}{\partial x} + \frac{\partial u}{\partial y} \right)_{y=0} = 0 \end{array} \right\} \tag{f}$$

将式(a)与式(d)叠加，求得

$$u = u_1 + u_2, \quad v = v_1 + v_2, \quad w = w_1 + w_2 = 0$$

然后，代入式(f)经简化，得到

$$[(\lambda+2G)a^2 - \lambda s^2]A + 2GsbB = 0$$
$$2asA + (b^2+s^2)B = 0$$

这是 A 和 B 的线性齐次代数方程组，为使表层波存在，A 和 B 都不能等于零，因此，其系数行列式必须为零，即

$$\begin{vmatrix} (\lambda+2G)a^2 - \lambda s^2 & 2Gsb \\ 2as & b^2+s^2 \end{vmatrix} = 0$$

展开后，有

$$4Gs^2ab = (b^2+s^2)[(\lambda+2G)a^2 - \lambda s^2]$$

将

$$\lambda = \frac{E\nu}{(1+\nu)(1-2\nu)}, \quad G = \frac{E}{2(1+\nu)}$$

代入,整理后,上式变为

$$2(1-2\nu)abs^2 = (b^2+s^2)\left[(1-\nu)a^2-\nu s^2\right]$$

两边平方后,将式(c)和式(e)代入,进行简化,得到比值

$$\alpha = \frac{c_3}{c_2}$$

的六次方程:

$$\alpha^6 - 8\alpha^4 + 8\left(\frac{2-\nu}{1-\nu}\right)\alpha^2 - \frac{8}{1-\nu} = 0 \tag{g}$$

例如,取 $\nu = 0.25$,有

$$3\alpha^6 - 24\alpha^4 + 56\alpha^2 - 32 = 0$$

分解因式后,上式变为

$$(\alpha^2 - 4)(3\alpha^4 - 12\alpha^2 + 8) = 0$$

解之得

$$\alpha^2 = 4, \quad \alpha^2 = 2 + \frac{2}{\sqrt{3}}, \quad \alpha^2 = 2 - \frac{2}{\sqrt{3}} \tag{h}$$

注意式(c)和式(e),由于它们的等号左边是大于零的,故要求等号右边也必须大于零,这个条件为

$$1 - \frac{G}{\lambda+2G}\alpha^2 \geqslant 0, \quad 1 - \alpha^2 \geqslant 0 \tag{i}$$

可以验证,解(h)中只有

$$\alpha^2 = 2 - \frac{2\sqrt{3}}{3} = 0.845$$

符合条件(i)。由此得

$$\alpha = \frac{c_3}{c_2} = \sqrt{0.845} = 0.919$$

或

$$c_3 = 0.919c_2 = 0.919\sqrt{\frac{G}{\rho}}$$

在 $\nu = 0.5$ 的极限情况,方程(g)成为

$$\alpha^6 - 8\alpha^4 + 24\alpha^2 - 16 = 0$$

同时,考虑到条件(i)则可求得

$$c_3 = \alpha c_2 = 0.955\sqrt{\frac{G}{\rho}}$$

可见,在两种情况下,表层波的速度都略小于畸变波的速度。

表层波是由瑞利于 1887 年发现的,它在地震科学里起了一定的推动作用。为纪念瑞利,因此,人们又把这种波称作**瑞利波**。

*§12-6　平面波在平面边界上的反射和折射

§12-6
平面波在平
面边界上的
反射和折射

本节为选学内容,介绍了平面波在平面边界上的反射和折射。

详细内容请扫二维码阅读。

思考题与习题

12-1 试分别证明纵波和横波为无旋波和等容波。

12-2 试证明纵波和横波传播时,弹性体的动能和应变能保持相等。

12-3 试就低碳钢、铸铁、铝合金、岩土、土壤和混凝土等材料,先选定一种型号,从材料手册中查出其弹性常数和密度,并算出膨胀波和畸变波在这些材料中传播的速度。

12-4 什么叫作膨胀波和畸变波? 膨胀波传播时,介质运动是否一定是无旋的? 畸变波传播时,介质运动是否一定是等容的?

12-5 什么叫表层波? 它有什么特性?

12-6 试求泊松比 $\nu=0$ 及 $\nu=1/3$ 时的 c_1,c_2,c_3。

12-7 图 12-6 所示的为半无限弹性体,边界为自由面,有一个波幅为 A、与边界法线成 α_1 角入射的简谐横波,在边界上产生全反射,求反射角和波幅 A。

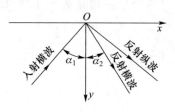

图 12-6

*第十三章　弹性薄板的弯曲

　　本章为选学内容。主要内容包括薄板基本假设的提出,基本方程、基本关系式和各种支承情况下边界条件的建立,并讨论几种常见的几何形状和支承情况的薄板在荷载作用下如何求解的问题。通过这部分的学习,使读者对薄板弯曲的小挠度理论及其解决问题的方法有一个初步的了解。

　　详细内容请扫描二维码阅读。

§13-1
一般概念和
基本假设

*§13-1　一般概念和基本假设

§13-2
基本关系式
和基本方程
的建立

*§13-2　基本关系式和基本方程的建立

§13-3
薄板的边界
条件

*§13-3　薄板的边界条件

§13-4
简单例子

*§13-4　简单例子

§13-5
简支边矩形
薄板的纳维
解

*§13-5　简支边矩形薄板的纳维解

§13-6
矩形薄板的
莱维解

＊§13-6　矩形薄板的莱维解

§13-7
薄板弯曲的
叠加法

＊§13-7　薄板弯曲的叠加法

§13-8
基本关系式
和基本方程
的极坐标形
式

＊§13-8　基本关系式和基本方程的极坐标形式

§13-9
圆形薄板的
轴对称弯曲

＊§13-9　圆形薄板的轴对称弯曲

§13-10
圆形薄板受
线性变化荷
载作用

＊§13-10　圆形薄板受线性变化荷载作用

思考题与习
题

＊§思考题与习题

第十四章 弹性力学的变分解法

从以上各章可以发现,在弹性力学中,即使对于像平面问题、柱形杆的扭转和弯曲等比较简单的问题,当边界条件比较复杂时,要求得精确解是十分困难的,甚至是不可能的。因此,对于弹性力学的大量实际问题,只能采用近似的计算方法。本章要介绍的变分方法,是弹性力学近似解法中最有成效的方法之一,而且它已成为有限单元法等数值计算方法和半解析数值方法的理论基础。这种方法就其本质而言,是要把弹性力学基本方程的边值问题,变为求泛函的极值问题;而在求问题的近似解时,泛函的极值问题又进而变成函数的极值问题,最后把问题归结为求解线性代数方程组。下面,将借助于弹性体的可能功原理,推导出弹性体的最小势能原理和最小余能原理,并分别介绍基于这两个原理的近似计算方法。为简洁起见,本章的推导将采用笛卡儿张量的下标记法和求和约定。

第十四章
电子教案

视频 14-1
变分解法

§14-1 弹性体的可能功原理

设有一组应力分量 σ_{ij},它们在体内满足平衡微分方程

$$\sigma_{ij,j}+F_i=0 \tag{a}$$

在面力已知的边界 S_σ 上,满足应力边界条件

$$\overline{f}_i=\sigma_{ij}n_j \tag{b}$$

视频 14-2
可能功原理

这组应力分量,称为**静力可能的应力**。静力可能的应力未必是真实的应力,因为真实的应力在体内还须满足以应力表示的应变协调方程,而对应的位移还须满足 S_u 上的位移边界条件。但反之,真实的应力必然是静力可能的。为了区别于真实的应力,用 σ_{ij}^s 表示静力可能的应力。

类似地,设有一组位移分量 u_i 和一组应变分量 ε_{ij},它们在体内满足几何方程

$$\varepsilon_{ij}=\frac{1}{2}(u_{i,j}+u_{j,i}) \tag{c}$$

在位移已知的边界 S_u 上,满足位移边界条件

$$u_i=\overline{u}_i \tag{d}$$

这组位移称为**几何可能的位移**,与其对应的应变称为**几何可能的应变**。几何可能的位移未必是真实的,因为真实的位移,还须在体内满足以位移表示的平衡微分方程,在面力已知的边界上,满足以位移表示的应力边界条件。但反之,真实的位移必然是几何可能的。为了区别于真实的位移和真实的应变,用 u_i^k 和 ε_{ij}^k 分别表示几何可能的位移和几何可能的应变。

对于上述的静力可能的应力 σ_{ij}^s 和几何可能的位移 u_i^k 及其对应的应变 ε_{ij}^k,不难证

明,有以下的恒等式:

$$\int_V F_i u_i^k \mathrm{d}V + \int_S \overline{f}_i^{\,s} \, u_i^k \mathrm{d}S = \int_V \sigma_{ij}^s \varepsilon_{ij}^k \mathrm{d}V \tag{14-1}$$

其中 $\overline{f}_i^{\,s} = \sigma_{ij}^s n_j$(在 S_σ 上 $\overline{f}_i^{\,s} = \overline{f}_i$,在 S_u 上 $u_i^k = \overline{u}_i$)。

事实上,由于 u_i^k 和 ε_{ij}^k 满足几何方程(c),并考虑到应力张量 σ_{ij}^s 的对称性,于是有

$$\sigma_{ij}^s \varepsilon_{ij}^k = \frac{1}{2}\sigma_{ij}^s(u_{i,j}^k + u_{j,i}^k) = \sigma_{ij}^s u_{i,j}^k$$

$$= (\sigma_{ij}^s u_i^k)_{,j} - u_i^k \sigma_{ij,j}^s$$

代入方程(14-1)右边的积分,并利用高斯积分公式,有

$$\int_V \sigma_{ij}^s \varepsilon_{ij}^k \mathrm{d}V = \int_V (\sigma_{ij}^s u_i^k)_{,j}\mathrm{d}V - \int_V u_i^k \sigma_{ij,j}^s \mathrm{d}V$$

$$= \int_S u_i^k \sigma_{ij}^s n_j \mathrm{d}S - \int_V u_i^k \sigma_{ij,j}^s \mathrm{d}V \tag{e}$$

根据边界的平衡条件,式(e)等号右边的第一个积分为

$$\int_S u_i^k \sigma_{ij}^s n_j \mathrm{d}S = \int_S \overline{f}_i^{\,s} u_i^k \mathrm{d}S$$

显然,它是式(14-1)等号左边的第二个积分。由 σ_{ij}^s 满足平衡微分方程,式(e)等号右边的第二个积分为

$$-\int_V u_i^k \sigma_{ij,j}^s \mathrm{d}V = \int_V F_i u_i^k \mathrm{d}V$$

显然,它是式(14-1)等号左边的第一个积分。这样,就证明了式(14-1)为恒等式。

式(14-1)所揭示的功能关系,称为**弹性体的可能功原理**。它可表述为:在弹性体上,外力在任意一组几何可能位移上作的功,等于任意一组静力可能的应力在与上述几何可能位移所对应的应变上所作的功。

这里需要强调指出几点:

第一,在证明弹性体的可能功原理时,只用到小变形假设,而未涉及材料的性质,因此,在小变形的前提下,这个原理适用于任何性质的材料。

第二,上面从平衡微分方程、应力边界条件、几何方程和位移边界条件出发,证明了可能功原理的成立,反之,也可利用可能功原理推导平衡微分方程、应力边界条件、几何方程和位移边界条件。其步骤与上述的相反。事实上,如果把几何方程、位移边界条件和可能功原理作为前提,则可以导得平衡微分方程和应力边界条件;如果把平衡微分方程、应力边界条件和可能功原理作为前提,则可导得几何方程和位移边界条件。这些工作请读者自己完成。

第三,式(14-1)中静力可能的应力 σ_{ij}^s 和几何可能的应变 ε_{ij}^k 是同一弹性体在相同外力作用和约束条件下,可以彼此独立、完全无关的应力应变状态。但当静力可能的应力 σ_{ij}^s 和几何可能的应变 ε_{ij}^k 满足物理方程时,它们就是真实的应力、真实的应变和真实的位移,即 $\sigma_{ij}^s = \sigma_{ij}, \varepsilon_{ij}^k = \varepsilon_{ij}, u_i^k = u_i$。此时,式(14-1)变为

$$\int_V F_i u_i \, \mathrm{d}V + \int_{S_\sigma} \overline{f}_i u_i \, \mathrm{d}S + \int_{S_u} \sigma_{ij} n_j \overline{u}_i \, \mathrm{d}S = \int_V \sigma_{ij} \varepsilon_{ij} \, \mathrm{d}V \text{①} \tag{14-2}$$

式(14-1)和式(14-2)将在§14-3和§14-6的推导中用到。

§14-2　贝蒂互换定理

视频 14-3
贝蒂互换
定理

将式(14-1)用于同一弹性体在两种不同受力和变形状态下的两种解答,便可得到贝蒂(Betti, E.)互换定理。设第一状态的体力为 $F_i^{(1)}$,S_σ 上的面力为 $\overline{f}_i^{(1)}$,S_u 上的位移为 $\overline{u}_i^{(1)}$,它们所产生的应力、应变和位移分别为 $\sigma_{ij}^{(1)}$,$\varepsilon_{ij}^{(1)}$ 和 $u_i^{(1)}$;相应于第二个状态分别为 $F_i^{(2)}$,$\overline{f}_i^{(2)}$,$\overline{u}_i^{(2)}$ 和 $\sigma_{ij}^{(2)}$,$\varepsilon_{ij}^{(2)}$,$u_i^{(2)}$。因为两种状态的应力、应变和位移都是真实解,因此,它们当然分别为静力可能的和几何可能的。

现在把第一状态的应力取为静力可能的应力,而把第二状态的位移和应变取为几何可能的位移和应变。于是,由式(14-1),有

$$\int_V F_i^{(1)} u_i^{(2)} \, \mathrm{d}V + \int_S \overline{f}_i^{(1)} u_i^{(2)} \, \mathrm{d}S = \int_V \sigma_{ij}^{(1)} \varepsilon_{ij}^{(2)} \, \mathrm{d}V \tag{a}$$

同理,再把第二状态的应力取为静力可能的应力,而把第一状态的位移和应变取为几何可能的位移和应变,于是,由式(14-1),有

$$\int_V F_i^{(2)} u_i^{(1)} \, \mathrm{d}V + \int_S \overline{f}_i^{(2)} u_i^{(1)} \, \mathrm{d}S = \int_V \sigma_{ij}^{(2)} \varepsilon_{ij}^{(1)} \, \mathrm{d}V \tag{b}$$

利用物理方程(5-4)′,可以证明式(a)和式(b)等号的右端相等,即

$$\int_V \sigma_{ij}^{(1)} \varepsilon_{ij}^{(2)} \, \mathrm{d}V = \int_V \sigma_{ij}^{(2)} \varepsilon_{ij}^{(1)} \, \mathrm{d}V = \int_V (\lambda \varepsilon_{kk}^{(1)} \varepsilon_{ss}^{(2)} + 2G \varepsilon_{ij}^{(1)} \varepsilon_{ij}^{(2)}) \, \mathrm{d}V$$

因此,式(a)和式(b)等号的左边也必须相等,由此得

$$\int_V F_i^{(1)} u_i^{(2)} \, \mathrm{d}V + \int_S \overline{f}_i^{(1)} u_i^{(2)} \, \mathrm{d}S = \int_V F_i^{(2)} u_i^{(1)} \, \mathrm{d}V + \int_S \overline{f}_i^{(2)} u_i^{(1)} \, \mathrm{d}S \tag{14-3}$$

这就是**贝蒂互换定理**,它可表述为:作用在弹性体上第一状态的外力在第二状态位移上所作的功,等于第二状态的外力在第一状态位移上所作的功。

例 14-1　图 14-1a 所示为一等截面杆承受一对大小相等方向相反的压力 F_1,试求出杆的总伸长 δ。

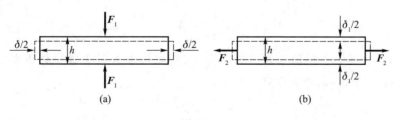

(a)　　　　　　　　　　　(b)

图 14-1

---

① 对于线弹性问题,式(14-2)可表述为:贮存于平衡状态弹性体内的应变能,等于外力所作功的一半。这被称为克拉贝龙(Clapeyron, B.P.E.)应变能定理。

解　这一问题可以用贝蒂互换定理来解决。为此,假设第二状态为同一杆件受大小相等、方向相反共线的两力 F_2 作用,使杆呈简单中心拉伸状态,如图 14-1b 所示。这时,杆的横向收缩为

$$\delta_1 = \nu \frac{F_2 h}{AE}$$

其中,ν 为泊松比,A 为横截面面积。根据功的互等定理,有

$$F_1 \cdot \delta_1 = F_2 \cdot \delta$$

或

$$F_1 \cdot \nu \frac{F_2 h}{AE} = F_2 \cdot \delta$$

由此得

$$\delta = \frac{\nu h F_1}{AE}$$

可见 δ 与横截面的形状无关。

§14-3　位移变分方程　最小势能原理

视频 14-4
最小势能原
理

在 §14-1 中已经指出,可能功原理中静力可能的应力 σ_{ij}^{s} 和几何可能的位移 u_i^{k} 及其对应的应变 ε_{ij}^{k},可以是彼此独立而无任何关系的受力状态和变形状态。但如果取真实的应力为静力可能的应力,则可导出弹性体的虚位移原理。

设几何可能的位移为

$$u_i^{k} = u_i + \delta u_i \tag{a}$$

这里的 u_i 为真实位移,而 δu_i 表示真实位移邻近的位移的微小改变量,称之为**虚位移**。因为真实位移 u_i 满足位移边界条件,所以,要求 u_i^{k} 满足位移边界条件,必须有

$$\delta u_i = 0 \quad （在 S_u 上） \tag{b}$$

将式(a)代入几何方程,有

$$\varepsilon_{ij}^{k} = \frac{1}{2}(u_{i,j}^{k} + u_{j,i}^{k})$$

$$= \frac{1}{2}(u_{i,j} + u_{j,i}) + \frac{1}{2}(\delta u_{i,j} + \delta u_{j,i})$$

显然,等号右边的第一项即为真实的应变 ε_{ij},而第二项表示由虚位移所产生的**虚应变**,记作 $\delta \varepsilon_{ij}$。于是,该式可写为

$$\varepsilon_{ij}^{k} = \varepsilon_{ij} + \delta \varepsilon_{ij} \tag{c}$$

将式(a)和式(c)代入式(14-1),并取真实应力作为静力可能的应力,即 $\sigma_{ij}^{s} = \sigma_{ij}$,于是有

$$\int_V F_i(u_i + \delta u_i)\,\mathrm{d}V + \int_{S_\sigma} \overline{f}_i(u_i + \delta u_i)\,\mathrm{d}S + \int_{S_u} \sigma_{ij} n_j \overline{u}_i \mathrm{d}S = \int_V \sigma_{ij}(\varepsilon_{ij} + \delta \varepsilon_{ij})\,\mathrm{d}V$$

将上式与式(14-2)相减,得到

$$\int_V F_i \delta u_i \mathrm{d}V + \int_{S_\sigma} \overline{f}_i \delta u_i \mathrm{d}S = \int_V \sigma_{ij} \delta \varepsilon_{ij} \mathrm{d}V \tag{14-4}$$

式(14-4)称为**位移变分方程**,又称**虚位移方程**。它表示外力在虚位移上作的虚功,等于弹性体的真实内力在同一虚位移上作的虚功。从§14-1中的论述和本节的推导可知,它等价于平衡微分方程和应力边界条件。

从位移变分方程出发,可以推出弹性力学中一个重要的原理,即所谓的**最小势能原理**。先对式(14-4)等号右边积分号下的被积函数利用格林公式(4-7)′

$$\frac{\partial v_\varepsilon}{\partial \varepsilon_{ij}} = \sigma_{ij}$$

这里 v_ε 为应变能密度,于是

$$\sigma_{ij} \delta \varepsilon_{ij} = \frac{\partial v_\varepsilon}{\partial \varepsilon_{ij}} \delta \varepsilon_{ij} = \delta v_\varepsilon \tag{d}$$

而式(14-4)可改写为

$$\int_V F_i \delta u_i \mathrm{d}V + \int_{S_\sigma} \overline{f}_i \delta u_i \mathrm{d}S = \int_V \delta v_\varepsilon \mathrm{d}V \tag{14-4}'$$

因为几何可能的位移与真实的应力无关,因此,可认为在产生虚位移过程中外力保持不变,并注意到变分和积分两种运算可以交换次序,于是,式(14-4)′又可写为

$$\delta \left(\int_V v_\varepsilon \mathrm{d}V - \int_V F_i u_i \mathrm{d}V - \int_{S_\sigma} \overline{f}_i u_i \mathrm{d}S \right) = 0$$

上式括号内的第一项为弹性体的应变能(即弹性势能),后两项为外力势能,它等于外力在物体变形过程中所作的功冠以负号。若令

$$E_p = \int_V v_\varepsilon \mathrm{d}V - \int_V F_i u_i \mathrm{d}V - \int_{S_\sigma} \overline{f}_i u_i \mathrm{d}S \tag{14-5}$$

则有

$$\delta E_p = 0 \tag{14-6}$$

E_p 称为**总势能**,它是应变分量和位移分量的泛函。因为应变分量又能通过几何方程用位移分量表示,所以,它又是位移分量的泛函。

式(14-6)表明,当位移从真实的位移 u_i 变化到几何可能的位移 $u_i + \delta u_i$ 时,总势能的一阶变分为零,可见真实位移使总势能取驻值。以下要进一步证明,对于稳定平衡状态,它实际上取最小值。

事实上,将式(a)和式(c)代入式(14-5),得到几何可能位移场的总势能:

$$E_p(\varepsilon_{ij}^k) = \int_V v_\varepsilon(\varepsilon_{ij} + \delta \varepsilon_{ij}) \mathrm{d}V - \int_V F_i(u_i + \delta u_i) \mathrm{d}V - \int_{S_\sigma} \overline{f}_i(u_i + \delta u_i) \mathrm{d}S$$

上式与式(14-5)相减,得

$$E_p(\varepsilon_{ij}^k) - E_p(\varepsilon_{ij}) = \int_V [v_\varepsilon(\varepsilon_{ij} + \delta \varepsilon_{ij}) - v_\varepsilon(\varepsilon_{ij})] \mathrm{d}V - \int_V F_i \delta u_i \mathrm{d}V - \int_{S_\sigma} \overline{f}_i \delta u_i \mathrm{d}S \tag{e}$$

将 $v_\varepsilon(\varepsilon_{ij} + \delta \varepsilon_{ij})$ 按泰勒级数展开,略去其二阶以上的高阶微量,有

$$v_\varepsilon(\varepsilon_{ij} + \delta \varepsilon_{ij}) = v_\varepsilon(\varepsilon_{ij}) + \frac{\partial v_\varepsilon}{\partial \varepsilon_{ij}} \delta \varepsilon_{ij} + \frac{1}{2} \frac{\partial^2 v_\varepsilon}{\partial \varepsilon_{ij} \partial \varepsilon_{kl}} \delta \varepsilon_{ij} \delta \varepsilon_{kl}$$

这里

$$\frac{\partial v_\varepsilon}{\partial \varepsilon_{ij}} \delta \varepsilon_{ij} = \delta v_\varepsilon$$

$$\frac{\partial^2 v_\varepsilon}{\partial \varepsilon_{ij} \partial \varepsilon_{kl}} \delta \varepsilon_{ij} \delta \varepsilon_{kl} = \frac{\partial}{\partial \varepsilon_{kl}} \left(\frac{\partial v_\varepsilon}{\partial \varepsilon_{ij}} \delta \varepsilon_{ij} \right) \delta \varepsilon_{kl} = \frac{\partial}{\partial \varepsilon_{kl}} (\delta v_\varepsilon) \delta \varepsilon_{kl} = \delta^2 v_\varepsilon$$

于是有

$$v_\varepsilon (\varepsilon_{ij} + \delta \varepsilon_{ij}) - v_\varepsilon (\varepsilon_{ij}) = \delta v_\varepsilon + \frac{1}{2} \delta^2 v_\varepsilon$$

代入式(e),并利用式(14-4)′,得到

$$E_p (\varepsilon_{ij}^k) - E_p (\varepsilon_{ij}) = \frac{1}{2} \int_V \delta^2 v_\varepsilon \mathrm{d}V \tag{f}$$

另一方面,由式(d)和式(4-9)可知

$$\delta^2 v_\varepsilon = \frac{\partial^2 v_\varepsilon}{\partial \varepsilon_{ij} \partial \varepsilon_{kl}} \delta \varepsilon_{ij} \delta \varepsilon_{kl} = \left(\frac{\partial \sigma_{ij}}{\partial \varepsilon_{kl}} \delta \varepsilon_{kl} \right) \delta \varepsilon_{ij} = \delta \sigma_{ij} \delta \varepsilon_{ij} = 2 v_\varepsilon (\delta \varepsilon_{ij})$$

对于稳定平衡状态,v_ε 为正定函数,故式(f)右边的积分恒大于零,从而有

$$E_p (\varepsilon_{ij}^k) > E_p (\varepsilon_{ij})$$

这表明真实的位移使总势能取最小值。

　　现将最小势能原理完整地叙述如下:在所有几何可能的位移中,真实的位移使总势能取最小值。

　　综上所述,以位移作为基本未知函数求解弹性力学问题时,按过去的方法是要求解以位移表示的平衡微分方程,使所求的位移分量,在 S_u 上满足位移边界条件,在 S_σ 上满足以位移表示的应力边界条件。而现在可归结为求总势能 E_p 的极值。在利用方程(14-6)时,所设的位移毋须事先满足应力边界条件,而只要满足位移边界条件就可以了,因应力边界条件是会自动满足的。

§14-4　用最小势能原理推导以位移表示的平衡微分方程及边界条件的实例

　　在本节和下一节中,要介绍最小势能原理的应用。

　　由于最小势能原理等价于以位移表示的平衡微分方程和以位移表示的应力边界条件,所以,对于一些按实际情况简化了的弹性力学问题,可以通过最小势能原理导出其必须适合的微分方程和边界条件。下面举几个例子来说明。

　　例 14-2　图 14-2 所示为一直梁,其横截面有一铅直的对称轴,分布荷载 $q(x)$ 就作用在包含该轴的铅直平面内。在梁的端面上,施加适当的约束,使梁不能产生整体的刚性位移,或者作用适当的剪力和弯矩,使梁保持平衡。现在,要用最小势能原理推导用梁的挠度表示的平衡微分方程和应力边界条件。

　　解　采用材料力学的简化模型。根据平截面假设,梁的任一横截面 x 上与中性层相距为 z 的点的位移为

$$w = w(x), \quad u = -z \frac{\mathrm{d}w}{\mathrm{d}x}$$

其中 $w(x)$ 为梁轴线的挠度。由几何方程,有

$$\varepsilon_x = \frac{\partial u}{\partial x} = -z\frac{d^2 w}{dx^2}$$

再由梁的纵向纤维之间无挤压的假设,可认为梁处于单向应力状态,于是应变能密度为

$$v_\varepsilon = \frac{1}{2}\sigma_x \varepsilon_x = \frac{1}{2}E\varepsilon_x^2 = \frac{1}{2}Ez^2\left(\frac{d^2 w}{dx^2}\right)^2 \quad\quad (a)$$

将此对全梁作体积分,得到梁的总应变能为

$$V_\varepsilon = \iiint v_\varepsilon \, dx\,dy\,dz = \frac{1}{2}\int_0^L\left[\iint_R Ez^2\left(\frac{d^2 w}{dx^2}\right)^2 dy\,dz\right]dx = \frac{1}{2}\int_0^L EI_y\left(\frac{d^2 w}{dx^2}\right)^2 dx \quad\quad (b)$$

这里 R 为梁横截面组成的区域,I_y 为横截面对中性轴 y 的惯性矩,即

$$I_y = \iint_R z^2 \, dy\,dz$$

本问题的边界 S_σ 为梁的上下表面和两端部,若作用在其上的荷载方向如图 14-2 所示,则这些荷载作的功为

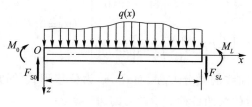

图 14-2

$$W = \int_0^L qw\,dx - F_{S0}w_0 + M_0\left(\frac{dw}{dx}\right)_0 + F_{SL}w_L - M_L\left(\frac{dw}{dx}\right)_L$$

梁的总势能为

$$E_p = \frac{1}{2}\int_0^L EI_y\left(\frac{d^2 w}{dx^2}\right)^2 dx - \int_0^L qw\,dx + F_{S0}w_0 - M_0\left(\frac{dw}{dx}\right)_0 - F_{SL}w_L + M_L\left(\frac{dw}{dx}\right)_L$$

对上式进行一次变分,并令它为零,即

$$\delta E_p = \frac{1}{2}\int_0^L EI_y\delta\left(\frac{d^2 w}{dx^2}\right)^2 dx - \int_0^L q\delta w\,dx + F_{S0}\delta w_0 -$$

$$M_0\delta\left(\frac{dw}{dx}\right)_0 - F_{SL}\delta w_L + M_L\delta\left(\frac{dw}{dx}\right)_L$$

$$= \frac{1}{2}\int_0^L EI_y\delta\left(\frac{d^2 w}{dx^2}\right)^2 dx - \int_0^L q\delta w\,dx + \left[M\delta\left(\frac{dw}{dx}\right)\right]_0^L - \left[F_S\delta w\right]_0^L = 0 \quad\quad (c)$$

计算式(c)的第一个积分

$$\frac{1}{2}\int_0^L EI_y\delta\left(\frac{d^2 w}{dx^2}\right)^2 dx = \int_0^L EI_y\frac{d^2 w}{dx^2}\delta\frac{d^2 w}{dx^2}dx$$

$$= \int_0^L EI_y\frac{d^2 w}{dx^2}d\left(\delta\frac{dw}{dx}\right)$$

$$= \left[EI_y \frac{\mathrm{d}^2 w}{\mathrm{d}x^2} \delta \frac{\mathrm{d}w}{\mathrm{d}x} \right]_0^L - \int_0^L \frac{\mathrm{d}}{\mathrm{d}x} \left(EI_y \frac{\mathrm{d}^2 w}{\mathrm{d}x^2} \right) \mathrm{d}(\delta w)$$

$$= \left[EI_y \frac{\mathrm{d}^2 w}{\mathrm{d}x^2} \delta \frac{\mathrm{d}w}{\mathrm{d}x} \right]_0^L - \left[\delta w \frac{\mathrm{d}}{\mathrm{d}x} \left(EI_y \frac{\mathrm{d}^2 w}{\mathrm{d}x^2} \right) \right]_0^L +$$

$$\int_0^L \left[\frac{\mathrm{d}^2}{\mathrm{d}x^2} \left(EI_y \frac{\mathrm{d}^2 w}{\mathrm{d}x^2} \right) \right] \delta w \, \mathrm{d}x$$

代入式(c),经整理,得

$$\int_0^L \left[\frac{\mathrm{d}^2}{\mathrm{d}x^2} \left(EI_y \frac{\mathrm{d}^2 w}{\mathrm{d}x^2} \right) - q \right] \delta w \, \mathrm{d}x + \left[\left(EI_y \frac{\mathrm{d}^2 w}{\mathrm{d}x^2} + M \right) \delta \left(\frac{\mathrm{d}w}{\mathrm{d}x} \right) \right]_0^L -$$

$$\left\{ \left[\frac{\mathrm{d}}{\mathrm{d}x} \left(EI_y \frac{\mathrm{d}^2 w}{\mathrm{d}x^2} \right) + F_S \right] \delta w \right\}_0^L = 0$$

由于 δw 是完全任意的,故上式成立的条件为

$$\frac{\mathrm{d}^2}{\mathrm{d}x^2} \left(EI_y \frac{\mathrm{d}^2 w}{\mathrm{d}x^2} \right) = q \quad (0 \leqslant x \leqslant L) \tag{d}$$

$$\left. \begin{array}{l} \left(EI_y \dfrac{\mathrm{d}^2 w}{\mathrm{d}x^2} + M \right) \delta \left(\dfrac{\mathrm{d}w}{\mathrm{d}x} \right) = 0 \\[4mm] \left[\dfrac{\mathrm{d}}{\mathrm{d}x} \left(EI_y \dfrac{\mathrm{d}^2 w}{\mathrm{d}x^2} \right) + F_S \right] \delta w = 0 \end{array} \right\} \quad (x = 0, L) \tag{e}$$

显然,式(d)为梁的挠曲线的微分方程,而式(e)为位移形式的边界条件。下面,要从式(e)导出以挠度表示的梁的各种支承的力的边界条件。

首先,对于固定端,由于在此情况下,$w = \dfrac{\mathrm{d}w}{\mathrm{d}x} = 0$,显然,式(e)自动满足。

其次,对于简支端,此时,$w = 0$(因此 $\delta w = 0$),而 $\delta \left(\dfrac{\mathrm{d}w}{\mathrm{d}x} \right) \neq 0$,于是,式(e)的第二式恒满足,由其第一式得

$$EI_y \frac{\mathrm{d}^2 w}{\mathrm{d}x^2} = -M$$

此式表示在梁的简支端受弯矩作用的力的边界条件。如果无弯矩作用,则简化为

$$\frac{\mathrm{d}^2 w}{\mathrm{d}x^2} = 0$$

第三,对于自由端,由于此时 $\delta w \neq 0, \delta \left(\dfrac{\mathrm{d}w}{\mathrm{d}x} \right) \neq 0$,所以,由式(e)得

$$EI_y \frac{\mathrm{d}^2 w}{\mathrm{d}x^2} = -M, \quad \frac{\mathrm{d}}{\mathrm{d}x} \left(EI_y \frac{\mathrm{d}^2 w}{\mathrm{d}x^2} \right) = -F_S$$

这两个式子表示在梁的自由端同时受弯矩和剪力作用时的力的边界条件。如果弯矩和剪力中一个为零,或全部为零,则上述边界条件可作相应的简化。

例 14-3　柱形杆的扭转。这个问题在第九章中已作了专门的讨论。若用位移解法,则位移分量应呈现如下的形式:

$$u = -\alpha yz, \quad v = \alpha xz, \quad w = \alpha \varphi(x, y) \tag{f}$$

这里，α 为单位长度的扭转角，函数 φ 表示横截面的翘曲。现在要运用最小势能原理导出 φ 所满足的微分方程和边界条件。

解　与式(f)表示的位移相对应的应力分量为

$$\tau_{zx} = \alpha G\left(\frac{\partial \varphi}{\partial x} - y\right), \quad \tau_{zy} = \alpha G\left(\frac{\partial \varphi}{\partial y} + x\right) \tag{g}$$

其余的应力分量为零。于是，由式(4-21)，柱形杆的应变能为

$$V_\varepsilon = \iiint v_\varepsilon \,\mathrm{d}x\mathrm{d}y\mathrm{d}z = \frac{1}{2G}\int \mathrm{d}z \iint (\tau_{zx}^2 + \tau_{zy}^2)\,\mathrm{d}x\mathrm{d}y$$

$$= \frac{1}{2}LG\alpha^2 \iint_R \left[\left(\frac{\partial \varphi}{\partial x} - y\right)^2 + \left(\frac{\partial \varphi}{\partial y} + x\right)^2\right]\mathrm{d}x\mathrm{d}y$$

这里的 L 为柱形杆的长度。若令

$$I_0 = \iint_R \left[\left(\frac{\partial \varphi}{\partial x} - y\right)^2 + \left(\frac{\partial \varphi}{\partial y} + x\right)^2\right]\mathrm{d}x\mathrm{d}y \tag{14-7}$$

则得

$$V_\varepsilon = \iiint v_\varepsilon \,\mathrm{d}x\mathrm{d}y\mathrm{d}z = \frac{1}{2}LG\alpha^2 I_0 \tag{h}$$

因为在杆的侧面不受外力作用，在杆的两端，可认为只有产生扭矩 M 的 $\overline{f}_x$ 和 $\overline{f}_y$，而 $\overline{f}_z = 0$，又因为由式(f)可得本问题的虚位移为

$$\delta u = 0, \quad \delta v = 0, \quad \delta w = \alpha \delta \varphi \tag{i}$$

故所有面上面力的虚功为零。因此，如果不计体力，方程(14-4)′变为

$$\delta V_\varepsilon = \frac{1}{2}LG\alpha^2 \delta I_0 = 0$$

或

$$\delta I_0 = 0 \tag{14-8}$$

将式(14-7)代入，式(14-8)变为

$$\delta I_0 = 2\iint_R \left[\left(\frac{\partial \varphi}{\partial x} - y\right)\delta\left(\frac{\partial \varphi}{\partial x}\right) + \left(\frac{\partial \varphi}{\partial y} + x\right)\delta\left(\frac{\partial \varphi}{\partial y}\right)\right]\mathrm{d}x\mathrm{d}y$$

$$= 2\iint_R \left\{\frac{\partial}{\partial x}\left[\left(\frac{\partial \varphi}{\partial x} - y\right)\delta\varphi\right] + \frac{\partial}{\partial y}\left[\left(\frac{\partial \varphi}{\partial y} + x\right)\delta\varphi\right]\right\}\mathrm{d}x\mathrm{d}y - 2\iint_R \boldsymbol{\nabla}^2\varphi\,\delta\varphi\mathrm{d}x\mathrm{d}y = 0$$

利用高斯积分公式，上式变为

$$\oint_s \left(\frac{\partial \varphi}{\partial x}l + \frac{\partial \varphi}{\partial y}m - yl + xm\right)\delta\varphi\,\mathrm{d}s - \iint_R \boldsymbol{\nabla}^2\varphi\,\delta\varphi\mathrm{d}x\mathrm{d}y = 0$$

由于 $\delta\varphi$ 完全任意，故上式成立的条件为

$$\boldsymbol{\nabla}^2\varphi = 0 \quad (\text{在 } R \text{ 内})$$

$$\frac{\partial \varphi}{\partial v} = \frac{\partial \varphi}{\partial x}l + \frac{\partial \varphi}{\partial y}m = yl - xm \quad (\text{在 } s \text{ 上}) \tag{j}$$

显然，这就是第九章中的式(9-2)和式(9-4)，表示扭转函数 φ 需要满足的平衡微分方程和应力边界条件。

为了下面近似计算的需要，利用式(j)简化 I_0。先将式(14-7)改写成

$$I_0 = \iint_R \left(x^2 + y^2 + x\frac{\partial\varphi}{\partial y} - y\frac{\partial\varphi}{\partial x} \right) \mathrm{d}x\mathrm{d}y + U_0$$

其中

$$U_0 = \iint_R \left[x\frac{\partial\varphi}{\partial y} - y\frac{\partial\varphi}{\partial x} + \left(\frac{\partial\varphi}{\partial x}\right)^2 + \left(\frac{\partial\varphi}{\partial y}\right)^2 \right] \mathrm{d}x\mathrm{d}y$$

$$= \iint_R \left\{ \frac{\partial}{\partial x}\left[\left(\frac{\partial\varphi}{\partial x} - y\right)\varphi \right] + \frac{\partial}{\partial y}\left[\left(\frac{\partial\varphi}{\partial y} + x\right)\varphi \right] \right\} \mathrm{d}x\mathrm{d}y - \iint_R (\boldsymbol{\nabla}^2\varphi)\varphi\,\mathrm{d}x\mathrm{d}y$$

$$= \oint_s \left(\frac{\partial\varphi}{\partial x}l + \frac{\partial\varphi}{\partial y}m - yl + xm \right)\varphi\,\mathrm{d}s - \iint_R (\boldsymbol{\nabla}^2\varphi)\varphi\,\mathrm{d}x\mathrm{d}y$$

利用式(j),得

$$U_0 = 0$$

于是

$$I_0 = \iint \left(x^2 + y^2 + x\frac{\partial\varphi}{\partial y} - y\frac{\partial\varphi}{\partial x} \right) \mathrm{d}x\mathrm{d}y \tag{14-9}$$

由此不难算得扭矩

$$M = \iint_R (x\tau_{yz} - y\tau_{xz})\,\mathrm{d}x\mathrm{d}y = \alpha G\iint_R \left(x^2 + y^2 + x\frac{\partial\varphi}{\partial y} - y\frac{\partial\varphi}{\partial x} \right) \mathrm{d}x\mathrm{d}y = \alpha GI_0 \tag{14-10}$$

§14-5 基于最小势能原理的近似计算方法

视频 14-6
瑞利-里茨法

以上给出了两个通过最小势能原理导出问题所需满足的微分方程和边界条件的示例。但最小势能原理的主要应用并不在于此,而在于要应用它求问题的近似解答。下面,介绍基于最小势能原理和位移变分方程的两种近似解法——瑞利-里茨法和伽辽金法。

根据最小势能原理,只要能列出所有几何可能的位移,则其中使总势能 E_p 取最小值的那组位移分量,就是要求的真实的位移。由此不难同时求得应变分量和应力分量。但问题在于要列出所有几何可能的位移是非常困难的,甚至于是不可能的。因此,在计算实际问题时,只好凭经验和直觉来缩小寻找的范围,在缩小范围后的一族位移中,也能挑到一组位移分量使总势能 E_p 取最小值,虽然,一般地说,这组位移分量不是真实的,但可以肯定,它是缩小范围后的一族位移中与真实位移最接近的一组,因此,可以作为问题的近似解。

从上述的思想出发,在最一般的情况下,可将位移分量选择为如下的形式:

$$\left.\begin{array}{l} u = u_0(x,y,z) + \sum_m A_m u_m(x,y,z) \\[2mm] v = v_0(x,y,z) + \sum_m B_m v_m(x,y,z) \\[2mm] w = w_0(x,y,z) + \sum_m C_m w_m(x,y,z) \end{array}\right\} \tag{14-11}$$

其中,u_0, v_0, w_0 和 u_m, v_m, w_m 都是坐标 x, y, z 的已知函数,A_m, B_m 和 C_m 为任意的常数,并在边界 S_u 上,有

$$u_0 = \overline{u}, \quad v_0 = \overline{v}, \quad w_0 = \overline{w}$$

而
$$u_m = 0, \quad v_m = 0, \quad w_m = 0 \qquad (m = 1, 2, \cdots)$$

这样,由式(14-11)给出的位移,不论 A_m,B_m 和 C_m 取何值,它们总是满足位移边界条件的。现在的问题是要适当地选择 A_m、B_m 和 C_m,使总势能 E_p 在以式(14-11)所表示的这族位移中取最小值。为此,先将式(14-11)代入几何方程求应变分量,再代入总势能 E_p 的表示式(14-5)中,注意右边的第一个积分中 v_ε 是应变分量的齐二次函数,因此,代入后,这个积分变成 A_m,B_m 和 C_m 的齐二次函数,右边的第二个积分和第三个积分是 A_m,B_m 和 C_m 的一次函数。于是,总势能 E_p 本来是自变函数 u,v,w 的泛函,而现在变成待定系数 A_m,B_m 和 C_m 的二次函数。这样,就把求泛函的极值问题,变成求函数的极值问题。总势能 E_p 取极值的条件为

$$\frac{\partial E_p}{\partial A_m} = 0, \quad \frac{\partial E_p}{\partial B_m} = 0, \quad \frac{\partial E_p}{\partial C_m} = 0 \quad (m = 1, 2, 3, \cdots) \qquad (14\text{-}12)$$

它又可以写成

$$\left.\begin{aligned}
-\frac{\partial}{\partial A_m}\iiint_V v_\varepsilon \mathrm{d}V + \iiint_V F_x u_m \mathrm{d}V + \iint_{S_\sigma} \overline{f}_x u_m \mathrm{d}S = 0 \\[2mm]
-\frac{\partial}{\partial B_m}\iiint_V v_\varepsilon \mathrm{d}V + \iiint_V F_y v_m \mathrm{d}V + \iint_{S_\sigma} \overline{f}_y v_m \mathrm{d}S = 0 \\[2mm]
-\frac{\partial}{\partial C_m}\iiint_V v_\varepsilon \mathrm{d}V + \iiint_V F_z w_m \mathrm{d}V + \iint_{S_\sigma} \overline{f}_z w_m \mathrm{d}S = 0
\end{aligned}\right\} \quad (m = 1, 2, 3, \cdots) \qquad (14\text{-}12)'$$

这是一组以 A_m,B_m,$C_m (m = 1, 2, 3, \cdots)$ 为未知数的线性非齐次代数方程组,解出了系数 A_m,B_m 和 C_m,代入式(14-11),就得到位移的近似解答。这种方法称为**瑞利-里茨法**。

再回到式(14-4),计算其右边的积分:

$$\begin{aligned}
\int_V \sigma_{ij} \delta\varepsilon_{ij} \mathrm{d}V &= \int_V \sigma_{ij} \frac{1}{2}(\delta u_{i,j} + \delta u_{j,i}) \mathrm{d}V \\[2mm]
&= \int_V \sigma_{ij} \delta u_{i,j} \mathrm{d}V \\[2mm]
&= \int_V (\sigma_{ij} \delta u_i)_{,j} \mathrm{d}V - \int_V \sigma_{ij,j} \delta u_i \mathrm{d}V \\[2mm]
&= \int_{S_\sigma} \sigma_{ij} n_j \delta u_i \mathrm{d}S - \int_V \sigma_{ij,j} \delta u_i \mathrm{d}V
\end{aligned}$$

代入式(14-4)并与左边的项合并,得

$$\int_V (\sigma_{ij,j} + F_i)\delta u_i \mathrm{d}V + \int_{S_\sigma} (\overline{f}_i - \sigma_{ij} n_j)\delta u_i \mathrm{d}S = 0 \qquad (\text{a})$$

现在,如果选择的位移试函数(14-11)不仅满足 S_u 上的位移边界条件,而且还能满足 S_σ 上的应力边界条件,则式(a)变为

$$\int_V (\sigma_{ij,j} + F_i)\delta u_i \mathrm{d}V = 0 \qquad (\text{b})$$

或写成

$$\iiint_V \left[\left(\frac{\partial \sigma_x}{\partial x} + \frac{\partial \tau_{xy}}{\partial y} + \frac{\partial \tau_{xz}}{\partial z} + F_x \right) \delta u + \left(\frac{\partial \tau_{xy}}{\partial x} + \frac{\partial \sigma_y}{\partial y} + \frac{\partial \tau_{yz}}{\partial z} + F_y \right) \delta v + \left(\frac{\partial \tau_{xz}}{\partial x} + \frac{\partial \tau_{yz}}{\partial y} + \frac{\partial \sigma_z}{\partial z} + F_z \right) \delta w \right] dV = 0$$

$$(b)'$$

将式(14-11)代入几何方程求应变分量,再通过物理方程求应力分量,然后,代入式(b),并注意到

$$\delta u = \sum_m u_m \delta A_m, \quad \delta v = \sum_m v_m \delta B_m, \quad \delta w = \sum_m w_m \delta C_m$$

于是,式(b)变为

$$\sum_m \iiint_V \left[\left(\frac{\partial \sigma_x}{\partial x} + \frac{\partial \tau_{xy}}{\partial y} + \frac{\partial \tau_{xz}}{\partial z} + F_x \right) u_m \delta A_m + \left(\frac{\partial \tau_{xy}}{\partial x} + \frac{\partial \sigma_y}{\partial y} + \frac{\partial \tau_{yz}}{\partial z} + F_y \right) v_m \delta B_m + \right.$$

$$\left. \left(\frac{\partial \tau_{xz}}{\partial x} + \frac{\partial \tau_{yz}}{\partial y} + \frac{\partial \sigma_z}{\partial z} + F_z \right) w_m \delta C_m \right] dV = 0$$

由于 $\delta A_m, \delta B_m, \delta C_m$ 彼此独立且完全任意,故上式成立的条件为

$$\left.\begin{aligned}
\iiint_V \left(\frac{\partial \sigma_x}{\partial x} + \frac{\partial \tau_{xy}}{\partial y} + \frac{\partial \tau_{xz}}{\partial z} + F_x \right) u_m \, dV = 0 \\[2mm]
\iiint_V \left(\frac{\partial \tau_{xy}}{\partial x} + \frac{\partial \sigma_y}{\partial y} + \frac{\partial \tau_{yz}}{\partial z} + F_y \right) v_m \, dV = 0 \\[2mm]
\iiint_V \left(\frac{\partial \tau_{xz}}{\partial x} + \frac{\partial \tau_{yz}}{\partial y} + \frac{\partial \sigma_z}{\partial z} + F_z \right) w_m \, dV = 0
\end{aligned}\right\} \quad (m = 1, 2, 3, \cdots) \qquad (14\text{-}13)$$

由于由式(14-11)求得的应力分量为 A_m, B_m 和 C_m 的线性函数,所以,方程(14-13)是线性非齐次代数方程组,解得了 A_m, B_m 和 C_m,代入式(14-11),即得位移的近似解答。为看起来明了,方程(14-13)括号内的量可用位移表示(请参照以位移表示的平衡微分方程),于是有

$$\left.\begin{aligned}
\iiint_V \left[(\lambda + G) \frac{\partial \theta}{\partial x} + G \nabla^2 u + F_x \right] u_m \, dV = 0 \\[2mm]
\iiint_V \left[(\lambda + G) \frac{\partial \theta}{\partial y} + G \nabla^2 v + F_y \right] v_m \, dV = 0 \\[2mm]
\iiint_V \left[(\lambda + G) \frac{\partial \theta}{\partial z} + G \nabla^2 w + F_z \right] w_m \, dV = 0
\end{aligned}\right\} \quad (m = 1, 2, 3, \cdots) \qquad (14\text{-}13)'$$

这种方法称为**伽辽金法**。

下面举例说明瑞利-里茨法和伽辽金法的应用。

例 14-4   两端简支的等截面梁,受均布荷载 q 作用(图 14-3),试求挠度 $w(x)$。

解   先用瑞利-里茨法求解。这问题的总势能为

$$E_P = \frac{EI_y}{2} \int_0^L \left(\frac{d^2 w}{dx^2} \right)^2 dx - \int_0^L qw \, dx \qquad (c)$$

为使两端的约束条件得到满足,即要求 $x = 0, L$ 处,$w = 0$,所以,取挠度

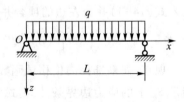

图 14-3

$$w = \sum_{m} C_m \sin \frac{m \pi x}{L} \tag{d}$$

代入式(c),得

$$E_p = \frac{EI_y \pi^4}{4L^3} \sum_{m} m^4 C_m^2 - \frac{2qL}{\pi} \sum_{m=1,3,\cdots} \frac{C_m}{m}$$

由 $\dfrac{\partial E_p}{\partial C_m} = 0$,有

$$\frac{EI_y \pi^4}{2L^3} m^4 C_m - \frac{2qL}{\pi} \frac{1}{m} = 0 \quad (m \text{ 为奇数})$$

$$\frac{EI_y \pi^4}{2L^3} m^4 C_m = 0 \quad (m \text{ 为偶数})$$

由此得到

$$C_m = \frac{4qL^4}{EI_y \pi^5} \frac{1}{m^5} \quad (m \text{ 为奇数})$$

$$C_m = 0 \quad (m \text{ 为偶数})$$

代入式(d),得

$$w = \frac{4qL^4}{EI_y \pi^5} \sum_{m=1,3,5,\cdots} \frac{1}{m^5} \sin \frac{m \pi x}{L} \tag{e}$$

如果挠度表达式(e)取无穷多项,即为无穷级数,则它恰好给出问题的精确解。
这个级数收敛很快,取少数几项就可达到足够的精度。最大挠度发生在梁的中间,即
$x = \dfrac{L}{2}$ 处,于是有

$$w_{max} = \frac{4qL^4}{EI_y \pi^5} \left(1 - \frac{1}{3^5} + \frac{1}{5^5} - \cdots \right)$$

现只取一项,得

$$w_{max} = \frac{qL^4}{76.6 EI_y}$$

与精确值十分接近。

由于式(d)表示的挠度求二阶导数后仍为正弦级数,故二阶导数在 $x=0,L$ 处的值
为零。这表示,它不仅满足位移边界条件,而且还满足力的边界条件(在本问题中,力
的边界条件是两端的弯矩为零)。因此,这样的挠度试函数还可以用伽辽金法求解。
注意到本问题相当于式(14-13)′所示的公式为

$$\int_0^L \left(EI_y \frac{\mathrm{d}^4 w}{\mathrm{d}x^4} - q \right) \sin \frac{m \pi x}{L} \mathrm{d}x = 0$$

将式(d)代入上式并进行积分,得 C_m 所满足的方程,解之,得

$$C_m = \frac{4qL^4}{EI_y \pi^5} \frac{1}{m^5} \quad (m \text{ 为奇数})$$

$$C_m = 0 \quad (m \text{ 为偶数})$$

可见所得的结果与上面相同。

例 14-5   用瑞利-里茨法分别求椭圆截面柱形杆和矩形截面柱形杆的扭转函数 $\varphi(x,y)$。设椭圆的长轴和短轴分别为 $2a$ 和 $2b$，x 轴与长轴重合，矩形的短边和长边分别为 $2a$ 和 $2b$，x 轴平行于矩形的短边。

解   在 §14-4 中，已经把扭转问题归结为求变分方程（14-8），其中，I_0 为式（14-7）所示。

首先，对于椭圆截面的柱形杆，考虑到在其扭转时横截面翘曲的情况，试取扭转函数为

$$\varphi = Axy \tag{f}$$

其中，A 为任意常数。将式（f）代入式（14-7），积分后得

$$I_0 = \frac{\pi ab}{4}\left[\,(A+1)^2 a^2 + (A-1)^2 b^2\,\right] \tag{g}$$

I_0 本来是泛函，它取极值的必要条件是一阶变分为零，即式（14-8）。而现在，I_0 是 A 的函数，其取极值的必要条件为

$$\frac{\partial I_0}{\partial A} = \frac{\pi ab}{2}\left[\,(A+1)a^2 + (A-1)b^2\,\right] = 0$$

解之，得

$$A = -\frac{a^2 - b^2}{a^2 + b^2}$$

于是

$$\varphi = -\frac{a^2 - b^2}{a^2 + b^2}xy$$

这一结果与精确解一致。

对于矩形截面的柱形杆，同样根据横截面翘曲的情况，试取扭转函数为

$$\varphi = Axy + Cxy^3 - Dx^3 y \tag{h}$$

将式（h）代入式（14-7），积分后得

$$I_0 = \frac{4}{3}ab^3(A-1)^2 + 4ab^5\left(\frac{b^2}{7} + \frac{3a^2}{5}\right)C^2 + 4a^5 b\left(\frac{a^2}{7} + \frac{3b^2}{5}\right)D^2 + \frac{4}{3}a^3 b(A+1)^2 +$$

$$\frac{8}{5}ab^5(A-1)C + \frac{8}{3}a^3 b^3(A+1)C + \frac{8}{5}a^5 b(A+1)D + \frac{8}{3}a^3 b^3(A-1)D + \frac{8}{5}a^3 b^3(a^2 + b^2)DC \tag{i}$$

由

$$\frac{\partial I_0}{\partial A} = 0, \quad \frac{\partial I_0}{\partial C} = 0, \quad \frac{\partial I_0}{\partial D} = 0$$

解得

$$A = -\frac{7(a^6 - b^6) + 135 a^2 b^2(a^2 - b^2)}{7(a^6 + b^6) + 107 a^2 b^2(a^2 + b^2)}$$

$$C = -\frac{7a^2(3a^2 + 35 b^2)}{21(a^6 + b^6) + 321 a^2 b^2(a^2 + b^2)}$$

$$D = \frac{7b^2(35a^2+3b^2)}{21(a^6+b^6)+321a^2b^2(a^2+b^2)}$$

将式(i)代入式(14-10),并将 A,C,D 的值代入,得扭矩

$$M = \alpha G I_0 = \frac{16\alpha G a^3 b^3 [105(a^4+b^4)+1\,234a^2b^2]}{45(a^2+b^2)[7(a^4+b^4)+100a^2b^2]}$$

最大切应力发生在长边的中点,因此,将式(h)代入 §14-4 中的式(g)的第二式,令其中的 $x=\pm a, y=0$,得最大切应力为

$$\tau_{max} = (\tau_{yz})_{x=\pm a, y=0} = \alpha G a(1+A+Da^2)$$

$$= \alpha G a b^2 \frac{161a^4+747a^2b^2+42b^4}{3[7(a^6+b^6)+107a^2b^2(a^2+b^2)]}$$

上述结果与精确解很接近。

例 14-6 设有一宽度为 $2a$ 而高度为 b 的矩形薄板(图 14-4),它的左、右边和底边均被固定,而上边(自由边)具有如下给定的位移:

$$u = 0$$

$$v = -\eta\left(1-\frac{x^2}{a^2}\right)$$

不计体力,试求板的位移。

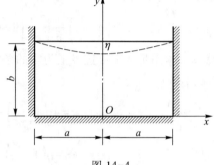

图 14-4

解 先写出平面问题应变能的表达式。

对于平面应变问题,由于 $\varepsilon_z=\gamma_{yz}=\gamma_{xz}=0$,所以,由式(4-20),将其中的 λ 和 μ 分别以 $\frac{E\nu}{(1+\nu)(1-2\nu)}, \frac{E}{2(1+\nu)}$ 代入,并利用几何方程,有

$$v_\varepsilon = \frac{E}{2(1+\nu)}\left[\frac{\nu}{1-2\nu}\left(\frac{\partial u}{\partial x}+\frac{\partial v}{\partial y}\right)^2+\left(\frac{\partial u}{\partial x}\right)^2+\left(\frac{\partial v}{\partial y}\right)^2+\frac{1}{2}\left(\frac{\partial v}{\partial x}+\frac{\partial u}{\partial y}\right)^2\right]$$

对于平面应力问题,须将上式中的 E 和 ν 分别换成 $\frac{E(1+2\nu)}{(1+\nu)^2}$ 和 $\frac{\nu}{1+\nu}$,这样,得到

$$v_\varepsilon = \frac{E}{2(1-\nu^2)}\left[\left(\frac{\partial u}{\partial x}\right)^2+\left(\frac{\partial v}{\partial y}\right)^2+2\nu\frac{\partial u}{\partial x}\frac{\partial v}{\partial y}+\frac{1-\nu}{2}\left(\frac{\partial v}{\partial x}+\frac{\partial u}{\partial y}\right)^2\right]$$

于是,分别对于平面应变问题和平面应力问题,物体总的应变能为

$$V_\varepsilon = \frac{E}{2(1+\nu)}\iint\left[\frac{\nu}{1-2\nu}\left(\frac{\partial u}{\partial x}+\frac{\partial v}{\partial y}\right)^2+\left(\frac{\partial u}{\partial x}\right)^2+\left(\frac{\partial v}{\partial y}\right)^2+\frac{1}{2}\left(\frac{\partial v}{\partial x}+\frac{\partial u}{\partial y}\right)^2\right]\mathrm{d}x\mathrm{d}y \quad (\text{j})$$

$$V_\varepsilon = \frac{E}{2(1-\nu^2)}\iint\left[\left(\frac{\partial u}{\partial x}\right)^2+\left(\frac{\partial v}{\partial y}\right)^2+2\nu\frac{\partial u}{\partial x}\frac{\partial v}{\partial y}+\frac{1-\nu}{2}\left(\frac{\partial v}{\partial x}+\frac{\partial u}{\partial y}\right)^2\right]\mathrm{d}x\mathrm{d}y \quad (\text{k})$$

本问题无已知面力的边界 S_σ,并由于是平面应力问题,所以

$$E_p = V_\varepsilon = \frac{E}{2(1-\nu^2)}\iint\left[\left(\frac{\partial u}{\partial x}\right)^2+\left(\frac{\partial v}{\partial y}\right)^2+2\nu\frac{\partial u}{\partial x}\frac{\partial v}{\partial y}+\frac{1-\nu}{2}\left(\frac{\partial v}{\partial x}+\frac{\partial u}{\partial y}\right)^2\right]\mathrm{d}x\mathrm{d}y \quad (1)$$

参照式(14-11),对于平面问题,位移分量试函数取成如下的形式:

$$u = u_0 + \sum_m A_m u_m$$
$$v = v_0 + \sum_m B_m v_m$$

(m)

这里的 u_0, v_0, u_m, v_m 是坐标 x 和 y 的已知函数,在位移已知的 S_u 上,有 $u_0 = \bar{u}, v_0 = \bar{v}$,而 $u_m = v_m = 0, A_m$ 和 B_m 为任意常数。

因为在本问题中,在 $x = \pm a$ 和 $y = 0$ 的边界上,$u = v = 0$,而在 $y = b$ 的边界上,$u = 0$,$v = -\eta\left(1 - \dfrac{x^2}{a^2}\right)$,所以取

$$u_0 = 0, \quad v_0 = -\eta\left(1 - \frac{x^2}{a^2}\right)\frac{y}{b}$$

级数取一项,试取

$$u_1 = \left(1 - \frac{x^2}{a^2}\right)\frac{x}{a} \cdot \frac{y}{b}\left(1 - \frac{y}{b}\right), \quad v_1 = \left(1 - \frac{x^2}{a^2}\right)\frac{y}{b}\left(1 - \frac{y}{b}\right)$$

显然,u_1, v_1 满足在全部边界上为零的条件,而且,符合位移对称性的要求。于是,利用式(m),有

$$u = A_1\left(1 - \frac{x^2}{a^2}\right)\frac{x}{a}\frac{y}{b}\left(1 - \frac{y}{b}\right)$$

$$v = -\eta\left(1 - \frac{x^2}{a^2}\right)\frac{y}{b} + B_1\left(1 - \frac{x^2}{a^2}\right)\frac{y}{b}\left(1 - \frac{y}{b}\right)$$

代入式(1)积分,并由

$$\frac{\partial E_P}{\partial A_1} = 0, \quad \frac{\partial E_P}{\partial B_1} = 0$$

求得 A_1 和 B_1,最后得位移的近似表达式为

$$u = \frac{35(1+\nu)\eta}{42\dfrac{b}{a} + 20(1-\nu)\dfrac{a}{b}}\left(1 - \frac{x^2}{a^2}\right)\frac{x}{a}\frac{y}{b}\left(1 - \frac{y}{b}\right)$$

$$v = -\eta\left(1 - \frac{x^2}{a^2}\right)\frac{y}{b} + \frac{50(1-\nu)\eta}{16\dfrac{a^2}{b^2} + 2(1-\nu)}\left(1 - \frac{x^2}{a^2}\right)\frac{y}{b}\left(1 - \frac{y}{b}\right)$$

因为本问题无已知面力的 S_σ,上述所设函数已满足了全部边界条件,故也能用伽辽金法计算。对于平面应力问题,相当于式(14-13)′的公式为

$$\iint\left(\frac{\partial^2 u}{\partial x^2} + \frac{1-\nu}{2}\frac{\partial^2 u}{\partial y^2} + \frac{1+\nu}{2}\frac{\partial^2 v}{\partial x \partial y}\right)u_m\,\mathrm{d}x\mathrm{d}y = 0$$
$$\iint\left(\frac{\partial^2 v}{\partial y^2} + \frac{1-\nu}{2}\frac{\partial^2 v}{\partial x^2} + \frac{1+\nu}{2}\frac{\partial^2 u}{\partial x \partial y}\right)v_m\,\mathrm{d}x\mathrm{d}y = 0$$

(n)

将式(m)代入积分,求得 A_1 和 B_1 后回代到式(m),可以得到用瑞利-里茨法求得的完全相同的结果。

例 14-7 图 14-5 所示为四边固定的矩形板,边长分别为 $2a$ 和 $2b$,受均布荷载 q 作用,坐标选取如图。用瑞利-里茨法求挠度。

解　先求出薄板弯曲时的应变能。

根据上一章薄板弯曲的直法线假设，是不计应变分量 $\varepsilon_z , \gamma_{yz} , \gamma_{xz}$ 的，于是薄板弯曲时应变能为

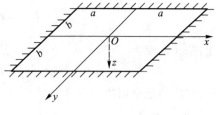

图 14-5

$$V_\varepsilon = \frac{1}{2} \iiint (\sigma_x \varepsilon_x + \sigma_y \varepsilon_y + \tau_{xy} \gamma_{xy}) \, \mathrm{d}x \mathrm{d}y \mathrm{d}z$$

将式(13-2)和式(13-3)代入，经整理以后，得

$$V_\varepsilon = \frac{E}{2(1-\nu^2)} \iiint z^2 \left\{ \left(\frac{\partial^2 w}{\partial x^2} + \frac{\partial^2 w}{\partial y^2} \right)^2 - 2(1-\nu) \left[\frac{\partial^2 w}{\partial x^2} \frac{\partial^2 w}{\partial y^2} - \left(\frac{\partial^2 w}{\partial x \partial y} \right)^2 \right] \right\} \mathrm{d}x \mathrm{d}y \mathrm{d}z$$

注意到上式括号内的各项都不随 z 而变，将上式等号右边对 z，从 $-\dfrac{h}{2}$ 到 $\dfrac{h}{2}$ 积分，并应用式(13-7)，即得

$$V_\varepsilon = \frac{D}{2} \iint \left\{ \left(\frac{\partial^2 w}{\partial x^2} + \frac{\partial^2 w}{\partial y^2} \right)^2 - 2(1-\nu) \left[\frac{\partial^2 w}{\partial x^2} \frac{\partial^2 w}{\partial y^2} - \left(\frac{\partial^2 w}{\partial x \partial y} \right)^2 \right] \right\} \mathrm{d}x \mathrm{d}y \qquad (\mathrm{o})$$

对于周边上 $w = 0$ 的矩形板，上式还可以简化。利用斯托克斯公式，有

$$\iint \left(\frac{\partial^2 w}{\partial x \partial y} \right)^2 \mathrm{d}x \mathrm{d}y = \iint \frac{\partial}{\partial y} \left(\frac{\partial^2 w}{\partial x \partial y} \frac{\partial w}{\partial x} \right) \mathrm{d}x \mathrm{d}y - \iint \frac{\partial w}{\partial x} \frac{\partial^3 w}{\partial x \partial y^2} \mathrm{d}x \mathrm{d}y$$

$$= \oint_s \frac{\partial^2 w}{\partial x \partial y} \frac{\partial w}{\partial x} m \mathrm{d}s - \iint \frac{\partial}{\partial x} \left(\frac{\partial w}{\partial x} \frac{\partial^2 w}{\partial y^2} \right) \mathrm{d}x \mathrm{d}y +$$

$$\iint \frac{\partial^2 w}{\partial x^2} \frac{\partial^2 w}{\partial y^2} \mathrm{d}x \mathrm{d}y$$

$$= \oint_s \frac{\partial^2 w}{\partial x \partial y} \frac{\partial w}{\partial x} m \mathrm{d}s - \oint_s \frac{\partial w}{\partial x} \frac{\partial^2 w}{\partial y^2} l \mathrm{d}s +$$

$$\iint \frac{\partial^2 w}{\partial x^2} \frac{\partial^2 w}{\partial y^2} \mathrm{d}x \mathrm{d}y$$

对于周边 $w = 0$ 的矩形板，沿 $y = \mathrm{const}$ 的边，$\dfrac{\partial w}{\partial x} = 0$，沿 $x = \mathrm{const}$ 的边，$\dfrac{\partial w}{\partial y} = \dfrac{\partial^2 w}{\partial y^2} = 0$，$m \mathrm{d}s = -\mathrm{d}x = 0$，因此，上式中等号右边的两个回路积分项全为零。于是，式(o)简化为

$$V_\varepsilon = \frac{D}{2} \iint \left(\frac{\partial^2 w}{\partial x^2} + \frac{\partial^2 w}{\partial y^2} \right)^2 \mathrm{d}x \mathrm{d}y \qquad (\mathrm{p})$$

最后得本问题的总势能为

$$E_p = \frac{D}{2} \iint \left(\frac{\partial^2 w}{\partial x^2} + \frac{\partial^2 w}{\partial y^2} \right)^2 \mathrm{d}x \mathrm{d}y - \iint q w \, \mathrm{d}x \mathrm{d}y \qquad (\mathrm{q})$$

本问题的边界条件为

$$(w)_{x = \pm a} = 0, \qquad \left(\frac{\partial w}{\partial x} \right)_{x = \pm a} = 0$$

$$(w)_{y=\pm b}=0, \quad \left(\frac{\partial w}{\partial y}\right)_{y=\pm b}=0$$

据此,选择挠度为

$$w=(x^2-a^2)^2(y^2-b^2)^2(A_1+A_2x^2+A_3y^2+\cdots)$$

显然,它能满足全部边界条件。

先取一项,即

$$w=A_1(x^2-a^2)^2(y^2-b^2)^2$$

代入式(q),得

$$E_{\mathrm{p}}=\frac{256\times64}{25\times63}Da^5b^5\left(a^4+b^4+\frac{4}{7}a^2b^2\right)A_1^2-\frac{256}{225}qa^5b^5A_1$$

由 $\dfrac{\partial E_{\mathrm{p}}}{\partial A_1}=0$,得

$$A_1=\frac{7q}{128D\left(a^4+b^4+\dfrac{4}{7}a^2b^2\right)}$$

于是,得近似解

$$w=\frac{7q}{128D\left(a^4+b^4+\dfrac{4}{7}a^2b^2\right)}(x^2-a^2)^2(y^2-b^2)^2$$

中心点处的挠度为

$$w(0,0)=\frac{7qa^4b^4}{128D\left(a^4+b^4+\dfrac{4}{7}a^2b^2\right)}$$

对正方形板,$a=b$,则中心挠度

$$w(0,0)=0.021\,27\frac{qa^4}{D}$$

精确值为

$$w(0,0)=0.020\,16\frac{qa^4}{D}$$

误差为 5.5%。

如果取三项,并取 $a=b$,按同样的做法,可得

$$A_1=0.020\,202\frac{q}{Da^4}, \quad A_2a^2=A_3a^2=0.005\,885\frac{q}{Da^4}$$

中心挠度为

$$w(0,0)=0.020\,202\frac{qa^4}{D}$$

其误差只有 0.2%。

因为本问题无已知面力的边界 S_σ,故所设的挠度函数也能用伽辽金法计算。现只取一项,即

$$w=A_1(x^2-a^2)^2(y^2-b^2)^2$$

则相当于式(14-13)′的公式为

$$\int_{-a}^{a}\int_{-b}^{b}(D\nabla^2\nabla^2 w-q)(x^2-a^2)^2(y^2-b^2)^2\,\mathrm{d}x\mathrm{d}y=0$$

将 w 代入上式并进行积分,可求得与上相同的 A_1。

如果一块矩形薄板没有自由边,而只有固定边和简支边,则在 x 为常量的边界上有 $\mathrm{d}x=0$ 和 $\dfrac{\partial^2 w}{\partial y^2}=0$,在 y 为常量的边界上有 $\dfrac{\partial w}{\partial x}=0$。因此,式(o)仍可简化为式(p)。

例 14-8　图 14-6 为一边长分别为 a 和 b 的矩形薄板,前后两对边为简支,左边固定,右边自由,受均布荷载 q,坐标选取如图示,求挠度 w。

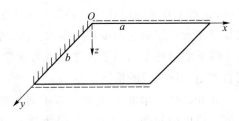

图 14-6

解　本问题的位移边界条件为

$$(w)_{x=0}=0,\quad \left(\frac{\partial w}{\partial x}\right)_{x=0}=0$$

$$(w)_{y=0}=0,\quad (w)_{y=b}=0$$

据此,将挠度表达式取为

$$w=A_1\left(\frac{x}{a}\right)^2\sin\frac{\pi y}{b}$$

显然,它能满足全部位移边界条件,现将它代入式(o),得

$$
\begin{aligned}
V_{\varepsilon}=\frac{D}{2}\int_0^a\int_0^b &\left[\left(\frac{2}{a^2}A_1\sin\frac{\pi y}{b}-\frac{\pi^2}{a^2 b^2}A_1 x^2\sin\frac{\pi y}{b}\right)^2-\right.\\
&\left.2(1-\nu)\left(-\frac{2\pi^2}{a^4 b^2}A_1^2 x^2\sin^2\frac{\pi y}{b}-\frac{4\pi^2}{a^4 b^2}A_1^2 x^2\cos^2\frac{\pi y}{b}\right)\right]\mathrm{d}x\mathrm{d}y\\
=\frac{DA_1^2}{2}&\left[2+\left(\frac{4}{3}-2\nu\right)\left(\frac{\pi a}{b}\right)^2+\frac{1}{10}\left(\frac{\pi a}{b}\right)^4\right]\frac{b}{a^3}
\end{aligned}
$$

另外

$$\iint qw\,\mathrm{d}x\mathrm{d}y=\int_0^a\int_0^b qA_1\left(\frac{x}{a}\right)^2\sin\frac{\pi y}{b}\mathrm{d}x\mathrm{d}y=\frac{2qab}{3\pi}A_1$$

所以

$$E_{\mathrm{p}}=\frac{DA_1^2}{2}\left[2+\left(\frac{4}{3}-2\nu\right)\left(\frac{\pi a}{b}\right)^2+\frac{1}{10}\left(\frac{\pi a}{b}\right)^4\right]\frac{b}{a^3}-\frac{2qab}{3\pi}A_1$$

由 $\dfrac{\partial E_{\mathrm{p}}}{\partial A_1}=0$,求得 A_1 后,最后得挠度的近似表达式为

$$w=\frac{2qa^2 x^2\sin\dfrac{\pi y}{b}}{3\pi D\left[2+\left(\dfrac{4}{3}-2\nu\right)\left(\dfrac{\pi a}{b}\right)^2+\dfrac{1}{10}\left(\dfrac{\pi a}{b}\right)^4\right]}$$

当 $a=b$ 而 $\nu=0.3$ 时,自由边中点 $\left(x=a,y=\dfrac{b}{2}\right)$ 处的挠度为

$$w = 0.011\ 2\ \frac{qa^4}{D}$$

与精确解相比,只有1%的误差。

§14-6　应力变分方程　最小余能原理

在§14-3中,将弹性体的稳定平衡状态与它经过虚位移而到达的邻近状态进行比较,得到了真实的位移使总势能取最小值这一重要的结论。如果不是对位移,而是对稳定平衡状态的应力采用类似的做法,将会得到另一个重要的结论。

以下的讨论不局限于弹性关系为线性的情况,但自然地包括线性的情况。

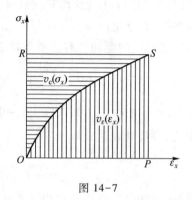

先介绍有关余能的概念。以单向拉伸为例来说明。设单向拉伸应力为 σ_x,应变为 ε_x,应力-应变曲线如图14-7所示。在线性弹性体中,它是直线;但对一般弹性体而言,这是曲线。当弹性体拉伸到应变为 ε_x 时,弹性体的应变能密度相当于 OSP 的面积,即

$$v_\varepsilon(\varepsilon_x) = \int_0^{\varepsilon_x} \sigma_x \mathrm{d}\varepsilon_x$$

图 14-7

而单位体积的余能,即**应变余能密度**定义为面积 OSR,有

$$v_c(\sigma_x) = \int_0^{\sigma_x} \varepsilon_x \mathrm{d}\sigma_x$$

它们之间存在如下的关系:

$$v_\varepsilon + v_c = \sigma_x \varepsilon_x$$

对于复杂应力状态来说,它们定义为

$$\left.\begin{aligned} v_\varepsilon(\varepsilon_{ij}) &= \int_0^{\varepsilon_{ij}} \sigma_{kl} \mathrm{d}\varepsilon_{kl} \\ v_c(\sigma_{ij}) &= \int_0^{\sigma_{ij}} \varepsilon_{kl} \mathrm{d}\sigma_{kl} \end{aligned}\right\} \tag{14-14}$$

而且

$$v_\varepsilon(\varepsilon_{ij}) + v_c(\sigma_{ij}) = \sigma_{kl} \varepsilon_{kl} \tag{14-15}$$

第四章已证明了关系式

$$\frac{\partial v_\varepsilon}{\partial \varepsilon_{ij}} = \sigma_{ij}$$

同样可以证明

$$\frac{\partial v_c}{\partial \sigma_{ij}} = \varepsilon_{ij} \tag{14-16}$$

事实上,将式(14-15)进行变分,有

$$\frac{\partial v_\varepsilon}{\partial \varepsilon_{ij}}\delta\varepsilon_{ij}+\frac{\partial v_c}{\partial \sigma_{ij}}\delta\sigma_{ij}=\varepsilon_{kl}\delta\sigma_{kl}+\sigma_{kl}\delta\varepsilon_{kl}$$

移项,改变哑指标

$$\left(\frac{\partial v_c}{\partial \sigma_{ij}}-\varepsilon_{ij}\right)\delta\sigma_{ij}=-\left(\frac{\partial v_\varepsilon}{\partial \varepsilon_{ij}}-\sigma_{ij}\right)\delta\varepsilon_{ij}$$

由于等号右边为零,左边的 $\delta\sigma_{ij}$ 完全任意,故其系数必须为零,于是得到式(14-16)。式(14-16)称为**卡斯蒂利亚诺**(Castigliano, A.)**公式**。

下面,要通过式(14-1),取其中的几何可能的位移为真实位移,以导出所谓的应力变分方程。为此,设静力可能的应力为

$$\sigma_{ij}^s=\sigma_{ij}+\delta\sigma_{ij} \tag{a}$$

其中,σ_{ij} 为真实的应力,而 $\delta\sigma_{ij}$ 为真实应力邻近的应力的微小改变量,称之为**虚应力**。将式(a)代入平衡微分方程和 S_σ 上的应力边界条件,有

$$(\sigma_{ij}+\delta\sigma_{ij})_{,j}+F_i=0 \quad (V\text{内})$$

$$(\sigma_{ij}+\delta\sigma_{ij})n_j=\bar{f}_i \quad (S_\sigma\text{上})$$

由于 σ_{ij} 为真实应力,必满足平衡微分方程和应力边界条件,故上述两式简化为

$$\left.\begin{array}{l}\delta\sigma_{ij,j}=0 \quad (V\text{内})\\ \delta\sigma_{ij}n_j=0 \quad (S_\sigma\text{上})\end{array}\right\} \tag{b}$$

式(b)表示,要使由式(a)表示的应力静力可能,虚应力 $\delta\sigma_{ij}$ 必须满足无体力的平衡微分方程和无面力的应力边界条件。

现在将式(a)代入式(14-1),取其中的几何可能位移为真实位移,即取 $u_i^k=u_i$,于是有

$$\int_V F_i u_i\,\mathrm{d}V+\int_{S_\sigma}\bar{f}_i u_i\,\mathrm{d}S+\int_{S_u}(\sigma_{ij}+\delta\sigma_{ij})n_j\bar{u}_i\,\mathrm{d}S=\int_V(\sigma_{ij}+\delta\sigma_{ij})\varepsilon_{ij}\,\mathrm{d}V \tag{c}$$

将式(c)与式(14-2)相减,于是得到

$$\int_{S_u}\bar{u}_i\delta\sigma_{ij}n_j\,\mathrm{d}S=\int_V\varepsilon_{ij}\delta\sigma_{ij}\,\mathrm{d}V \tag{14-17}$$

式(14-17)称为**应力变分方程**,又称**虚应力方程**。它表示在已知位移的边界上,虚面力在真实位移上作的功,等于整个弹性体的虚应力在真实变形中所作的功。

应力变分方程还可以表示成另一种形式。将式(14-16)代入式(14-17)等号右边,有

$$\int_V\varepsilon_{ij}\delta\sigma_{ij}\,\mathrm{d}V=\int_V\frac{\partial v_c}{\partial \sigma_{ij}}\delta\sigma_{ij}\,\mathrm{d}V=\int_V\delta v_c\,\mathrm{d}V$$

并注意到 S_u 上的位移是给定的,因此,方程(14-17)左边的变分号可以提到积分号的外边,于是,式(14-17)可以写成

$$\delta\left(\int_V v_c\,\mathrm{d}V-\int_{S_u}\sigma_{ij}n_j\bar{u}_i\,\mathrm{d}S\right)=0$$

上式括号内的第一项为弹性体的应变余能,第二项为边界 S_u 的余能,它等于边界 S_u 上未知面力在已知位移上作的功冠以负号。若令

$$E_c=\int_V v_c\,\mathrm{d}V-\int_{S_u}\sigma_{ij}n_j\bar{u}_i\,\mathrm{d}S \tag{14-18}$$

则有

$$\delta E_c = 0 \qquad (14-19)$$

这里，$E_c(\sigma_{ij})$ 称为**总余能**，它是应力分量的泛函。式(14-19)表示，当应力从真实的应力 σ_{ij} 变化到静力可能应力 $\sigma_{ij}+\delta\sigma_{ij}$ 时，总余能的一阶变分为零，可见真实的应力使总余能取驻值。采取与§14-3中同样的方法，可以证明，对于稳定的平衡状态，它实际上是最小值。这称为**最小余能原理**，它可叙述为：在所有静力可能的应力中，真实的应力使总余能取最小值。

如果弹性体全部边界上面力已知，则式(14-19)简化为

$$\delta \int_V v_c \, dV = 0 \qquad (14-20)$$

这称为**最小功原理**，它是最小余能原理的特殊情况。

从前面的方法看，真实的应力除了满足平衡微分方程和应力边界条件以外，还须满足以应力表示的应变协调方程，其相应的位移在 S_u 上还满足位移边界条件。而从现在的方法看，真实应力除了满足平衡微分方程和应力边界条件以外，还须满足总余能取极值的条件。因此，总余能取极值的条件应等价于以应力表示的应变协调方程和位移边界条件。

注意，以上的结论只适用于单连通物体，在应力变分方程中考虑多连体的位移单值条件是十分复杂的。

§14-7　基于最小余能原理的近似计算方法

以下，只考虑弹性关系为线性的情况，此时，$v_\varepsilon = v_c$。

根据最小余能原理，如果将所有静力可能的应力都列出来，则其中使总余能取最小值的那组应力分量即是真实的应力。在实际计算时，虽然很难列出所有静力可能的应力，但可凭经验和直觉缩小选择的范围。这样，在所选择的一组静力可能的应力中，也能找到一组应力使总余能取最小值，虽然，一般说，这组应力不是真实的，但肯定是在所选择的一组应力中与真实的应力靠得最近的，因此，可以作为问题的近似解答。

巴博考维奇建议应力分量取成如下的形式：

$$\left.\begin{aligned}
\sigma_x &= \sigma_x^0 + \sum_m A_m \sigma_x^{(m)} \\
\sigma_y &= \sigma_y^0 + \sum_m A_m \sigma_y^{(m)} \\
\sigma_z &= \sigma_z^0 + \sum_m A_m \sigma_z^{(m)} \\
\tau_{yz} &= \tau_{yz}^0 + \sum_m A_m \tau_{yz}^{(m)} \\
\tau_{xz} &= \tau_{xz}^0 + \sum_m A_m \tau_{xz}^{(m)} \\
\tau_{xy} &= \tau_{xy}^0 + \sum_m A_m \tau_{xy}^{(m)}
\end{aligned}\right\} \qquad (14-21)$$

其中，σ_{ij}^0 是平衡微分方程的特解，并适合应力边界条件，如果它们同时满足以应力表示的应变协调方程及 S_u 上的位移边界条件，则它们就是问题的解，但假定它们不满足这些条件；$\sigma_{ij}^{(m)}$ 满足无体力的平衡微分方程和无面力的应力边界条件，也不满足协调方程和 S_u 上的位移边界条件；A_m（$m=1,2,3,\cdots$）为任意常数。由此可知，式（14-21）给出的应力分量是静力可能的。现把它们代入总余能的表达式（14-18），于是，总余能 E_c 变成 $A_1,A_2,A_3,\cdots$ 的二次函数，其取极值的条件为

$$\frac{\partial E_c}{\partial A_m}=0 \quad (m=1,2,3,\cdots) \tag{14-22}$$

代数方程组（14-22）为线性非齐次的，求出 A_m 后，代回式（14-21），即得问题的近似解。

特别地，对于像平面问题和扭转问题等，由于存在着应力函数，由此求得的应力分量已满足了平衡微分方程，因此，对这类问题，只需设定应力函数表达式，使由此求得的应力分量满足应力边界条件，困难就大为减少了。下面分别介绍最小余能原理在平面问题和扭转问题中的应用。

在平面应力问题中，$\sigma_z=\tau_{yz}=\tau_{xz}=0$，且 $\sigma_x,\sigma_y,\tau_{xy}$ 仅是 x 和 y 的函数。取单位厚度来考虑，于是，由式（4-21）得弹性体的余能为

$$V_c=\iint v_c\,\mathrm{d}x\mathrm{d}y=\frac{1}{2E}\iint\left[\sigma_x^2+\sigma_y^2-2\nu\sigma_x\sigma_y+2(1+\nu)\tau_{xy}^2\right]\mathrm{d}x\mathrm{d}y \tag{a}$$

对于平面应变问题，须将上式中的 E 和 ν 分别换成 $\dfrac{E}{1-\nu^2}$ 和 $\dfrac{\nu}{1-\nu}$，得

$$V_c=\iint v_c\,\mathrm{d}x\mathrm{d}y=\frac{1+\nu}{2E}\iint\left[(1-\nu)(\sigma_x^2+\sigma_y^2)-2\nu\sigma_x\sigma_y+2\tau_{xy}^2\right]\mathrm{d}x\mathrm{d}y \tag{b}$$

如果研究的平面物体是单连通的，应力分量与弹性常数无关，因此，可取 $\nu=0$。这时，式（a）和式（b）简化为

$$V_c=\iint v_c\,\mathrm{d}x\mathrm{d}y=\frac{1}{2E}\iint(\sigma_x^2+\sigma_y^2+2\tau_{xy}^2)\,\mathrm{d}x\mathrm{d}y \tag{c}$$

将式（6-13）（不计体力）

$$\sigma_x=\frac{\partial^2 U}{\partial y^2}, \quad \sigma_y=\frac{\partial^2 U}{\partial x^2}, \quad \tau_{xy}=-\frac{\partial^2 U}{\partial x\partial y}$$

代入式（c），有

$$V_c=\frac{1}{2E}\iint\left[\left(\frac{\partial^2 U}{\partial x^2}\right)^2+\left(\frac{\partial^2 U}{\partial y^2}\right)^2+2\left(\frac{\partial^2 U}{\partial x\partial y}\right)^2\right]\mathrm{d}x\mathrm{d}y \tag{14-23}$$

这里，U 为艾里应力函数。

设平面物体全部周界上面力都是已知的，则可用最小功原理。由式（14-20），有

$$\delta V_c=\frac{1}{2E}\delta\iint\left[\left(\frac{\partial^2 U}{\partial x^2}\right)^2+\left(\frac{\partial^2 U}{\partial y^2}\right)^2+2\left(\frac{\partial^2 U}{\partial x\partial y}\right)^2\right]\mathrm{d}x\mathrm{d}y=0 \tag{14-24}$$

不难证明，变分方程（14-24）等价于 $\nabla^2\nabla^2 U=0$。

在求近似解时，可取应力函数

$$U=U_0+\sum_m A_m U_m \tag{14-25}$$

为使应力边界条件得到满足,设由 U_0 给出的应力分量满足实际的应力边界条件,而由 U_m 给出的应力分量满足面力为零的应力边界条件,A_m 为任意常数。将式(14-25)代入式(14-23),于是,余能 V_c 成为 $A_m(m=1,2,3,\cdots)$ 的二次函数,其取极值的条件为

$$\frac{\partial V_c}{\partial A_m}=\frac{\partial}{\partial A_m}\iint v_c \mathrm{d}x\mathrm{d}y=0 \quad (m=1,2,3,\cdots) \tag{14-26}$$

求出 A_m 后,代入式(14-25),即得问题的近似解。

例 14-9　图 14-8 所示为一矩形薄板,在其两端受按抛物线分布的拉力作用,求应力。

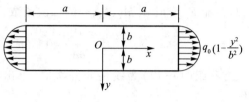

图 14-8

解　本问题的边界条件为

$$(\tau_{xy})_{x=\pm a}=0, \quad (\sigma_x)_{x=\pm a}=q_0\left(1-\frac{y^2}{b^2}\right) \left.\right\}$$
$$(\tau_{yx})_{y=\pm b}=0, \quad (\sigma_y)_{y=\pm b}=0 \tag{d}$$

取

$$U_0=\frac{1}{2}q_0 y^2\left(1-\frac{1}{6}\frac{y^2}{b^2}\right)$$

显然,它满足边界条件(d),因为

$$\sigma_x=\frac{\partial^2 U_0}{\partial y^2}=q_0\left(1-\frac{y^2}{b^2}\right)$$

$$\sigma_y=\frac{\partial^2 U_0}{\partial x^2}=0$$

$$\tau_{xy}=-\frac{\partial^2 U_0}{\partial x\partial y}=0$$

现在,适当地选择 $U_1,U_2,\cdots$,使与之对应的应力在边界处为零。为保证这一点,取 $U_1,U_2,\cdots$ 各个函数中都包含 $(x^2-a^2)^2(y^2-b^2)^2$ 这个因子,则这些函数对 x 的二阶偏导数在 $y=\pm b$ 处等于零,对 y 的二阶偏导数在 $x=\pm a$ 处为零,二阶偏导数 $\dfrac{\partial^2}{\partial x\partial y}$ 在 $x=\pm a$, $y=\pm b$ 处为零。因此取

$$U=\frac{1}{2}q_0 y^2\left(1-\frac{1}{6}\frac{y^2}{b^2}\right)+(x^2-a^2)^2(y^2-b^2)^2(A_1+A_2 x^2+A_3 y^2+\cdots) \tag{e}$$

由于对称性,所以,级数中只取 x 和 y 的偶次幂。如果在式(e)中只取一项,则有

$$U=\frac{1}{2}q_0 y^2\left(1-\frac{1}{6}\frac{y^2}{b^2}\right)+A_1(x^2-a^2)^2(y^2-b^2)^2$$

将它代入式(14-23),由

$$\frac{\partial V_c}{\partial A_1}=\frac{\partial}{\partial A_1}\iint v_c \mathrm{d}x\mathrm{d}y=0$$

有

$$A_1\left(\frac{64}{7}+\frac{256}{49}\frac{b^2}{a^2}+\frac{64}{7}\frac{b^4}{a^4}\right)=\frac{q_0}{a^4 b^2}$$

对于正方形板($a=b$),得

$$A_1=0.042\ 53\frac{q_0}{a^6}$$

应力分量为

$$\sigma_x=q_0\left(1-\frac{y^2}{a^2}\right)-0.170\ 2q_0\left(1-\frac{x^2}{a^2}\right)^2\left(1-3\frac{y^2}{a^2}\right)$$

$$\sigma_y=-0.170\ 2q_0\left(1-3\frac{x^2}{a^2}\right)\left(1-\frac{y^2}{a^2}\right)^2$$

$$\tau_{xy}=-0.680\ 5q_0\frac{xy}{a^2}\left(1-\frac{x^2}{a^2}\right)\left(1-\frac{y^2}{a^2}\right)$$

在板的中心处($x=y=0$),应力分量为

$$\sigma_x=0.829\ 8q_0,\quad \sigma_y=0.170\ 2q_0,\quad \tau_{xy}=0$$

如果在式(e)中取三项,将其代入式(14-23),由

$$\frac{\partial V_c}{\partial A_1}=\frac{\partial}{\partial A_1}\iint v_c\,\mathrm{d}x\mathrm{d}y=0$$

$$\frac{\partial V_c}{\partial A_2}=\frac{\partial}{\partial A_2}\iint v_c\,\mathrm{d}x\mathrm{d}y=0$$

$$\frac{\partial V_c}{\partial A_3}=\frac{\partial}{\partial A_3}\iint v_c\,\mathrm{d}x\mathrm{d}y=0$$

得

$$\left.\begin{aligned}
&A_1\left(\frac{64}{7}+\frac{256}{49}\frac{b^2}{a^2}+\frac{64}{7}\frac{b^4}{a^4}\right)+A_2 a^2\left(\frac{64}{77}+\frac{64}{49}\frac{b^4}{a^4}\right)+A_3 a^2\left(\frac{64}{49}\frac{b^2}{a^2}+\frac{64}{77}\frac{b^6}{a^6}\right)=\frac{q_0}{a^4 b^2}\\
&A_1\left(\frac{64}{11}+\frac{64}{7}\frac{b^4}{a^4}\right)+A_2 a^2\left(\frac{192}{143}+\frac{256}{77}\frac{b^2}{a^2}+\frac{192}{7}\frac{b^4}{a^4}\right)+A_3 a^2\left(\frac{64}{77}\frac{b^2}{a^2}+\frac{64}{77}\frac{b^6}{a^6}\right)=\frac{q_0}{a^4 b^2}\\
&A_1\left(\frac{64}{7}+\frac{64}{11}\frac{b^4}{a^4}\right)+A_2 a^2\left(\frac{64}{77}+\frac{64}{77}\frac{b^4}{a^4}\right)+A_3 a^2\left(\frac{192}{7}\frac{b^2}{a^2}+\frac{256}{77}\frac{b^4}{a^4}+\frac{192}{143}\frac{b^6}{a^6}\right)=\frac{q_0}{a^4 b^2}
\end{aligned}\right\}\quad(\mathrm{f})$$

解出 A_1,A_2,A_3 后代入式(e),即得应力函数 U,再由此求应力分量。对于正方形板,有

$$A_1=0.040\ 4\frac{q_0}{a^6},\quad A_2=A_3=0.011\ 74\frac{q_0}{a^6}$$

在 $x=0$ 的截面上

$$\sigma_x=q_0\left(1-\frac{y^2}{a^2}\right)-0.161\ 6q_0\left(1-3\frac{y^2}{a^2}\right)+$$

$$0.023\ 5q_0\left(1-12\frac{y^2}{a^2}+15\frac{y^4}{a^4}\right)$$

在板的中心处

$$\sigma_x=0.861\ 9q_0$$

现在介绍最小余能原理在扭转问题上的应用。在 §14-4 中已经写出柱形杆扭转时的应变能(因考虑的是线性弹性体,故即为余能)为

$$V_c = \int_V v_c \mathrm{d}V = \frac{L}{2G} \iint_R (\tau_{xz}^2 + \tau_{yz}^2)\,\mathrm{d}x\mathrm{d}y$$

L 为杆的长度。因为按应力解法,杆的横截面上的切应力 τ_{xz},τ_{yz} 可表示为

$$\tau_{xz} = \alpha G \frac{\partial \Phi}{\partial y}, \quad \tau_{yz} = -\alpha G \frac{\partial \Phi}{\partial x}$$

Φ 为应力函数,所以,余能又可写成

$$V_c = \frac{\alpha^2 GL}{2} \iint_R \left[\left(\frac{\partial \Phi}{\partial x}\right)^2 + \left(\frac{\partial \Phi}{\partial y}\right)^2 \right]\mathrm{d}x\mathrm{d}y \tag{g}$$

将柱形杆的两端面作为 S_u,设已知单位长度的扭转角 α,则外力功为

$$M\alpha L = 2\alpha^2 GL \iint_R \Phi \mathrm{d}x\mathrm{d}y$$

于是

$$E_c = \frac{\alpha^2 GL}{2} \iint_R \left[\left(\frac{\partial \Phi}{\partial x}\right)^2 + \left(\frac{\partial \Phi}{\partial y}\right)^2 - 4\Phi \right]\mathrm{d}x\mathrm{d}y \tag{14-27}$$

可以证明,这里,变分方程

$$\delta E_c = 0$$

等价于 $\nabla^2 \Phi = -2$。

在求近似解时,取应力函数为下列形式:

$$\Phi = \sum_m A_m \Phi_m \tag{14-28}$$

这里的 Φ_1,Φ_2,Φ_3,⋯ 在柱形杆横截面周界上为零,从而保证了 Φ 在周界处为零。将式(14-28)代入式(14-27),使总余能成为 A_m 的二次函数,其取极值的条件为

$$\frac{\partial E_c}{\partial A_m} = 0 \quad (m = 1,2,3,\cdots) \tag{14-29}$$

由线性非齐次代数方程组(14-29)求出 A_m 后代入式(14-28),得到要求的应力函数的近似解,由此可求出应力分量。

例 14-10　设有一边长分别为 $2a$ 和 $2b$ 的矩形截面扭杆,求最大切应力。

解　取应力函数为

$$\Phi = (x^2 - a^2)(y^2 - b^2) \sum A_{mn} x^m y^n \tag{h}$$

显然,这个函数在矩形的边界上为零。由薄膜比拟可知,这里的 m 和 n 必须是偶数。先取一项,即 $m = n = 0$,于是

$$\Phi = A_0 (x^2 - a^2)(y^2 - b^2) \tag{i}$$

将式(i)代入式(14-27),积分后有

$$E_c = \frac{\alpha^2 GL}{2} \frac{64}{45} [2A_0^2 a^3 b^3 (a^2 + b^2) - 5A_0 a^3 b^3]$$

由 $\frac{\partial E_c}{\partial A_0} = 0$,解得

$$A_0 = \frac{5}{4(a^2 + b^2)}$$

于是

$$\Phi = \frac{5}{4(a^2+b^2)}(x^2-a^2)(y^2-b^2)$$

代入式(9-12),得

$$D = 2\iint_R \Phi\,\mathrm{d}x\,\mathrm{d}y = \frac{40}{9}\frac{\left(\dfrac{b}{a}\right)^3}{1+\left(\dfrac{b}{a}\right)^2}a^4$$

最大切应力发生在长边中点处,注意到 $\alpha = \dfrac{M}{GD}$,其值为

$$\tau_{\max} = -\left(\alpha G\frac{\partial \Phi}{\partial x}\right)_{x=a,y=0} = \frac{9}{16}\left(\frac{a}{b}\right)\frac{M}{a^3}$$

对于正方形截面杆($a=b$),上面给出 D 的近似值为 $2.222a^4$,与精确值 $2.250a^4$ 比较,误差为 -1.2%;最大切应力的近似值为 $0.563\dfrac{M}{a^3}$,与精确值 $0.600\dfrac{M}{a^3}$ 比较,误差为 -6.2%。

如果 $\dfrac{b}{a} = 10$,则 D 的近似值为 $44.0a^4$,与精确值 $49.92a^4$ 比较,误差为 -11.9%,而最大切应力的近似值为 $0.056\,2\dfrac{M}{a^3}$,与精确值 $0.040\,1\dfrac{M}{a^3}$ 比较,误差为 $+40.1\%$。

如果取三项,即

$$\Phi = (x^2-a^2)(y^2-b^2)(A_1+A_2x^2+A_3y^2) \tag{j}$$

代入式(14-27),积分后有

$$E_c = \frac{\alpha^2 GL}{2} \cdot \frac{64}{4\,725}a^3b^3\big[\,210(a^2+b^2)A_1^2+a^4(66b^2+10a^2)A_2^2+b^4(66a^2+10b^2)A_3^2+$$
$$a^2(84b^2+60a^2)A_1A_2+b^2(84a^2+60b^2)A_1A_3+12a^2b^2(a^2+b^2)A_2A_3-525A_1-105a^2A_2-105b^2A_3\,\big]$$

由 $\dfrac{\partial E_c}{\partial A_1} = 0$,$\dfrac{\partial E_c}{\partial A_2} = 0$,$\dfrac{\partial E_c}{\partial A_3} = 0$,给出

$$140(a^2+b^2)A_1+a^2(20a^2+28b^2)A_2+b^2(28a^2+20b^2)A_3 = 175$$
$$(60a^2+84b^2)A_1+a^2(20a^2+132b^2)A_2+12b^2(a^2+b^2)A_3 = 105$$
$$(84a^2+60b^2)A_1+12a^2(a^2+b^2)A_2+b^2(132a^2+20b^2)A_3 = 105$$

由此解得 A_1,A_2 和 A_3 代入式(j),即得所要求的应力函数。

现分别算得 D 和最大切应力如下:

$$D = 2\iint_R \Phi\,\mathrm{d}x\,\mathrm{d}y = \frac{32}{9}a^3b^3\left(A_1+\frac{a^2}{5}A_2+\frac{b^2}{5}A_3\right)$$

$$\tau_{\max} = -\alpha G\left(\frac{\partial \Phi}{\partial x}\right)_{x=a,y=0} = \frac{M}{D}2ab^2(A_1+a^2A_2)$$

对于正方形板,$\dfrac{b}{a} = 1$,有

$$A_1 = \frac{1\,295}{2\,216a^2},\qquad A_2 = A_3 = \frac{525}{4\,432a^4}$$

它们分别给出 D 和 $\tau_{\max}$ 的近似值为 $2.246a^4$ 和 $0.626M/a^3$，D 和 $\tau_{\max}$ 的误差分别为 -0.18% 和 $+4.3\%$。对于 $\dfrac{b}{a}=10$，有

$$A_1=\frac{0.008\ 988}{a^2},\quad A_2=\frac{0.000\ 028\ 53}{a^4},\quad A_3=\frac{0.000\ 235\ 9}{a^4}$$

它们分别给出 D 和 $\tau_{\max}$ 的近似值为 $48.75a^4$ 和 $0.036\ 99M/a^3$，D 和 $\tau_{\max}$ 的误差分别为 -2.3% 和 -7.8%。

思考题与习题

14-1　试从位移变分方程导出平衡微分方程和应力边界条件。

14-2　瑞利-里茨法和伽辽金法的近似性各表现在什么地方？

14-3　参照最小势能原理的证法，证明真实的应力使总余能取最小值。

14-4　用最小余能原理求得应力的近似解后，能否由此求位移分量？为什么？

14-5　试用最小势能原理，分别导出图 14-9 和图 14-10 所示悬臂梁用挠度表示的平衡微分方程和力的边界条件。

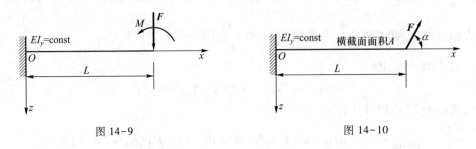

图 14-9　　　　　　　　　　　　　　　　图 14-10

14-6　一端固定、一端弹性支承的梁，跨度为 L，抗弯刚度 EI_y 为常量，弹簧系数为 k，承受分布荷载 $q(x)$ 作用（图 14-11），试用最小势能原理导出梁的挠度形式的平衡微分方程和力的边界条件。

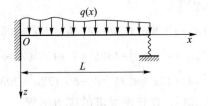

图 14-11

14-7　已知柱形杆扭转时总余能的表达式为

$$E_c=\frac{\alpha^2GL}{2}\iint_R\left[\left(\frac{\partial\Phi}{\partial x}\right)^2+\left(\frac{\partial\Phi}{\partial y}\right)^2-4\Phi\right]\mathrm{d}x\mathrm{d}y$$

试从 $\delta E_c=0$ 导出方程 $\nabla^2\Phi=-2$。

14-8　图 14-12 所示的简支梁受集中力 F 作用，用瑞利-里茨法和伽辽金法求其近似解。

14-9　有一个铅直平面内的正方形薄板，边长为 $2a$，四边固定，如图 14-13 所示，只受重力 ρg 作用，取 $\nu=0$，试取位移分量的表达式为

$$u=\left(1-\frac{x^2}{a^2}\right)\left(1-\frac{y^2}{a^2}\right)\frac{x}{a}\,\frac{y}{a}\left(A_1+A_2\,\frac{x^2}{a^2}+A_3\,\frac{y^2}{a^2}+\cdots\right)$$

$$v=\left(1-\frac{x^2}{a^2}\right)\left(1-\frac{y^2}{a^2}\right)\left(B_1+B_2\frac{x^2}{a^2}+B_3\frac{y^2}{a^2}+\cdots\right)$$

用瑞利-里茨法求其近似解。

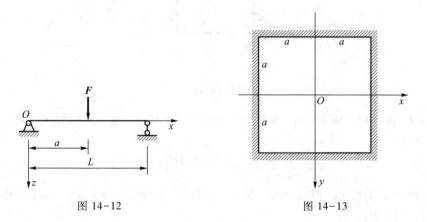

图 14-12   图 14-13

14-10 图 14-14 为一四边固定的矩形薄板,板中点处受法向集中力 F 作用,试用瑞利-里茨法求挠度的近似解。挠度的试函数为

$$w=\left(x^2-\frac{a^2}{4}\right)^2\left(y^2-\frac{b^2}{4}\right)^2(A_1+A_2x^2+A_3y^2+\cdots)$$

14-11 试用瑞利-里茨法和伽辽金法求解均布荷载作用下的四边简支的矩形板(图 13-11)的挠度。挠度取为重三角级数。

14-12 有一矩形薄板,三边固定,一边受均布压力 q 作用(图 14-15),试用最小余能原理,按如下的应力函数求近似解:

$$U=-\frac{qx^2}{2}+\frac{qa^2}{2}\left(A_1\frac{x^2y^2}{a^2b^2}+A_2\frac{y^3}{b^3}\right)$$

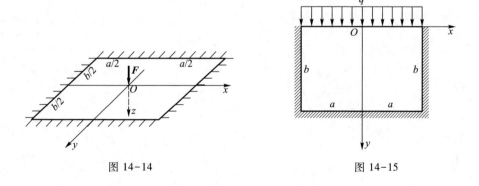

图 14-14   图 14-15

14-13 有一边长为 $2a$ 的正方形板,在左右两侧受以抛物线分布的拉力作用,即

$$(\sigma_x)_{x=\pm a}=q_0\left(\frac{y}{a}\right)^2$$

如图 14-16 所示,试用最小余能原理,按如下的应力函数求近似解:

$$U=\frac{q_0y^4}{12a^2}+q_0a^2\left(1-\frac{x^2}{a^2}\right)^2\left(1-\frac{y^2}{a^2}\right)^2\left(A_1+A_2\frac{x^2}{a^2}+A_3\frac{y^2}{a^2}\right)$$

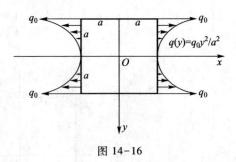

图 14-16

14-14   设一扭杆的横截面为矩形的,边长分别为 $2a$ 和 $2b$,试用最小余能原理按下列应力函数求解:

$$\varPhi = \sum_{m=0}^{\infty} \sum_{n=0}^{\infty} A_{mn} \cos \frac{(2m+1)\pi x}{2a} \cos \frac{(2n+1)\pi y}{2b}$$

14-15   最小势能原理和最小余能原理是否只适用于线性弹性力学问题?试从它们的推导过程说明其适用范围。

14-16   证明弹性体的总势能与总余能之和为零。

补充材料 A　笛卡儿张量简介

§A-1　张量的定义和变换规律

（一）下标记法

本章所讨论的问题仅限于参考系为笛卡儿（Descartes, R.）坐标的情况。

在三维的笛卡儿坐标系中，一个含有 3 个独立变量的集合，通常用一个下标表示。例如，对于位移分量 u, v, w，可表示为 u_1, u_2, u_3，缩写后为 $u_i, i = 1, 2, 3$ 对应于坐标 x_1，x_2, x_3（即 x, y, z）。类似地，对于一个含 9 个独立变量的集合，可用 2 个下标。例如，9 个应力分量和 9 个应变分量（由于对称，实际上只有 6 个），可分别表示为 σ_{ij} 和 ε_{ij}；$\sigma_{11}, \sigma_{12}, \varepsilon_{11}, \varepsilon_{12}$ 分别表示 σ_x, σ_{xy}（即 τ_{xy}）和 $\varepsilon_x, \varepsilon_{xy}\left(\text{即} \dfrac{1}{2}\gamma_{xy}\right)$ 等。完全同样的，一个含有 27 个独立变量的集合用 3 个下标，一个含有 81 个独立变量的集合用 4 个下标，依此类推。

（二）克罗内克 δ 符号

这里，引进符号

$$\delta_{ij} = \begin{cases} 1 & (i = j) \\ 0 & (i \neq j) \end{cases} \tag{A-1}$$

称这个符号为**克罗内克**（Kronecker, L.）**δ 符号**。如果把它排成矩阵，则为

$$\delta_{ij} = \begin{pmatrix} \delta_{11} & \delta_{12} & \delta_{13} \\ \delta_{21} & \delta_{22} & \delta_{23} \\ \delta_{31} & \delta_{32} & \delta_{33} \end{pmatrix} = \begin{pmatrix} 1 & 0 & 0 \\ 0 & 1 & 0 \\ 0 & 0 & 1 \end{pmatrix}$$

（三）张量的定义和变换规律

为了给张量下一个确切的定义，先重提一下矢量。

设在某一个坐标系 $Ox_1x_2x_3$ 中有一个矢量 $\boldsymbol{P}$，它的 3 个分量为 ξ_1, ξ_2, ξ_3 或缩写成 ξ_i。现作从 $Ox_1x_2x_3$ 到 $Ox_1' \; x_2' \; x_3'$ 的坐标变换，此时，矢量 $\boldsymbol{P}$ 的 3 个分量为 $\xi_{1'}, \xi_{2'}, \xi_{3'}$，或缩写成 $\xi_{i'}$。设新老坐标之间有表 A-1 所示的关系。其中三行分别表示新坐标轴 x_1'，x_2', x_3' 的单位矢量在老坐标轴 x_1, x_2, x_3 上的 3 个方向余弦，β 的第一个下标对应于新坐标，第二个下标对应于老坐标。同样，三列分别表示老坐标轴 x_1, x_2, x_3 的单位矢量在新坐标轴 x_1', x_2', x_3' 上的 3 个方向余弦。于是有

$$\sum_{i=1}^{3} \beta_{i'i}\beta_{j'i} = \delta_{i'j'}$$

$$\sum_{i'=1'}^{3'} \beta_{i'i}\beta_{i'j} = \delta_{ij}$$

表 A-1

	x_1	x_2	x_3
x'_1	$\beta_{1'1}$	$\beta_{1'2}$	$\beta_{1'3}$
x'_2	$\beta_{2'1}$	$\beta_{2'2}$	$\beta_{2'3}$
x'_3	$\beta_{3'1}$	$\beta_{3'2}$	$\beta_{3'3}$

另外,矢量 $\boldsymbol{P}$ 在新老坐标中的分量之间有如下的关系:

$$\left.\begin{aligned}
\xi_1 &= \beta_{1'1}\xi_{1'} + \beta_{2'1}\xi_{2'} + \beta_{3'1}\xi_{3'} \\
\xi_2 &= \beta_{1'2}\xi_{1'} + \beta_{2'2}\xi_{2'} + \beta_{3'2}\xi_{3'} \\
\xi_3 &= \beta_{1'3}\xi_{1'} + \beta_{2'3}\xi_{2'} + \beta_{3'3}\xi_{3'}
\end{aligned}\right\} \tag{a}$$

$$\left.\begin{aligned}
\xi_{1'} &= \beta_{1'1}\xi_1 + \beta_{1'2}\xi_2 + \beta_{1'3}\xi_3 \\
\xi_{2'} &= \beta_{2'1}\xi_1 + \beta_{2'2}\xi_2 + \beta_{2'3}\xi_3 \\
\xi_{3'} &= \beta_{3'1}\xi_1 + \beta_{3'2}\xi_2 + \beta_{3'3}\xi_3
\end{aligned}\right\} \tag{b}$$

式(a)和式(b)又可缩写成

$$\xi_k = \sum_{i'=1'}^{3'} \beta_{i'k}\xi_{i'} \tag{A-2}$$

$$\xi_{i'} = \sum_{k=1}^{3} \beta_{i'k}\xi_k \tag{A-3}$$

式(A-2),式(A-3)将在下面的推导中用到。

现在考察两个矢量

$$\boldsymbol{A} = (a_1, a_2, a_3), \quad \boldsymbol{P} = (\xi_1, \xi_2, \xi_3)$$

并作它们的标量积,有

$$\boldsymbol{A} \cdot \boldsymbol{P} = |\boldsymbol{A}||\boldsymbol{P}|\cos(\boldsymbol{A}, \boldsymbol{P}) = \sum_{k=1}^{3} a_k\xi_k$$

显然,它与坐标系的选择无关,即若作前面所讲的坐标变换时,应有

$$\sum_{i'=1'}^{3'} a_{i'}\xi_{i'} = \sum_{k=1}^{3} a_k\xi_k \tag{c}$$

反之,如已知 (ξ_1, ξ_2, ξ_3) 是矢量,而 (a_1, a_2, a_3) 是与坐标系选择有关的这样三个标量,它们使一次形式

$$F = \sum_{k=1}^{3} a_k\xi_k$$

在坐标变换时保持不变,则 (a_1, a_2, a_3) 是矢量。

事实上,根据题设条件,应有

$$\sum_{i'=1'}^{3'} a_{i'}\xi_{i'} = \sum_{k=1}^{3} a_k\xi_k \qquad\qquad (d)$$

将式(A-3)代入式(d)等号的左边,得

$$\sum_{i'=1'}^{3'} a_{i'}\sum_{k=1}^{3}\beta_{i'k}\xi_k = \sum_{k=1}^{3}\left(\sum_{i'=1'}^{3'} a_{i'}\beta_{i'k}\right)\xi_k$$

把它和式(d)等号右边进行比较,得到

$$a_k = \sum_{i'=1'}^{3'} a_{i'}\beta_{i'k} \qquad\qquad (e)$$

同样,如将式(A-2)代入式(d)等号的右边,经整理与同一式等号的左边进行比较,可得

$$a_{i'} = \sum_{k=1}^{3} a_k\beta_{i'k} \qquad\qquad (f)$$

从式(e)和式(f)可见,(a_1,a_2,a_3)不仅依赖于坐标系的选择(这是题设的),而且遵循矢量的变换规律,因此,它们组成一个矢量。

推广上述的命题,就可以给出张量的一个解析定义。

设(ξ_1,ξ_2,ξ_3),(η_1,η_2,η_3)是矢量,而a_{ij}是与坐标系选择有关的这样 9 个量,它们使双一次形式

$$F = \sum_{i=1}^{3}\sum_{j=1}^{3} a_{ij}\xi_i\eta_j$$

在坐标变换时保持不变,则称取决于两个下标 i,j 的 9 个量 a_{ij} 的集合为**二阶张量**。a_{ij}中的每一个被称为此张量(对指定坐标系)的分量。

根据上述定义,不难导出坐标变换时张量分量 a_{ij} 的变换规律。

事实上,根据题设条件,当坐标变换时,应有

$$\sum_{i',j'=1'}^{3'} a_{i'j'}\xi_{i'}\eta_{j'} = \sum_{k,m=1}^{3} a_{km}\xi_k\eta_m \qquad\qquad (g)$$

在式(g)等号的左边,利用变换关系式(A-3),有

$$\sum_{i',j'=1'}^{3'} a_{i'j'}\sum_{k,m=1}^{3}\beta_{i'k}\xi_k\beta_{j'm}\eta_m$$

$$= \sum_{k,m=1}^{3}\left(\sum_{i',j'=1'}^{3'} a_{i'j'}\beta_{i'k}\beta_{j'm}\right)\xi_k\eta_m$$

与式(g)等号右边比较,得到

$$a_{km} = \sum_{i',j'=1'}^{3'} a_{i'j'}\beta_{i'k}\beta_{j'm} \qquad\qquad (A-4)$$

若在式(g)等号的右边利用式(A-2),经整理后与同一式的等号左边比较,可得

$$a_{i'j'} = \sum_{k,m=1}^{3} a_{km}\beta_{i'k}\beta_{j'm} \qquad\qquad (A-5)$$

式(A-4)和式(A-5)给出了二阶张量的变换关系,它们可被用作判别一个具有两个下标的9个量 a_{ij} 的集合是否是张量的依据。由于应力分量 σ_{ij} 和应变分量 ε_{ij} 是服从式(A-4)和式(A-5)这样的变换规律的,故它们分别组成二阶张量。

完全类似地可以定义三阶乃至 n 阶张量。例如,对于三阶张量,可以这样来定义:

设(ξ_1, ξ_2, ξ_3)，(η_1, η_2, η_3)，$(\zeta_1, \zeta_2, \zeta_3)$是矢量，而$a_{ijk}$是与坐标系的选择有关的这样27个量，它们是三一次形式

$$F = \sum_{i,j,k=1}^{3} a_{ijk} \xi_i \eta_j \zeta_k$$

在坐标变换时保持不变，则称具有三个下标的27个量a_{ijk}的集合为**三阶张量**。三阶张量a_{ijk}的变换规律为

$$a_{ijk} = \sum_{l',m',n'=1'}^{3'} a_{l'm'n'} \beta_{l'i} \beta_{m'j} \beta_{n'k} \tag{A-6}$$

或

$$a_{l'm'n'} = \sum_{i,j,k=1}^{3} a_{ijk} \beta_{l'i} \beta_{m'j} \beta_{n'k} \tag{A-7}$$

对于两个二阶张量a_{ij}和b_{ij}，如果它们对应的分量相等，例如$a_{11} = b_{11}$，$a_{12} = b_{12}$等，则称这两个张量是相等的。

容易证明，两个二阶张量之和仍为二阶张量。设这两个张量为a_{ij}和b_{ij}，和张量为c_{ij}，则

$$c_{ij} = a_{ij} + b_{ij}$$

可以完全同样地定义n阶张量的相等和求和。

对于二阶张量a_{ij}，如果$a_{ij} = a_{ji}$，则称此张量为**对称张量**。如果把它排成3×3的矩阵，则对角线元素两侧的元素是对称的，即

$$a_{ij} = \begin{pmatrix} a_{11} & a_{12} & a_{13} \\ a_{12} & a_{22} & a_{23} \\ a_{13} & a_{23} & a_{33} \end{pmatrix}$$

由此可知，应力张量和应变张量都是对称张量。δ_{ij}是最简单的对称张量。事实上，如果设(ξ_1, ξ_2, ξ_3)，(η_1, η_2, η_3)是矢量，则双一次形式

$$\sum_{i,j=1}^{3} \delta_{ij} \xi_i \eta_j = \xi_1 \eta_1 + \xi_2 \eta_2 + \xi_3 \eta_3$$

在坐标变换时是不变量（因等号右边表示两矢量的标积），因此，根据上述张量的定义，δ_{ij}是张量，称为**单位张量**。

如果二阶张量a_{ij}的分量$a_{ij} = -a_{ji}$，则称此张量为**反对称张量**。如果把它排成3×3的矩阵，则它呈下列的形式：

$$a_{ij} = \begin{pmatrix} 0 & a_{12} & a_{13} \\ -a_{12} & 0 & a_{23} \\ -a_{13} & -a_{23} & 0 \end{pmatrix}$$

对于一个既非对称又非反对称的一般的二阶张量a_{ij}，总可以唯一地表示为一个对称张量e_{ij}与一个反对称张量p_{ij}之和。事实上，设

$$a_{ij} = e_{ij} + p_{ij} \tag{h}$$

并注意到$e_{ij} = e_{ji}$，$p_{ij} = -p_{ji}$，于是有

$$a_{ji} = e_{ij} - p_{ij} \tag{i}$$

联立求解方程(h)和(i),得到

$$e_{ij} = \frac{1}{2}(a_{ij} + a_{ji})$$

$$p_{ij} = \frac{1}{2}(a_{ij} - a_{ji})$$

不难看出,张量 e_{ij} 和 p_{ij} 是符合对称和反对称条件的。

§A-2 偏导数的下标记法

在弹性力学中,处处遇到诸如位移分量、应变分量和应力分量对坐标的偏导数 $\frac{\partial u_i}{\partial x_j}$, $\frac{\partial \varepsilon_{ij}}{\partial x_k}$, $\frac{\partial \sigma_{ij}}{\partial x_k}$ 等。现在也采用下标记法,将它们分别记作

$$\left.\begin{array}{ll} u_{i,j} = \dfrac{\partial u_i}{\partial x_j}, & u_{i,jk} = \dfrac{\partial^2 u_i}{\partial x_j \partial x_k} \\[2mm] \varepsilon_{ij,k} = \dfrac{\partial \varepsilon_{ij}}{\partial x_k}, & \varepsilon_{ij,kl} = \dfrac{\partial^2 \varepsilon_{ij}}{\partial x_k \partial x_l} \\[2mm] \sigma_{ij,k} = \dfrac{\partial \sigma_{ij}}{\partial x_k}, & \sigma_{ij,kl} = \dfrac{\partial^2 \sigma_{ij}}{\partial x_k \partial x_l} \end{array}\right\} \quad (a)$$

可以证明,它们中的每一个组成的集合都是张量。

例如,对于 $u_{i,j}$ 9 个量的集合,要证明它是二阶张量。事实上,如果作从坐标系 $Ox_1 x_2 x_3$ 到 $Ox_1' x_2' x_3'$ 的转轴变换,则由式(A-3),得

$$u_{i',j'} = \left(\sum_{k=1}^{3} \beta_{i'k} u_k\right)_{,j'} = \sum_{l=1}^{3}\left(\sum_{k=1}^{3} \beta_{i'k} u_k\right)_{,l} \frac{\mathrm{d} x_l}{\mathrm{d} x_{j'}}$$

$$= \sum_{l=1}^{3}\left(\sum_{k=1}^{3} \beta_{i'k} u_{k,l}\right) \frac{\mathrm{d} x_l}{\mathrm{d} x_{j'}} \qquad (b)$$

在转轴变换时,由式(A-2)得新老坐标间的关系为

$$x_l = \sum_{j'=1'}^{3'} \beta_{j'l} x_{j'}$$

由此得

$$\frac{\partial x_l}{\partial x_{j'}} = \beta_{j'l}$$

代入式(b),得到

$$u_{i',j'} = \sum_{k,l=1}^{3} u_{k,l} \beta_{i'k} \beta_{j'l}$$

这样就证明了 $u_{i,j}$ 是服从二阶张量的变换规律的,因此,它是二阶张量。请读者自己证明,式(a)中的其他每一个集合,分别是三阶张量和四阶张量。

§A-3 求 和 约 定

从式(A-2)~式(A-7)可见,其中都有一个求和符号 $\sum$,例如式(A-7),它分别对

i,j,k 从 1 到 3 求和,但在求和记号内的 $a_{ijk}\beta_{l'i}\beta_{m'j}\beta_{n'k}$,指标 i,j,k 都出现了两次。因此,如作出以下的约定,则上述各式的写法都可以简化。

凡在同一项内,有一个下标出现两次时,则对此下标从 1 到 3 求和(对二维空间从 1 到 2 求和),这被称为**求和约定**。这种出现两次的下标在求和以后不再出现,称为**哑指标**。

根据求和约定,式(A-2)~式(A-7)的求和记号都可以省略掉。例如式(A-7),可以改写成

$$a_{l'm'n'} = a_{ijk}\beta_{l'i}\beta_{m'j}\beta_{n'k}$$

又例如

$$a_{ii} = a_{11} + a_{22} + a_{33}$$
$$a_k b_k = a_1 b_1 + a_2 b_2 + a_3 b_3$$
$$\sigma_{ij}\varepsilon_{ij} = \sigma_{11}\varepsilon_{11} + \sigma_{22}\varepsilon_{22} + \sigma_{33}\varepsilon_{33} +$$
$$\sigma_{23}\varepsilon_{23} + \sigma_{32}\varepsilon_{32} + \sigma_{13}\varepsilon_{13} +$$
$$\sigma_{31}\varepsilon_{31} + \sigma_{12}\varepsilon_{12} + \sigma_{21}\varepsilon_{21}$$
$$\delta_{ii} = \delta_{11} + \delta_{22} + \delta_{33} = 3$$
$$c_i = a_{ij}b_j = a_{i1}b_1 + a_{i2}b_2 + a_{i3}b_3$$

上列最后一式中的 i 称为**自由指标**。这个式子代表了 3 个式子,即当 $i = 1,2,3$ 时,有

$$c_1 = a_{11}b_1 + a_{12}b_2 + a_{13}b_3$$
$$c_2 = a_{21}b_1 + a_{22}b_2 + a_{23}b_3$$
$$c_3 = a_{31}b_1 + a_{32}b_2 + a_{33}b_3$$

由于哑指标在求和以后的结果中不再出现,所以,哑指标所采用的字母是可以随便改变的,例如

$$a_{ij}b_j = a_{ik}b_k = a_{il}b_l = \cdots$$

有了偏导数的下标记法和求和约定,就可以把弹性力学的平衡微分方程、几何方程、物理方程和边界条件写成如下的形式:

平衡(运动)微分方程

$$\sigma_{ij,i} + F_j = 0 (\rho \ddot{u}_j) \tag{A-8}$$

这里,(F_1, F_2, F_3) 表示单位体积力的分量,$\ddot{u}_j$ 表示加速度分量。

几何方程

$$\varepsilon_{ij} = \frac{1}{2}(u_{i,j} + u_{j,i}) \tag{A-9}$$

物理方程

$$\varepsilon_{ij} = \frac{1+\nu}{E}\sigma_{ij} - \frac{\nu}{E}\sigma_{kk}\delta_{ij} \tag{A-10}$$

或

$$\sigma_{ij} = \lambda \varepsilon_{kk}\delta_{ij} + 2\mu\varepsilon_{ij} \tag{A-10}'$$

这里的

$$\sigma_{kk} = \sigma_{11} + \sigma_{22} + \sigma_{33} = \sigma_x + \sigma_y + \sigma_z = \Theta$$

而

$$\varepsilon_{kk} = \varepsilon_{11} + \varepsilon_{22} + \varepsilon_{33} = \varepsilon_x + \varepsilon_y + \varepsilon_z = \theta$$

边界条件

$$\left.\begin{array}{l} \overline{f}_i = \sigma_{ij} n_j \quad (在 \ S_\sigma \ 上) \\ u_i = \overline{u}_i \quad (在 \ S_u \ 上) \end{array}\right\} \qquad (A\text{-}11)$$

这里,$(\overline{f}_1, \overline{f}_2, \overline{f}_3)$ 表示单位面积上面力矢量的分量,n_j 表示物体表面单位法线向量的三个方向余弦。

这里,再顺便提一下,已经证明 $u_{i,j}$ 是一个既非对称又非反对称的二阶张量,因此,它可以唯一地表示为一个对称张量与一个反对称张量之和。显然,这个对称张量就是式(A-9)所表示的应变张量 ε_{ij},而这个反对称张量为

$$\frac{1}{2}(u_{i,j} - u_{j,i})$$

很明显,它与 3 个转动分量 $\omega_1, \omega_2, \omega_3$(即 $\omega_x, \omega_y, \omega_z$)相联系。若表示成矩阵形式,为

$$\begin{pmatrix} 0 & -\dfrac{1}{2}\omega_z & \dfrac{1}{2}\omega_y \\[2ex] \dfrac{1}{2}\omega_z & 0 & -\dfrac{1}{2}\omega_z \\[2ex] -\dfrac{1}{2}\omega_y & \dfrac{1}{2}\omega_z & 0 \end{pmatrix}$$

§A-4 置 换 张 量

在笛卡儿坐标中引进记号 e_{ijk},它的定义如下:

$$e_{ijk} = \begin{cases} +1 & 当 \ i,j,k = 1,2,3;2,3,1;3,1,2 \ 顺序排列时; \\ -1 & 当 \ i,j,k = 3,2,1;2,1,3;1,3,2 \ 逆序排列时; \\ 0 & 当任何两个或三个下标相等时(例如 \ 1,1,3;2,2,2 \ 等)。 \end{cases}$$

这里的 e_{ijk} 称为**置换张量**。

接下来举例说明一下置换张量的应用。

先考察一个三阶的行列式,设其中的元素为 a_{ij},这个行列式的值为 a,即

$$a = \begin{vmatrix} a_{11} & a_{12} & a_{13} \\ a_{21} & a_{22} & a_{23} \\ a_{31} & a_{32} & a_{33} \end{vmatrix} \qquad (a)$$

这个行列式展开以后有六项,三项为正,三项为负。若利用置换张量,不难验证,式(a)可表示为

$$a = a_{1i} a_{2j} a_{3k} e_{ijk} = a_{l1} a_{m2} a_{n3} e_{lmn}$$

现在,应用置换张量推导应变协调方程,将式(A-9)对 x_k 和 x_l 求偏导数,得

$$2\varepsilon_{ij,kl} = u_{i,jkl} + u_{j,ikl} \tag{b}$$

这里,假定位移分量 u_i 具有三阶连续偏导数,因此,式(b)等号右边的两项三阶偏导数的次序可以两两对换。现将式(b)的两边同乘置换张量 e_{jln},由于张量 $u_{i,jkl}$ 对下标 j,l 是对称的,而置换张量 e_{jln} 对下标 j,l 是反对称的,因此,不难验证,乘积

$$u_{i,jkl} e_{jln} = 0$$

这样,式(b)简化为

$$2\varepsilon_{ij,kl} e_{jln} = u_{j,ikl} e_{jln} \tag{c}$$

按同样的理由,在式(c)两边同乘置换张量 e_{ikm},则其等号的右边变为零,因此,最后得到应变协调方程

$$\varepsilon_{ij,kl} e_{ikm} e_{jln} = 0 \tag{A-12}$$

其中,自由指标 m,n 有 6 个不同的选择,即 $mn = 11,22,33,23,13,12$,由此可得 6 个应变协调方程。

如果取 $m = n = 3$,则有

$$\varepsilon_{11,22} e_{123} e_{123} + \varepsilon_{12,21} e_{123} e_{213} + \varepsilon_{21,12} e_{213} e_{123} + \varepsilon_{22,11} e_{213} e_{213} = 0$$

经整理,得

$$\varepsilon_{22,11} + \varepsilon_{11,22} - 2\varepsilon_{12,12} = 0$$

或写成

$$\frac{\partial^2 \varepsilon_y}{\partial x^2} + \frac{\partial^2 \varepsilon_x}{\partial y^2} = \frac{\partial^2 \gamma_{xy}}{\partial x \partial y}$$

如果取 $m = 2, n = 3$,则有

$$\varepsilon_{11,32} e_{132} e_{123} + \varepsilon_{12,31} e_{132} e_{213} + \varepsilon_{31,12} e_{312} e_{123} + \varepsilon_{32,11} e_{312} e_{213} = 0$$

经整理,可得

$$\frac{\partial}{\partial x}\left(-\frac{\partial \gamma_{yz}}{\partial x} + \frac{\partial \gamma_{xz}}{\partial y} + \frac{\partial \gamma_{xy}}{\partial z} \right) = 2\frac{\partial^2 \varepsilon_x}{\partial y \partial z}$$

*补充材料 B 弹性力学基本方程的曲线坐标形式

本补充材料内容为选学内容。介绍了弹性力学基本方程的曲线坐标形式。详细内容请扫二维码阅读。

§B-1
曲线坐标
度量张量

*§B-1 曲线坐标 度量张量

§B-2
基矢量 a_i 和
单位矢量 e_i
在正交曲线
坐标系中的
变化率

*§B-2 基矢量 a_i 和单位矢量 e_i 在正交曲线坐标系中的变化率

§B-3
正交曲线坐
标系中的应
变张量

*§B-3 正交曲线坐标系中的应变张量

§B-4
正交曲线坐
标系中应变
与位移的
关系

*§B-4 正交曲线坐标系中应变与位移的关系

§B-5
正交曲线坐
标系中的平
衡微分方程

*§B-5 正交曲线坐标系中的平衡微分方程

索 引

（按首字汉语拼音字母顺序）

外国人名译名对照表

Airy, G. B. 艾里

Beltrami, E. 贝尔特拉米

Betti, E. 贝蒂

Biot, M. A. 毕奥

Boussinesq, J. V. 布西内斯克

Castigliano, A. 卡斯蒂利亚诺

Cauchy, A. -L. 柯西

Cerruti, V. 塞路蒂

Clapeyron, B.P.E. 克拉贝龙

Descartes, R. 笛卡儿

Dirac, P. A. M. 狄拉克

Dirichlet, P.G.L. 狄利克雷

Euler, L. 欧拉

Filon, L.N.G. 菲伦

Flamant, A. 符拉芒

Fourier, J.B.J. 傅里叶

Gauss, C.F. 高斯

Goodier, J.N. 古迪尔

Green, G. 格林

Helmholtz, H. 亥姆霍兹

Hertz, H. R. 赫兹

Hooke, R. 胡克

Huth, J. H. 胡斯

Jacobi, C.G.J. 雅可比

Kármán, T. Von 卡门

Kelvin, Lord 开尔文

Kirchhoff, G. R. 基尔霍夫

Kirsch, G. 基尔斯

Kronecker, L. 克罗内克

Lamé, G 拉梅

Laplace, P.-S. 拉普拉斯

Laurent, P.M.H. 罗朗

Lévy, M. 莱维

Love, A.E.H. 勒夫

Michell, J.H. 米歇尔

Murnaghan, F.D. 莫纳汉

Navier, C.-L.-M.-H. 纳维

Neuber, G. 纽勃

von Neumann, J. 冯·诺伊曼

Newton, I. 牛顿

Poisson, S. -D. 泊松

Prandtl, L. 普朗特

Rayleigh, Lord 瑞利

Riemann, G.F.B. 黎曼

Ritz, W. 里茨

Saint-Venant, A.J.C.B. de 圣维南

Stokes, G. G. 斯托克斯

Taylor, B. 泰勒

Thomson, W. 汤姆逊

Timoshenko, S. P. 铁摩辛柯

de Veubeke, B.M.F. 符勃克

Young, T. 杨

Галёркин, Б. Г. 伽辽金

Колосов, Г.В. 克罗索夫

Мусхелищвили Н.И. 穆斯赫利什维利

Папкович П.Ф. 巴博考维奇

Савин, Г.Н. 萨文

部分习题答案

第 二 章

2-6 $f_v = 1\ 120\times10^5\ \text{Pa}, \sigma_v = 265\times10^5\ \text{Pa}, \tau_v = 1\ 090\times10^5\ \text{Pa}$

2-7 $I_1 = \sigma_x+\sigma_y, I_2 = \sigma_x\sigma_y-\tau_{xy}^2, I_3 = 0$

$$\sigma_{1,2} = \frac{\sigma_x+\sigma_y}{2}\pm\sqrt{\left(\frac{\sigma_x-\sigma_y}{2}\right)^2+\tau_{xy}^2}$$

2-8 $\sigma_1 = 1\ 222\times10^5\ \text{Pa}, \sigma_2 = 494\times10^5\ \text{Pa}, \sigma_3 = -317\times10^5\ \text{Pa}$

$\tau_1 = 405.5\times10^5\ \text{Pa},\ \tau_2 = 769.5\times10^5\ \text{Pa}, \tau_3 = 364\times10^5\ \text{Pa}$

$l_1 = 0.88, m_1 = 0.48, n_1 = 0.002\ 5$

2-10 $f_v = \sqrt{\dfrac{1}{3}(\sigma_1^2+\sigma_2^2+\sigma_3^2)},\ \sigma_v = \dfrac{1}{3}(\sigma_1+\sigma_2+\sigma_3)$

$$\tau_v = \sqrt{\frac{2}{9}(\sigma_1^2+\sigma_2^2+\sigma_3^2-\sigma_2\sigma_3-\sigma_1\sigma_3-\sigma_1\sigma_2)}$$

2-12 $A = -\dfrac{q}{\tan\beta-\beta}, B = \tan\beta-\beta, C = -\beta$

2-13 $A = 0, B = -\rho_1 g, C = \cot\beta(\rho g-2\rho_1 g\cot^2\beta)$

$D = \rho_1 g\cot^2\beta-\rho g$

第 三 章

3-3 $\varepsilon_{x'} = \varepsilon_x\cos^2\alpha+\varepsilon_y\sin^2\alpha+\gamma_{xy}\sin\alpha\cos\alpha$

$\varepsilon_{y'} = \varepsilon_x\sin^2\alpha+\varepsilon_y\cos^2\alpha-\gamma_{xy}\sin\alpha\cos\alpha$

$\gamma_{x'y'} = (\varepsilon_y-\varepsilon_x)\sin2\alpha+\gamma_{xy}\cos2\alpha$

$\varepsilon_{z'} = \gamma_{y'z'} = \gamma_{x'z'} = 0$

3-5 $\varepsilon_v = \varepsilon_a\cos^2\alpha+\dfrac{2}{3}\left(\varepsilon_b+\varepsilon_c-\dfrac{\varepsilon_a}{2}\right)\sin^2\alpha+\dfrac{\sqrt{3}}{3}(\varepsilon_b-\varepsilon_c)\sin2\alpha$

3-6 $J_1 = \varepsilon_x+\varepsilon_y, J_2 = \varepsilon_x\varepsilon_y-\dfrac{1}{4}\gamma_{xy}^2, J_3 = 0$

$$\varepsilon_{1,2} = \frac{\varepsilon_x+\varepsilon_y}{2}\pm\frac{1}{2}\sqrt{(\varepsilon_x-\varepsilon_y)^2+\gamma_{xy}^2}$$

3-11 不可能发生

3-12 $u = -\dfrac{\nu\rho g}{E}xz-dy+bz+c, v = -\dfrac{\nu\rho g}{E}yz+dx-iz+g$

$w = \dfrac{\rho g}{2E}[z^2+\nu(x^2+y^2)]-bx+iy+k$

3-13 $A_1+B_1 = 2C_2, C_1 = 4, A_0, B_0, C_0$ 任意

第 四 章

4-1　$\sigma_x = \sigma_y = -\dfrac{\nu}{1-\nu}q, \sigma_z = -q$

$\theta = -\dfrac{1}{E}\dfrac{(1+\nu)(1-2\nu)}{1-\nu}q$

$\tau_{\max} = \pm\dfrac{1-2\nu}{2(1-\nu)}q$

第 五 章

5-3　不可能发生

5-4　$\sigma_x = \sigma_y = -\dfrac{\nu}{1-\nu}(q+\rho gz), \sigma_z = -(q+\rho gz), \tau_{yz} = \tau_{xz} = \tau_{xy} = 0$

$u = v = 0, w = \dfrac{1-2\nu}{4G(1-\nu)}[\rho g(h^2-z^2)+2q(h-z)]$

5-5　$\sigma_z = \dfrac{F}{A}, \sigma_x = \sigma_y = \tau_{yz} = \tau_{xz} = \tau_{xy} = 0$　是弹性力学的解

$u = -\dfrac{\nu F}{EA}x, v = -\dfrac{\nu F}{EA}y, w = \dfrac{F}{EA}z$

5-6　$\sigma_z = -\dfrac{F}{A}-\dfrac{Fe}{I_y}x, \sigma_x = \sigma_y = \tau_{yz} = \tau_{xz} = \tau_{xy} = 0$　是弹性力学的解

5-7　是该问题的弹性力学解

第 六 章

6-4　对于平面应力问题,有

$\nabla^2\nabla^2 U = -(1-\nu)\nabla^2 V$

对于平面应变问题,有

$\nabla^2\nabla^2 U = -\dfrac{1-2\nu}{1-\nu}\nabla^2 V$

6-6　$\sigma_x = \rho gx\cot\alpha - 2\rho gy\cot^2\alpha, \sigma_y = -\rho gy, \tau_{xy} = -\rho gy\cot\alpha$

6-7　$\sigma_x = 0, \sigma_y = \dfrac{2q}{h}y\left(1-\dfrac{3x}{h}\right)-\rho gy, \tau_{xy} = q\dfrac{x}{h}\left(3\dfrac{x}{h}-2\right)$

6-8　$\sigma_x = \rho_1 gy\left(\dfrac{2x^3}{h^3}-\dfrac{3x}{2h}-\dfrac{1}{2}\right), \sigma_y = \dfrac{2\rho_1 g}{h^3}xy^3-\dfrac{4\rho_1 g}{h^3}x^3y-\dfrac{3\rho_1 g}{5h}xy-\rho gy$

$\tau_{xy} = \rho_1 gx\left(\dfrac{x^3}{h^3}-\dfrac{3x}{10h}\right)-\dfrac{3\rho_1 g}{h}y^2\left(\dfrac{x^2}{h^2}-\dfrac{1}{4}\right)+\dfrac{\rho_1 gh}{80}$

6-9　$\sigma_x = \dfrac{2q_0}{h^3 l}xy\left(2y^2-x^2+l^2-\dfrac{3h^2}{10}\right)$

$\sigma_y = \dfrac{q_0}{2h^3 l}x(3h^2y-4y^3-h^3)$

$\tau_{xy} = \dfrac{q_0}{4h^3 l}(4y^2-h^2)\left(3x^2-y^2-l^2+\dfrac{h^2}{20}\right)$

6-10　$\sigma_x = \dfrac{12M}{h^3}\left(y-\dfrac{3xy}{2l}\right), \sigma_y = 0$

$$\tau_{xy} = -\frac{9M}{4hl}\left(1-\frac{4y^2}{h^2}\right)$$

第 七 章

7-1 $u_\rho = u\cos\varphi + v\sin\varphi,\ u_\varphi = -u\sin\varphi + v\cos\varphi$

或 $u = u_\rho\cos\varphi - u_\varphi\sin\varphi,\ v = u_\rho\sin\varphi + u_\varphi\cos\varphi$

7-3 $(u_\rho)_{\rho=a} = \frac{a(1-\nu^2)}{E}\left[q_1\left(\frac{b^2+a^2}{b^2-a^2}+\frac{\nu}{1-\nu}\right)-q_2\frac{2b^2}{b^2-a^2}\right]$

$(u_\rho)_{\rho=b} = \frac{b(1-\nu^2)}{E}\left[q_1\frac{2a^2}{b^2-a^2}-q_2\left(\frac{b^2+a^2}{b^2-a^2}-\frac{\nu}{1-\nu}\right)\right]$

7-4 $\sigma_\rho = -\dfrac{\dfrac{1-2\nu}{\rho^2}+\dfrac{1}{b^2}}{\dfrac{1-2\nu}{a^2}+\dfrac{1}{b^2}}q,\ \sigma_\varphi = \dfrac{\dfrac{1-2\nu}{\rho^2}-\dfrac{1}{b^2}}{\dfrac{1-2\nu}{a^2}-\dfrac{1}{b^2}}q$

$u_\rho = \dfrac{1+\nu}{E}\dfrac{\dfrac{1-2\nu}{\rho}-\dfrac{1-2\nu}{b^2}\rho}{\dfrac{1-2\nu}{a^2}+\dfrac{1}{b^2}}q,\ u_\varphi = 0$

7-5 $\sigma_\rho = -\dfrac{[1+(1-2\nu)n]\dfrac{b^2}{\rho^2}-(1-n)}{[1+(1-2\nu)n]\dfrac{b^2}{a^2}-(1-n)}q$

$\sigma_\varphi = \dfrac{[1+(1-2\nu)n]\dfrac{b^2}{\rho^2}+(1-n)}{[1+(1-2\nu)n]\dfrac{b^2}{a^2}-(1-n)}q$

其中，$n = \dfrac{E'(1+\nu)}{E(1+\nu')}$

7-6 $(\sigma_\varphi)_{\max} = 4q,\ (\sigma_\varphi)_{\min} = -4q$

7-7 $\sigma_\rho = -q\left(\dfrac{\cos 2\varphi}{\sin\alpha}+\cot\alpha\right),\ \sigma_\varphi = q\left(\dfrac{\cos 2\varphi}{\sin\alpha}-\cot\alpha\right),\ \tau_{\rho\varphi} = q\dfrac{\sin 2\varphi}{\sin\alpha}$

7-8 $\sigma_\rho = -q+\dfrac{\tan\alpha(1+\cos 2\varphi)-(2\varphi+\sin 2\varphi)}{2(\tan\alpha-\alpha)}q$

$\sigma_\varphi = -q+\dfrac{\tan\alpha(1-\cos 2\varphi)-(2\varphi-\sin 2\varphi)}{2(\tan\alpha-\alpha)}q$

$\tau_{\rho\varphi} = \dfrac{(1-\cos 2\varphi)-\tan\alpha\sin 2\varphi}{2(\tan\alpha-\alpha)}q$

7-9 $\sigma_\rho = -q\dfrac{a^2}{\rho^2},\ \sigma_\varphi = q\dfrac{a^2}{\rho^2},\ \tau_{\rho\varphi} = 0$

7-10 $\sigma_\rho = \sigma_\varphi = 0,\ \tau_{\rho\varphi} = -\dfrac{b^2}{\rho^2}q,\ u_\rho = 0,\ u_\varphi = \dfrac{(1+\nu)}{E}b^2 q\left(\dfrac{1}{\rho}-\dfrac{\rho}{a^2}\right)$

7-11 $\sigma_\rho = -\dfrac{(3+\nu)F}{4\pi}\dfrac{\cos\varphi}{\rho},\ \sigma_\varphi = \dfrac{(1-\nu)F}{4\pi}\dfrac{\cos\varphi}{\rho},\ \tau_{\rho\varphi} = \dfrac{(1-\nu)F}{4\pi}\dfrac{\sin\varphi}{\rho}$

第 八 章

8-1 $\sigma_\varphi = \dfrac{R^2 q}{\rho^2}, \sigma_\rho = -\dfrac{R^2 q}{\rho^2}, \tau_{\rho\varphi} = 0$

8-2 $\varphi(\zeta) = imqR\zeta, \psi(\zeta) = -iqR\zeta\, \dfrac{1-m^2-2m\zeta^2}{1-m\zeta^2}$

$\sigma_\varphi = -\dfrac{4qm\sin 2\varphi}{1+m^2-2m\cos 2\varphi}, \pm\dfrac{4m}{1-m^2}q$

8-4 $\varphi(\zeta) = -\dfrac{iqR}{2\pi}\left[(\sigma_1-\sigma_2)+\zeta\ln\dfrac{\sigma_1-\zeta}{\sigma_2-\zeta}\right]-\dfrac{qR\sin\beta}{\pi}\ln(\sigma_1-\zeta)+\dfrac{(3-\nu)qR\sin\beta}{4\pi}\ln\zeta$

$\psi(\zeta) = -\dfrac{iqR}{2\pi}\dfrac{1}{\zeta}\ln\dfrac{\sigma_2}{\sigma_1}+\dfrac{qR\sin\beta}{\pi}\ln(\sigma_1-\zeta)+$

$\dfrac{iqR}{2\pi}\dfrac{\sigma_1-\sigma_2}{(\sigma_1-\zeta)(\sigma_2-\zeta)}-\dfrac{qR\sin\beta}{\pi}\dfrac{1}{\zeta(\sigma_1-\zeta)}-$

$\dfrac{(3-\nu)qR\sin\beta}{4\pi}\dfrac{1}{\zeta^2}-\dfrac{(1+\nu)qR\sin\beta}{4\pi}\ln\zeta$

8-5 $\varphi(\zeta) = -\dfrac{F}{2\pi}\ln\dfrac{\zeta+1}{\zeta-1}+\dfrac{1}{7}\dfrac{F}{\pi}\dfrac{1}{\zeta}$

$\psi(\zeta) = \dfrac{F}{2\pi}\ln\dfrac{\zeta+1}{\zeta-1}-\dfrac{13F}{42\pi}\dfrac{(6\zeta^2+1)\zeta}{(2\zeta^4+1)(\zeta^2-1)}+\dfrac{F}{6\pi}\dfrac{\zeta}{\zeta^2-1}$

第 九 章

9-3 $\tau_{zx} = \dfrac{45\sqrt{3}\,M}{a^5}y(x-a), \tau_{zy} = \dfrac{15\sqrt{3}\,M}{2a^5}(3x^2-2ax-3y^2)$

$\alpha = \dfrac{15\sqrt{3}\,M}{Ga^4}, \tau_{\max} = \dfrac{15\sqrt{3}\,M}{2a^3}$

9-4 $\tau_1 = \tau_2 = \dfrac{M}{2a^2\delta}, \tau_3 = 0, \alpha = \dfrac{3M}{8Ga^3\delta}$

9-6 $\tau_{\max} = \dfrac{Fa^2}{2I}$

9-7 $\tau_{zx} = \dfrac{2\sqrt{3}\,F}{27a^4}[-x^2+a(2a+y)], \tau_{zy} = \dfrac{2\sqrt{3}\,F}{27a^4}x(a-y)$

$\tau_{\max} = \dfrac{2\sqrt{3}\,F}{9a^2}$ （在 $x=0, y=a$ 处）

第 十 章

10-4 $\sigma_r = 0, \sigma_t = -1.5q$

10-5 $(u_r)_{\max} = \dfrac{(1-2\nu)(1+\nu)qa\left(\dfrac{b^2}{a^2}-1\right)}{E\left[2(1-2\nu)\dfrac{b^3}{a^3}+(1+\nu)\right]}, (\sigma_t)_{\max} = \dfrac{(1-2\nu)\dfrac{b^3}{a^3}-(1+\nu)}{2(1-2\nu)\dfrac{b^3}{a^3}+(1+\nu)}q$

10-7 $q_0 = \dfrac{3F}{2\pi}\left[\dfrac{2E}{3(1-\nu^2)FR}\right]^{\frac{2}{3}}$

10-8　$\sigma_\rho = \sigma_\varphi = -q_1$, $\sigma_z = -q_2$, $\tau_{\rho z} = 0$

$\qquad\theta = \dfrac{1-2\nu}{E}(2q_1 + q_2)$

第 十 一 章

11-2　（a）不产生热应力；

$\qquad$（b）$\sigma_x = -\alpha E T_0 \left(\dfrac{y^2}{c^2} - \dfrac{3}{5} \right) \dfrac{y}{c}$；

$\qquad$（c）$\sigma_x = \alpha E T_0 \left(\dfrac{2}{\pi} - \cos \dfrac{\pi y}{2c} \right)$

第 十 二 章

12-6　当 $\nu = 0$ 时，$c_1 = \sqrt{\dfrac{E}{\rho}}$, $c_2 = 0.707 \sqrt{\dfrac{E}{\rho}}$, $c_3 = 0.618 \sqrt{\dfrac{E}{\rho}}$

$\qquad$当 $\nu = \dfrac{1}{3}$ 时，$c_1 = 1.225 \sqrt{\dfrac{E}{\rho}}$, $c_2 = 0.612 \sqrt{\dfrac{E}{\rho}}$, $c_3 = 0.570 \sqrt{\dfrac{E}{\rho}}$

* 第 十 三 章

第十三章　习题答案

第 十 四 章

14-5　$EI \dfrac{\mathrm{d}^4 w}{\mathrm{d}x^4} = 0$, $\left(EI \dfrac{\mathrm{d}^2 w}{\mathrm{d}x^2} \right)_{x=L} = -M$, $\left(EI \dfrac{\mathrm{d}^3 w}{\mathrm{d}x^3} \right)_{x=L} = -F$

$\qquad EI \dfrac{\mathrm{d}^4 w}{\mathrm{d}x^4} = 0$, $EA \dfrac{\mathrm{d}^2 u}{\mathrm{d}x^2} = 0$

$\qquad \left(EI \dfrac{\mathrm{d}^2 w}{\mathrm{d}x^2} \right)_{x=L} = 0$, $\left(EI \dfrac{\mathrm{d}^3 w}{\mathrm{d}x^3} \right)_{x=L} = F \sin \alpha$

$\qquad \left(EA \dfrac{\mathrm{d}u}{\mathrm{d}x} \right)_{x=L} = F \cos \alpha$

14-6　$EI \dfrac{\mathrm{d}^4 w}{\mathrm{d}x^4} - q(x) = 0$

$\qquad \left(EI \dfrac{\mathrm{d}^3 w}{\mathrm{d}x^3} \right)_{x=L} = k(w)_{x=L}$, $\left(EI \dfrac{\mathrm{d}^2 w}{\mathrm{d}x^2} \right)_{x=L} = 0$

14-8　$w = \dfrac{2FL^3}{EI\pi^4} \sum_m \dfrac{1}{m^4} \sin \dfrac{m\pi a}{L} \sin \dfrac{m\pi x}{L}$

14-9　当只取 A_1, B_1 项时，得到

$\qquad \sigma_x = \dfrac{175}{533} \dfrac{Fy}{2} \left(1 - \dfrac{3x^2}{a^2} \right) \left(1 - \dfrac{y^2}{a^2} \right)$, $\sigma_y = -\dfrac{450}{533} Fy \left(1 - \dfrac{x^2}{a^2} \right)$

$$\tau_{xy} = \frac{175}{533} \frac{Fy}{4}\left(1-\frac{x^2}{a^2}\right)\left(1-\frac{3y^2}{a^2}\right) - \frac{225}{533}Fx\left(1-\frac{y^2}{a^2}\right)$$

14-10 取一项时

$$A_1 = \frac{11\,025F}{512Dab(7a^4+4a^2b^2+7b^4)}$$

14-12 $A_1 = -6A_2 = \dfrac{60}{36+160\dfrac{a^2}{b^2}+21\dfrac{a^4}{b^4}}$

14-13 取一项时,$A_1 = -\dfrac{49}{1\,152} = -0.042\,53$

14-14 只取一项时,则

$$A_{00} = \frac{128}{\pi^4} \frac{a^2b^2}{a^2+b^2}, D = \frac{4\,096\left(\dfrac{b}{a}\right)^2}{\pi^6\left(1+\dfrac{b^2}{a^2}\right)}a^2b$$

$$\tau_{max} = \frac{64}{\pi^3} \frac{\dfrac{b^2}{a^2}}{1+\dfrac{b^2}{a^2}} \frac{Ma}{D}$$

参 考 文 献

[1] 钱伟长,叶开沅.弹性力学[M].北京:科学出版社,1956.

[2] 徐芝纶.弹性力学:上册[M].4版.北京:高等教育出版社,2006.

[3] 杜庆华,余寿文,姚振汉.弹性理论[M].北京:科学出版社,1986.

[4] 王光远.弹性及塑性理论[M].北京:中国建筑工业出版社,1959.

[5] 王龙甫.弹性理论[M].2版.北京:科学出版社,1984.

[6] 杨桂通.弹性力学[M].2版.北京:高等教育出版社,2011.

[7] 陆明万,罗学富.弹性理论基础[M].北京:清华大学出版社,1990.

[8] 谢贻权,林钟祥,丁皓江.弹性力学[M].杭州:浙江大学出版社,1988.

[9] 杨绪灿,金建三.弹性力学[M].北京:高等教育出版社,1987.

[10] 徐秉业,王建学.弹性力学[M].北京:清华大学出版社,2007.

[11] 武际可,王敏中,王炜.弹性力学引论(修订本)[M].北京:北京大学出版社,2001.

[12] 王敏中,王炜,武际可.弹性力学教程(修订本)[M].北京:北京大学出版社,2011.

[13] 程昌钧,朱媛媛.弹性力学(修订本)[M].上海:上海大学出版社,2005.

[14] 程昌钧.弹性力学[M].兰州:兰州大学出版社,1995.

[15] 钟伟芳,皮道华.高等弹性力学[M].武汉:华中理工大学出版社,1993.

[16] 张行.高等弹性理论[M].北京:北京航空航天大学出版社,1994.

[17] 黄怡筠,程兆雄.弹性理论基础[M].北京:北京理工大学出版社,1988.

[18] 蒋咏秋.弹性力学基础[M].西安:陕西科技出版社,1984.

[19] 俞嘉声.弹性力学教程[M].北京:高等教育出版社,1991.

[20] 费洛宁科-鲍罗第契 М М.弹性理论[M].朱广才,马士修,译.2版.北京:高等教育出版社,1958.

[21] 别茹霍夫 Н И.弹性与塑性理论[M].杜庆华,等,译.北京:高等教育出版社,1956.

[22] 卡兹 А М.弹性理论[M].王知民,译.北京:机械工业出版社,1959.

[23] 樊大钧.数学弹性力学[M].北京:新时代出版社,1983.

[24] 萨文 Г Н.孔附近的应力集中[M].卢鼎霍,译.北京:科学出版社,1958.

[25] 许礊中.弹性力学中的复变函数方法[M].北京:高等教育出版社,1989.

[26] 竹内洋一郎.热应力[M].郭廷玮,李安定,译.北京:科学出版社,1977.

[27] 梅兰 E,帕尔库斯 H.由于定常温度场而产生的热应力[M].何善堉,译.北京:科学出版社,1955.

[28] 严宗达,王洪礼.热应力[M].北京:高等教育出版社,1993.

[29] 杨桂通,张善元.弹性动力学[M].北京:中国铁道出版社,1988.

[30] 熊祝华,郭平.弹性动力学[M].长沙:湖南大学出版社,1989.

[31] 考尔斯基 H.固体中的应力波[M].王仁,等,译.北京:科学出版社,1966.

[32] 徐芝纶.弹性力学:下册[M].4版.北京:高等教育出版社,2006.

[33] 寿楠椿.弹性薄板的弯曲[M].北京:高等教育出版社,1986.

[34] 何福保,沈亚鹏.板壳理论[M].西安:西安交通大学出版社,1993.

[35] 钱伟长.变分法和有限元[M].北京:科学出版社,1980.

[36] 胡海昌.弹性力学的变分原理及应用[M].北京:科学出版社,1981.

[37] 熊祝华,刘子廷.弹性力学变分原理[M].长沙:湖南大学出版社,1986.

[38] 丁学成.弹性力学中的变分方法[M].北京:高等教育出版社,1986.

[39] 列宾逊 Л C.弹性力学的变分解法[M].叶开沅,卢文达,译.北京:科学出版社,1958.

[40] 鹫津久一郎.弹性和塑性力学的变分方法[M].老亮,郝松林,译.北京:科学出版社,1984.

[41] 龙驭球.有限单元法概论[M].北京:人民教育出版社,1978.

[42] 谢贻权,何福保.弹性和塑性力学中的有限元法[M].北京:机械工业出版社,1981.

[43] 卓家寿.弹性力学中的有限元法[M].北京:高等教育出版社,1988.

[44] 张允真,曹富新.弹性力学及有限元法[M].北京:中国铁道出版社,1983.

[45] 徐秉业,等.弹性力学与塑性力学解题指导及习题集[M].北京:高等教育出版社,1985.

[46] Love A E H. A Treatise on the Mathematical Theory of Elasticity[M]. New York: Dover Publications Inc,1944.

[47] Sokolnikoff I S. Mathematical Theory of Elasticity[M]. 2nd ed. New York: McGraw Hill,1956.

[48] Saada A S. Elasticity,Theory and Applications[M]. New York: Pergamon Press Inc,1974.

[49] Little R W. Elasticity[M]. New Jersey: Prentice-Hall Inc,1973.

[50] Amenzade Yu A. Theory of Elasticity[M]. Translated from Russian by Konyaeva M. Moscow: Mir Publishers,1979.

[51] Timoshenko S P,Goodier J N. Theory of Elasticity[M]. 3rd ed. New York: McGraw Hill,1970.

[52] Timoshenko S P, Woinowsky-Krieger S. Theory of Plates and Shells[M]. 2nd ed. New York: McGraw Hill,1959.

[53] Muskhelishivili N I. Some Basic Problems of Mathematical Theory of Elasticity[M]. 4th ed. Translated from Russian by Radok J R M Leyden. The Netherlands: Noordhoff International Publishing,1977.

[54] Rekach V G. Manual of the Theory of Elasticity[M]. Translated from Russian by Kanyaeva M. Moscow: Mir Publishers,1979.

作者简介

吴家龙，1932 年生，江苏省海门市人。同济大学航空航天与力学学院教授，硕士生导师。1957 年毕业于北京大学数学力学系力学专业。早年从事力学基础课教学，20 世纪 60 年代后转为弹性力学和连续介质力学的教学和研究。曾为《中国大百科全书》(土木卷)和《力学词典》撰稿，参加了《工程力学手册》的编写，并担任该手册弹塑性力学篇编委。从 1980 年至 2002 年，任《应用数学和力学》编委。1996 年退休。

郑百林，1966 年生，陕西省岐山县人。同济大学航空航天与力学学院副院长，教授，博士生导师。1989 年和 1994 年毕业于西安交通大学，分别获学士和硕士学位，1998 年毕业于同济大学，获博士学位，2000 年赴澳大利亚悉尼大学做博士后一年，2011 年赴美国 UIUC 大学做访问学者。主持完成基金委、国防科工局、科技部以及工信部等国家级项目 20 多项，发表 SCI 论文 90 多篇，培养硕士、博士研究生 50 名。长期主讲计算力学、力学史与方法论以及数值模拟导论等课程。担任《计算机辅助工程》副主编、上海市力学学会教育委员会主任，获江苏省"双创人才"荣誉称号，2013 年获上海市教学改革二等奖。

郑重声明

高等教育出版社依法对本书享有专有出版权。任何未经许可的复制、销售行为均违反《中华人民共和国著作权法》,其行为人将承担相应的民事责任和行政责任;构成犯罪的,将被依法追究刑事责任。为了维护市场秩序,保护读者的合法权益,避免读者误用盗版书造成不良后果,我社将配合行政执法部门和司法机关对违法犯罪的单位和个人进行严厉打击。社会各界人士如发现上述侵权行为,希望及时举报,本社将奖励举报有功人员。

反盗版举报电话　(010)58581999　58582371　58582488

反盗版举报传真　(010)82086060

反盗版举报邮箱　dd@hep.com.cn

通信地址　北京市西城区德外大街 4 号

　　　　　高等教育出版社法律事务与版权管理部

邮政编码　100120

防伪查询说明

用户购书后刮开封底防伪涂层,利用手机微信等软件扫描二维码,会跳转至防伪查询网页,获得所购图书详细信息。也可将防伪二维码下的 20 位密码按从左到右、从上到下的顺序发送短信至 106695881280,免费查询所购图书真伪。

反盗版短信举报

编辑短信"JB,图书名称,出版社,购买地点"发送至 10669588128

防伪客服电话

(010)58582300